高等学校食品科学与工程专业教材

中国轻工业"十三五"规划教材

发酵食品工艺学

余晓斌　主编

中国轻工业出版社

图书在版编目（CIP）数据

发酵食品工艺学/余晓斌主编 . —北京：中国轻工
业出版社，2022.7
ISBN 978 - 7 - 5184 - 3343 - 8

Ⅰ . ①发…　Ⅱ . ①余…　Ⅲ . ①发酵食品—生产工艺
Ⅳ . ①TS26

中国版本图书馆 CIP 数据核字（2020）第 258693 号

责任编辑：江　娟　贺　娜
策划编辑：江　娟　　责任终审：唐是雯　　封面设计：锋尚设计
版式设计：王超男　　责任校对：朱燕春　　责任监印：张　可

出版发行：中国轻工业出版社（北京东长安街 6 号，邮编：100740）
印　　刷：三河市万龙印装有限公司
经　　销：各地新华书店
版　　次：2022 年 7 月第 1 版第 1 次印刷
开　　本：787×1092　1/16　印张：17.75
字　　数：400 千字
书　　号：ISBN 978 - 7 - 5184 - 3343 - 8　定价：55.00 元
邮购电话：010 - 65241695
发行电话：010 - 85119835　传真：85113293
网　　址：http : //www. chlip. com. cn
Email：club@ chlip. com. cn
如发现图书残缺请与我社邮购联系调换
201296J1X101ZBW

本书编委会

前言 | Preface

　　发酵食品是人类祖先的智慧结晶，是利用大自然有益微生物适度生长来达到加工或储存食物的一种方式，具有提升食品营养价值、改善风味、延长食品的保存时间、节省食品烹饪时间和燃料等作用。发酵食品为人们提供多种营养，已占据全人类饮食总量的三分之一，是现代生活中不可或缺的食品构成部分。

　　发酵食品的发酵形式主要有液态或固态发酵和自然或纯种发酵。中国、日本等东方国家的传统发酵食品以固态发酵居多，如中国的风干肠、酱油、腐乳和豆豉、腌制成的酸菜，日本的纳豆等，西方传统发酵食品多是液态发酵，如保加利亚酸乳是以纯种的乳酸菌发酵而成的；而开菲尔酸乳则是以含有乳酸菌、酵母菌以及其他有益菌的开菲尔（kefir）粒发酵而成的。

　　历经千百年的传承与发展，我国的传统发酵食品仍然保持着自成一派的活力，以其独特的魅力在国人的餐桌上稳占一席之地。随着现代生物技术的发展，将有更多的新技术与新工艺用以解决目前传统发酵食品在产品性状、风味物质、制备过程及贮藏运输等环节出现的问题。同时，充分认识和挖掘传统发酵食品中的功能因子及其益生作用，以更加严谨科学的方式诠释中华美食文化，将为推动我国传统发酵食品产业的振兴提供新的助力。

　　本教材分为八章。第一章绪论；第二章发酵调味品生产工艺，介绍了食醋、酱油、腐乳、豆豉及日本纳豆、印尼丹贝的生产工艺；第三章发酵肉制品生产工艺，介绍了发酵香肠、发酵火腿及发酵水产品——鱼露、虾酱的生产工艺；第四章发酵乳制品生产工艺，介绍了酸乳、干酪和乳酸菌饮料的生产工艺；第五章发酵果蔬制品生产工艺，介绍了泡菜、榨菜、发酵果蔬汁饮料的生产工艺；第六章发酵食品添加剂生产工艺，介绍了食用色素包括红曲红、类胡萝卜素的生产工艺，发酵生产用到的防腐剂包括乳酸链球菌素、聚赖氨酸的生产工艺，酸味剂包括柠檬酸、苹果酸、乳酸的生产工艺，增稠剂包括黄原胶、结冷胶、可得然胶、普鲁兰多糖的生产工艺；第七章发酵茶生产工艺，介绍了云南普洱茶、安化黑茶（以茯砖茶为例）、四川边茶的生产工艺；第八章食品安全标准与营养卫生的要求，介绍了我国食品标准的现状及分类、食品基础标准及相关标准、食品产品标准、食品安全标准及食品检验方法标准等。

　　食品通过发酵后会产生一些对人类有益的功能成分，同时也会产生一些有害成分，如氨基甲酸乙酯、生物胺、亚硝酸盐、亚硝酸胺等。自然发酵仍占发酵食品的相当比例，说明我们对发酵食品的认知尚浅，还需不断努力去揭开其神秘面纱，扬其精华，去其糟粕。未来的发酵食品要朝着更加美味化、安全化、功能化、个性化的方向发展，让更多更好的发酵食品供人类享用。

参与本书编写的有吴晓文、韩铭海、李国莹、张浩森、洪玉涛、郝学财、赵岩，在编写过程中非常感谢江南大学杨文华、张将、姜烁琦、董振香、段国梁、薛超、许景龙、李娜、孙驰翔、董雪田、朱道洋、上官修蕾、王莹、胡佳桂、王曾宇、栾浩、张文帅、王聪聪、陆钰、杨佳敏、沈思巧、杨强等研究生在资料收集过程中的辛勤付出。

本书作者长期从事发酵食品科研、教学工作，由于水平有限及时间仓促，难免有不妥或错误之处，敬请广大同行和读者批评指正！

编者

2022 年 4 月

目录 | Contents

第一章

CHAPTER

1

绪论

第一节　发酵食品的基本概念

1. 发酵

英文 fermentation 是从拉丁语 ferver 派生出来的，即"翻腾""沸涌""发泡"之意；因为发酵有鼓泡和类似翻腾、沸涌的现象。如中国的黄酒、欧洲的啤酒就以起泡现象作为判断发酵进程的标志。面团发酵后体积会膨大（图 1-1）。

传统意义上的发酵是指微生物在无氧条件下的代谢过程，分解各种有机物产生能量的一种方式，或更严格地说是以有机物为电子受体的氧化还原产能反应。如酵母发酵麦汁、果汁产生 CO_2、酒精。

现代意义上的发酵是指微生物在有氧或无氧条件下，分解各种有机物、产生能量，制备微生物菌体本身或产生所需要的直接代谢产物或次级代谢产物的过程。

2. 发酵工程

发酵工程是指采用现代工程技术手段，把具有某些特定功能和酶的微生物应用于工业生产的过程，为人类生产有用的产品。发酵工程的内容包括菌种的选育、培养基的配

图 1-1　发酵面团

制、灭菌、扩大培养和接种、发酵过程和产品的分离提纯等方面。它包括传统发酵（酿造），近代发酵（酒精、乳酸、丙酮-丁醇等）及新型的抗生素、有机酸、氨基酸、酶制剂、核苷酸、生理活性物质、单细胞蛋白等的发酵生产。

3. 酿造

酿造（brewing）原专指酿酒，后也指利用发酵作用制造醋、酱油等。酿造是对一些特定产品进行发酵生产的一种叫法，通常把成分复杂、风味要求高，诸如啤酒、白酒、黄酒、葡

萄酒等酒类以及酱油、酱、食醋、豆豉、腐乳、酱腌菜等副食佐餐调味品的生产称为酿造。

4. 酿造工业

酿造工业（brewing industry）是指利用一种或多种微生物的生命活动所产生的酶，对农副产品进行工业化生产、加工获得产品的工业，有别于现代纯种发酵工业。

5. 发酵食品

发酵食品是人类巧妙地利用有益微生物加工制造的一类食品，是利用微生物酶催化反应及代谢产物，产生的具有独特的风味、种类繁多、呈味呈香、营养丰富的食品，丰富了我们的饮食，如酸奶、干酪、酒酿、泡菜、酱油、食醋、豆豉、乳腐、火腿、香肠、黄酒、啤酒、葡萄酒、发酵茶，甚至还包括臭豆腐、臭鲑鱼和臭冬瓜等。

6. 发酵食品历史

人类利用微生物发酵生产食品已有几千年的历史，但是最早人们尚未完全认识发酵过程，此时期的发酵生产活动全凭经验，多为非纯种培养，发酵产品极易被杂菌污染，属自然发酵。

公元前 6000 年，古巴比伦人开始利用发酵方法酿造啤酒；公元前 4000 年至公元前 3000 年，古埃及人已掌握了酒、醋和面包的发酵制作法；公元前 2500 年，古巴尔干人开始利用发酵技术制作酸奶（酸乳）；公元前 2000 年，古希腊人和古罗马人将葡萄通过微生物发酵酿造葡萄酒。东方醋起源于中国，西周（公元前 1046 年至公元前 771 年）开始，据有文献记载的酿醋历史至少也在 3000 年以上。

周朝（公元前 1046 年至公元前 256 年）就有制酱的记载，酱油最早是由中国人发明的，在西汉（公元前 202 年至公元 9 年）时，中国就已经比较普遍地酿制和食用酱油了，此时世界上其他国家还没有酱油。

发酵食品是人类史上最成功的食物加工方法之一，发酵食品就是食物在微生物的作用下，不断被分解、改变，最终实现转化的一个过程。最初，它并非人类智慧之体现，而是已经存在有 20 多亿年的一种自然现象，人类只是在某一天，恰好发现了它。

发酵技术的发明，不仅改变了食物的储存方式，延长了食物的保存周期，还最大程度地丰富了食物的口感。我们的祖先之所以能在食物匮乏的冬季享受到口味多变的美食，无疑就是发酵食品的功劳。

从主食到调味料，从固体到液体，从中国的臭豆腐、四川泡菜、豆瓣酱到西方人尤为钟爱的葡萄酒、面包，我们的餐桌上总是少不了"发酵食物"。可以说假如没有它，那我们的生活都将难以为继。

时至今日，发酵食品的存在已经遍布全球各个角落，据统计，发酵食品已然占据全人类饮食的三分之一。

传统的发酵食品包括：面食，如馒头、面包；调味品，如酱油、食醋、豆豉、腐乳；乳制品，如酸乳、干酪；肉制品，如香肠、火腿；茶叶，如黑茶、普洱茶；其他食品，如泡菜。

现代技术生产发酵食品，通过筛选出的优良纯菌种或多菌种发酵生产的产品，包括酵素、氨基酸、肌苷酸钠、鸟苷酸钠、柠檬酸、苹果酸、维生素、黄原胶、酶法生产的功能性低聚糖（低聚异麦芽糖、低聚果糖等）以及保健品（发酵灵芝液、冬虫夏草）。发酵食品从未停止过前进的脚步，向更美味、更健康、更安全的方向发展。

第二节 发酵工业微生物技术发展简史

工业微生物技术经历了三个主要发展阶段，即微生物形态学发展阶段、微生物生理学发展阶段、分子生物学发展阶段，目前已进入成熟期。

1. 微生物形态学发展阶段

安东尼·列文虎克（1632—1723 年）是一位荷兰贸易商与科学家，有"光学显微镜与微生物学之父"之称。1676 年，安东尼·列文虎克用自磨镜片创造了一架能放大 266 倍的原始显微镜（图 1-2），在他的一生当中磨制了超过 500 个镜片，并制造了 400 种以上的显微镜，其中有 9 种至今仍有人使用；他是最早记录观察肌纤维、细菌、精子、微血管中血流的科学家，人类以前无法肉眼看到的微生物，通过显微镜能观察到其形态、模样。

图 1-2 安东尼·列文虎克及其发明的显微镜

2. 微生物生理学发展阶段

微生物生理学主要研究微生物的形态与发生、结构与功能、生长与繁殖、代谢与调控等的作用机制。微生物生理学发展阶段代表人物和重要事件如下。

（1）路易斯·巴斯德（1822—1895 年，图 1-3），法国微生物学家、化学家。他借生源说否定自然发生说（自生说）、倡导疾病细菌学说（胚种学说）以及发明预防接种方法而闻名，为第一个研制出狂犬病疫苗和炭疽病疫苗的科学家，被认为是微生物学的奠基者之一，被称为"微生物学之父"。

巴斯德的贡献如下。

巴斯德通过鹅颈瓶实验，彻底否定了自然发生学说，证实发酵由微生物引起。鹅颈瓶是一种由特殊形

图 1-3 路易斯·巴斯德

状的管道引向烧瓶的实验设备。"鹅颈"会降低空气在管中流动的速度，空气中的粒子（比如细菌）会困在其潮湿的内表面上。将瓶中液体煮沸，杀死瓶中微生物后，只要不接触管道中的污染液体，容器中的灭菌液体就会保持无菌。如果将曲颈管打断，管外空气直接进入瓶中，肉汤不久便会出现微生物。路易斯·巴斯德在 19 世纪 60 年代早期创造并且使用了这种容器来证明是空气中的粒子（细菌论），而非空气本身（自然发生说），导致发酵。

发明巴氏杀菌法，亦称低温消毒法，利用较低的温度既可杀死病菌又能保持物品中营养物质风味不变的消毒法，广泛应用于各种食品饮料生产中。国际上通用的巴氏杀菌法主要有两种：一种是将牛乳加热到 62～65℃，保持 30min，可杀死牛乳中各种生长型致病菌，灭菌效率可达 97.3%～99.9%，但不能杀死嗜热菌及芽孢等；第二种方法是将牛乳加热到 75～90℃，保温 15～16s，其杀菌时间更短，工作效率更高。

1881 年，巴斯德改进了减轻病原微生物毒力的方法，他观察到患过某种传染病并痊愈的动物，以后对该病有免疫力。导致传染病的病原菌在特殊的培养条件之下可以减轻毒力，从病菌变成防病的疫苗。鸡霍乱又称鸡巴氏杆菌病、鸡出血性败血症，是由巴氏杆菌引起的一种急性败血性传染病，严重危害养鸡业的一种传染病，得病鸡死亡率很高，通过巴氏杆菌种老化可制成减毒疫苗接种鸡，鸡没有死亡还获得了免疫。炭疽病由炭疽芽孢杆菌引发的细菌性人畜共患疾病，可以传染多种牲畜。用强氧化剂重铬酸钾来处理炭疽杆菌，做成减毒疫苗，连续给 14 只羊用这种氧化剂处理过的炭疽杆菌做接种疫苗，获得了成功。巴斯德奠定了免疫学原理和预防接种方法，从此人们知道利用该原理及方法可以避免许多传染病的发生。

1882 年，巴所德被选为法兰西学院院士，同年开始研究狂犬病，证明病原体——狂犬病病毒存在于患兽唾液及神经系统中，发明了狂犬病病毒兔脑传代和干燥减毒的方法并制成减毒活疫苗，最早的狂犬病疫苗便这样诞生了。当时狂犬病是一种非常致命的疾病，狂犬病疫苗挽救了无数人的生命。

巴斯德本人最为著名的成就是发展了一项对人进行预防接种的技术。这项技术可使人抵御可怕的狂犬病。其他科学家应用巴斯德的基本思想先后发展出抵御许多种严重疾病的疫苗，如预防斑疹伤寒和脊髓灰质炎等疾病，其理论和免疫法引起了医学实践的重大变革。

此外，他发现并根除了一种侵害蚕卵的细菌，巴斯德拯救了法国的丝绸工业。巴斯德还发现了厌氧生活现象，也就是说某些微生物可以在缺少空气或氧气的环境中生存。

（2）罗伯特·科赫（Robert Köch，1843—1910 年，图 1-4），德国医学家、细菌学家，发明培养基并用其纯化微生物等一系列研究方法的创立，证实炭疽病病因——炭疽杆菌，发现结核病病原菌——结核杆菌，提出了"科赫法则"。

科赫的贡献具体包括：

①1880 年，发现可以通过稀释把多种微生物分离开来，建立了单种微生物的分离和纯培养技术。

②建立了研究微生物一系列方法，把早年在马

图 1-4　罗伯特·科赫

铃薯块上的培养技术改为明胶平板（1881 年）和琼脂平板（1882 年）技术。用固体培养基进行的细菌纯培养法解决了用液体培养基培养细菌时，各种细菌混合生长在一起而难以分离的矛盾。在固体培养基表面，一个孤立的细菌固定地在培养基的某一点上生长，不断地分裂，形成一个个可见的菌斑，这些菌斑是一团聚在一起的源自一个品种的菌落，然后可以把这些菌落很方便地移种到其他培养基上或接种到动物体内。

③显微镜技术：发明包括细菌鞭毛在内的许多染色方法、悬滴培养法以及显微摄影技术。

④利用平板分离方法找到并分离许多传染病的病原菌（炭疽杆菌、结核分枝杆菌、链球菌）。

⑤科赫根据自己的研究经验，1884 年总结提出了著名的"科赫法则（Köch's Postulates）"，即要想确立一种疾病是由某种微生物的感染所引起的，必须满足 4 项条件：

a. 在每一病例中都出现相同的微生物，且在健康者体内不存在；

b. 要从寄主分离出这样的微生物，并在培养基中得到纯种培养；

c. 用这种微生物的纯培养接种健康而敏感的寄主，同样的疾病会重复发生；

d. 从试验发病的寄主中能再度分离培养出这种微生物。

如果进行了上述 4 个步骤，并得到确实的证明，就可以确认该生物即为该病害的病原物。就是在这样的法则指引下，科赫最先发现了炭疽病的病原菌和结核病的致病菌，以后又陆续发现了很多种致病微生物。尽管这种法则今天看来还有某些缺陷，但它毕竟在指导细菌学的研究和发展上做出了巨大贡献。

（3）爱德华·布赫纳（Eduard Büchner, 1860—1917 年，图 1–5），德国化学家。1897 年他把酵母菌细胞用石英砂磨碎制成酵母汁后加入白砂糖意外发现发酵现象，酒精发酵获得成功，这对后来的制糖工业和酿酒工业都有着重大意义。由于他把酵母菌细胞的生命活力和酶的化学作用紧密结合，便大大推动了微生物学、生物化学、发酵生理学和酶化学的发展，阐明了发酵的化学本质，即发酵是由酶引起的一类化学反应，使微生物的代谢作用开创了新的篇章。由于发现无细胞发酵，1907 年获诺贝尔化学奖。

（4）亚历山大·弗莱明（Alexander Fleming, 1881—1955 年，图 1–6），苏格兰生物学家、药学家、植物学家。1923 年发现溶菌酶，1928 年发现青霉素，这一发现开创了抗生素领域，使他闻名于世。1945 年，他与弗洛里（Florery）和钱恩（Chain）因为对青霉素的研究活动获诺贝尔生理学或医学奖。

图 1–5 爱德华·布赫纳

1928 年 9 月 3 日，亚历山大·弗莱明休假结束回到了实验室。正当他整理在走之前累积下来的培养皿时，发现有一个生发了霉菌的器皿杀死了培养皿里的细菌，但在其他器皿里，细菌仍旧存活着。这表示青霉素能分泌某种能杀灭、抑制葡萄球菌生长的物质，经反复试

图1-6   亚历山大·弗莱明

验，弗莱明和他的同事们发现这种青霉菌分泌的物质能抑制许多病原菌的生长，从它的溶液中提取的物质能十分有效地治疗败血病和创伤，可以杀死很多致病细菌。这种物质后来被称为"青霉素"，这是世界上发现的第一种抗生素，改变了人类对感染的治疗方法，拯救了千万人的生命。该霉菌被鉴定为产黄青霉，青霉素是6-氨基青霉烷酸（6-APA）苯乙酰衍生物。青霉素所含的青霉烷能使病菌细胞壁的合成发生障碍，导致病菌溶解死亡，而人和动物的细胞则由于没有细胞壁而不受影响。

1928年，弗莱明开创了好气性发酵工程，建立了通风搅拌技术。

1940年，弗洛里和钱恩发明了青霉素生产技术，从产黄青霉培养基中得到了纯品青霉素，从而拯救了千百万肺炎、脑膜炎、脓肿、败血症患者的生命。

1945年，抗生素工业即发酵工业正式兴起。

之后，放线菌产生的链霉素、金霉素、土霉素、卡那霉素、红霉素、新霉素、庆大霉素等相继被发现。1984年，抗生素达9000多种。

1953年5月，中国第一批国产青霉素诞生，揭开了中国生产抗生素的历史。截至2001年年底，我国的青霉素年产量已占世界青霉素年总产量的60%，居世界首位。

3. 分子生物学发展阶段（成熟期）

1953年，美国科学家沃森（Watson）和英国科学家克里克（Crick）研究生物体内主要的遗传物质DNA，发现DNA双螺旋结构，为微生物遗传学及育种技术的研究带来极大发展。他们开启了分子生物学时代，使遗传的研究深入到分子层次，"生命之谜"被打开，人类可在分子水平上对生命系统重新设计和改造。

分子生物学发展阶段是人类对微生物认识过程的成熟期，人们通过对微生物进行分子改造，微生物学成为十分热门的前沿基础学科，微生物成为生物学研究的最主要对象，利用微生物进行规模化工业生产，发酵工程成为成熟和重要的应用技术。

第三节   发酵工业的工程技术发展简史

1. 第一个转折点——微生物纯种分离培养技术的建立

自然发酵时期：知其然而不知其所以然，如厌氧发酵——酒类，好氧发酵——醋。微生物纯种分离培养技术，开创了人为控制微生物时代，减少了腐败现象，实现了无菌操作；发明了简易的密封式发酵罐；人工控制条件，提高发酵效率，稳定产品质量。

2. 第二个转折点——通气搅拌的好氧发酵工程技术建立（深层液态发酵）

1928 年弗莱明发现青霉素，直到 1940 年才开始少量生产。由于第二次世界大战对青霉素的大量需求，逐步采用液体深层发酵替代原先的固体或液体浅盘发酵进行生产。成功建立起深层通气培养法及整套工艺，包括向发酵罐内通入大量无菌空气、通过搅拌使空气分布均匀、培养基的灭菌和无菌接种、通氧量、pH、培养物供给等均已解决，使青霉素的生产水平有了很大的提高，同时，大大减少了发酵生产的占地面积、劳动强度以及能源和原料消耗等。随后刺激了有机酸、酶制剂、维生素、激素等的发酵法大规模生产。

3. 第三个转折点——人工诱变育种和代谢控制发酵工程技术的建立

在深入研究微生物代谢途径的遗传学基础上，通过对微生物进行人工诱变，选育高产菌株，再在人工控制的条件下培养，就大量产生人们所需要的物质实现有选择地大量生产目的产物。该技术先在氨基酸生产上获得成功，而后在核苷酸、有机酸、抗生素等其他产品中得到应用。

4. 第四个转折点——基因工程等多种技术引入发酵工业

20 世纪 90 年代基因工程技术快速发展，大量引入发酵工业中，使发酵工业产生革命性的变化。体外 DNA 重组技术应用于微生物育种，就可以按照预定的蓝图选育菌种来生产所需要的产物，提高产品的产量和质量，降低成本。

第四节　发酵食品种类、特性及保健功能、存在问题

一、发酵食品的研究对象

发酵食品研究对象包括以下几类。

（1）谷物及其制品　大麦、小麦、玉米、高粱、稻米、馒头、面包等。

（2）豆类及其制品　各种豆类、豆腐。

（3）乳制品　牛乳、羊乳、骆驼乳等。

（4）肉类和水产品　猪肉、牛肉、羊肉、鱼虾水产、海产品。

（5）水果、蔬菜类　各种水果、蔬菜。

（6）茶。

二、发酵食品的分类

发酵食品以产品种类和原料来源为依据可分为以下种类：酒精类饮料、谷物发酵制品、豆类发酵制品、乳类发酵制品、肉类发酵制品、蔬菜类发酵制品、发酵茶。

酒精类饮料发酵本书不再赘述。

（1）谷物发酵制品　面类食品如馒头、面包、发面饼、面酱，以及米类食品如米醋、米酒、米粉等。发酵谷物制品中生成了大量原来谷物中所没有的生理活性成分，如功能性低聚糖、益生菌及酶、B 族维生素和功能性脂类等。

（2）豆类发酵制品　豆瓣酱、酱油、豆豉、腐乳等产品。通过发酵，在保留大豆异黄酮和低聚糖等原有功能性物质的基础上，能够将大豆中存在的不溶性高分子物质降解成为可溶性的低分子化合物，生成了大豆原来不具有的营养物质，如维生素 B_{12}、核苷和核苷酸和芳香族化合物等。如印度尼西亚丹贝、日本纳豆、味增、韩国大酱。

（3）乳类发酵制品　一般是将牛乳、羊乳、马乳等动物乳作为原料，在乳酸菌、双歧杆菌以及酵母菌的发酵作用下制成的发酵品，主要包括酸乳、干酪、酸性奶油等。各类乳品经过发酵后，成分发生了变化，一方面合成了一些水溶性的维生素，另一方面增加了可溶性的磷和钙的含量，因而与鲜乳相比，营养价值更高。

（4）肉类发酵制品　是通过自然或人工控制，在微生物的发酵作用下，生产出来的具有特殊风味、色泽和质地，且能保存较久的肉类制品。肉类发酵时微生物产生了大量的蛋白分解酶，酶的作用使得游离氨基酸的含量得到提高，同时形成了酸类、醇类、杂环化合物和核苷酸等风味物质，使产品的风味得以提高。

（5）蔬菜类发酵制品　主要包括腌渍酸菜和泡菜。含丰富的维生素和钙、磷，含丰富的乳酸菌，可抑制肠道腐败菌生长，助消化、防便秘、降低胆固醇等。

（6）发酵茶　普洱茶、黑茶。

目前我国传统发酵食品生产过程的机械化、智能化水平较低，虽然自然接种可以网罗多种多样的微生物，但这种接种方式受气候、人为操作等因素影响较大，难以保证产品质量的稳定，生产效率较低，且具有一定的食品安全风险。传统发酵食品微生物组的基础和应用研究将促进传统产业的升级、改造，包括提高传统产业的原料利用率，降低能耗，生产出更美味、更营养的发酵食品。

三、　国内外发酵食品的工艺特色

（1）采用多种原料，中国多以谷物淀粉质原料为主，国外以水果原料为主。

①植物性原料

麦：啤酒、面包、格瓦斯（Govas）。

豆：酱油、豆豉、腐乳、丹贝、纳豆、蚕豆酱。

水果：果酒、果醋。

菜：酸菜、朝鲜和韩国泡菜（Kimichi）、辣椒酱。

茶叶：普洱茶、黑茶、茶菌（海宝）。

②动物性原料

乳：酸奶、干酪、Kumis（一种类似于开菲尔的乳制品）、Kefir（开菲尔或克菲尔，也称为"高加索酸奶"或"里海酸奶"）。

肉：香肠、火腿等。

（2）多菌种混合发酵、自然发酵，多以霉菌为主的微生物群（国外多以细菌、乳酸菌为主）。

（3）工艺复杂、多用曲。

（4）多为固态发酵。

四、　发酵食品的特性及保健作用

（1）延长食品保存期及防腐　发酵食品在常温下的保存期一般要长于非发酵食品，

扩展了不同食用季的可食性，发酵产酸降低环境 pH，抑制腐败菌生长，如酸菜、泡菜等。

（2）容易消化吸收　微生物发酵过程能分解淀粉、蛋白质，如腐乳、豆酱和豆豉含大量多肽、氨基酸。还能消除某些对人体不利的因子，如豆类中的低聚糖、胀气因子等。牛乳中一些不能吸收的物质（如乳糖、棉籽糖等）经发酵转化后能被人体吸收。

（3）风味与结构得到改善　酸乳发酵中产生 3-羟基丁酮、丁二酮，果酒发酵得到种类丰富的风味化合物，火腿风味诱人。

（4）低热量食品　发酵食品碳水化合物被消耗，属低热量食品，不易肥胖。

（5）提升营养价值　微生物代谢产生新的营养物质，多数有调节机体生物功能的作用，如酸乳好于牛乳，其乳糖被乳酸菌分解，常饮酸乳，肠内菌群以乳酸菌占优势，可以提高免疫力。

腐乳中必需氨基酸、B 族维生素含量等高于豆腐，豆腐乳还能产生植物性食物少有的维生素 B_2、维生素 B_{12}，也发现了一些有抗氧化、抗高血压等功能的物质。

泡菜的热量非常低，又含有丰富的微生物和矿物质。泡菜在发酵过程中因乳酸菌的作用抑制了杂菌孳长，还能促进胃肠中的蛋白质分解酶——胃蛋白酶的分泌，使肠内微生物分布正常化，帮助维持肠道健康环境。泡菜主材料——白菜的热量极低，大蒜具有燃烧脂肪的效果，此外更有大量膳食纤维，能预防便秘及肠炎，防止脂肪囤积并有效燃烧已经形成的脂肪。日本的纳豆可产溶血栓的纳豆激酶、维生素 K_2 等多种成分；红曲中有降血脂的功效成分——莫纳可林 K；豆豉具有 α-葡萄糖苷酶抑制活性；红曲霉发酵能产生降低胆固醇的莫纳可林类物质；酱油中的类黑精能有效抑制血管紧张素转换酶（ACE）。

五、　发酵食品存在的问题

1. 发酵食品总体工业化程度不高

目前只有酱油、醋、葡萄酒、啤酒、酸乳、干酪等产品实现了高度工业化，还有很大一部分传统发酵食品加工手段比较原始或工业化程度较低，如腐乳、豆豉等。许多传统食品现今都还是"小作坊"式的生产，存在许多卫生安全隐患，容易引发食品安全事故。

2. 产品质量不稳定

我国大多数企业以传统的天然发酵工艺为主，生产过程和质量控制主要依靠技术人员的经验加以判断，产品的质量受外界因素（温度、湿度、pH 等）的影响非常明显，这使得同一产品不同批次的品质、风味差异较大，难以实现标准化。

3. 天然发酵过程中微生物菌群复杂且发酵过程难以控制

天然发酵过程中不可能完全避免不良微生物甚至病原微生物的侵入，导致有害代谢产物积累，存在安全隐患。

发酵食品还有很多未知的科学问题，具有很大的发展和改进空间。

六、　发酵食品存在的主要有害物质

1. 氨基甲酸乙酯

氨基甲酸乙酯（ethyl carbamate，EC），又名尿烷，存在于酒精类饮料、面包、酸乳、干酪及酱油等发酵食品中，它是食物在发酵或贮存过程中天然产生的物质，普遍存在于发酵食品和酒类产品中，饮料酒是其中一个已知的主要来源。

氨基甲酸乙酯是一种具有致癌作用的物质，可导致肺肿瘤、淋巴癌、肝癌、皮肤癌等疾病。

2007 年，国际癌症研究机构（IARC）对氨基甲酸乙酯进行评估，将其由 2B 类（"可能令人类患癌的物质"）改为 2A 类（"很可能令人类患癌的物质"）。美国国家毒理学计划也将其列入"有理由预料引起癌症的物质"名单。

IARC 公布了 968 种可能致癌物质，各类致癌物质分类及数量见表 1-1。

表 1-1　　　　　　　　　　　致癌物质的分类及数量

致癌等级	致癌情况描述	化合物数量
1 类致癌物质	对人为确定致癌物质	111
2A 类致癌物质	对人很可能致癌，此类致癌物质对人致癌性证据有限，对实验动物致癌性证据充分	66
2B 类致癌物质	对人可能致癌，此类致癌物质对人致癌性证据有限，对实验动物致癌性证据并不充分	285
3 类致癌物质	对人类致癌性可疑，尚无充分的人体或动物数据	505
4 类致癌物质	对人类很可能不致癌	1

氨基甲酸乙酯的前体众多，有氰酸盐、尿素、瓜氨酸、N-氨基甲酰类化合物。酿造酒中的 EC 主要由尿素和乙醇反应产生。尿素是在发酵过程中酵母分解精氨酸所产生的副产物，黄酒中相对较高，EC 亦会在蒸馏酒内产生，特别是核果（如樱桃、杏和梅）烈酒，果核所含的氰基糖苷被酶水解后会产生一种名为异氰酸酯的副产品，异氰酸酯与酒中的乙醇发生化学反应产生 EC。除了 EC 前体的浓度外，光线和高温是影响酿造酒及蒸馏烈酒在贮存及运送期间产生 EC 的另外两个主要因素。

酿造酒在贮存期间，酒液中的尿素和乙醇会继续反应，成品酒的尿素含量越高、贮存温度越高、贮存时间越长，则形成的有害 EC 越多。

不同国家对不同酒类中氨基甲酸乙酯限量的规定都不同。关于食物中的 EC 含量，国际上对食品及酒类的 EC 含量控制规定各不相同。2002 年联合国粮农组织把氨基甲酸乙酯列为重点监控物质，并制定了国际标准，其含量不得超过 20μg/L。

加拿大是首个就多种酒精制品制定 EC 最高限量的国家：佐餐葡萄酒 30μg/L、加强葡萄酒 100μg/L、蒸馏酒 150μg/L、烈性酒和水果白兰地 400μg/L。

法国、德国和瑞士水果白兰地的上限规定分别是 1000μg/L、800μg/L 和 1000μg/L。

美国食品药物管理局（FDA）规定佐餐葡萄酒（酒精度 ≤14% vol）EC 含量不能超过 15μg/L；甜葡萄酒（酒精度 ≥14% vol）EC 含量不能超过 60μg/L。

韩国葡萄酒的 EC 最高限量为 30μg/L；日本清酒规定其含量不得超过 100μg/L。

我国在饮料酒包括黄酒、葡萄酒、白酒和啤酒中的 EC 限量标准正在制定中。我国食品污染物监测网已于 2008 年将 EC 列为新增监测项目，目前主要开展酒类样品的监测，如表 1-2 所示。

表 1-2	我国不同酒类中氨基甲酸乙酯含量	单位：μg/L
酒种类	EC 含量	
烟台、沙城、昌黎、新疆新酿葡萄原酒	2.17 ~ 13.05	
成品酒芝麻香型白酒	214.13	
浓香型白酒	191.89	
凤香型白酒	168.24	
清香型白酒	46.23	
黄酒	70 ~ 509	

2. 生物胺

生物胺（biogenic amines，BA）是生物体内产生的一类低分子质量含氮有机化合物的总称。在结构上分为：①脂肪胺（精胺、亚精胺、腐胺和尸胺等）；②芳香胺（苯乙胺和酪胺等）；③杂环胺（色胺和组胺等）三大类。发酵食品生物胺主要由微生物将蛋白质分解成氨基酸，再利用氨基酸脱羧酶作用于氨基酸脱羧而生成。

生物胺是生物体合成激素、核苷酸、蛋白质的前体，适量生物胺具有促进生长、增强代谢活力、加强肠道免疫系统、控制血压和消除自由基等生理功能。

但过量外源生物胺的摄入会引起血管、动脉和微血管的扩大，导致人体的不良反应，如高血压、头疼、腹部痉挛、腹泻和呕吐等。

生物胺普遍存在于许多食品尤其是发酵食品中，如发酵肉制品、水产品、乳制品、酒类（葡萄酒、啤酒等）、调味品等。

生物胺中毒性最大的是组胺，过量的组胺会导致头疼、消化障碍及血压异常，甚至会引起神经性中毒。毒性次之的酪胺则易引起偏头痛和高血压以及消化障碍等不适反应。生物胺中的尸胺和腐胺虽然毒性较小，但是能抑制组胺和酪胺代谢酶的活性，从而增加组胺和酪胺的毒性。

腐胺、尸胺、精胺和亚精胺可以与食物中的亚硝酸盐反应产生致癌物质亚硝基胺。

欧美国家一般规定食品中组胺的含量不得超过 100mg/kg，在酒类产品中，生物胺的浓度较低，但是乙醇及酒中其他物质会加强生物胺的毒性，因此对酒类产品中生物胺的限量标准比普通食品严格。不同国家对酒中生物胺含量的限制不同，如德国：2mg/L；比利时：5 ~ 6mg/L；法国：8mg/L；瑞士：10mg/L。

发酵食品产生生物胺需要具备三个基本条件：一是要存在生物胺前体物质，如氨基酸；二是具有氨基酸脱羧酶活性的微生物；三是存在适合的微生物生长环境。其中特别是具有氨基酸脱羧酶活性的微生物，已成为研究生物胺控制的热点。一些腐败菌和致病菌如链球菌属、杆菌属、梭菌属、埃希菌属、变形菌属、克雷伯菌属、假单胞菌属、沙门菌属等都具有氨基酸脱羧酶活性。

发酵食品生产过程中生物胺的控制方法如下。

（1）采用腐败微生物抑制剂　一些天然物质及其提取物能够有效抑制发酵食品中生物胺的产生，如大蒜、红辣椒、葱、生姜、丁香等提取物处理发酵凤尾鱼后可以使生物胺含量降低。

（2）控制氨基酸脱羧酶的活性　高 pH、高浓度 NaCl 可抑制氨基酸脱羧酶的活性，γ 射线辐射处理、超高压处理也可钝化酶。

（3）生物胺酶法降解——胺脱氢酶和胺氧化酶　胺脱氢酶可使生物胺脱氨生成乙醛和氨；某些微生物可分泌胺氧化酶，能将生物胺降解为乙醛、氨、过氧化氢。因此筛选产胺脱氢酶和胺氧化酶的益生菌添加到发酵过程中可降低生物胺的含量。

3. 亚硝酸盐、亚硝酸胺

新鲜的蔬菜中有很多硝酸盐，是吸收土壤中氮肥后，氮素暂存于植物体内的结果。硝酸盐本身没有毒性，但是如果经过一些细菌的硝酸还原酶作用，就会变成亚硝酸盐，进入细胞就会把体内正常的血红蛋白氧化成高铁血红蛋白，让红细胞失去运输氧气的能力，直接导致高铁血红蛋白质病症的发生；同时亚硝酸盐会与食物中的氨基酸和其他胺类物质结合成亚硝胺，这可是一种强致癌物，长期受到亚硝胺的作用，胃癌的发病率会提高。

一般在发酵第 3 天，发酵蔬菜亚硝酸盐会达到最高峰 32.68mg/kg，但是高峰期持续很短，之后亚硝酸盐含量迅速下降，到了第 6 天，便会降为 2.42mg/kg。即便是亚硝酸盐含量最多的大白菜泡菜，经过高峰之后，最多仅有 3mg/kg，专家称其为"亚硝酸盐的抛物线"。

严格的纯乳酸菌发酵所产生的亚硝酸盐含量是非常低的。所以人工接种纯乳酸菌，有助于降低亚硝酸盐含量。

泡菜腌制中所加入的鲜姜、鲜辣椒、大蒜、大葱、洋葱、紫苏等配料均可以帮助降低亚硝酸盐水平。

发酵肉制品中的亚硝酸盐是外源添加产生的。亚硝酸盐与肉类中的乳酸反应生成亚硝酸，亚硝酸分解产生的一氧化氮与肌红蛋白结合生成亚硝基肌红蛋白，呈亮红色；作为防腐剂，亚硝酸盐可抑制肉毒梭状芽孢杆菌生长，防止肉制品腐败；倘若不添加亚硝酸盐，肉毒梭状芽孢杆菌产生的外毒素可引起食品中毒，这可能是已知硝酸盐、亚硝酸盐有害，仍被允用于鱼、肉、干酪防腐剂的原因。

发酵食品中亚硝酸盐的控制方法如下。

（1）降低亚硝酸盐的用量或选择替代物　如用红曲、芹菜汁粉或发酵芹菜汁粉。

（2）化学降解　主要是加入抗氧化剂，如抗坏血酸和异抗坏血酸，化学法降解亚硝酸盐的能力强，但是这些抗氧化剂却容易被氧化，不利于运用到复杂的食品体系当中。

（3）筛选可降解亚硝酸盐的乳酸菌　发酵过程中可产生亚硝酸盐还原酶，将亚硝酸盐降解为无毒的 NH_4^+。接种筛选出来的有益的微生物，如乳酸片球菌和植物乳杆菌，pH 低可产生细菌素、过氧化氢以及有机酸，抑制肉毒梭菌的繁殖和致病菌的生长及毒素的产生，从而保证产品的安全性并延长产品保质期。发酵肉制品的保质期在常温下普遍可以达到 6 个月以上。如意大利的帕尔玛火腿可以保存一年。

（4）酸降解　乳酸菌利用碳水化合物发酵产生乳酸，从而使肉制品 pH 下降，可促使亚硝酸盐分解，降低了亚硝酸盐的含量；也有利于亚硝基与肌红蛋白结合生成亚硝基肌红蛋白，从而使最终肉制品呈特有的腌制色泽。

亚硝酸盐可与肉中的二甲胺反应生成二甲基亚硝酸胺，后者更具致癌作用。在发酵肉制品时，由于乳酸菌产酸，降低了 pH，从而使残留的亚硝酸与二甲胺作用生成二甲基亚硝酸胺的量减少。

我国强制标准 GB 2760—2014《食品安全国家标准 食品添加剂使用标准》规定，在肉制品中亚硝酸盐的使用量不得超过 0.15g/kg；成品中的亚硝酸盐残留量为 30～70mg/kg。

限制残留量为 ≤30mg/kg 的有：腌腊肉制品类（咸肉、腊肉、板鸭、中式火腿）；酱肉制品类；熏、烧、烤肉类；油炸肉类；肉灌肠类；发酵肉制品类。

限制残留量为 ≤50mg/kg 的有：肉罐头类。

限制残留量为 ≤70mg/kg 的有：西式火腿（熏烤、烟熏、蒸煮火腿）。

其实，致癌的不是亚硝酸盐而是在特定条件下产生的亚硝胺类物质，正常情况下摄食少量的亚硝酸盐，不会对人体产生危害。亚硝酸盐急性中毒事件发生的原因往往是误食误用，或者是一些地下加工黑窝点对亚硝酸盐不了解，在加工中滥用。

七、 发酵食品的发展趋势

1. 筛选和培育功能性微生物菌种

筛选确认功能性微生物菌种，构建多菌种可控发酵体系，实现产品的高效、定向生产，产品质量可控。采用基因工程技术改良发酵菌种，如基因工程改良面包酵母和酿酒酵母，麦芽糖透性酶转入面包酵母中，可生产膨润松软的面包；把麦芽淀粉酶转入啤酒酵母中，可直接利用大麦淀粉发酵生产啤酒，简化生产流程工序。

2. 提升和挖掘发酵食品功能性成分

（1）功能微生物分离培养与发酵，通过检测功能性成分或风味成分，确定功能性微生物。

（2）功能性成分分离提纯技术，采用大孔树脂、离子交换、色谱等技术，分离提纯功能性成分。

（3）采用 HPLC – MS 等检测技术鉴定其功效成分或新的有效成分，通过发酵控制提升有效成分含量。

（4）采用 GC – MS、GC – MS – MS 等对风味成分进行检测，确立主体风味化学成分。

3. 应用机械化、自动化生产设备、计算机物联网等智能化控制系统

原料输送、预处理、发酵过程、后处理过程、产品包装采用机械化、自动化生产设备，生产过程中应用计算机物联网等智能化控制系统，并对生产原料和最终产品采用大数据、信息化可追溯体系，将现代控制信息技术应用于传统发酵食品生产中。

4. 更美味、更健康的个性化发酵食品

（1）传统地方特色发酵食品技艺的挖掘与整理，如红茶菌。

（2）国外发酵食品与工艺的引进，如开菲尔、奶酪。

（3）自己制作（DIY）发酵食品的小型设备与相关辅料。

5. 分子生物学在发酵食品中的应用

（1）宏基因组学、基因芯片和实时定量 PCR 等分子生物学技术以微生物基因序列信息为基础，主要用于传统发酵食品发酵过程中微生物的多样性和功能的研究。

（2）酿造微生物菌株基因改造（目前不提倡）。

（3）用基因工程菌生产食品添加剂和营养功能因子。

6. 物理技术应用于传统食品中

目前已有超高压、超速离心、微波等物理技术用于白酒、醋的物理催陈。

　　另外还有冷杀菌技术，这是一类非加热杀菌方法。相对于加热杀菌而言，无须对物料进行加热，利用其他灭菌机理杀灭微生物，因而避免了食品成分因热而被破坏。冷杀菌包括超高压杀菌、辐射杀菌、高压脉冲电场杀菌、磁力杀菌、脉冲强光杀菌、紫外线杀菌。

　　与传统的杀菌技术相比，食品冷杀菌新技术对食品的营养成分、风味、质地、感官影响较小。但单一的杀菌技术尚存在一定的欠缺或不足。因此，为了进一步提高杀菌效率，把对食品的营养成分、风味、感官的有害作用降到最低，将两种或两种以上的杀菌方式串联或并联使用或与天然杀菌剂配合使用是今后杀菌技术研究的一个重要方向。

　　（1）食品超高压杀菌　即将包装好的食品物料放入液体介质（通常是食用油、甘油、油与水的乳液）中，在 $100 \sim 1000$ MPa 压力下处理一段时间。压力对微生物的致死作用，主要是通过破坏细胞膜、抑制酶的活性和影响 DNA 等遗传物质的复制来实现。

　　（2）微波杀菌　微波是频率为 300MHz 至 300GHz 的电磁波。食品中的水、蛋白质、脂肪、碳水化合物等极性分子吸收微波能量之后发生碰撞，动能转化为热能，使食品发热，即热效应；生物体与微波作用还会产生复杂的生物效应，即非热效应。简单地说，微波杀菌是微波热效应和非热效应共同作用的结果。微波的热效应主要起快速升温杀菌作用；而非热效应则使用微生物体内蛋白质和生理活性物质发生变异而丧失活性或死亡。

　　（3）辐射（或辐照）杀菌　辐射杀菌是利用一定剂量的波长极短的电离射线对食品进行杀菌。在食品杀菌中常用的射线有 X 射线、γ 射线和电子射线。

　　（4）超高压脉冲电场杀菌　超高压脉冲电场杀菌是采用高压脉冲器产生的脉冲电场进行杀菌的方法。

　　（5）脉冲强光杀菌　脉冲强光杀菌是利用脉冲的强烈白光闪照而使惰性气体灯发出与太阳光谱相近，但强度更强的紫外线至红外线区域光来抑制固体表面、气体和透明饮料中的微生物的生长繁殖。

　　（6）磁力杀菌　磁力杀菌是将食品放在 N 极和 S 极之间，用 6000Gs 的磁力强度连续摆动，不需要加热，即可达 100% 的灭菌效果，对食品的成分和风味无任何影响。

　　（7）紫外线杀菌　由于其辐射性能诱导微生物 DNA 中的胸腺嘧啶二聚体的形成，抑制 DNA 的复制和细胞分裂，波长 $250 \sim 260$ nm 的紫外线杀菌效果最佳。

　　（8）臭氧杀菌　臭氧是一种强氧化性的气体，具备强有力的杀菌消毒功效，气味也特殊；臭氧杀菌消毒之后，不产生任何残留物，可直接对食品使用。作为广谱高效杀菌剂，其杀菌速度较氯消毒剂快 $300 \sim 600$ 倍，可快速杀灭各种细菌繁殖体和芽孢、病毒和真菌，如大肠杆菌、沙门菌、葡萄球菌、枯草芽孢杆菌、黑曲霉、乙型肝炎表面抗原等。臭氧灭活病毒是通过直接破坏核糖核酸（RNA）或脱氧核糖核酸（DNA）物质而完成的。杀灭细菌、霉菌类微生物的过程是臭氧首先作用于细胞膜并将细胞膜破坏，继而破坏膜内组织，直至杀灭。由于臭氧的强氧化性和广谱性，它具有杀菌、消毒、除臭、除味等特殊效用，已经在许多领域得到广泛应用。1995—1996 年，澳大利亚、日本和法国等相继立法，允许臭氧在食品行业中使用。1997 年，美国食品药物管理局也批准了臭氧应用于食品加工。

　　臭氧在食品加工过程中除了杀菌消毒以外，还具有果蔬储藏保鲜作用；并可对生产用具、工作服等消毒；降解农药残留，经臭氧水处理的蔬菜样本浸泡 10min 后，农药残留的平均去除率可达 95.0%；脱色漂白作用，在一定条件下，臭氧可达到与过氧化氢相同的漂白效果。

（9）纳米二氧化钛光催化（Nano – titanium dioxide photocatalysis，TPC）杀菌 纳米二氧化钛光催化在催化过程中产生单线态氧、超氧阴离子自由基、羟自由基等活性物质，可广泛用于食品的杀菌消毒。TPC 技术因具有高抗菌活性和化学稳定性、无毒、环保和成本低的优点，在食品非热加工领域具有广泛的应用前景。

发酵调味品生产工艺

第一节　食　醋　生　产

　　醋是以米、麦、高粱等粮食或苹果、石榴、枣等水果为原料酿造的含有醋酸的液体调味品或饮料，古代称为"醯""酢"或"苦酒"。

　　酿醋与酿酒一样历史悠久，早在 3000 年前，我们的祖先就已经掌握了谷物制醋的技术，我国是世界上最早用谷物制醋的国家。《周礼》中便有"醯人""醯物"的记载，《论语·公冶长》中也有"乞醯"的记载，春秋战国时已存在专门酿醋的作坊，西汉《急就篇》中写道"芜荑盐豉醯酢酱"，说明古代"醯"和"酢"并不完全一样，北魏贾思勰所著《齐民要术》中明确指出"酢，今醋也"，"酢"就是我们今日的醋，这一用法目前在日语中仍有保留。

　　自古以来，食醋不仅具有调味作用，还有很高的药用价值，虽然现如今醋的药用价值不常被人提及，但在古代，食醋的药用价值十分受人们的重视。依据成分，醋是醋酸 $30 \sim 50 g/L$ 的水溶液，含有许多有机酸、多酚、微量元素等，包括氨基酸、乳酸、丙酮酸、甲酸、山梨酸、柠檬酸、苹果酸、琥珀酸、草酸、草酰乙酸、葡萄糖、果糖、麦芽糖、乙醇、乙酸乙酯、乳酸乙酯、高级醇类、3 - 羟基丁酮、二羟基丙酮、酪醇、乙醛、甲醛、乙缩醛、维生素 B_1、维生素 B_2、维生素 C、钠、钾、钙、亚铁盐等，醋的具体成分因其原材料的种类、酿造方法、酿造条件等而异，不同醋的成分存在较大的差异。

　　明代李时珍所著《本草纲目》中记载，醋"性味酸、苦、温，入肝胃经"，可"消臃肿、散水气、杀邪毒"，即醋具有活血散瘀、消食化积、消肿软坚、解毒疗疮的功效。醋中的有机酸能够显著降低蔗糖酶、麦芽糖酶等双糖酶的活性，使食物的血糖指数降低，从而抑制血糖上升，另外，醋还可以提高胰岛素的敏感性，对糖尿病的防治具有一定的作用；此外，水果醋中的矿物质钾，有利于排出体内过剩的钠，从而降低血压；醋还可以抑制低密度脂蛋白的氧化，从而降低血液中胆固醇的水平；醋还能够刺激神经中枢，促进消化液、胃液的分泌，具有增加食欲、帮助消化的功效，还能提高对食物中钙、铁、磷、维生素等的吸收利用率。

　　由于不同的地理位置、不同的气候条件，各地盛产的粮食、水果等农产品也各不相同，再加上不同的酿造工艺，便形成了各色各样独具地方特色的食醋产品。山西老陈醋、镇江香醋、四川保宁麸醋和福建永春老醋合称"中国四大名醋"，此外，浙江玫瑰醋、上海米醋、北京熏醋、丹东白醋等食醋，以及各种水果醋、蒜汁醋、蜂蜜醋等保健醋也深受人们喜爱。

本节将以中国四大名醋为例，简单介绍食醋生产所用的原辅料、发酵相关的微生物及生物转化，以及制醋的工艺流程。

一、 山西老陈醋

数千年前，山西人便已因食醋、酿醋而名传天下，外地人称山西人为"老西儿"，实际就是从"老醯儿"演变而来的。

山西地处黄土高原，夏日雨水少而日照多，冬日多西北风，气候寒冷，经过独特的"夏伏晒，冬捞冰"的自然醇化过程，酿造出的醋风味与酸味倍增，这种隔年陈醋便称为"老陈醋"。山西老陈醋以其清香、浓郁、绵香、醇厚的特点名扬天下，被誉为"华夏第一醋"，位列"四大名醋"之首。

1. 主要原辅料

贾思勰《齐民要术》中详细记载了 23 种制醋技术，原料包括高粱、大麦、小麦、糯米、小米、大豆、小豆等，糖化剂有根霉、米曲霉两类。

2. 主要微生物与生化过程

虽然中国醋的固态发酵工艺不是无菌操作，但由于具有高度选择性的材料和操作条件，特定的真菌（如曲霉、根霉）、酵母（如酿酒酵母、异常汉逊酵母）和细菌（如醋酸菌、乳酸菌）分别主导了淀粉糖化、酒精发酵和醋酸发酵的过程，从而降低了染菌的风险。由于特定的自然条件，曲中形成的微生物群落并未完全被人了解，因此大规模工业化生产的醋的品质远不如传统固态发酵酿制的食醋，如传统中国醋中的有机酸和多酚含量便远高于工业化规模生产的醋，清除自由基的能力也更强。醋的发酵过程大致上可以分两步，第一步，糖在酵母酒化酶作用下转化为酒精；第二步，乙醇转化为乙醛，是由一种酶（或多种酶），即乙醇脱氢酶进行的；乙醛再转化为乙酸，是通过乙醛脱氢酶完成的。

"曲是骨，水是血"，山西特有的水土是老陈醋独特风味的关键，空气和土壤中诸多有益于发酵的微生物是山西老陈醋色浓味清的基础。曲中独特的微生物有助于形成醋独特的风味与香味。

曲中的优势微生物是各种霉菌，包括曲霉、根霉、毛霉和青霉。根据制备方法，曲可分为大曲、小曲、麸皮曲、小麦曲、草本曲、红米曲等。草本曲是一种特殊的曲，只用于四川药醋的生产。不同类型的曲有不同的微生物区系。大曲、小曲、草本曲、红米曲的微生物来源于自然环境，而麸皮曲、小麦曲的微生物则来源于培养的曲霉或根霉。大曲的主要微生物是曲霉，小曲中主要微生物是根霉。

3. 加工工艺

原料经过糖化、酒化和醋化的复式发酵，是中国特有的发酵技术。食醋固态发酵工艺包括五个连续的过程：曲的制备（制曲）、淀粉的糖化、酒精发酵、醋酸发酵和成熟，其中，制曲和醋酸发酵属于好氧发酵，酒精发酵属于厌氧发酵，且醋酸菌对氧非常敏感，氧供应不足可能会导致乙醛积累和醋酸产量降低，因此，整个酿造过程中需要严格控氧。

基于原料的处理方法，中国食醋生产中有两种基本的固态发酵工艺，即"煮法"和"蒸法"。在"煮法"中，糖化和酒精发酵以液态（即液体）进行，醋酸发酵为固态发酵。在"蒸法"中，整个过程以固态方式进行，将稻壳和部分麦麸与主要原料（谷物）混合，浸泡后立即蒸熟。

中国传统的食醋生产工艺大多有一个成熟期，在这个成熟期中，许多风味物质如酯类物质都是通过化学反应形成的。它的长度随醋的种类而变化。成熟过程中，微生物活动停止。成熟的醋中通常会加入食盐，以防止微生物将醋酸过度氧化成二氧化碳。山西老陈醋的生产周期约为 18 个月，最耗时的阶段是成熟期。有机酸、酯类、酮类和醛类等风味化合物，是以乙酸作为前体在发酵和陈化过程中产生的。这些挥发性化合物的种类及含量可能受到最初使用的原料、醋的生产方法和酸化时间的影响。

一般认为，山西老陈醋的生产工艺是由清代王来福在 1644—1661 年总结发明的。2006 年"山西老陈醋传统制作技艺"被列为国家级非物质文化遗产。山西老陈醋以高粱为原料，以大曲为糖化剂，经过"蒸、酵、熏、淋、陈"等工序，色泽为红棕色有光泽，独具"酸、绵、甜、香、鲜"的特色，富含有机酸、糖类、含氮化合物、维生素和香气成分等，具有抗菌、抗氧化、缓解疲劳、降血脂、降血压等功效。

传统老陈醋制作采用铁锅蒸粮、陶瓷缸发酵、地炕炭火熏醅、地池淋醋，新醋置于室外缸内，一年四季日晒夜露，冬季醋缸结冰时，需将冰取出弃去，经过"三伏一冬"日晒与捞冰陈酿而成。

山西老陈醋传统制作工艺流程（图 2-1）及操作要点如下所示。

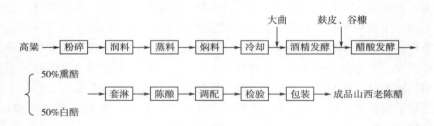

图 2-1   山西老陈醋传统制作工艺流程

操作要点：原料粉碎为粗粉，加入 80% ~ 120% 水（以高粱质量计）进行润料 8 ~ 14h，蒸料、焖料，要求蒸熟，蒸透，无夹心，淀粉含量在 16% ~ 18% 为最佳。冷却后，调节水与高粱的比例，入缸进行酒精发酵；酒精发酵前 3 ~ 4d 为主发酵期，需打耙（搅拌酒醪）对酒醪进行降温并为酵母菌繁殖提供氧气，主发酵期结束后封缸进行密封发酵，进入后发酵期，为下一步的醋酸发酵积累前体物质，并产生酯类物质，也称为酯化养醪期；酒精发酵结束后，在酒醪中拌入 80% 的麸皮、80% 的谷糠（以高粱质量计），调节新醅酒精度和水分，入缸进行醋酸发酵。接入已发酵 1 ~ 2d 的醋醅（火醅），此过程称为"接火"。每日进行翻醅，起到调节水分、温度的作用，使醋醅松散，以供足够氧气，加快醋酸菌繁殖。醋酸发酵经过 3 ~ 4d 温度可升到最高，此过程称为"顶火"。

山西同步发酵老陈醋传统生产工艺是山西省非物质文化遗产，其独特的三边发酵技术是以成分复杂的高粱、豌豆、大麦等谷物为原料，多菌共生酶系互补，是分解与发酵混合进行的边糖化、边酒精发酵、边醋酸发酵，将原料成分转化为多种风味和营养物质的过程。

同步发酵老陈醋生产工艺流程（图2-2）及操作要点如下所示。

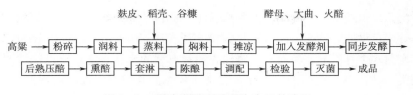

图2-2　同步发酵老陈醋生产工艺流程

同步发酵老陈醋工艺操作要点：原料粉碎为粗粉，加入80%～120%水（以高粱质量计，下同）进行润料8～14h，使高粱充分吸收水分。再拌入麸皮、稻壳、谷糠后加水100%，将物料打散拌匀后常压蒸1.5～2h，蒸后焖料3h出锅。出锅后加水100%～200%，降温至35℃，加入40%～60%的大曲、0.3%的酵母和10%～20%的火醅（醋酸菌对数生长期醋醅），继续翻拌均匀，要求品温低于25℃，开始三边发酵。当品温上升至36℃左右，进行倒醅，然后再压实加盖，发酵6～7d时，揭开塑料布封口，当温度升至40℃时，进行翻醅，使醋醅松散，提供足够氧气，加快醋酸菌繁殖。品温在40～45℃时，每日翻醅一次。待三边发酵后加入7%～9%的食盐将醅压实后熟，再经熏醅至颜色变为黑紫色时出醅、淋醋后制得食醋半成品，转入陈酿池伏晒捞冰12个月以上即成。三边发酵体系内菌系复杂并伴随协同发酵，有酵母菌、曲霉菌、醋酸杆菌等。

二、镇江香醋

镇江恒顺醋厂始建于1840年，至今仍是香醋的主要生产地。镇江香醋在海内外享有盛誉，是江苏省镇江市的特产，也是中国国家地理标志产品。它主要以糯米为原料，它的起源和米醋或糯米醋的发明密切相关，具有色、香、酸、醇、浓五大特点，色浓和味鲜，香而微甜，酸而不涩，存放愈久，味道愈香。"香"字说明镇江醋比起其他种类的醋来说，特点在于一种独特的香气。

镇江香醋之所以能够超过其他同类产品，主要原因采用独特的固态分层发酵工艺。固态分层发酵工艺是醋酸发酵过程中的一个关键所在，也是镇江醋业1400多年来丰富的技术积累。通过"固态分层发酵"的方法，保证原料有足够的氧气、一定的营养比例、恰当的水分和适宜的温度，有利于醋酸菌的繁殖，以利于逐步将原料中的酒精氧化成醋酸。

镇江香醋通过高温浓缩、散发水分，增加香气和酸度，再经过长时期的贮存、酯化，使镇江香醋更具特色。香醋的贮存设备非常考究，必须存放在规定的陶瓷坛内密封陈化，要求室内通风良好。醋内的醋酸和微量酒精成分经过贮存，产生一定的醋酸乙酯，是构成香气成分的主要来源。

1. 主要原料

镇江香醋主要原料为糯米、麸皮。

2. 主要微生物与生化过程

一是糯米中淀粉的分解，即糖化作用（水解）；二是酒精发酵，即酵母菌将可发酵性的糖转化成乙醇（发酵）；三是醋酸发酵，即醋酸菌将乙醇转化成乙酸（氧化），其中巴氏醋酸杆菌是镇江香醋的优势菌群。

3. 加工工艺

镇江香醋是以恒顺地产优质糯米为主要原料，采用传统复式糖化、酒精发酵、固态分层醋酸发酵、炒米色淋醋等特殊工艺，经大小40多道工序，历时70d左右产出熟醋，然后再注入特制陶坛密封6个月以上陈酿而成。镇江香醋是典型的米醋，它之所以能够蜚声国内外，超过其他同类产品，与其发酵工艺考究有着密切关系。其中酒精发酵阶段要选用粒大、浑圆、晶亮、润白、淀粉含量达72%的优质糯米，并且浸泡应适时，蒸熟煮透，水分适量，低温发酵。醋酸发酵阶段采取固体分层发酵法，这是镇江香醋酿造工艺的独特之处，在整个醋酸发酵过程中要保证充足的氧气、丰富的养分、恰当的水分、适宜的温度，这四大要素缺一不可。尤其是发酵温度，直接关系到香醋的质量，每一个阶段的温度都有具体要求。加炒米色淋醋阶段是将醋酸醅溶解于水，加炒米色调制色泽和香气，再经过滤、煎煮、去除杂物、净化消毒，确保香醋的纯洁度。另外，镇江香醋对贮存容器也非常考究，一般选择在陶都宜兴产的陶坛内密封陈化，最后经过特制陶坛密封贮存6个月以上陈酿而成的醋赋予镇江香醋"酸而不涩、香而微甜、色浓味鲜、愈存愈香"的风味和特色。镇江香醋生产工艺流程如图2-3所示。

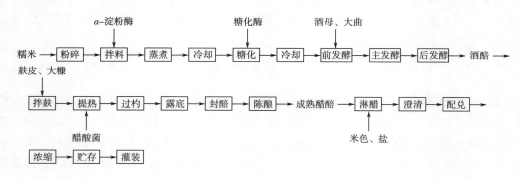

图2-3　镇江香醋生产工艺流程

（1）原辅料　米质对镇江香醋的质量、产量有直接的影响，糯米的支链淀粉比例高，吸水速度快，黏性大，不易老化，有利于酯类芳香物质生成，对提高食醋风味有很大作用。麸皮能吸收酒醅和水分，起疏松和包容空气的作用，麸皮还含有丰富的蛋白质，对食醋的风味有密切的关系。大糠主要起疏松醋醅的作用，还能积存和流通空气，利于醋酸菌好氧发酵。

（2）糖化　糯米经粉碎后，加水和耐高温 a - 淀粉酶，打进蒸煮器进行连续蒸煮，冷却，加糖化酶进行糖化。

（3）酒精发酵　淀粉经过糖化后可得到葡萄糖，将糖化30min后的醪液打入发酵罐，再把酵母罐内培养好的酵母接入。酵母菌将葡萄糖经过糖酵解途径生成丙酮酸，丙酮酸由脱羧酶催化生产乙醛和 CO_2，乙醛被进一步还原为乙醇。在发酵罐里酒精发酵分3个时期：前发酵期、主发酵期和后发酵期。

①前发酵期：酒母与糖化醪打入发酵罐后，这时醪液中的酵母细胞数还不多，由于醪液营养丰富，并有少量的溶解氧，所以酵母能够得以迅速繁殖，但此时发酵作用还不明显，酒

精产量不高，因此发酵醪表面比较平静，糖分消耗少。前发酵期一般 10h 左右，应及时通气。

②主发酵期：8～10h 后，酵母已大量形成，并达到一定浓度，酵母菌基本停止繁殖，主要进行酒精发酵，醪液中酒精成分逐渐增加，CO_2 随之逸出，有较强的 CO_2 气泡响声，温度也随之很快上升，这时最好将发酵醪的温度控制在 32～34℃，主发酵期一般为 12h 左右。

③后发酵期：后发酵期醪液中的糖分大部分已被酵母菌消耗掉，发酵作用也十分缓慢，这一阶段发酵，发酵醪中酒精和二氧化碳产生得少，所以产生的热量也不多，发酵醪的温度逐渐下降，温度应控制在 30～32℃，如果醪液温度太低，发酵时间就会延长，会影响出酒率，这一时期约需 40h。

（4）醋酸发酵　酒精在醋酸菌的作用下，氧化为乙醛，继续氧化为醋酸，这个过程称为醋酸发酵，在食醋生产中醋酸发酵大多数是敞口操作，是多菌种的混合发酵，醋酸发酵是食醋生产中的主要环节。

（5）提热、过杓　将麸皮和酒醪混合，要求无干麸，酒精度控制在 5%～7% vol 为好，再取当日已翻过的醋醅作种子，也就是取醋酸菌繁殖最旺盛的醋醅作种子，放于拌好麸的酒麸上，用大糠覆盖，第 2 天开始，将大糠、上层发热的醅与下面一层未发热的醅充分拌匀后，再盖一层大糠，一般 10d 后可将配比的大糠用完，酒麸也用完开始露底，此操作过程称为"过杓"。

（6）露底　"过杓"结束，醋酸发酵已达旺盛期。这时应每天将底部的湿醅翻上来，面上的热醋醅翻下去，要见底，这一操作过程称为"露底"。在这期间由于醋醅中的酒精含量越来越少，而醋醅的酸度越来越高，品温会逐渐下降，这时每日应及时化验，待醋醅的酸度达最高值，醋醅酸度不再上升甚至出现略有下降的现象时，应立即封醅，转入陈酿阶段，避免过氧化而降低醋醅的酸度。

（7）封醅　封醅前取样化验，称重下醋，耙平压实，用塑料或尼龙油布盖好，四边用食盐封住，不要留空隙和细缝，防止变质。减少醋醅中空气，控制过氧化，减少水分、醋酸、酒精挥发。

（8）淋醋　淋醋采用 3 套循环法。将淋池、沟槽清洗干净，干醅要放在下面，湿醅放在上面，一般上醅量为离池口 15cm，加入食盐、米色，用上一批第 2 次淋出的醋液将醅池泡满，数小时后，拔去淋嘴上的小橡皮塞进行淋醋，醋液流入池中，为头醋汁，作为半成品。第 1 次淋完后，再加入第 3 次淋出的醋液浸泡数小时，淋出的醋液为二醋汁，作为第 1 次浸泡用。第 2 次淋完后，再加清水浸泡数小时，淋出得三醋汁，用于醋醅的第 2 次浸泡。淋醋时，不可一次将醋全部放完，要边放淋、边传淋。将不同等级的醋放入不同的醋池，淋尽后即可出渣，出渣时醋渣酸度要低于 0.5%。

（9）浓缩、储存　淋出的生醋经过沉淀，进行高温浓缩杀菌，又可将蛋白质变性凝固作为沉淀物除去。再将醋冷却到 60℃，打入储存器陈酿 1～6 个月后，镇江香醋的风味能显著提高。在贮存期间，镇江香醋主要进行了酯化反应，因为食醋中含有多种有机酸，同多种醇结合生成各种酯，例如醋酸乙酯、醋酸丙酯、醋酸丁酯和乳酸乙酯等。贮存的时间越长，成酯数量也越多，食醋的风味就越好。贮存时色泽会变深，氨基酸、糖分下降 1% 左右，因此也不是贮存期越长越好，全面评定，一般为 1～6 个月。贮存时容器上一定要标明品种、酸度、日期。

三、　四川保宁麸醋

四川各地多用麸皮酿醋，以保宁醋最为有名。保宁醋以麸皮为主料，通过添加多种中药材酿造而成，用砂仁、川芎、苍术、杜仲等60多种具有生津开胃、健脾益神等功效的中草药为曲，取"松华"井水为体，用麸醋红曲工艺与现代科技相结合，历经42道工序精酿而成，独具"色泽红棕、酸味柔和、醇香回甜、浓厚绵长"的特点。保宁醋是中国药醋典范、是中国四大名醋中唯一的药醋，中国麸醋鼻祖。在保宁醋制曲过程中，60多种中草药可以为微生物提供营养，抑制有害菌形成，并向产品引入特殊成分，形成了保宁醋药曲特有的微生物菌系，使得食醋久贮而不腐。保宁醋的发酵过程是糖化、酒化、醋化同池发酵，生成的糖随即转化成酒精，酒精又随即氧化成醋酸，不存在糖、酒精浓度过大阻碍发酵的弊端。同时，发酵过程中通过9次耖糟来实施发酵时的管理，巧妙地使糖化、酒化、醋化三者同时兼顾，使保宁醋香气、味感、营养成分大量而又协调地产生，给保宁醋带来了柔和、圆润、浓厚、幽香的特色。

1. 主要原辅料

保宁麸醋是中国药醋典范、中国麸醋鼻祖。保宁麸醋以麸皮、小麦、大米、糯米为原料，用砂仁、麦芽、元楂、独活、肉桂、当归、乌梅、杏仁、川芎、苍术、杜仲等60多种具有生津开胃、健脾益神、促进血液流动等功效的中药材制曲，取"松华"井水为体，历经42道工序精酿而成。其中，麸皮集主料、辅料、填充料的功能于一身，不仅可节约粮食，简化原料配比，而且醋的色素在发酵过程中自然形成，无须采用熏醋法、炒米色等方法来增色，由此简化了工艺操作。酒母通常以碎大米为原料制备，麸醋制备以麸皮为主，酒母与麸皮的配比约为1:10。

2. 主要微生物与生化过程

异常威克汉姆酵母（*Wickerhamomyces anomalus*）、醋酸杆菌（*Acetobacter sicerae*）和发酵乳酸杆菌（*Lactobacillus femertum*），具有产香、高产酸、高产多糖特性。优势菌为乳酸杆菌属、醋酸杆菌属，主要提供酸类物质，产香酵母对食醋风味有重要影响。

3. 加工工艺

四川保宁麸醋生产工艺流程如图2-4所示。

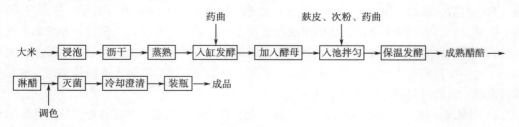

图2-4　四川保宁麸醋生产工艺流程

四、　福建永春老醋

永春老醋，酸中微甘，香味醇厚，色泽棕黑，故又称为乌醋。它不仅是质地优良的调味品，而且具有开脾健胃、祛湿杀菌的功能，久藏不变质，且色、味、品质更佳。

1. 主要原辅料

福建永春老醋是在福建省永春县范围内，以优质糯米为主要原料，以红曲米为糖化发酵剂，经酒精发酵后采用液态醋酸发酵，再经 3 年以上陈酿而成的具有地方特色的食醋。

2. 主要微生物与生化过程

红曲酿造工艺是永春老醋最具代表性的传统工艺体现，因为红曲具有良好的糖化和酒化能力，是很好的酿造老醋的好原料。通过将红曲与糯米饭混合后，红曲霉生长代谢产生糖化酶，催化糯米内的淀粉分解成糖分，糖分再经酵母发酵产生酒精变成红曲酒，红曲酒接入醋酸菌进行醋酸发酵产生食醋。

3. 加工工艺

福建永春醋生产工艺流程见图 2-5。

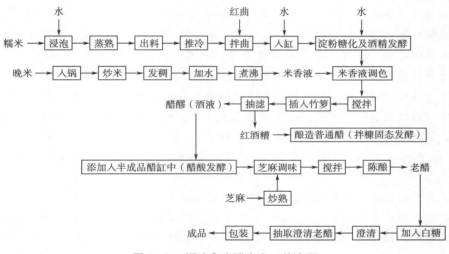

图2-5　福建永春醋生产工艺流程

知识拓展

1. 醋的成分的比较

不同食醋的主要香味物质均以醋酸为主，其余香味物质有明显差异。醋中含有多酚、有机酸、醇等有益健康的成分。酚类物质至少含有一个芳香环，带有一个或多个羟基，能够中和体内可能产生的自由基，而这些自由基会导致肺部疾病、自身免疫性疾病、衰老和心脏病等，因此在保持健康方面起着关键的作用。多酚类物质在醋中含量较高，对醋的色泽、风味、涩味、苦味等均有重要影响。粮食醋中，总酚含量远高于苹果醋，几乎是苹果醋的 5 倍，且总酚含量和抗氧化能力［用1, 1－二苯基－2－三硝基苯肼（DPPH）自由基清除能力表征］呈显著正相关。粮食醋中，山西老陈醋比镇江香醋的 DPPH 自由基清除能力更强，水果醋中猕猴桃醋的 DPPH 自由基清除能力相对更高。

食醋中的有机酸主要来源于酿造过程中各种微生物的代谢活动，不同酿造原料和工艺所产出的食醋中有机酸组成差异较大，因此，醋中的有机酸含量可以反映有关原料来源、加工工艺和微生物生长的信息。醋酸和草酸是食醋中有机酸的基本组成成分。谷物醋成分相对简单，醋酸含量高，主要作为调味品，而果醋含有更复杂的有机酸成分，可作为饮料。谷物醋中主要的酚类化合物是没食子酸、儿茶酚和香草酸，最丰富的有机酸是醋酸、乳酸和奎尼酸，而水果醋中最丰富的有机酸是醋酸、乳酸和丙二酸。通过对不同食醋的比较发现，陈醋中总酚含量最高，总有机酸含量最高，抗氧化活性也更强。

酿造食醋成分复杂，含有机酸类二十多种，醛类五种，酯类几十种，醇类十几种，酮类十几种，此外还有大量酚类物质，以及氨基酸、维生素、泛酸、叶酸、烟酸等营养成分，钾、磷、镁等微量元素，以及丰富的具有活血止痛作用的生物碱类川芎嗪、降血脂的他汀类、类胡萝卜素、植物甾醇等生物活性成分等。醋中黄酮、川芎嗪、洛伐他汀等成分被认为是醋具有活血化瘀作用的重要物质基础。

2. 世界各地的名醋

作为一种世界性的调味品和防腐剂，醋的食用范围很广，历史也非常悠久，目前已发现最早的醋可以追溯到 1 万多年前，公元前 5000 多年的古巴比伦人用椰枣来酿造酒和醋，并用醋来腌制和保存食物。现代医学之父、古希腊的希波克拉底将醋用作治疗感冒、咳嗽等多种疾病的药物。目前，不同国家生产醋的种类、方法不尽相同，对醋的定义也有差异，在大多数国家的定义中，只有经过酿造，即酒精化和醋酸化而形成的含有一定量醋酸的液体才可以称为醋，而直接用醋酸稀释所得的醋不能称为醋，但也存在例外，韩国对醋的定义中，用饮用水稀释的醋酸或冰醋酸也属于醋。联合国粮农组织/世界卫生组织将醋定义为，任何适于人类食用的，仅由含有淀粉和/或糖的农产品经过两步发酵（先是酒精化，然后是醋酸化）后得到的酒精含量低于 0.5% vol（葡萄酒醋）或 1% vol（其他醋）的液体。

世界范围内名醋的种类很多，包括中国固态发酵谷物醋（山西老陈醋、镇江香醋、四川保宁麸醋和福建永春老醋）、水果醋如菠萝醋、桑葚醋等；意大利摩德纳（Modena）香醋和传统香醋、西班牙赫雷斯醋即雪莉酒醋、希腊的 oxos；日本的黑玄米醋（Kurosu）、琥珀米醋（Komesu）、清酒醋（Sake - Lees）、非食用的木醋；非洲的椰汁醋、芒果醋、高粱醋、李子醋、蜂蜜醋、香蕉醋、枣醋、竹醋等；其他醋如可可醋、腰果醋，乳清醋等，以及比较普遍的麦芽醋、苹果醋、葡萄酒醋、柿子醋等。世界各地醋分布情况见表 2-1。

表 2-1　　　　　　　　　　　　　世界各地醋分布情况

种类	原材料	中间产物	醋名[d]	地理分布
蔬菜[a]	大米	Moromi（莫柔米醋）	Komesu（纯米酢），kurosu（混合米酢）（日本） 黑醋（中国）	东亚和东南亚
	竹汁	发酵竹汁	竹醋[b]	日本、韩国、朝鲜
	麦芽	啤酒	麦芽醋	北欧、美国
	棕榈汁	棕榈酒（toddy，tari，tuack，tuba）	棕榈醋	东南亚、非洲
	大麦	啤酒	啤酒醋	德国、奥地利、荷兰

续表

种类	原材料	中间产物	醋名[d]	地理分布
蔬菜[a]	小米	曲	黑醋	中国、东亚
	小麦	曲	黑醋	中国、东亚
	高粱	曲	黑醋	中国、东亚
	茶和糖	红茶菌	红茶菌醋	俄罗斯、亚洲（中国、日本、印度尼西亚）
	洋葱	洋葱酒	洋葱醋	东亚和东南亚
	番茄	—	番茄醋	日本、东亚
	甘蔗	发酵甘蔗汁	甘蔗醋	法国、美国
		甘蔗酒	Sukang iloko（甘蔗醋）	菲律宾
		—	Kibizu（甘蔗醋）	日本
水果	苹果	苹果酒、苹果汁	果醋	美国、加拿大
	葡萄	葡萄干	葡萄干（葡萄）醋	土耳其、中东
		红葡萄酒或白葡萄酒	葡萄酒醋	分布广泛
		雪莉酒	雪莉酒（赫雷斯）醋	西班牙
		熟葡萄汁	意大利香醋	意大利
	椰子	发酵椰汁	椰汁醋	菲律宾、斯里兰卡
	枣	发酵枣汁	枣醋	中东
	芒果	发酵芒果汁	芒果醋	东亚和东南亚
	红枣	发酵红枣汁	红枣醋	中国
	覆盆子	发酵覆盆子汁	覆盆子醋	东亚和东南亚
	黑加仑	发酵黑加仑汁	黑加仑醋	东亚和东南亚
	黑莓	发酵黑莓汁	黑莓醋	东亚和东南亚
	桑葚	发酵桑葚汁	桑葚醋	东亚和东南亚
	李子	梅干[c]发酵梅子汁	Umeboshi（梅干醋）	日本
	蔓越莓	发酵蔓越莓汁	蔓越莓醋	东亚和东南亚
	柿子	发酵柿子汁	柿子醋	韩国
			Kakisu（柿醋）	日本
动物	乳清	发酵乳清	乳清醋	欧洲
	蜂蜜	稀释蜂蜜酒	蜂蜜醋	欧洲、美洲、非洲

注：a：蔬菜不是一个植物学术语，特指植物的某个可食用部分；一些植物学术语，如番茄，一般也被当作蔬菜。

b：通过竹子汁发酵获得。

c：梅干是一种腌制的 ume，ume 是一种带果实的李属树，一般被称为李子，但实际上与杏更接近。

d：醋名列表下的"××醋"并不是指发酵原材料，而是指为获得特定的味道和风味特征而添加的成分。

　　许多植物都可以用于醋的生产，只要能够满足两个基本要求：一是对人和动物食用安全；二是可作为可发酵糖的直接或间接来源。醋通常是一种廉价的产品，它的生产需要低成本的原材料，如质量不好的水果、季节性农业盈余、食品加工副产品、水果废料等，最常见的原料有谷物、水解淀粉、苹果、梨、葡萄、蜂蜜、糖浆、啤酒和葡萄酒等。当然也有一些非常昂贵的醋，如意大利的摩德纳香醋、西班牙赫雷斯醋和希腊的 oxos（奥克苏斯醋）。常用于制醋的植物种类及其可食用部分见表2-2。

表2-2　　　　　　　　　　常用于制醋的植物种类及其可食用部分

通用名	植物学名称	可食用部分	主要碳源[a]
苹果	*Malus domestica*	果实（梨果）	果糖、蔗糖、葡萄糖
杏	*Prunus armeniaca*	果实（核果）	蔗糖、葡萄糖、果糖
竹子	禾本科，竹亚科	竹子汁	蔗糖
香蕉	芭蕉属	果实（假浆果）	蔗糖、葡萄糖、果糖
大麦	*Hordeum vulgare*	种子（壳果）	淀粉
杨桃	*Averrhoa carambola*	果实	果糖、葡萄糖
腰果	*Anacardium occidentale*	果实	蔗糖、果糖
可可	*Theobroma cacao*	豆黏液	葡萄糖
椰子	*Cocos nucifera* 以及棕榈科的其他种	椰子汁（纤维状核果）	葡萄糖、果糖
枣	*Phoenix dactylifera*	果实（核果）	蔗糖
无花果	*Ficus carica*	假浆果（隐头果）	葡萄糖、果糖
葡萄	*Vitis vinifera* 以及本属的其他种	果实（浆果）	葡萄糖、果糖
油棕榈属	*Elaeis guineensis*	汁（木质部液）	蔗糖
洋葱	*Allium cepa*	鳞茎	果糖、葡萄糖、蔗糖
黍	*Panicum miliaceum* 以及 *Panicoideae* 的其他种	种子	淀粉
梨	*Pyrus communis* 以及本属的其他种	果实（梨果）	果糖、蔗糖、葡萄糖
柿子	*Diospyros kaki* 以及本属的其他种	果实	果糖、葡萄糖、蔗糖
菠萝	*Ananas comosus*	假浆果	蔗糖、葡萄糖、果糖
李子	*Prunus domestica*	果实（核果）	蔗糖、果糖、葡萄糖
土豆	*Solanum tuberosum*	块茎	淀粉
酒椰	*Raphia hookeri* 和 *Raphia vinifera*	汁（木质部液）	蔗糖
茶藨子（黑加仑、红加仑、醋栗）	*Ribes* spp.	果实（浆果）	果糖、葡萄糖
大米	*Oryza sativa* 和 *Oryza glaberrima*	种子（壳果）	淀粉
高粱	*Sorghum bicolor* 和其他种	种子（壳果）	淀粉

续表

通用名	植物学名称	可食用部分	主要碳源 a
甜菜	*Beta vulgaris*	根	蔗糖
甘蔗	甘蔗属	茎	蔗糖
小麦	*Triticum aestivum* 和其他种	种子（壳果）	淀粉

注：a：从最大量到最小量按顺序列出。

在大多数自然发酵过程中，微生物发生了一系列的变化，而乳酸菌和酵母菌往往在最初占据主导地位。它们消耗糖类，分别产生乳酸和乙醇，抑制许多种类细菌的生长，决定了商品保质期的长短。霉菌主要进行有氧生长，因此其发生仅限于特定的生产步骤或收获前后的作物上。霉菌可能会产生很大的安全问题，因为一些属和种会产生黄曲霉毒素。因此，用于种子淀粉水解的霉菌应该"一般认为是安全的"。醋酸菌是一种好氧的全细胞生物催化剂，参与乙醇转化为乙酸。醋酸菌广泛存在于水果和许多含糖和酸性环境中。发酵过程中确切的微生物组成往往是未知的。醋产品中主要的微生物见表2-3。

表2-3　　　　　　　　　　　醋产品中主要的微生物

醋	霉菌	酵母	乳酸菌	醋酸菌
红茶菌醋	—	*Z. kombuchaensis*, *Z. rouxii*, *Candida* spp., *S. pombe*, *S. ludwigii*, *P. membranaef-aciens*, *B. bruxellensis*	—	*Ga. xylinum*, *Ga. intermedius*, *Ga. kombuchae*
啤酒/麦芽醋	—	狭义的酵母	*Lb. brevis*, *Lb. buchneri*, *P. damnosus*	*A. cerevisiae*, *Ga. sacchari*
椰子汁、醋、高纤椰果	nd	酵母	nd	*A. aceti. Ga. xylinus*
果醋	—	酿酒酵母，念珠菌	nd	*A. aceti*, *A. pasteurianus*
蜂蜜醋	—	酿酒酵母，接合酵母，球拟酵母	乳酸菌、链球菌、明串珠菌和片球菌	*Acetobacter* spp., *Gluconacetobacter* spp.
棕榈醋	—	酿酒酵母，*S. uvarum*, *C. utilis*, *C. tropicalis*, *S. pombe*, *K. lactis*	*Lb. plantarum*, *Lc. mesenteroides*	*Acetobacter* spp., *Zymomonas mobilis*
米醋				
纯半酢	米曲霉、*Aspergillus soyae*、根霉	酿酒酵母	*Lb. casei* var. *rhamnosus*	*A. pasteurianus*

续表

醋	霉菌	酵母	乳酸菌	醋酸菌
Kurosu	泡盛曲霉、*Aspergillus usami*、米曲霉	酿酒酵母	*Lb. fermentum*，*Lb. lactis*，*Lb. brevis*，*P. acidilactici*，*Lb. acetotolerans*	*A. pasteurianus*
红米醋	紫红曲霉	酿酒酵母	nd	*Acetobacter* spp.
非洲高粱醋	nd	酿酒酵母和其他狭义的酵母	*Lc. meseteroides*，异型发酵乳酸菌	*Acetobacter* spp.
中国高粱醋	毛霉、米曲霉、红曲霉	酿酒酵母，*H.* spp.	nd	*Acetobacter* spp.
传统香醋	—	*Z. bailii*，*S. cerevisiae*，*Z. pseudorouxii*，*C. stellata*，*Z. mellis*，*Z. bisporus*，*Z. rouxii*，*H. valbyensis*，*H. osmophila*，*C. lactiscondensi*	nd	*Ga. xylinus*，*A. pasteurianus*，*A. aceti*，*Ga. europaeus*，*Ga. hansenii*，*A. malorum*
乳清醋	—	*K. marxianus*	nd	*Ga. liquefaciens*，*A. pasteurianus*
葡萄酒醋	—	酿酒酵母	nd	*Ga. europaeus*，*Ga. oboediens*，*A. pomorum*，*Ga. intermedius*，*Ga. entanii*

注：nd，不确定的；—，未检测到的；*A.*，*Acetobacter* 醋酸菌属；*B.*，*Brettanomyces* 酒香酵母属；*C.*，*Candida* 假丝酵母属；*H.*，*Hansenula* 汉逊酵母属；*Ga.*，*Gluconacetobacter* 葡糖醋杆菌属；*K.*，*Kluyveromyces* 克鲁维酵母属；*Lb.*，*Lactobacillus* 乳酸菌属；*Lc.*，*Leuconostoc* 明串珠菌属；*P.*，*Pediococcus* 片球菌属；*S.*，*Saccharomyces* 酵母属；*Sc.*，*Schizosacharomyces* 粟酒裂殖酵母属；*Z.*，*Zygosaccharomyces* 接合酵母属。

根据醋中醋酸的生成速率，醋酸发酵过程可分为两种：慢发酵（奥尔良法）和快发酵（淹没法和发生器法）。奥尔良法生产醋的速度较慢，但生产的醋质量更高；淹没法是生产葡萄酒醋的常用方法，而发生器法是生产蒸馏醋和工业醋的常用方法。淹没法和发生器法比奥尔良法生产食醋的速度要快得多。有些醋是通过非发酵的方法得到的，比如蒸馏酒精，然后将其氧化成醋酸。

从日本传统米醋发展来的黑醋可能抑制人类癌细胞的生长；番茄醋在高脂饮食（high fat diet，HFD）诱导的肥胖大鼠中具有强大的抗内脏肥胖特性（腹腔内沉积的内脏脂肪组织被认为是一种与 2 型糖尿病、高脂血症、高血压和冠心病相关的一般类型的肥胖）；木醋可以作为一种替代化学合成物去除处理过的木材废物中的金属元素；法国的"四贼醋"（用醋、大蒜、薰衣草、迷迭香、薄荷和其他草药配制）可用于消毒。

台湾水果醋中桑葚醋的乳酸和琥珀酸含量均高于其他醋。红葡萄酒醋富含酒石酸、苹果酸和乳酸，醋可以由任何酒精饮料经醋酸发酵产生。

根据所用苹果醋的化学成分，将其分为低强度和高强度两类。低强度苹果醋是指由浓度低于8%~9%的苹果汁（酸加酒精）制成的醋。高强度的苹果醋是由9%以上，甚至高达13%溶质浓度的苹果汁制成的。

意大利有两种香醋："摩德纳香醋"和"传统香醋"。传统香醋一般是由意大利本土白葡萄品种特雷比奥罗（Trebbiano）的汁液经浓缩收汁而成，制作过程复杂而又繁琐。通常，将刚采摘的白葡萄榨汁后再煮沸浓缩至30%的白葡萄汁溶液，然后通过酒精发酵和醋酸发酵后，需要经过12年的陈化，使其风味变得浓郁，传统香醋的年龄至少要在12年以上。自文艺复兴以来，意大利摩德纳（Modena）出产的醋一直很有名。

醋也可以从其他非传统来源生产，如发酵乳清或乳清渗透物（乳制品工业的副产品）。乳清或牛乳浆是牛乳凝固和过滤后剩下的液体；它是干酪生产的副产品，有多种商业用途，如生产"乳清干酪"和"吉托斯特"干酪以及许多其他食品。乳清似乎刺激胰岛素释放。

3. 醋的真伪鉴别方法

根据食醋的制作方法，可将目前市场上的食醋分为三类：酿造食醋、配制食醋以及食用醋精（人工合成醋）。酿造食醋是通过传统酿造方法经微生物发酵制成的，香气浓郁，酸味醇厚，符合大多数人的饮食习惯；配制食醋是以酿造食醋为主体，用冰醋酸等混合配制而成，酿造食醋添加量不得低于50%，为安全起见，配制食醋应在包装上标明合成醋酸的含量。由于酿造食醋成本相对较高，许多生产商用配制食醋甚至食用醋精勾兑的食醋假冒酿造食醋销售。为了鉴别假醋，许多研究者对不同食醋的理化性质进行了研究，并得到了一些比较可靠的鉴定方法。

最简便的是感官鉴别法，利用外观、气味、滋味和形态进行鉴别，方便我们在日常生活中应用，具体鉴别方法见表2-4。

表2-4　　　　　　　　　　　　　食醋的感官品评指标

项目	酿造食醋	配制食醋
外观	呈琥珀色、红棕色，有光泽	呈红棕色、浅棕色，色泽和光泽比酿造食醋浅
气味	具有食醋特有香气，无不良气味，香气浓郁	香气较淡或没有，气味寡淡，有刺鼻的冰醋酸味
滋味	酸味柔和，回味绵长，不涩，不刺激	口感单一，酸味尖刻，有较强的杀口感
形态	浓度适中，略有黏稠感，有少量沉淀，摇晃时有明显泡沫，且持续时间长	澄清度高，瓶底无沉淀，摇晃时泡沫较少，且快速消失

此外，还有理化分析法（不挥发酸、还原糖、无盐固形物、游离氨基酸态氮、灰分等）、指纹图谱鉴别法、电子鼻和电子舌鉴别法、氧化值鉴别法、同位素鉴别法。核磁共振法是一种确定醋掺假程度的有效方法，但只有数据库中存在相应的模型时才可以鉴别掺假程度，否则，只能鉴别是否掺假。SNIF-NMR（点特异性天然同位素分馏核磁共振技术）检测醋掺假的原理：基于氘与氢的比例（D/H）在特定位置（甲基）的醋酸发酵通过不同的生物合成机制，导致不同的同位素比例。Xiao H等通过主成分分析，发现可将乳酸、丙氨酸、异亮氨酸、亮氨

酸、缬氨酸、苏氨酸、丝氨酸、甘氨酸等作为辨别酿造食醋和配制食醋的检测指标，同时也可用其评定食醋的优良品质。Yang D 等发现利用非线性化学指纹图谱技术，可以鉴别酿造食醋、配制食醋和勾兑食醋：酿造食醋与配制食醋均能发生非线性化学振荡反应，但配制食醋的振荡寿命、振荡周期数明显小于酿造食醋，勾兑食醋不含振荡底物，不发生化学振荡。

第二节 酱油生产

酱油俗称豉油，主要由大豆、小麦、食盐经过制油、发酵等程序酿制而成的。酱油中含有多种氨基酸、糖类、有机酸、色素及香料等成分，以咸味为主，也有鲜味、香味等，它能增加和改善菜肴的味道，还能增添或改变菜肴的色泽。

公元前 11 世纪，《周礼》中就有做酱的记载，以大豆为原料制作酱。战国时期，酱已经广为流传食用。东汉时期出现"清酱"一词。后来鉴真东渡，中国的酱制品传入日本，之后遍及世界各地。宋朝时期，首次出现"酱油"一词。酱油的发展历史如图 2-6 所示。

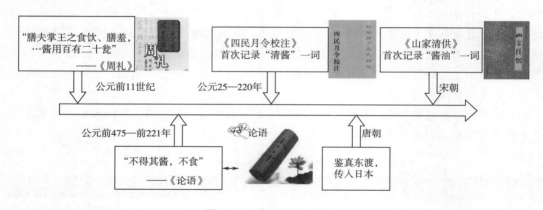

图 2-6　酱油的发展历史

酱油业是中国调味品行业的一支生力军，目前在工商局登记注册的酱油企业有 1700 多家，全国性的骨干生产企业有 200 多家，仅花色酱油的品种就有上百种，消费者拥有广泛的选择（图 2-7）。目前中国的酱油年产量近千万吨，超过世界总产量的 50%，中国为酱油生产大国，但非强国。中国人均酱油消费量仅为日本的 1/3，所以，酱油产业尚存很大的发展空间。

图 2-7　中国市场常见的几款酱油

目前酿造酱油原料开始转向农副产品和食品加工业中的副产品，有人利用大米生产果葡糖浆的大米蛋白、味精厂的菌体蛋白、米渣等副产品作为主要原料，利用先进的复合酶进行酶解，再用稀醪发酵工艺酿造酱油，这样不仅可以充分利用废弃农副产品以降低成本，还可以节省粮食。随着人们对于绿色和有机食品的需求量越来越大，有机酱油也成了热点，酱油生产中原料无农药残留，不添加化学添加剂，成品不含任何有害物质，因而与国际接轨的有机酱油将有很大的发展空间。

酱油可以根据加温条件、盐水浓度、成曲拌水量、成曲的菌种种类等分为不同类型。

（1）按加温条件　可以分为天然晒露法、保温速酿法。

（2）按盐水浓度　可以分为高盐发酵法（30.3%～32.2%）、低盐发酵法（14.9%～21.5%）、无盐发酵法。

（3）按成曲拌水量　分为①稀醪发酵法（成曲拌水量200%～250%），发酵醪呈浓稠的半流动状态，称之为"酱醪"；②固态发酵法（成曲拌水量60%～100%），固态发酵的"醅"呈非流动状态，称之为"酱醅"。

（4）按成曲的菌种种类　分为单菌种制曲发酵法、多菌种制曲发酵法。

一、主要原辅料及预处理

酱油原料选择的基本原则通常应从以下方面考虑，主要原料蛋白质含量高，碳水化合物含量适当；便于制曲和发酵；无毒、无霉、无异味，符合卫生指标的要求；资源丰富，价格低廉；容易收集，便于运输和贮藏。

1. 原辅料

酱油酿造的原料分为基本原料和辅料两大类。基本原料分为蛋白质原料、淀粉质原料、填充料、食盐和水等；辅料主要有增色剂、助鲜剂、防腐剂等。

（1）蛋白质原料　酱油酿造过程中，微生物产生的蛋白酶将原料中的蛋白质水解成多肽、氨基酸，成为酱油营养成分以及鲜味的来源。部分氨基酸发生美拉德反应，与酱油香气的形成、色素的生成直接关系。因此蛋白质原料对酱油色、香、味、体的形成至关重要，是酱油生产的主要原料。酱油生产的原料历来以大豆为主，但大豆中含有20%左右的脂肪，大豆脂肪对酱油生产作用不大，为了合理利用粮油资源，目前大部分发酵厂以脱脂大豆为主要原料。

①大豆：大豆为黄豆、青豆和黑豆的统称，我国各地均有种植，以东北大豆产量最高、质量最优。在大豆氮素成分中，95%是蛋白质氮，其中50%是水溶性蛋白，易被人体吸收也易被微生物酶解。大豆蛋白质的氨基酸组成种类全面，其中谷氨酸含量较高，给酱油提供浓郁的鲜味。直接用大豆酿造酱油，适当的脂肪可赋予酱油独特的脂香，但是多余的脂肪不能被充分合理地利用，残留在酱渣内或被脂肪酶分解，造成浪费或给制品带来异味。所以除一些高档酱油仍用大豆作原料外，普遍采用豆粕或豆饼酿造酱油。

②豆粕：豆粕是大豆经过适当的热处理，再经轧坯机压扁，加入有机溶剂浸提出脂肪后的渣粕，一般呈颗粒、片状或小块状。豆粕中蛋白质含量达47%～51%，脂肪、水分含量较少，质地疏松、易于破碎，是酿造酱油的理想原料。但是豆粕内往往残留着微量有机溶剂，使用豆粕时应进行脱溶剂处理，防止有机溶剂残留影响酱油产品的食用安全性和产品风味。

③豆饼：豆饼是大豆经压榨法提取油脂后的产物。根据压榨前处理方式的不同分为冷榨

豆饼和热榨豆饼。将大豆软化压扁后直接榨油制得的豆饼称为冷榨豆饼。将大豆压片、加热蒸炒后再压榨制成的豆饼为热榨豆饼。冷榨豆饼未经高温处理，出油率低，蛋白质基本没变性，适合做豆制品。热榨豆饼经热处理后蛋白质变性严重，水分含量低，蛋白质含量相对较高，质地疏松，易于破碎，适合酱油酿造。

④其他蛋白质原料：酿造酱油除大豆和豆饼之外，理论上凡是蛋白质含量高、无毒、无害、无不良气味且易被微生物酶系分解的原料都可以作为酿造酱油的原料。例如蚕豆、豌豆、绿豆、花生饼、棉籽饼、菜籽饼等，但由于蛋白质含量低且风味欠佳，实际使用较少。

（2）淀粉质原料　淀粉在酱油酿造过程中分解为糊精、葡萄糖，为微生物生长提供碳源，除此以外，微生物发酵葡萄糖形成酱油香气的前体物质，酯类、甜味物质以及色素等增加酱油色泽和风味，残余的葡萄糖和糊精可增加甜味和黏稠感。因此，淀粉质原料也是酱油酿造的重要原料。

常用的淀粉质原料有小麦、麸皮、米糠、玉米、甘薯、小米等。

①小麦：小麦是传统方法酿造酱油使用的主要淀粉质原料。生产酱油用的小麦要经过焙炒、粉碎后与大豆或豆粕混合接种制曲。小麦中约含70%的淀粉、13%的蛋白质，用小麦的目的主要是利用其碳水化合物。

②麸皮：麸皮又称麦麸或麦皮，是小麦制面粉后的副产品。麸皮中约含淀粉11%、蛋白质17%、粗脂肪4%、多种维生素及钙、铁等无机盐。麸皮质地疏松、体轻、表面积大且营养充足，能促进米曲霉生长产酶，有利于制曲和淋油。麸皮中戊聚糖的含量高达20% ~ 24%，与蛋白质水解物氨基酸发生美拉德反应生成酱油色素。麸皮中含有的 α - 淀粉酶和 β - 淀粉酶有利于原料中淀粉的水解。但是由于麸皮中的戊糖不能被酵母利用，所含淀粉又不能满足酵母菌酒精发酵对碳源的需求，因此，单纯用麸皮作为淀粉质原料生产的酱油香味不足、甜味较差。所以生产中仍需添加适当高淀粉原料，使酿造的酱油香味浓郁。

③其他：含有淀粉较多而又无毒、无异味的物质都可以作为酿造酱油的淀粉质原料，如米糠、玉米、甘薯、小米、高粱等。

（3）食盐　食盐是酿造酱油的重要原料之一，它可以赋予酱油适当的咸味，与氨基酸结合生成氨基酸钠盐为酱油提供鲜味，在发酵过程中起到杀菌防腐的作用，另外，盐水可增加大豆蛋白的溶解度，提高原料的利用率。酱油含盐量一般为18%左右，盐水的质量直接影响酱醪的质量。酿造酱油应选用含水量低、卤汁和杂质少、含氯化钠高的纯净食盐，要求盐水清澈无杂质，无异味，pH 7.0。

（4）水　酱油成分中水约占83%。酱油酿造用水量大，对水质的要求一般并不严格。只要没有化学污染、经净化处理各项指标及卫生指标均符合国家饮用水标准均可采用。

（5）增色剂

①焦糖色：焦糖色的主要成分是氨基糖、黑色素和焦糖。根据 GB 2760—2014《食品安全国家标准　食品添加剂使用标准》中规定，焦糖色可在酱油、醋等食品中按生产需要适量食用，但不宜在专供儿童食用的酱油中添加焦糖色。

②红曲米：又称红曲，是将红曲霉接种在大米上培养发酵而成的红色素，以福建古田产的最为著名。红曲具有活血化瘀、健脾消食、降血压、降血脂、降血糖、抗菌等功效。在酱油生产中添加红曲米，与米曲霉混合发酵，酱油色度可提高30%，氨基酸态氮含量提高8%，还原糖含量提高26%。

③酱色：酱色是以淀粉水解物为原料，采用氨法或非氨法生产的色素，可以用来为酱油产品增色。

④红枣糖色：利用大枣所含糖分、酶和含氮物质，进行酶促褐变和美拉德反应而生成色素。红枣糖色着色率高，香气正，无毒无害并含有还原糖、氨基酸态氮等营养成分，是一种安全的天然食用色素，可用于酱油增色。

（6）助鲜剂

①谷氨酸钠：俗称味精，是酱油中主要的鲜味成分。

②呈味核苷酸盐：呈味核苷酸盐有肌苷酸盐（IMP）、鸟苷酸盐（GMP）等，二者均能溶于水，用量在 0.01% ~0.03% 时就有明显的增鲜效果，为了防止米曲霉分泌的磷酸单酯酶分解核苷酸，通常在酱油灭菌后加入。

③天然提取物：食用菌味道鲜美与其含有大量游离氨基酸及核苷酸有关，可以将其作为风味剂用于酱油的增鲜。香菇、平菇、金针菇、凤尾菇等食用菌的氨基酸含量较高（平均为15.7%），因此最为常用。

（7）防腐剂　防腐剂主要用于防止酱油在储存、运输、销售和使用过程中腐败变质。酱油酿造过程中最常用的防腐剂有苯甲酸或苯甲酸钠、山梨酸和山梨酸钾等。

①苯甲酸：又名安息香酸，我国规定酱油中添加量应不超过 0.1%，添加入酱油中之前一般加碱中和成苯甲酸钠溶液。

②苯甲酸钠：又名安息香酸钠，在酸性或者微酸性溶液中，具有较强的防腐能力。苯甲酸钠防腐机制是非选择性地抑制微生物细胞呼吸酶的活性，对乙酰辅酶 A 缩合反应具有很强的阻碍作用。

③山梨酸：山梨酸属于不饱和脂肪酸，能在机体内参加物质代谢，生成二氧化碳和水，基本无毒副作用。山梨酸分子的双键能抑制霉菌的脱氢，从而降低其新陈代谢，有效地阻止微生物生长，还能与微生物酶系统中的巯基结合，破坏许多重要酶系的作用，从而达到抑菌防腐的目的，广泛应用于食品、饮料等防腐防霉。

④山梨酸钾：山梨酸钾是山梨酸的钾盐，易溶于水和乙醇。山梨酸钾可以抑制微生物体内的脱氢酶系统，抑制微生物的生长从而起到防腐的作用，对细菌、霉菌、酵母菌均有抑制作用。

2. 预处理

原料预处理包括两个方面：一是通过机械作用将原料粉碎成小颗粒或粉末状；二是经过充分润水和蒸煮，使蛋白质达到适度的变性，结构松弛并使淀粉充分糊化，以利于米曲霉的生长繁殖和酶系的分解。

（1）豆饼和麸皮原料的处理

①粉碎：粉碎使其具有适当的粒度，便于润水蒸煮。适当力度的粉碎可以增加颗粒表面积，加大米曲霉生长繁殖面积，提高原料利用率。颗粒过大，不容易吸收水分和菌丝的深入繁殖；颗粒过小，原料润水容易结块，影响制曲时空气通透性，不利于米曲霉生长，发酵时酱醅发黏，不利于浸出和淋油。因此，原料的粉碎应在不妨碍制曲、发酵、浸出、淋油的前提下，尽量使其粒度减小。豆饼粉碎机一般采用锤式粉碎机，粒径在 5mm 以上，粉末状的原料不超过 10%。

②润水：润水是指给予原料适当的水分并使原料均匀而完全吸收水分的工艺。原料吸收水分后膨胀、松软，蒸煮时有利于蛋白质适度变性，淀粉充分糊化，为曲霉生长提供必要的

水分。润水的方式主要有人工翻拌润水、螺旋输送润水、旋转式蒸煮锅直接润水。水分的添加量需要根据原料的性质及配比、制曲的条件、制曲的季节而定。在一定范围内，随着料中水分的增加，酱油的氨基酸生成率提高，但是随加水量的增加，杂菌增殖的机会增加，淀粉消耗大，制曲温度难控制，易发生烧曲、馊曲、酸败。

③蒸煮：蒸煮是原料处理中的重要工序，蒸煮是否适当，对酱油质量和原料利用率影响显著。蒸煮可以使原料中的蛋白质完成适度变性，更利于酶系发挥作用；使淀粉充分吸水膨胀糊化，并产生少量糖类，易于糖化；蒸煮能起到一定的杀菌作用，消灭原料上的微生物，减少制曲时的污染。原料的蒸煮要求均匀并且适度。如果原料蒸煮不透或者不均匀而存在未变性蛋白质，会导致酱油的浑浊，如果蒸煮过度而使蛋白质过度变性发生褐变会造成蛋白质不被酶解，降低原料利用率。蛋白质是否适度变性与原料加水量、蒸煮时间、蒸煮温度有关，因此可以适当调节蒸煮条件来控制蛋白质变性程度。

（2）小麦等淀粉质原料的处理　淀粉质原料的添加处理方式主要有两种，一种是将原料粉碎后与蛋白质原料混合蒸煮；另外一种常用的方法是先将原料焙炒、粉碎后与蒸煮过的蛋白质原料混合成曲料。焙炒过程使原料颗粒中水分蒸发，植物组织膨胀，淀粉酶作用更加彻底，同时杀灭附着在原料表面的微生物，增加了色泽和香气。焙炒设备一般是圆筒回转式焙炒机或圆筒混砂式焙炒机。焙炒后的原料应呈金黄色，焦粒不超过 5% ~ 20%，每汤匙熟麦投水下沉的生粒不超过 4 ~ 5 粒，大麦爆花率、小麦裂嘴率均为 90% 以上。

二、 主要微生物与生化过程

酱油具有的独特的风味物质主要来源于酿造过程中由微生物及其酶系引起的一系列的生化反应。

1. 酱油酿造主要微生物

酱油酿造过程中与原料发酵成熟的快慢、成品颜色的浓淡以及味道的鲜美与否有直接关系的微生物是米曲霉和黑曲霉，对酱油风味有直接影响的微生物是酵母菌和乳酸菌（图 2-8）。

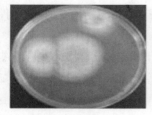 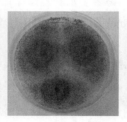 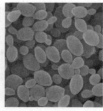 

|（1）米曲霉|（2）黑曲霉|（3）酵母|（4）乳酸菌|

图 2-8　酱油酿造过程中主要的微生物

（1）米曲霉　米曲霉是酱油生产的主发酵菌，米曲霉菌丛一般为黄绿色，成熟后变为黄褐色，小梗一般为单层，分生孢子呈球形，平滑，少数有刺。最适温度 32 ~ 35℃，低于 28℃或高于 40℃生长缓慢，42℃以上停止生长。酱油酿造最常用的米曲霉菌株是 AS3.951（沪酿3.042），蛋白酶活性高，分生孢子大、数量多，生长繁殖速度快，杂菌抵抗力强，制曲容易，发酵后的酱香气好，蛋白质利用率在 75% 左右。

米曲霉酶系复杂，主要产生的蛋白质水解酶能有效分解原料中的蛋白质；谷氨酰胺酶能使大豆蛋白质游离出的谷氨酰胺直接被分解生成谷氨酸,增加酱油鲜味;淀粉酶可以分解原料中的淀粉生成葡萄糖和糊精。除此以外,米曲霉还分泌果胶酶、半纤维素酶和酯酶等。米曲霉酶系的强弱,决定着原料的利用率、酱醪发酵成熟的时间以及成品的味道和色泽。发酵时18%的食盐对蛋白酶系影响较小而对其他酶系的影响较大。

(2)黑曲霉 黑曲F-27菌株是华中农业大学从野生纤维素酶产生菌经诱变选育而成,该菌株CMC酶活性为937.6mg葡萄糖/(g曲·h),滤纸糖酶活性为70mg葡萄糖/(g曲·h)。黑曲霉与AS3.951混合制曲使原料蛋白质利用率提高到80%,对提高原料蛋白质利用率以及产品风味均有一定的效果。

(3)酵母菌 从酱醪中分离的酵母有7个属23个种。基本形态是圆形、卵圆形和椭圆形。酵母菌的最适生长温度为28～30℃,38～40℃生长缓慢,42℃不生长,最适pH 4～5。

酵母菌在酱油酿造过程中与酒精发酵、酸类物质发酵以及酯化等有直接或间接关系,对酱油的香气影响最大。与酱油质量关系最为密切的是鲁氏酵母,占酵母总数的45%,是最常见的嗜盐酵母,能在18%的食盐基质中生长繁殖,是发酵型酵母。鲁氏酵母主要是发酵葡萄糖生成乙醇、甘油等,还可以增加酱油中的琥珀酸含量,使酱油的滋味得到改进。乙醇是形成酯类的前体物质,是构成酱油香气的重要组分。随发酵温度的升高,发酵型酵母菌体自溶,促进了易变球拟酵母、埃契球拟酵母等酯香型酵母的生长。在后发酵时期参与酱醪的成熟,生成烷基苯酚类的香味物质,如4-乙基愈创木酚、4-乙基苯酚等。为了提高酱油的风味,酱油酿造过程中人为添加鲁氏酵母和球拟酵母并收到良好的效果。

(4)乳酸菌 从酱醪中分离出的细菌有6个属18个种,和酱油发酵关系最为密切的是乳酸菌(*Lactobacillus*),其中酱油四联球菌(*Tetracoccus soyae*)和嗜盐足球菌(*Pediococcus halophilus*)是形成酱油良好风味的主要菌株。形态多为球形,微好氧到厌氧,在pH 5.5的条件下生长良好。在酱醪发酵过程中,前期主要是嗜盐足球菌,后期主要是酱油四联球菌。一般发酵一个月的酱醪,乳酸菌的最大含量约为10^8个/g醪,其中90%是嗜盐足球菌,10%是酱油四联球菌。嗜盐足球菌能耐受18%～20%的食盐,酱油四联球菌能耐受24%～26%的食盐。

乳酸菌的作用是代谢葡萄糖产乳酸,乳酸和乙醇生成乳酸乙酯。当发酵酱醪酸度下降到pH 5时,能促进鲁氏酵母的繁殖,乳酸菌和酵母菌联合作用,赋予酱油特殊的香味。根据经验,当酱油中乳酸含量为1.5mg/mL时,酱油质量较好;乳酸含量为0.5mg/mL时,酱油质量较差。如果乳酸菌在酱醪发酵前期大量繁殖产酸,会使pH过早降低,破坏蛋白酶的活性,影响蛋白质的利用率,对发酵过程产生不利的影响。

(5)常见的杂菌 制曲过程中常见的杂菌有霉菌(毛霉、根霉和青霉)、酵母(毕赤酵母、产膜酵母和圆酵母)、细菌(枯草芽孢杆菌、小球菌、粪链球菌),其中细菌数量最多(图2-9)。当制曲条件控制不当或种曲质量较差时,会导致有害菌的过量生长,不仅消耗曲料营养成分,使原料利用率下降,而且使成曲酶活性降低,产生异臭,曲黏度增大,从而导致酿造后的酱油浑浊、风味不佳。

2. 主要生化过程

酱油酿造过程中的生物化学变化主要分为制曲阶段和发酵阶段。制曲的目的是使米曲霉在曲料上充分生长发育,并大量产生和积蓄所需要的酶,如蛋白酶、肽酶、淀粉酶、谷氨酰胺酶、果胶酶、纤维素酶、半纤维素酶等。酱油发酵过程是制曲阶段分泌的酶类进一步发酵分解原料,涉及的生化反应有蛋白质水解、淀粉水解、有机酸发酵、酒精发酵等,部分氨基

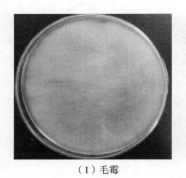
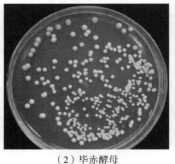
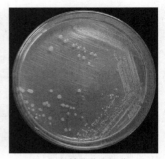

（1）毛霉　　　　　　　　（2）毕赤酵母　　　　　　（3）枯草芽孢杆菌

图2-9　酱油酿造过程中的杂菌

酸发生美拉德反应，形成酱油特有的色质和各种风味物质。

（1）蛋白质水解　蛋白水解酶系主要包括蛋白酶、肽酶、谷氨酰胺酶。蛋白质原料在蛋白酶的作用下水解为短肽进而分解为氨基酸；谷氨酰胺酶可将谷氨酰胺转化为谷氨酸，提高酱油的鲜味和品质。有些氨基酸是呈味物质，如谷氨酸和天冬氨酸的钠盐具有鲜味；甘氨酸、丙氨酸和色氨酸具有甜味；酪氨酸却具有苦味。氨基酸含量越多，成品酱油中香味越浓，口味更加鲜美。

如果制曲中污染了腐败菌，则使氨基酸进一步氧化生成游离氨，影响成曲质量，并在以后的发酵中产生有害物质。

（2）淀粉水解　在制曲和发酵过程中，曲霉分泌淀粉酶将淀粉糖化分解为葡萄糖、糊精以及麦芽糖。水解糖类对酱油的色、香、味、体有重要作用。糖和氨基酸发生美拉德反应是酱油色泽的主要形成原因，糖化作用完全，酱油黏稠度及甜味好，因此淀粉质原料的添加量是决定酱油颜色、黏稠度和甜度的基础。

在制曲过程中，部分淀粉被水解成葡萄糖，后经 EMP 途径和 TCA 循环被分解为 CO_2 和 H_2O 而被消耗。放出的大部分能量以热量的形式散发，所以要加强制曲管理，及时通风和翻曲，以便散发气体和热量，供给充足的氧气以保证曲霉菌的旺盛繁殖。

（3）有机酸发酵　制曲时空气中的细菌在发酵过程中能使部分糖类分解成乳酸、琥珀酸等，酱油中适量的有机酸可增加酱油风味，但是含量过多会既会影响蛋白酶和淀粉酶的水解能力，又会因酸度过高使酱油酸味过重影响酱油质量。

（4）酒精发酵　成曲发酵中，酵母菌的生长繁殖发酵受温度影响较大，酵母菌酒精发酵的最适温度为30℃，发酵生成的酒精一部分被氧化成有机酸，一部分与氨基酸及有机酸结合发生酯化反应，一部分挥发散失还有微量残留在酱醅中。此外，酵母菌对环境的渗透压有一定的要求，当 NaCl 含量高达 15% 以上时，酵母菌的生长繁殖和酒精发酵速度会受到影响。

（5）酱油色素的形成　优质酱油为赤褐色，鲜亮、透明。色泽过浅或浑浊均为劣等酱油。酱油色素形成途径主要是美拉德反应和酶促褐变反应。水解生成的氨基酸和还原糖发生美拉德反应生成的类黑素，是组成酱油色素的重要成分。酱油色素形成的另外一条途径是蛋白质原料中的酪氨酸在多酚氧化酶和氧气存在情况下发生氧化褐变，酶促褐变主要发生在发酵后期。若发酵期间酱醅缺乏氧气，pH 低不利于多酚氧化酶发挥作用，发酵时间短，会妨碍酪氨酸氧化聚合生成黑色素。

（6）酱油香气的形成　酱油的香气来源于原料、曲霉代谢、乳酸菌代谢、化学合成、酵母发酵等过程。研究表明，影响酱油香气的主要成分是4-乙基愈创木酚等酚类物质，其次是4-羟基-2-乙基-5-甲基-3-呋喃酮。制曲过程中米曲霉分解淀粉质原料中的木质素和配糖体形成阿魏酸，酱醪中的球拟酵母作用于酵母菌形成4-乙基愈创木酚。酱油中4-乙基愈创木酚的含量在0.5~1.5mg/kg时，酱油的质量明显提高。酱油香气成分的产生主要在后发酵时期，所以适当延长发酵时间有利于增加酱油中香气。

（7）酱油味的形成　酱油的味是衡量酱油质量的重要指标之一，优良酱油都必须具有鲜美、醇厚、调和的滋味，不得有酸味、苦味和涩味。酱油的味主要有鲜味、甜味、酸味和咸味。酶水解蛋白质为接近20种氨基酸，这些氨基酸占酱油全氮的40%~60%，其中谷氨酸、鸟苷酸、肌苷酸的钠盐呈鲜味，甘氨酸、丙氨酸、色氨酸呈甜味，此外，霉菌、酵母菌和细菌菌体中的核酸水解后生成四种氨基酸，鸟氨酸和肌苷酸具有特殊的鲜味，并与氨基酸的钠盐相协调，赋予酱油更鲜美的味道。酱油的甜味主要来源于淀粉质原料的水解产物葡萄糖、麦芽糖和糊精等。酱油中有机酸的种类、数量较多，主要有乳酸、琥珀酸等，其中乳酸含量最高，且乳酸酸味较为缓和，使酱油的味柔且长。部分乳酸与乙醇发生酯化反应生成乳酸乙酯，使酱油具有芳香味。酱油的咸味主要来自于食盐，含量一般为18%左右，食盐不仅能为酱油提供咸味，而且能与氨基酸形成氨基钠盐，提高酱油鲜味，酱油发酵过程中往往使用经过一定时间陈储排卤的食盐，避免给酱油带来过多的苦味。

（8）酱油体的形成　一般用酱油的黏稠度来形容酱油的体态，主要是由无机物、有机物、蛋白质、氨基酸、糊精、糖类、色素、食盐、矿物质、维生素等可溶性固形物构成。在酱油生产中，原料配比适当，原料的分解率就越高，黏稠度也越好，一般有机固形物越浓，酱油的质量越高。

（9）其他物质的化学变化　米曲霉分泌的纤维素酶和果胶酶水解曲料中的纤维素和果胶质，能促进米曲霉的生长繁殖。豆饼中的蔗糖被水解成果糖，麸皮中的多缩戊糖少量被水解为五碳糖进而参与进一步的反应。

三、加工工艺

1. 酱油发酵的基本工艺

酱油发酵的基本工艺流程见图2-10。

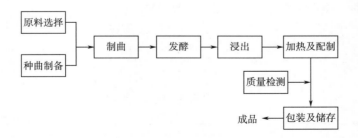

图2-10　酱油发酵的基本工艺流程

酱油生产设备（图2-11）包括①原辅料加工设备（筛选、破碎、蒸煮设备等）；②种曲制曲设备；③发酵酿造设施；④淋油或压榨设备；⑤调配贮存设备；⑥灭菌设备；⑦灌装、包装设备，自动或半自动的瓶装灌装设备。酱油产品在灭菌后应在密封状态下灌装。

圆盘制曲机

酱油发酵罐

酱油灌装设备

图2-11　酱油生产设备

2. 操作要点

（1）原料处理　原料一般经过粉碎、润水、蒸煮三步处理。原料粉碎必须达到一定的粉碎度，豆饼粉碎颗粒大小以2~3mm为宜，粉末量不得超过20%，为润水、蒸煮创造条件。麸皮之所以适合制曲，除含有适合米曲霉生长所需的淀粉质与蛋白质等营养成分以及与酿造酱油相关的香气及色泽外，还因为麸皮质量轻，质地疏松，米曲霉接触繁殖面积大，酶活性增强。豆粕因其颗粒被损坏，如用大量水浸泡会导致营养成分的损失，因此必须加有润水的工序，加入所需要的水量并使其均匀完全地被豆饼吸收。另外，为使豆饼及辅料中的蛋白质完成适度变性以及消除生大豆中阻碍酶作用的物质，使原料成为酶容易作用的状态，需将原料进行蒸煮。

处理后的原料图见图2-12。

图2-12　处理后的原料图

（2）制种曲　种曲生产工艺流程见图2-13。

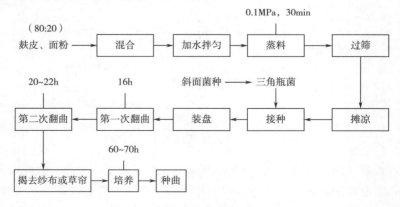

图2-13　种曲生产工艺流程

①试管菌种培养：将培养基空培养观察 2d，如若无杂菌即可使用。从菌种试管中挑取米曲霉孢子接种于斜面或者麸皮中，于28℃下培养 3d，当斜面或麸皮培养基长满黄绿色孢子，无杂色孢子，保存备用。麸皮管在菌丝未完全长白时，摇散麸皮一次。

②三角瓶菌种培养：将试管菌种接入三角瓶或空罐头瓶中，摇匀后于 25 ~ 28℃下培养 24h，摇瓶一次，将菌料摇散，放室温下，以免堆积自然烧热，培养 2 ~ 3d，麸皮料上长满黄色孢子即可。

③种曲的生产：将配料进行蒸煮，待蒸料冷却到38℃时，将瓶子菌种拌入配料中，堆置 4h 后分装竹筛，料层厚度以 2cm 左右为宜，将筛叠起来放入已消毒的种曲室中，用双层湿纱布覆盖保温培养，室温不低于20℃为宜，培养 16h 至曲料出现白色菌丝，品温升至33℃时进行翻曲，注意物料的保湿。培养24h，料面布满白色菌丝，将筛上下对调，控制好温度和湿度，继续培养数小时，曲料变成淡黄绿色，品温下降至30℃左右，培养 50 ~ 60h，产生大量孢子，曲料呈黄绿色、半干状态，外观呈块状，内部松散，用手触动，孢子飞扬，具有米曲霉固有的香气，无异味，即为成熟的种曲。应无根霉（灰黑色绒毛）、青霉（蓝绿色斑点）。制曲的场景如图 2-14 所示。

图2-14 制曲场景

（3）制曲 制曲是酱油酿造过程中的重要工序，制曲过程（图 2-15）实质是给米曲霉生长创造良好条件，保证优良的米曲霉等有益微生物充分生长繁殖，减少有害微生物的繁殖，促进微生物分泌酱油发酵所需要的酶系。

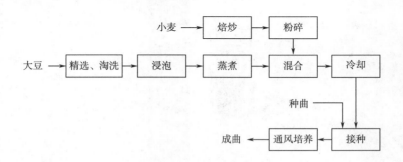

图2-15 制曲流程图

目前我国大多数厂家酿造酱油采用的是厚层通风制曲即固定式敞口平面通风制曲，制曲设备主要是通风池，制曲方法与制种曲方法类似。20 世纪 90 年代初出现了吊移式加盖曲箱及圆盘制曲等设备（图 2-16）。制曲原料要求蒸熟不能有夹生现象，以蛋白质适度变性和淀粉全部糊化为度，保湿通气。

图2-16　制曲过程中用到的设备

制曲操作可归纳为"一熟、二大、三低、四均匀"四个要点。"一熟"要求原料熟透，原料蛋白质消化率在80%~90%。"二大"是指大风、大水，曲料熟料含水量在45%~50%（根据季节、原料特点而定）；曲料厚度一般小于30cm，每立方米混合料通风量为70~80m³/min。"三低"是指装池料温低、制曲品温低、进风风温低。装池料温保持在28~30℃；制曲品温控制在30~35℃；进风温度一般为30℃。"四均匀"是指原料混合均匀，接种均匀，装池疏松均匀，料层厚度均匀。

成曲的质量标准：外观菌丝丰满、密集、淡黄绿色、无杂色，内部具有均匀、茂盛的白色菌丝，无黑色或褐色夹心；具有优良的曲香，无酸味和氨味。

（4）发酵　将成曲拌入大量的盐水成为浓稠的半流动状态的混合物，俗称酱醪；如果将成曲拌入少量盐水成为不流动状态的混合物称为酱醅。将酱醪或酱醅装入发酵容器采用保温或者不保温方式，利用曲中的酶系和微生物的发酵作用将酱醪或酱醅中的物料降解转化，形成酱油特有的色、香、味、体成分，这一过程就是酱油生产中的发酵（图2-17）。发酵酱油工艺主要分两种：一是传统的低盐固态发酵，二是高盐稀醪发酵（含固稀发酵）。目前国内采用的主要工艺是低盐固态发酵法，其盐水浓度介于高盐和无盐之间。

图2-17　酱油发酵的方法

①盐水调制：盐水溶解后其浓度以溶液百分比浓度即一定溶液中氯化钠的克数来计算。盐水浓度一般要求在11%~18%，pH为7。

②制酱醅：盐水加热到 50～55℃，将成曲打碎拌入盐水，成曲拌盐水量以酱醅含水量达到 52%～53% 为宜，不低于 50%，如果原池浸出发酵不进行移池淋油，酱醅含水量可以增加至 57%，制好的酱醅放入发酵池。

③前期发酵：前期发酵的目的是使原料中蛋白质在蛋白水解酶的作用下水解为氨基酸，因此发酵前期的发酵温度应控制在蛋白水解酶作用的温度。蛋白酶最适温度为 40～45℃，不能超过 50℃。在此过程中酱油的香味物质基本形成，为使酱醅迅速水解，入池第二天可淋浇一次，以后再淋浇两次。

④倒池：倒池又称移池。发酵过程中，定期倒池可使酱醅各部分温度、水分、盐以及酶的浓度趋向均匀，增加酱醅的含氧量，加速氧化。一般发酵过程可以 3～4d 倒池一次。

⑤后期发酵：15d 左右，保持温度为 30～35℃，便于进行酒精发酵以及后熟作用。前期发酵水解基本完成，可以补充食盐，使酱醅含盐量在 15% 以上，食盐可以均匀地淋拌在酱醅中。生产实践中，许多厂家酱醅发酵过程为 20d，发酵温度在 50℃ 左右，前 10d 保持品温 44～50℃，后 10d 保持品温 50℃ 以上，后发酵大部分酶已经失活，温度提高有利于非酶促褐变，酱醅颜色很快变为黑褐色。同时由于温度偏高，一些物质的形态结构发生了改变，黏度降低有利于淋油，有利于提高出油率。

⑥酱醅质量要求：赤褐色、有光泽、不发乌、颜色一致；有浓郁的酱香、酯香气，无不良气味；酱醅内挤出的酱汁口味鲜、微甜、味厚、不酸、不苦、不涩；手感柔软、松散、不干、不黏、无硬心；水分 48%～52%，食盐含量 6%～7%，pH4.8 以上，原料水解率 50% 以上，可溶性无盐固形物 25～27g/100mL；细菌总数不得超过 30 万个/g。

（5）淋油浸出　酿造酱油发酵完成后，采用的工艺不同，浸淋的方法也有所不同，常见的浸淋方法有移池浸出法、原池浸出法、淋浇发酵浸出法。其中淋浇发酵浸出法最大限度地提取了有效成分。淋油法生产工艺如图 2-18 所示。

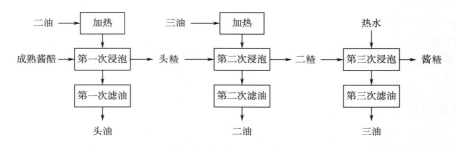

图 2-18　淋油法生产工艺

发酵过程中不断地浇淋，直至 35d 酱醅成熟后淋油，通过淋浇使酱醅的水分和温度均匀一致，为培养乳酸菌和酵母菌创造良好的生态环境，延长了后发酵期，增加了酱油的香气成分。浸泡过程中食盐的浓度对浸泡滤油的速度有一定的影响，浓度高，滤油慢，可溶性物质不易浸出；浓度低，滤油快，成分易浸出。成品酱油的含盐量约为 18%，而一般酱醅浸出时含盐量较低，可将每批所需的食盐置于管中，使流出的头油和二油流经盐管，使盐层逐渐溶解，补充食盐。

（6）加热与配制　生酱油一般还要进行加热与配制等后处理工艺（图 2-19），以达到成品的要求。加热一般采用蒸汽加热法，使酱油的温度为 65～70℃，加热时间 30min，在这种条件下产膜酵母、大肠杆菌等有害菌都可以被杀灭，延长酱油贮藏期，还可以起到终止酶活性的作用，避免氨基酸等有效成分被转化而降低酱油质量。发酵后的生酱油经过加热后，其成分有所变化，使酱油的香气醇和而圆熟，风味得到改善，香气成分含量也会有所增加，这种香气称为"火香"。但是加热也会使一些香气成分受损。除此以外，加热还可以增加色泽，除去悬浮物，使酱油澄清度得到提高。

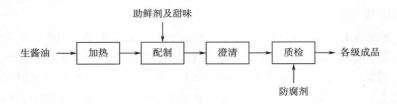

图2-19　酱油后处理工艺

配制是指将每批生产中的头油和二淋油或质量不等的原油按照一定的质量标准进行调配，使成品达到感官特征、理化指标要求。

（7）注意事项

①原料蒸熟：蛋白质适度变性，淀粉适度糊化。

②水分挥发大，熟料水分48%～51%。

③适量充足的风量和风压，米曲霉为好氧菌。风量小会使链球菌繁殖；通风不良会使厌气性梭菌繁殖；低于25℃，通风小球菌繁殖。

④品温低于30℃，增加酶活性，抑制杂菌生长。

⑤通过空调箱调节风温和相对湿度。

⑥接种均匀。

⑦装池疏松均匀，防止烧曲。

⑧翻曲要及时。

⑨保持曲室清洁。

知识拓展

　　市场上我们常见的酱油主要分为生抽、老抽、普通酱油、蒸鱼豉油、酱油膏和日本酱油。生抽的"抽"字意为提取，其以黄豆、小麦、盐等为主要原料，经预处理、制曲、发酵、浸出淋油及加热配制而成。生抽呈红褐色，味道咸鲜，豉香浓郁，因颜色淡，所以多用来调味，是家常炒菜或凉拌菜的好搭档。老抽是生抽的"升华版"，在生抽的基础上加入焦糖，经特殊工艺制成的浓色酱油，呈棕褐色，颜色较深，可给肉类食物增色，是各种浓香菜肴上色入味的理想帮手。老抽味道咸中带微甜，风味浓厚，尤其是做红烧菜肴或焖煮、卤味时，适当加入老抽，可上色提鲜。需要注意的是，做菜时，要让菜肴显得"好看"，需早点放入老抽，但又不能太早，否则会降低老抽的营养价值，要把握"度"。普通酱油与生抽的酿造工艺类似，是北方大部分地区的常备酱油种类。因北方人口味较重，所以普通酱油比生抽颜色重，味道更咸，酱香味也更浓郁，但与老抽相比又稍逊一筹，因此普通酱油是介于老抽和生抽之间的一种综合性酱油，适用于烧、炖、炒各种北方菜肴。

蒸鱼豉油是通常用来蒸鱼用的一种豉油，以生抽为原料，再加入老抽、冰糖、花雕酒等多种调味鲜料熬煮而成，因此味道要比普通生抽味道鲜美回甜，更适合搭配海鲜、河鲜类清淡菜肴及广东的肠粉，起到良好的提鲜效果。酱油膏选用普通酿造酱油，加入盐、黄砂糖、胡椒粉等调味料，经晒炼加工制成。因其中含有一定量的淀粉质配料，所以浓稠如膏，颜色多为棕黑色，与蚝油类似，适用于红烧、拌炒类菜肴，还可直接搭配食物作为蘸汁食用。

日本酱油多以大豆及小麦直接发酵酿造而成，其中不含有焦糖等添加剂成分，但却含有少量酒精，因此口味独特，与普通酱油相比，味道差别较大，是具有"异国风情"菜品的最佳"搭档"，如韩国的紫菜包饭、石锅拌饭等。

在东方菜肴为主的韩国、日本，调味品主要以酱油、醋、辣椒酱等酿造、发酵和复合产品为主。日本龟甲万株式会社、韩国膳府集团分别是日本、韩国最大的酱油生产企业。在韩国，膳府"泉牌"酱油于2007年被评为"连续7年酱油第一品牌"，目前每年生产量达到10万升，在韩国酱油市场占有率达到50%，迄今接近60年经营历史。在日本，龟甲万株式会社的"万字"酱油销量第一，迄今有90多年经营历史。

舌尖上的日本曾带我们领略日本酱油的风采。那中国酱油和日本酱油有什么区别呢？中国酱油和日本酱油都分为纯微生物发酵酱油和添加酸水解植物蛋白调味液、食品添加剂等成分生产的酱油，在中国前者称为酿造酱油，后者称为配制酱油，在日本前者称为本酿造酱油，后者称为混合酱油。在中国，酿造酱油占酱油总产量的40%左右，配制酱油占60%，在日本，本酿造酱油占85%，混合酱油占15%。

目前的国内酱油生产企业中，高盐稀态发酵酱油和低盐固态发酵酱油"二分天下"。低盐固态发酵酱油是以大豆或脱脂大豆、麸皮、小麦粉等为原料，经蒸煮、制曲，并采用低盐（食盐6%~8%）固态（水分为总原料的50%~58%）发酵方法高温发酵生产的酱油。这种酱油发酵温度较高，制作周期较短，一个月内即可出成品。由于国内企业普遍希望能够更快速地得到可以出售的产品，大多数选用低盐固态发酵技术，因为它的发酵周期短，不到一个月就可以得到还不错的成品，但是由于发酵时间较短，氨基酸的转化率较低，缺乏特有的香气。与传统的低盐固态发酵酱油相比，代表着高端品质和未来发展趋势的高盐稀态发酵酱油有着诸多优势，高盐稀态发酵酱油是以大豆或脱脂大豆、小麦或小麦粉为原料，以较高浓度（18.5%~20.5%）的大量盐水（总原料量的2~2.5倍），以流动状态酱醪经长时间（3~6个月以上）低温发酵制成。这种酱油品质高，更为香醇，营养物质也更为丰富。如封闭式发酵系统更加卫生、安全，圆盘制曲确保菌种生长最好，足期低温恒温发酵让口感更加鲜美，且氨基酸态氮等营养指标更高。中国酱油行业也在向高盐稀态发酵酱油工艺转变，主要是两个代表，以广东酱油企业为代表的天然晒制工艺生产群，如海天、李锦记；以河北和北京酱油生产企业为代表的采用日本工艺的高盐稀态发酵工艺生产群，如石家庄珍极、北京和田宽宽牌、烟台欣和、加加等。中日酱油的差异除了生产方法和酿造方法外，还有原料的差异，中国酱油酿造一般使用豆饼或麸皮，日本主要用大豆、烘焙小麦，赋予酱油特殊的香气。

酱油分为四个等级，主要是以氨基酸态氮的含量为划分依据。以高盐稀态发酵来说：氨基酸态氮≥0.80g/100mL为特级；氨基酸态氮≥0.70g/100mL为一级；氨基酸态氮≥0.55g/100mL为二级；氨基酸态氮≥0.40g/100mL为三级。

第三节 腐 乳 生 产

腐乳又称乳腐、霉豆腐等，腐乳是以大豆为原料经加工磨浆，先将大豆制成豆腐，然后压坯划成小块，摆在木盒中接上蛋白酶活性很强的根霉或毛霉菌菌种，加盐腌制，加卤汤装瓶，密封腌制，腐乳的独特风味就是在发酵贮藏过程中所形成的。腐乳也是我国独有的传统民族特色佐餐食品，产地遍及全国各地。腐乳品种多样、风味独特、滋味鲜美，是百姓餐桌的常见调味品。

腐乳在我国已经有1000多年的历史。据史料记载，早在公元5世纪魏代古书中，就有腐乳生产工艺的记载："干豆腐加盐成熟后为腐乳。"全国有地方特色的腐乳有王致和腐乳、桂林腐乳、江苏"新中"糟方腐乳、青岛腐乳、上海"鼎丰"精制玫瑰腐乳、咸亨腐乳、克东腐乳等。

腐乳中富含蛋白质及其分解产物如多肽、二肽等多种营养成分，不含胆固醇，在欧美等地区被称为"中国干酪"。传统中医认为腐乳性味甘、温，具有活血化瘀、健脾消食等作用。现代营养学证明，豆腐在经过发酵后会得到更多利于消化吸收的必需氨基酸、烟酸、钙等矿物质，尤其还能得到一般植物性食品中没有的维生素 B_2。根据制作方法和配料不同，腐乳的颜色、风味营养也有所差别。白腐乳不加任何辅料，呈本色。红腐乳是由腌坯加入红曲、白酒、面曲等发酵而成的，红曲中含有的洛伐他汀（红曲霉次级代谢产物之一）对降低血压和降血脂具有重要意义，有一定的保健作用。青腐乳，其实就是臭豆腐乳，腌制中加入了苦浆水、盐水而呈豆青色，比其他品种发酵更彻底，而含有更多的氨基酸和酯类。花腐乳，一般会添加辣椒、芝麻、虾籽、香油、火腿、白菜、香菇等，其营养素最全。此外，有些腐乳上面会有白白的小点，那是酪氨酸结晶，可放心食用。除直接吃外，腐乳在烹饪中可起到赋咸、增香、提鲜等作用，如腐乳爆肉、腐乳空心菜、腐乳花卷等。需要注意的是，高血压、心血管疾病、痛风、肾病患者以及胃肠道溃疡患者要少吃，以免加重病情。

一、 主要原辅料及预处理

正确选择原料是提高腐乳质量的保证。大豆是产品质量的基础，应采用高蛋白大豆，储藏时要防止大豆"走油"的现象。面曲中蛋白酶和淀粉酶活性直接影响产品质量和发酵周期。食盐应采用水洗盐或精盐，避免食盐杂质造成腐乳风味欠佳。软水和中性水能提高蛋白质的利用率。生产中应使用价格低廉、质量稳定、风味好的酒类。香辛料是细菌型腐乳必加的添加剂，加入时要严格遵守国家规定，只能加入国家规定的既是食品又是药品的添加剂。

1. 主料

用于生产腐乳的主要原料是大豆，以东北地区种植的大豆质量最佳。大豆中的主要成分如蛋白质、脂肪、碳水化合物等都是腐乳的主要营养成分，蛋白质的分解产物又是构成产品鲜味的主要来源。大豆蛋白质的氨基酸组成合理，氨基酸中谷氨酸、亮氨酸较多，与谷物比较，赖氨酸多，蛋氨酸和半胱氨酸稍少。大豆中亚油酸是人体必需脂肪酸，并有防止胆固醇在血管中沉积的功效。大豆有特有的气味成分，在微生物分泌的各种酶的作用下，也会产生腐乳的香气物质。腐乳质量好坏首先取决于大豆的品质，选取优质的大豆是生产腐乳的最基本条件，所以要求大豆蛋白质含量高，密度大，干燥，无霉烂变质，颗粒均匀无皱皮，无僵豆（石豆）、青豆，皮薄，富有光泽，无泥沙，杂质少。大豆中蛋白质含量一般为30%～40%，粗脂肪15%～20%，无氮浸出物25%～35%，灰分5%左右。

2. 辅料

配料中所用的原料因生产的品种不同而异，统称为辅助原料。腐乳品种繁多，与所用的辅助原料在后熟中产生独特的色、香、味有密切关系。腐乳中主要辅料有食盐、酒类、面曲、红曲、水、香辛料、凝固剂等。

（1）食盐 食盐是腐乳生产中的重要辅料：食盐是腐乳咸味的主要来源；食盐和氨基酸结合构成腐乳的鲜味；有较强的防腐功能；食盐能析出豆腐坯的水分。腐乳腌坯所用盐要符合食用盐标准，尽量使用氯化钠含量高、颜色洁白、水分及杂质少的水洗盐或精盐。钙和镁含量高时产品有苦味，杂质多会导致产品质地粗硬，不够滑腻，使成品质量下降。

（2）酒类 南方生产的腐乳品种所用酒类以黄酒和酒酿为主，北方以白酒为主。酒类能增加腐乳的酒香成分，如白酒中乙醇和腐乳发酵时产生的有机酸反应生成各种酯类，为成品提供香气成分；提高红曲色素的溶解度；抑制蛋氨酸分解生成甲硫醇和二甲基二硫醚；防止腐败性细菌和产膜酵母菌的繁殖，增加成品的安全性。

①黄酒：以谷物为主要原料，利用酒药、麦曲或米曲中含有的多种微生物的共同作用酿制而成，酒精含量12%～18%vol，酸度低于0.45%，糖分在7%左右。黄酒营养价值高，含有多种淀粉质分解的产物，如多糖、麦芽糖、葡萄糖等；八种必需氨基酸；维生素、微量元素等。腐乳生产中使用的黄酒以采用纯种酵母和纯种麸曲结合的发酵期短、产酒率高的新工艺酒为主。

②酒酿：以糯米为主要原料，经过根霉、酵母菌、细菌等共同作用，将淀粉质分解为糊精、双糖、葡萄糖、酒精等成分酿制而成。糟方用发酵期短的甜酒酿，其他腐乳用酒酿卤较多。酒酿指标：糖度≥20°Bx，酒精度11%～12%vol，总酸≤0.6%，固形物≥25%。

③白酒：腐乳使用的白酒，一般是以高粱为主要原料，经麸曲和酵母菌发酵酿制成的，酒精度为50%～60%vol的无浑浊、无异味、风味好的白酒。

3. 面曲

面曲是面粉加水后经发酵（或不发酵）、添加米曲霉培养制成的辅助原料。要求面曲颜色均匀，酶活性高，杂菌少。

（1）前期不发酵面曲 加38%冷水将面粉搅拌均匀，制成面穗，蒸熟透后，趁热将面块打碎，摊晾至40℃，加入0.3%米曲霉种曲，32～35℃培养3～4d，晒干后备用。此方法简单，由于米曲霉菌丝不易在面穗内部繁殖，面曲长势不均，酿制的成品风味欠佳，食用后有时会引起胃部不适，有胃酸过多的感觉。

（2）前期发酵面曲 面粉加水经发酵后制成馒头，把馒头分割成小块，品温到40℃时加入0.3%米曲霉种曲，32～35℃培养3～4d，晒干后备用。馒头中水分均匀，营养丰富，米曲霉容易生长繁殖，用发酵面曲制成的腐乳风味好，虽然制作工艺复杂，但成品质量稳定。

4. 红曲

红曲即红曲米，将红曲霉菌接种于蒸熟的籼米中，经培养而得到的含有红曲色素的食品添加剂。红曲为不规则的碎米，外表呈棕红色或紫红色，质轻脆，断面为粉红色，易溶于热水及酸、碱溶液。在腐乳中，红曲既能提供红色素，又是淀粉酶、酒化酶、蛋白酶的来源。小型腐乳厂由于条件限制，可以采用外购解决红曲原料的问题。外购红曲酶活性（特别是酒化酶）、色素均有所下降，用量上要适当增加。大型厂家一般自己生产红曲，避免红曲在高温干燥时酶活性下降对产品质量的影响。用籼米生产的红曲得率较高，但色素不如粳米生产的红曲。在培养红曲时，原料配比氮源比例大，产生的色素偏向紫色；原料配比碳源比例大，产生的色素偏向黄色，因此在生产红曲时，应增加蛋白质的含量，提高红曲色素。红曲应有红曲特有的香气，手感柔软。淀粉：50%～60%，水分：7%～10%，总氮：2.4%～2.6%，粗蛋白：15%～16%，色度：1.6～2.0，糖化酶活性：900～1200U/g。

5. 水

水是腐乳的主要成分之一，又是大豆蛋白质的溶解剂。水中的微量无机盐类是豆腐坯微生物发育繁殖所必需的营养成分和不可缺少的物质。

酿造腐乳用水，一般饮用水均可使用，不得检出生酸菌群、大肠杆菌群和致病菌群。腐乳酿造用水一般以软水为宜，硬度大的水影响大豆蛋白质的提取率。水质最好采用中性水。酸性大的水会降低蛋白质的水溶性，影响蛋白质利用率；用酸性水会使产品酸度增加，影响腐乳的口味。

6. 香辛料

香辛料是能够提高腐乳香气和特殊口味的物质，在腐乳中加入的香辛料必须符合国家对食品添加剂的规定。在腐乳中允许加入的香辛料有甘草、肉桂、白芷、陈皮、丁香、砂仁、高良姜等。

7. 凝固剂

凝固剂是大豆蛋白质由溶胶变成蛋白质凝胶的物质。腐乳豆腐坯制作以盐卤为主。盐卤是海水制盐后的副产品，主要成分是氯化镁（含量约为30%），盐卤的用量为大豆量的5%～7%。盐卤用量过多，蛋白质收缩过度，保水性差，豆腐坯粗糙，无弹性。盐卤用量少，大豆蛋白质凝聚不完全，形成的凝胶不稳定。

二、　主要微生物与生化过程

1. 腐乳生产菌种及特点

在腐乳生产中，人工接入的菌种有毛霉、根霉、细菌、米曲霉、红曲霉和酵母菌等，腐乳的前期培养是在开放式的自然条件下进行的，外界微生物极容易侵入，而且配料过程中会带入很多微生物，所以腐乳发酵的微生物十分复杂。虽然在腐乳行业称腐乳发酵为纯种发酵，实际上，在扩大培养各种菌类的同时已非常自然地混入许多种非人工培养的菌类。因此，腐乳发酵实际上是多种菌类的混合发酵。从腐乳中分离出的微生物有霉菌、细菌、酵母菌等20余种。

2. 腐乳生产菌种选择原则

（1）不产生毒素（特别是黄曲霉毒素 B_1 等），符合食品的安全和卫生要求。

（2）培养条件粗放，繁殖速度快。

（3）菌种性能稳定，不易退化，抗杂菌能力强。

（4）培养温度范围大，受季节限制小。

（5）能够分泌蛋白酶、脂肪酶、肽酶及有益于腐乳产品质量的酶系。

（6）能使产品质地细腻柔糯，气味鲜香。

3. 腐乳生产中常用菌株

在发酵腐乳中，毛霉菌占主要地位，因为毛霉生长的菌丝又细又高，能够将腐乳坯完好地包围住，从而保持腐乳成品整齐的外部形态。当前，全国各地生产腐乳应用的菌种多数是毛霉菌，还有根霉、藤黄小球菌等其他菌类。

（1）五通桥毛霉（As3.25）　五通桥毛霉是从四川乐山五通桥竹根滩德昌酱园生产腐乳坯中分离得到的，是我国腐乳生产应用最多的菌种。该菌种的形态如下：菌丛高 10 ~ 35mm；菌丝白色，老后稍黄；孢子梗不分支，很少成串或有假分支，宽 20 ~ 30μm；孢子囊呈圆形，直径为 60 ~ 130um，色淡；囊膜成熟后，多溶于水，有小须；中轴呈圆形或卵形，（6 ~ 9.5）μm × （7 ~ 13）μm；厚垣孢子很多，梗口有孢子囊 20 ~ 30μm。五通桥毛霉最适生长温度为 10 ~ 25℃，低于 4℃ 勉强能生长，高于 37℃ 不能生长。

（2）腐乳毛霉　腐乳毛霉是从浙江绍兴、江苏镇江和苏州等地生产的腐乳上分离得到的。菌丝初期为白色，后期为灰黄色；孢子囊为球性，呈灰黄色，直径 1.46 ~ 28.4μm；孢子轴为圆形，直径 8.12 ~ 12.08μm；孢子呈椭圆形，表面平滑，少数有刺。它的最适生长温度为 30℃。

（3）总状毛霉　菌丝初期为白色，后期为黄褐色，高 10 ~ 35mm；孢子梗初期不分支，后期为单轴或不规则分支，长短不一；孢子囊为球形，呈褐色，直径 20 ~ 100μm；孢子较短，呈卵形；厚垣孢子的形成数量很多，大小均匀，表面光滑，为无色或黄色。该菌种的最适生长温度为 23℃，在低于 4℃ 或高于 37℃ 的环境下都不生长。

（4）雅致放射毛霉　是从北京腐乳和台湾腐乳中分离得到的，它也是当前我国推广应用的优良菌种之一。该菌种的菌丝呈棉絮状，高约为 10mm，白色或浅橙黄色，有匍匐菌丝和不发达的假根，孢子梗直立，分支多集中于顶端；主支顶端有一较大的孢子囊，孢子囊呈球形，直径为 30 ~ 120μm，老后为深黄色，囊壁粗糙，有草酸钙结晶；成熟后孢子囊壁溶解或裂开，留有囊领，孢子轴在较大的孢子囊内呈球形或扁球形；孢子为圆形，光滑或粗糙，壁厚；厚垣孢子产生于气生菌丝，为圆形，壁厚，呈黄色，内含油脂，生长最适温度为 30℃。

（5）根霉　由于根霉的生长温度比毛霉高，在夏季高温情况下也能生长，而且生长速度又较快，前期培养只需要 2d，而且菌丝生长健壮，均匀紧密，在高温季节能减轻杂菌的污染，打破了季节对生产的限制。虽然根霉的菌丝不如毛霉柔软细致，但它耐高温，可以保证腐乳常年生产。有的厂家用毛霉和根霉混合效果也较好。根霉生长最适温度为 32℃。

（6）藤黄微球菌　该菌株的特点：在豆粉营养盐培养基上生长速度快，易培养，不易退化。在豆腐坯表面形成的菌膜厚，成品成型性好，蛋白酶活性高，成熟期短，成品具有细菌型腐乳的特有香味，无异味，在嗅觉上、感官上都有较好的特性，风味较好。菌株呈球形，直径 0.95 ~ 1.10μm，成对、四联或成簇排列；革兰阳性；不运动；不生芽孢；严格好氧；菌落为浅金黄色，培养时间长呈粉红色；不能利用葡萄糖产酸；接触酶阳性；耐盐，可以在含盐量 5% 培养基上生长。该菌株产蛋白酶的最适 pH 为 6.6，最适温度为 33℃。

4. 发酵种子的制备

（1）毛霉种子制备

①一代种子试管菌种的制备：常用的培养基有豆浆斜面培养基或察氏培养基两种。保藏菌种以察氏培养基为宜，可防止菌种退化；生产培养基以豆浆培养基为佳。

豆浆斜面培养基：将大豆粉，加水8倍，制成豆浆汁，加2.5%蔗糖和2.5%琼脂，灌装培养基约为试管高的1/5，0.1MPa压力下灭菌30min，摆斜面，冷却凝固即成斜面培养基。

察氏培养基配方：蔗糖30g、硝酸钠2g、磷酸二氢钾1g、硫酸镁0.5g、硫酸亚铁0.01g、琼脂2.5g。将上述原料用蒸馏水稀释至1000mL，加热至沸腾，灌装培养基约为试管高的1/5，0.1MPa压力下灭菌30min，摆斜面，冷却凝固即成斜面培养基。

接种：选用以上培养基在无菌条件下接入毛霉菌种，于20~22℃培养箱中培养7d左右，待长出白色菌丝即为毛霉试管菌种。

②二代种子培养

固体种子（克氏瓶种子）：取大豆粉与大米粉质量比为1:1混合，装入克氏瓶中，料层厚度为2~3cm。加塞，0.1MPa压力下，灭菌30min，冷却至室温后在无菌条件下接种，20~25℃培养6~7d，要求制得的克氏瓶种子菌丝饱满、粗壮，有浓厚的曲香味，无杂菌。将克氏瓶种子低温干燥后破碎，与大米粉以1:（2~2.5）混合，即成生产的二代菌种，可直接用于生产中。

液体种子：将固体试管菌种接种于经0.1MPa灭菌30min的豆浆汁中（大豆粉加水8倍，制成豆浆汁，加2.5%蔗糖），23~26℃摇瓶培养4~5d。在培养瓶中添加无菌冷开水，用纱布将菌丝滤出，菌液调pH为4.6左右，即可喷雾在豆腐坯上。

（2）根霉（As3.2746）种子培养

①一代种子：选用PDA培养基。取去皮马铃薯200g，挖去芽眼，切成片状或丝状，加水1000mL，煮沸15min，用纱布过滤，加20g葡萄糖、20g琼脂，再加热溶解，加水至1000mL，灌装培养基约为试管高的1/5，0.1MPa灭菌30min，摆斜面，冷却凝固即成斜面培养基。在无菌条件下接入原菌菌种，28~30℃培养72h。

②二代种子：麸皮：水=100:120，将麸皮与水拌匀，装入500mL三角瓶（厚度为1.0cm），0.1MPa灭菌30min，冷却至室温，在无菌条件下接入一代种子，28~30℃培养72h。

（3）细菌种子培养

①一代种子：豆粉营养盐培养基：豆粉3%，硫酸镁0.05%，硫酸铵0.05%，磷酸二氢钾0.1%，氯化钠5%，琼脂2%，自然pH。灌装培养基约为试管高的1/5，0.1MPa灭菌30min，摆斜面，冷却凝固即成斜面培养基。在无菌条件下接入藤黄微球菌菌种，于30~33℃培养箱中培养5d左右，待长出金黄色菌落即为藤黄微球菌一代种子。

②二代种子：豆粉液体培养基：豆粉3%，氯化钠5%，磷酸二氢钾0.9%，硫酸镁0.045%，硫酸铵0.045%。0.1MPa灭菌30min，冷却至30℃，在无菌条件下接入藤黄微球菌一代种子，于30~33℃培养2d左右，即为藤黄微球菌二代种子。

5. 腐乳形成的化学机制

腐乳发酵是利用豆腐坯上培养的微生物和腌制期间由外界侵入的微生物的繁殖，以及配料中加入的各种辅料，如红曲的红曲霉、面曲的米曲霉、酒类中的酵母菌等所分泌的各种酶类，在发酵时产生极其复杂的生物化学变化，促使蛋白质水解成可溶性的低分子含氮化合物；淀粉糖化，糖分发酵生成酒精、其他醇类以及有机酸，同时辅料中的酒类及添加的各种香辛料也共同参与合成复杂的酯类，最后形成腐乳特有的颜色、香气、味道和体态，使成品细腻、柔糯可口。

腐乳发酵的生物化学变化主要是蛋白质与氨基酸的消长过程，蛋白质水解成氨基酸不仅仅在后期发酵进行，而是从前期培菌开始到腌制、后期发酵每一道工序，都发生着变化。在毛霉菌等微生物分泌的蛋白酶作用下，豆腐坯中的蛋白质部分水解而溶出，此时可溶性蛋白质和氨基酸均有所增加，水溶性蛋白质的增加大大超过氨基酸态氮的增长。蛋白质在发酵完成后，只有40%左右的蛋白质能变成水溶性的，其余蛋白质虽然不能保持原始的大分子状态，但还不到能溶于水的小分子蛋白质状态。因为蛋白质大多被水解成小分子，虽然不溶于水但存在的状态改变了，在口感上就感到细腻、柔糯。

在腐乳发酵过程中除去了对人体不利的溶血素和胰蛋白酶抑制物，在微生物的作用下，产生了相当数量的核黄素和维生素 B_{12}，增加了腐乳的营养。

三、加 工 工 艺

豆腐坯制作工艺流程如图2-20所示。

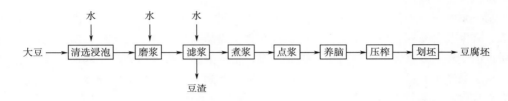

图2-20　豆腐坯制作工艺流程

1. 豆腐坯制作

（1）大豆清选、浸泡　大豆的清选是浸泡的准备工作，其作用是为了除去杂草、石块、铁物和附着的其他杂质，还要除去霉豆和虫蛀豆。大豆的清选方法有湿选法，如淌槽湿选、振动式洗料机湿选和旋水分离器湿选；干选法，如人工筛选和机械化筛选。

大豆组织以胶体的大豆蛋白质为主。浸泡时使大豆组织软化，大豆蛋白质吸水膨胀，体积增长1.8~2.0倍，提高了大豆胶体分散程度，有利于蛋白质的萃取，增加水溶性蛋白质的浸出。浸泡大豆的水应符合饮用水的标准，以软水和中性水为佳。酸性水会使大豆吸水慢、膨胀不佳而影响蛋白质浸出效果。浸泡时间以夏天4~5h，冬季8~10h为佳。浸泡时间短，大豆颗粒不能充分吸水膨胀，大豆中的蛋白质不能转变为溶胶性蛋白质，影响蛋白质的浸出率；浸泡时间长，增加了微生物繁殖的机会，容易使泡豆水pH下降，磨浆后豆浆泡沫多，夏季浸泡时应经常换水。因为浸泡水温度高，而引起微生物的繁殖，产生异味。浸泡大豆用水量一般以1:3.5左右为宜。为了提高大豆中碱溶性蛋白质溶解度和中和泡豆中产生的酸，在大豆浸泡时，可以加入0.2%~0.3%的碳酸钠。

当浸泡水上面有少量泡沫出现，用手搓豆很容易把子叶分开，开面光滑平整，中心部位和边缘色泽一致，无白心存在即可。

（2）磨浆　磨浆就是使大豆蛋白质受到摩擦、剪切等机械力的破坏，使大豆蛋白质形成溶胶状态豆乳的过程。磨浆的设备有钢磨、砂轮磨等。

磨浆的粒度要适宜，一般为1.5μm。粒度小易使一些豆渣透过筛网混入豆浆中，制成的豆腐坯无弹性、粗糙易碎，腐乳成品有豆腥味；粒度大，阻碍了大豆蛋白质的释放，大豆蛋白质溶出率低，影响产品收得率。

磨浆的加水量一般为1:6左右。加水量少，豆糊浓度大，分离困难；加水量大，豆浆浓度低，影响蛋白质的凝固和成型，黄浆水增多。

（3）滤浆　滤浆是使大豆蛋白质等可溶物和滤渣分离的过程。采用的方式有人工扯浆、电动扯浆与刮浆、六角滚筛和离心机滤浆。在常用的离心分离时一般采用4次洗涤。洗涤的淡浆水可降低豆渣中蛋白质含量，提高豆浆的浓度和原料利用率。常用的是锥形离心机，滤布的孔径为100目左右。豆浆浓度为5°Bé左右为宜，100kg大豆可出豆浆为1000kg左右。

（4）煮浆（也称烧浆）　就是把豆浆加热使大豆蛋白质适度变性的过程。采用的设备有敞口式常压煮浆锅、封闭式高压煮浆锅、阶梯式密闭溢流煮浆罐。

①煮浆目的：一是使豆浆中的蛋白质发生适度变性，为蛋白质由溶胶变成凝胶打好基础，提高大豆蛋白质的消化率，点脑后形成洁白、柔软、有劲、富有光泽和保水性好的豆腐脑；二是去除大豆中的有害成分，降低豆腥味；三是杀灭豆浆本身存在的以蛋白酶为首的各种酶系，保护大豆蛋白质，达到灭菌的效果。

②煮浆的工艺条件：煮浆的工艺条件一般为100℃、5min为宜。煮浆温度低，豆浆煮浆不透，有生浆会使豆腐坯内部变质、黄浆水发黏，成品风味不好，有异味；温度高，大豆蛋白质过度变性，豆浆发红，豆腐坯粗糙、发脆。煮浆中，豆浆表面会产生起泡现象，造成溢锅。煮浆会产生大量的泡沫，形成"假沸"现象，点浆会影响凝固剂的分散。生产中要采用消泡剂来灭泡，通常消泡剂是硅有机树脂，用量为0.005%；脂肪酸甘油酯用量为豆浆的1%。油脚因为杂质含量高，毒性大，色泽深，危害健康；油脚膏含有酸败油脂，对身体有害，所以油脚和油脚膏在腐乳中被禁止使用。

（5）点浆

①点浆目的：在豆浆中加入适量的凝固剂，将发生热变性的蛋白质表面的电荷和水合膜被破坏，使蛋白质分子链状结构相互交连，形成网络状结构，大豆蛋白质由溶胶变为凝胶，制成豆腐脑。点浆操作直接决定着豆腐坯的细腻度和弹性。

②操作过程：点浆操作的关键是保证凝固剂与豆浆的混合接触。豆浆灌满装浆容器后，待品温达到80℃时，先搅拌，使豆浆在缸内上、下翻动起来后再加卤水，卤水量要先大后小，搅拌也要先快后慢，边搅拌边下卤水，缸内出现50%脑花时，搅拌的速度要减慢，卤水流量也应该相应减少。脑花达80%时，结束下卤，脑花游动缓慢并且开始下沉时停止搅拌。值得注意的是，在搅拌过程中动作一定要缓慢，以免使已经形成的凝胶被破坏掉。

③点浆应注意的问题

豆浆的浓度：豆浆的浓度必须控制在4~5°Bé，浓度大小对豆腐坯的出品率及质量均有很大影响。

盐卤的浓度：盐卤浓度取决于豆浆的浓度，一般豆浆浓度在4~5°Bé时，盐卤浓度应掌握在14~18°Bé。

点浆的温度：点浆的温度高，凝固过快，脱水强烈，豆腐坯松脆，颜色发红；温度过低，蛋白质凝固缓慢，但凝固不完全，豆腐坯易碎，蛋白质流失过多，影响出品率和蛋白质利用率。点浆温度一般控制在75~85℃比较适合。

pH的控制：点浆时，酸性蛋白质和碱性蛋白质的凝固受pH影响很大，一般pH要控制在6.6~6.8。

（6）养脑　点浆后，蛋白质凝胶网状结构尚不牢固，必须经过一段时间的静置，使大豆球蛋白疏水基团充分暴露在分子表面，疏水基团倾向于建立稳定的网状结构。

点浆后必须静置15～20min，保证热变性后的大豆蛋白质与凝固剂的作用能够继续进行，连接成稳定的空间网络。如果时间过短凝固物无力，外形不整，蛋白质组织容易破裂，制成的豆腐坯质地粗糙，保水性差；时间过长，温度过低，豆腐坯成型困难。只有凝固时间适当，制出的豆腐坯结构才会细腻，保水性好。

（7）压榨　压榨是使豆腐脑内部分散的蛋白质凝胶更好地接近及黏合，使制品内部组织紧密，同时排出豆腐脑内部水分的过程。豆腐压榨成型设备目前有两种：一种是间歇式压榨设备，如杠杆式木制压榨床、电动和液压制坯机；另一种是自动成型设备，如连续式压榨机。压榨时豆腐脑温度应在65℃以上，压力在15～20kPa，时间为15～20min为宜。压榨出的豆腐坯感官要求为：薄厚均匀、四角方正、软硬合适、无水泡和烂心现象、有弹性、能折弯。豆腐坯春秋季节含水量为70%～72%，冬季含水量为71%～73%。豆腐坯蛋白质含量在14%以上。

（8）划坯、冷却　划坯是将已压榨成型的豆腐坯翻到另外一块豆腐板上，经冷却，再送到划块操作台，用豆腐坯切块机进行划块，成为制作腐乳所需要大小的豆腐坯，将缺角、发泡、水分高、厚度不符合标准的次品剔出。划坯的设备有多刀式豆腐坯切块机、把手式切块刀和木辊式划块刀等。压榨成型的豆腐坯刚刚卸榨时，品温还在60℃以上，必须经过冷却之后，再送到切块机进行切块。因为在较高的温度下，大豆蛋白质凝胶的可塑性很强，形状不稳定。经过冷却之后切块才能保持住豆腐坯的块形，否则会失去原有正规的形状。

2.腐乳发酵

（1）毛霉腐乳发酵　毛霉腐乳发酵分为前期培菌和后期发酵两个阶段。

①前期培菌：是指在豆腐坯上接入毛霉，使其经过充分繁殖，在豆腐坯上长满菌丝，形成柔软、细密而坚韧的白色菌膜，同时利用微生物的生长，积累大量的酶类，如蛋白酶、淀粉酶、脂肪酶等的过程。现在大部分企业都采用自己培养的毛霉为种子。腐乳和育种条件不具备的企业可以购买专业厂家生产的毛霉菌粉作为种子。腐乳培菌工艺流程如图2-21所示。

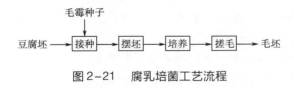

图2-21　腐乳培菌工艺流程

a.接种：在接种前豆腐坯品温必须降至30℃，达到毛霉生长的最适温度，如果温度高接种，生产的腐乳食用后会造成胃酸过多的现象。豆腐坯的降温方法有两种：一是自然冷凉，豆腐坯品温均匀，但时间长，会增加污染杂菌的机会；二是强制通风降温，强制通风降温会吹干豆腐坯表面水分并使豆腐坯收缩变形，有时还可能出现豆腐坯品温和水分不一致等对前期培菌十分不利的现象，所以要根据气温调节风压和风量。

腐乳生产中，制备菌种和使用菌种的方法分为：一是固体培养，液体使用；二是固体培养，固体使用；三是液体培养，液体使用。

第一种，将固体培养的菌种粉碎，用无菌水稀释后采用喷雾器喷洒在豆腐坯上，接种均匀，但在夏季种子容易感染杂菌，影响前期培菌的质量。

第二种，将菌种破碎成粉，按比例混合到载体（大米粉），然后将扩大的菌粉均匀地撒到豆腐坯上，进行前期培菌，存在的问题是接种不均匀。

第三种，是目前国内最先进的方法。培养过程中必须保证在种子罐中进行，必须使用无菌空气，技术要求高，设备投入大，效果好。液体种子要采用喷雾法接种，喷洒时菌液浓度要适当。如菌液量过大，就会增加豆腐坯表面的含水量，使豆腐坯水分活性升高，就会增加污染杂菌的机会，影响毛霉的正常生长。菌液量少，易造成接种不均的现象。菌液不能放置时间过长，要防止杂菌污染，如果有异常，则不能使用。接种50kg大豆用一个800mL培养瓶（配成菌悬液1000mL），若使用固体菌粉，必须均匀地撒在豆腐坯上，要求六面都要沾上菌粉。

b. 摆坯：摆坯就是将接菌后的豆腐坯码放到培养器内，常用的有培养屉和多层培养床。将接完种的豆腐坯侧面竖立码放在培养屉中的空格里，培养屉每行间距为3cm，以保证豆腐坯之间通风顺畅。培养屉堆码的层数要根据季节与室温变化而定，一般上面的培养屉要倒扣一个培养屉，然后用无毒塑料布或苫布盖严，调节培养室的温度、湿度，以便保温、保湿，防止豆腐坯风干，影响豆腐坯发霉效果。多层培养床把接菌后的豆腐坯摆放在多层培养床上，用食品级塑料布盖严。

c. 培养：摆好的豆腐坯培养屉，要立即送到培养室进行培养。培养室温度要控制在20~25℃，最高不能超过28℃，培养室内相对湿度95%。夏季气温高，必须利用通风降温设备进行降温。为了调节各培养屉中豆腐坯的品温，培养过程中要进行倒屉。一般在25℃室温下，22h左右时菌丝生长旺盛，产生大量呼吸热，此时进行第一次上下倒屉，以散发热量，调节品温，补给新鲜空气。到28h时进入生长旺盛期，品温上升很快，这时需要第二次倒屉。48h左右，菌丝大部分已近成熟，此时要打开培养室门窗（俗称凉花），通风降温，一般48h菌丝开始发黄，生长成熟的菌如棉絮状，长度为6~10mm。

在前期培菌阶段，应特别注意：一是采用毛霉菌，品温不要超过30℃；如果使用根霉菌，品温不可超过35℃。因为品温过高会影响霉菌的生长及蛋白酶的分泌，最终会影响腐乳的质量。二是注意控制好湿度，因为毛霉菌的气生菌丝是十分娇嫩的，只有湿度达到95%以上，毛霉菌丝才正常生长。三是在培菌期间，注意检查菌丝生长情况，如出现起黏、有异味等现象，必须立即采取通风降温措施。

d. 搓毛：搓毛是将长在豆腐坯表面的菌丝用手搓倒，将块与块之间黏连的菌丝搓断，把豆腐坯块分开，促使棉絮状的菌丝将豆腐坯紧紧包住，为豆腐坯穿上"外衣"，这一操作与成品腐乳的外形关系十分密切，搓毛后的豆腐坯称为毛坯。搓毛过早，影响腐乳的鲜度及光泽，毛霉凉透后，才可以搓毛。

搓毛后的毛坯整齐地码入特制的腌制盒内进行腌制。要求毛坯六个面都长好菌丝并包住豆腐坯，保证毛坯正常、不黏、不臭。

②后期发酵：后期发酵是指毛坯经过腌制后，在微生物以及各种辅料的作用下进行后期成熟的过程（图2-22）。由于地区的差异、腐乳品种不同，后期发酵的成熟期也有所不同。

a. 腌制：毛坯搓毛后，即可加盐进行腌制，制成盐坯。腌坯的目的：一是降低豆腐坯中的水分，盐分的渗透作用使豆腐坯内的水分排出毛坯，使霉菌菌丝及豆腐坯发生收缩，毛坯变得硬挺，菌丝在豆腐坯外面形成了一层皮膜，保证后期发酵不会松散。腌制后的盐坯含水量从豆腐坯的75%左右，下降到56%左右；二是利用食盐的防腐功能，防止后发酵期间杂

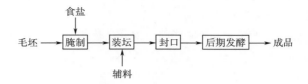

图 2-22　腐乳后期发酵工艺流程

菌感染，提高生产的安全性；三是高浓度的食盐对蛋白酶活性有抑制作用，缓解蛋白酶的作用来控制各种水解作用进行的速度，保持成品的外形；四是提供咸味，和氨基酸作用产生鲜味物质，起到调味的作用。

　　腌坯时，用盐量及腌制时间必须严格控制。食盐用量过多，腌制时间过长，会使成品过咸和蛋白酶的活性受到抑制，导致后期发酵的延长，盐坯硬度加大，成品组织不细腻。食盐用量过少，腌制时间过长，会造成豆腐坯腐败的发生和由于各种酶活动旺盛导致的腌制过程中发生糜烂，成型性差。已经被杂菌感染较严重的毛坯，在夏季腌制时盐要多些，而腌制时间要短些，才能保住坯的块型。我国各个地区的腌坯时间差异很大，腌坯时间要结合当地气温等因素综合考虑，一般为 5～12d。腌坯工具有大缸、水泥池、竹筐和塑料方盒。大缸、水泥池和竹筐投资少，但占地面积大、劳动强度大、卫生条件差。塑料盒造价高，但盒子小、质量轻、使用方便、劳动强度低、工作环境好。腌制用盐量：毛坯 100kg，用盐 18～20kg；腌制后的豆腐坯含盐量：腐乳 14%～17%，臭豆腐 11%～14%。

　　加盐的方法：先在容器底部撒食盐，再采取分层与逐层增加的方法，码一层撒一层盐，用盐虽逐渐增大，最后缸面撒盐应稍厚。因为腌制过程中食盐被溶化后会流向下层，致使下层盐量增大，因而会导致下层坯含盐高，而上层坯含盐低。当上层豆腐坯下面的食盐全部溶化时，可以再延长 1d 后打开缸的下放水口，放出咸汤，或把盒内盐汤倒去，即成盐坯。

　　b. 装坛（瓶）与配料：为了形成腐乳特有的风味，使不同品种的腐乳具有特有的颜色、香气和味道，盐坯进入装坛阶段时，要将配好的含有各种风味物质的汤料灌入坛中与豆腐坯进行后期发酵。汤料中添加酒类会使成品具有格外的芳香醇厚感，酒类不仅是腐乳风味的主要来源，而且也是发酵过程的调节剂，更是发酵成熟后的保鲜剂。红曲米是生产红腐乳不可缺少的一种天然红色着色剂，它加入腐乳后，腐乳色彩鲜艳亮丽，增加消费者的食欲。面曲能为成品腐乳增加甜度，使口味浓厚而绵长，并能使汤料浓度增稠，以保证腐乳在长期的后发酵中不碎块。

　　盐坯放入汤料盒内，用手转动盐坯，使每块坯子的六面都沾上汤料，再装入坛中。而在瓶子里进行后酵的盐坯，则可以直接装入瓶中，不必六面沾上汤料，但必须保证盐坯分开，不得黏连，从而保证向瓶内灌汤时六面都能接触汤料，否则成品会有异味，影响产品风味。灌汤时一定要高过盐坯表面 3～5cm，抑制各种杂菌污染，防止腐乳在发酵时由于水分挥发使豆腐坯暴露在液面上发生氧化反应。如果是坛装，灌汤后，有时要撒一层封口盐，或加入少量酒精度 50%vol 封坛白酒，或加少许防腐剂。腐乳汤料的配制品种随地区的不同也不同。

　　青方腐乳在装坛时不灌含酒类的汤料，而是根据口味每坛或瓶中加花椒少许后，灌入7.5%～8.5%盐水。盐水是加盐的豆腐黄浆水，或者用腌制毛坯后剩余的咸汤调至 7.5%，灌入坛或瓶中进行后期发酵。青腐乳靠食盐量控制发酵，在较低的食盐环境中，除了蛋白酶作用外，细菌中的脱氨酶和脱硫酶类起作用，从而使青腐乳含有硫化物和氨的臭味。红腐乳或一些地区性腐乳汤料配方差距很大。

红腐乳：一般用红曲醅 145kg，面酱 50kg，混合后磨成糊状，再加入黄酒 255kg，调成 14.9% 的汤料 500kg，再加酒精度 60% vol 的白酒 1.5kg，甜味剂适量，药料 500g，搅拌均匀，即成红腐乳汤料。

桂林腐乳：每 100kg 大豆生产的腐乳坯所用配料为食盐 18～20kg，酒精度 50% vol 的白酒 22～23kg，辣椒面 4kg，白酒用水调为酒精度 19%～20% vol 后再使用。因桂林腐乳以白腐乳出名，其汤料不加红曲。

南京发酵厂鹰牌腐乳：红辣方（以每坛 160 块计）：酒精度 46% vol 的白酒 650g，辣椒粉 125g，红曲米 150g，酒精度 12% vol 的甜酒 1.7kg，白糖 200g，味精 15g。红方（以每坛 280 块计）：酒精度 46% vol 的白酒 550g，面曲 175g，红曲米 100g，酒精度 12% vol 的甜酒 1.65kg，封口盐 50g。青方（以每坛 280 块计）：用 23.2%～24.9% 盐水灌满，封口盐 50g。糟方（以每坛 280 块计）：酒精度 46% vol 的白酒 100g，甜酒酿 800g，酒精度为 12% vol 的甜酒 1.65kg。

c. 封口：腐乳按品种配料装入坛内后，擦净坛口，加盖，再封口。封口方法有用纸板盖在坛口后再用食品级塑料布盖严；有的用猪血拌石灰粉，搅拌成糊状，刷在纸上，封口等。

d. 后期发酵：腐乳的后期发酵方法有两种，即天然发酵法和人工保温发酵法。天然发酵法是利用气温较高的季节，腐乳封坛后，即放在通风干燥之处，利用户外的自然气温进行发酵。但要避免雨淋和日光暴晒。在室外发酵时在坛子上面要盖上苇席或苫布，或将坛子放在大的罩棚底下进行发酵。由于受气温限制，后期发酵时间为 3～6 个月，天然发酵时间长，但是经过日晒夜露，形成白天水解、晚上合成的发酵作用，生产出来的腐乳在风味和品质上十分优良。

人工保温发酵法是利用人工控制发酵室温度进行的后期发酵。室温一般掌握在 25～30℃，发酵时间为 2～3 个月。温度过低会延长后发酵时间；温度过高会使腐乳汤汁快速挥发，抑制坛中微生物分泌酶的发酵作用，豆腐坯变硬，暴露的腐乳坯会发生氧化反应，形成色素，腐乳的颜色变成深棕色或棕黑色，成为废品，所以在人工保温发酵中，一定要严格控制温度。

e. 成品：当腐乳达到规定发酵时间后，进行理化和感官鉴定，当鉴定产品组织细腻，具有产品特有的香气，理化检验符合标准时，即为合格产品。

（2）毛霉和根霉混合生产腐乳　根霉耐高温可以在高温天气下培养，但根霉蛋白酶活性比毛霉低。根霉具有一定的酒化力，能将毛坯和辅料中的淀粉转变成糖，再转化为酒精，以提高腐乳的风味。毛霉不耐高温但蛋白酶活性较高，利用这两种菌各自的优点来弥补相互的弱点，有利于腐乳坯中蛋白质分解，减少酒的用量，变季节性生产为常年生产。毛霉和根霉混合发酵生产腐乳工艺流程如图 2-23 所示。

图 2-23　毛霉和根霉混合发酵生产腐乳工艺流程

①混合种子悬浮液制备

a. 种子悬浮液制备：选择生长良好的二级种子 As3.25、华新 10 号和 As3.2746 各 100g（湿基），分别加冷开水 200mL，充分摇匀后，用三层纱布滤去培养基，即制成孢子悬浮液。随配随用，不能久置，以免污染杂菌。

b. 混合种子悬浮液制备：将上述制备的种子悬浮液，按 As3.25:As3.2746 = 7:3，华新 10:As3.2746 = 7:3 混合，即得混合种子悬浮液。随配随用，要求新鲜，不能久置。

②接种：将豆腐坯码放到多层培养床内，培养的每行间距为 3cm，以保证豆腐坯之间通风顺畅，然后接入 0.3% 的混合种子悬浮液。

③前期培养：在 36℃ 下培养 48h，得到毛坯。

④腌制：前期培养结束后腌坯，加盐量为每 300 块用盐约 1.25kg，腌坯时间为 2~3d。毛坯中 NaCl 含量达 12% 左右，咸坯含水分在 57%~60%。

⑤装瓶：将腌制好的毛坯装瓶。混合菌种培养的毛坯中分别加入酒精度为 7%vol 的白酒和 7.2% 的盐水，同时每瓶放入花椒 1.5g、生姜 10g。

⑥后期发酵：在 32℃ 条件下，厌氧发酵 60d 后成熟。

⑦成品：达到规定发酵时间后，当产品感官指标和理化检验指标都符合标准时，即为合格产品。

（3）细菌型腐乳发酵 细菌型腐乳是以大豆为主要原料，经过磨浆、成坯、蒸坯、腌坯、培养、干燥，通过藤黄微球菌发酵，添加香辛料等特殊工艺，酿制的特殊风味的佐餐食品。细菌型腐乳生产工艺与其他类型腐乳制作方法差异较大，采取了"一蒸、二腌、三培养、四干燥、五香料"的特殊工艺。在黑龙江省生产的厂家较多，以克东腐乳最为著名。

①细菌型腐乳生产工艺流程：以藤黄微球菌工艺为例，见图 2-24。

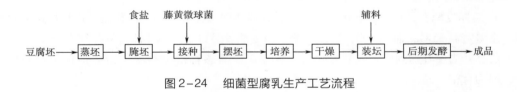

图 2-24 细菌型腐乳生产工艺流程

②细菌型腐乳工艺操作要点

a. 蒸坯：豆腐坯入锅蒸，0.1MPa 下蒸 20min，常压蒸 30min，出锅后晾坯至 20~30℃。蒸坯时间长，蛋白质过度变性，豆腐坯蜂窝状，影响藤黄微球菌的生长和繁殖；蒸坯时间短，豆腐坯上附着的微生物灭菌不彻底，豆腐坯黄浆水排除少，豆腐坯的水分活性高，杂菌污染的机会加大，影响前期培菌的效果。

b. 腌坯：将晾好的蒸坯放入槽内腌制，腌坯时间为 20h 左右。腌制时间短，豆腐坯盐度不均匀，豆腐坯脱水少，藤黄微球菌长势不均，豆腐坯容易发生腐败现象，产生异味和变色；腌制时间长，豆腐坯盐度高，硬度增加，脱水过度，藤黄微球菌生长速度慢。用盐水腌制浓度为 32.2% 左右。直接用盐腌制用盐量：毛坯 100kg，用盐 18~20kg。腌制 24h 后用清水冲洗，装入培养盘。

c. 接种：液体种子要采用喷雾法接种，喷洒时菌液浓度要适当。如菌液量过大，就会增加豆腐坯表面的含水量，使豆腐坯水分活性升高，就会增加污染杂菌的机会，影响藤黄微球菌的正常生长。菌液量少，易造成接种不均的现象。菌液不能放置时间过长，防止杂菌污染，如果有异常，则不能使用。

d. 摆坯：摆坯就是将接菌后的豆腐坯码放到培养容器内。将接完种的豆腐坯侧面竖立码放在培养屉中的空格里，培养屉中每行间距为2cm，以保证豆腐坯之间通风顺畅。培养屉堆码的层数，要根据季节变换与室温变化而定，上面的培养屉要倒扣一个空的培养屉。调节培养室的温湿度，以便保温、保湿，防止豆腐坯风干，影响豆腐坯前期培养效果。

e. 培养：培养室温度为32~35℃，培养时间5~6d。培养时每天要倒盘一次，使豆腐坯品温趋向一致，待腌坯上长满细菌并分泌大量的粉黄色分泌物时即为成熟坯。

f. 干燥：是细菌型腐乳的特殊工艺。干燥能降低豆腐坯水分，提高成品的成型性，促进蛋白酶分解速度，提高成品品质，是前期发酵过程。成熟坯干燥室温50~60℃，时间8~10h。干燥室温高，蛋白酶等酶系容易失活，影响后期发酵效果；干燥室温低，干燥时间长，蛋白酶等对豆腐坯进行过度分解，产品成型性差。干燥时要定时开启天窗，排除水蒸气，干燥坯应软硬合适，富有弹性。干燥时要倒盘2~3次。在豆腐坯干燥时由于美拉德反应和酶促褐变反应，颜色由粉黄色变成黑灰色。

g. 装坛

汤液配制：白酒210kg、良姜880g、白芷880g、砂仁490g、白豆蔻390g、公丁香880g、紫豆蔻390g、肉豆蔻390g、母丁香88g、贡桂120g、广橘120g、山奈780g、陈皮120g、甘草390g、食盐320kg、面曲130kg、红曲28kg。

操作要点：将面曲、红曲加盐水浸泡，然后加入白酒、香辛料，磨成粥状，即成汤汁。汤液用钢磨磨细后再用胶体磨加工一次，保证腐乳汤的细腻度。

干燥坯入坛，装一层坯，淋一层汤液，坯与坯之间要留有空隙，摆成扇形。汤液要高过干燥坯2.0cm，每坛上面要加入50mL 50%vol封坛酒，封坛口。

h. 后期发酵：是指成熟坯经过干燥后，在微生物以及各种辅料的作用下进行后期成熟过程。发酵室温35℃，时间20d，再加入第二遍汤液。封口发酵50d即为成品红方。

成品：当腐乳达到规定发酵时间后，当鉴定产品感官指标和理化检验指标都符合标准时，即为合格产品。

知识拓展

1. 腐乳的分类

（1）按工艺分类

①腌制腐乳：豆腐坯经灭菌、腌制、添加各种辅料协同发酵制成的腐乳称为腌制腐乳。发酵动力来源于面曲、红曲、酒类等，由于蛋白酶活性低，后期发酵时间长、产品不够细腻，滋味差。厂房设备少，操作简单，如山西太原的一些腐乳，绍兴棋方腐乳都是腌制腐乳。

②发酵腐乳：发酵腐乳是在豆腐坯表面进行微生物培养，经腌制、添加各种辅料制成的腐乳。

（2）按发酵微生物分类

①真菌型腐乳：如毛霉型和根霉型腐乳。

毛霉型腐乳：毛霉能分泌的蛋白酶活性较高，使豆腐坯蛋白质水解度加大，毛霉不耐高温，高温季节培养霉菌时容易产生豆腐坯脱霉现象，不能全年生产。腐乳质地柔糯、滋味鲜美。

根霉型腐乳：根霉菌耐高温，是伏天炎热季节生产腐乳的主要微生物。腐乳质地细腻、滋味鲜美。

②细菌型腐乳：北方以藤黄微球菌为主，南方以枯草杆菌为主。细菌型腐乳菌种易培养，酶活性高，质地细腻，有特殊香气，但成型性差，不宜长途运输。

（3）按产地分类　如北京王致和腐乳、上海"鼎丰"腐乳、绍兴腐乳、桂林腐乳、克东腐乳、夹江腐乳等。

（4）按腐乳标准分类

①红腐乳：在后期发酵的汤料中，配以着色剂红曲酿制而成的腐乳。红腐乳是腐乳中的主要产品，由于添加红曲腐乳表面呈红色或紫红色，内部为杏黄色，滋味鲜美、质地细腻。

②白腐乳：在后期发酵过程中，不添加任何着色剂，汤料以黄酒、酒酿、白酒、食用酒精、香料为主酿制而成的腐乳。在酿制过程中因添加不同的调味辅料，其呈现不同的风味特色，如糟方、油方、霉方、醉方、辣方等。白腐乳在南方产量较大，呈乳黄色、青白色，质地细腻，鲜味突出，盐度低，发酵期短，在成品中易产生白色结晶。

③青腐乳：在后期发酵时，以低浓度盐水为汤料酿制而成的腐乳，具有特有的气味，表面呈青色，又称为"臭豆腐"，它的主要呈味物质是甲硫醇和二甲基二硫醚等。

④酱腐乳：在后期发酵过程中，以酱曲（大豆酱曲、蚕豆酱曲、面酱曲等）为主要辅料酿制而成的腐乳。产品具有红褐色或棕褐色、酱香浓郁、质地细腻等特点。

⑤花色腐乳：在产品中添加不同风味的添加剂酿制而成的腐乳，有辣味、甜味、香辛味、咸鲜味等。

2. 腐乳的色、香、味、体及营养

（1）色　红腐乳表面呈红色；白腐乳内、外颜色一致，呈黄白色或金黄色；青腐乳呈豆青色或青灰色；酱色腐乳内、外颜色相同，呈棕褐色。腐乳的颜色由两方面的因素形成。

①添加的辅料决定了腐乳成品的颜色　如红腐乳，在生产过程中添加的含有红色素的红曲；酱腐乳在生产过程中添加了酱曲或酱类，成品的颜色因酱类的影响也变成了棕褐色。

②在发酵过程中发生生物氧化反应　发酵作用使颜色有较大的改变，因为腐乳原料大豆中含有一种可溶于水的黄酮类色素，在磨浆的时候，黄酮类色素就会溶于水中，在点浆时，加凝固剂于豆浆中使蛋白质凝结时，小部分黄酮类色素和水分便会一起被包围在蛋白质的凝胶内。腐乳在汤汁中时，氧化反应较难进行。在后期发酵的长时间内，在毛霉（或根霉）以及细菌的氧化酶作用下，黄酮类色素也逐渐被氧化，因而成熟的腐乳呈现黄白色或金黄色。如果要使成熟的腐乳具有金黄色泽，应在前发酵阶段让毛霉（或根霉）老熟一些。当腐乳离开汁液时，会逐渐变黑，这是毛霉（或根霉）中的酪氨酸酶在空气中的氧气作用下，氧化酪氨酸使其聚合成黑色素的结果。为了防止白腐乳变黑，应尽量避免离开汁液而在空气中暴露。有的工厂在后期发酵时用纸盖在腐乳表面，让腐乳汁液封盖腐乳表面，后发酵结束时将纸取出，添加食用油脂，从而减少空气与腐乳的接触机会。青腐乳的颜色为豆青色或灰青色，这是硫的金属化合物形成的，如豆青色的硫化钠等。

（2）香　腐乳的主要香气成分是酯、醇、醛、有机酸等。白腐乳的主要香气成分是茴香脑，红腐乳的香气成分主要是酯和醇。腐乳的香气是在发酵后期产生的，香气的形成主要有两个途径：一是生产所添加的辅料对风味的贡献，另一个是参与发酵的各微生物的协同作用。

腐乳发酵主要依靠毛霉（或根霉）蛋白酶的作用，但整个生产过程是在一个开放的自然条件下进行，在后期发酵过程中添加了许多辅料，各种辅料又会把许多的微生物带进腐乳发酵中，使参与腐乳发酵的微生物十分复杂，如霉菌、细菌、酵母菌产生的复杂的酶系统。

它们协同作用形成了多种醇类、有机酸类、酯类、醛类、酮类等，这些微量成分与人为添加的香辛料一起构成腐乳极为特殊的香气。

（3）味　腐乳的味道是在发酵后期产生的。味道的形成有两个渠道：一是添加辅料而引入的呈味物质的味道，如咸味、甜味、辣味、香辛味等；另一个来自参与发酵的各种微生物的协同作用，如腐乳鲜味主要来源于蛋白质的水解产物氨基酸的钠盐，其中谷氨酸钠是鲜味的主要成分；另外微生物菌体中的核酸经有关核酸酶水解后，生成的 $5'$ - 鸟苷酸及 $5'$ - 肌苷酸也增加了腐乳的鲜味。腐乳中的甜味主要来源于汤汁中的酒酿和面曲，这些淀粉经淀粉酶水解生成的葡萄糖、麦芽糖形成腐乳的甜味。发酵过程中生成的乳酸和琥珀酸会增加一些酸味。在腌制时加入的食盐赋予了腐乳咸味。

（4）体　腐乳的体表现为两个方面：一是要保持一定的块形；二是在完整的块形里面有细腻、柔糯的质地。在腐乳的前期培养过程中，毛霉生长良好，毛霉菌丝生长均匀，能形成坚韧的菌膜，将豆腐坯完整地包住，在较长的发酵后期中豆腐坯不碎不烂，直至产品成熟，块形保持完好。前期培养产生蛋白酶，在后期发酵时将蛋白质分解成氨基酸。氨基酸生成率过高，腐乳中蛋白质就会分解过多，固形物分解也多，造成腐乳失去骨架，变得很软，不易成型，不能保持一定的形态。相反，生成率过低，腐乳中蛋白质水解过少，固形物分解也少，造成了腐乳成品虽然体态完好，但会偏硬、粗糙、不细腻，风味也差。细菌型腐乳没有菌丝体包围，所以成型性差。

（5）营养　腐乳是经过多种微生物共同作用生产的发酵性豆制品。腐乳中含有大量水解蛋白质、游离氨基酸。蛋白质消化率可以达到92%～96%，可与动物蛋白质相媲美。含有的不饱和游离脂肪酸可以减少脂肪在血管内的沉积。由于大豆蛋白质具有与胆固醇结合将其排出体外的功能，因此腐乳又是降低胆固醇的功能性食品。腐乳中含有的维生素 B_2 仅次于乳制品中维生素 B_2 的含量，核黄素的含量比豆腐高6～7倍，还含有促进人体正常发育和维持正常生理机能所必需的钙、磷、铁和锌等矿物质，含量高于一般性食品。

第四节　豆豉、纳豆、丹贝生产

一、豆豉生产

我国盛唐时期豆豉生产技术曾先后流传到朝鲜、日本以及菲律宾、印度尼西亚等东亚、东南亚国家和地区，演变成纳豆（natto，日本细菌型豆豉）和天培（tempeh，印度尼西亚根霉型豆豉）等食品，并成为当地最具特色的传统食品。国外对纳豆和天培的研究已取得很大进展，其发展现状和影响力远高于我国豆豉。如日本纳豆年产量达 20 万 t 左右，已畅销日本全国，而且随着对其生理功能研究的深入，使其发展势头更加强劲；印尼的天培也已经跻身世界高档食品市场，并已具有成为全球化食品的趋势。相比之下，我国豆豉尽管历史悠久，但发展较为缓慢，特别是随着人类对食品消费观念的改变，许多品种由于存在高盐、口味特殊、产品档次较低等原因，造成国际市场竞争力弱，其市场占有率不高，发展前景堪忧。

在亚洲国家，大豆长期以来一直是补充谷物蛋白的重要蛋白质来源。亚洲人通常每天消费 9～30g 大豆，有个人和地区的差异。亚洲国家的传统发酵大豆食品种类很多，如日本的"纳豆"、中国的"豆豉"、泰国的"THUA－NAO"、韩国的"郑国宗"、菲律宾的"桃丝"等。发酵在食品工业中被广泛应用，不仅可以改善产品的感官特性，还可以去除某些不良成分，在保存营养物质的同时使营养更容易获得，甚至改善营养特性。流行病学研究表明，传统的发酵豆制品除了具有天然、营养和安全的特点外，还表现出多种生理活性。而豆豉作为我国历史悠久的文化智慧结晶，口味鲜美，营养丰富，既可以调味又可以入药，广泛流传于我国浙江、江苏、江西、湖南、湖北、四川等地，日韩以及东南亚国家食用豆豉更为广泛。豆豉是一种古老的传统发酵豆制品，古称"幽菽""嗜"。早在公元前二世纪，我国已经能生产豆豉，西汉初年，其生产与消费就初具规模。回眸千年历程，豆豉生产早已历经系列巨变。豆豉是由完整大豆（瓣）经由蒸煮、制曲发酵、加料、干燥而来。由于历史悠久，各地制取工艺也不尽相同，种类繁多。

1. 主要原料及预处理

我国豆豉的生产通常采用大豆（黄豆）、黑豆为主要原料，也有区域采用花生为原料，如印度尼西亚的昂桥豆豉。

辅料通常采用新鲜生姜、大蒜、花椒、葱以及植物油、白砂糖、味精、食盐等。

关于原料的预处理，如下所述。

（1）选料 豆豉的生产制作需要选择新鲜、饱满、无蛀虫的大豆或黑豆。

（2）清洗 清洗的目的是除去大豆或黑豆在储存过程中表面黏附的菌体、虫类或其他依附杂质，以免影响口感与美观。

（3）浸泡 定量称取大豆与干净水 1:2（体积比）混匀，室温放置，时间取决于季节，春秋季 4h 左右，夏季 2h，冬季稍长，约 6h。浸泡至大豆水含量 45% 左右。浸泡目的一是为了让大豆含有一定水量以至在蒸煮时快速变性，方便于微生物发酵所需的酶发生作用；二是为了使淀粉易于糊化，溶出霉菌所需要的营养成分；三是给霉菌生长所必需的水分。

2. 主要微生物及生化过程

（1）主要微生物 众所周知，传统的豆豉是在自然条件下发酵而成，由于制曲条件的不同，所形成的微生物的种类促使豆豉风味的大同小异。

①霉菌型豆豉

a. 毛霉型豆豉：利用天然的毛霉菌进行豆豉的制曲工艺，一般在气温较低的冬季（5～10℃）生产。以四川永川豆豉、潼关豆豉为代表，毛霉型豆豉味鲜回甜、咸淡适口、油润光亮、散籽成粒、细腻化渣，有浓郁的酱香、酯香及豉香，消除了米曲霉型豆豉因大量分生孢子带来的苦涩味。特别是与国内其他豆豉产品相比，由于每一粒大豆上均完整地包被着细腻致密的毛霉，所以制毛坯后虽不洗坯，豆豉外形仍保持完整、颗粒度好；发酵时虽不加焦糖色，仍呈现色黑油润有光泽；同时由于缓慢而充分的发酵，豆豉内部则分解较好，细腻化渣，五味调和。

b. 曲霉型豆豉：利用天然的或接种的曲霉菌进行制曲，曲霉菌的培养温度可以比毛霉菌高，一般制曲温度在 26 ~ 35℃，因此生产周期长。曲霉型豆豉在我国历史最为悠久，分布最广，以广东阳江豆豉、湖南浏阳豆豉最为出名。

c. 根霉型豆豉：又名天培、丹贝。我国豆豉传入东南亚后，经各国本地化，其中以印度尼西亚的田北根霉型豆豉出名，利用天然或接种的根霉菌在脱皮大豆上进行制曲，30℃左右生产。

②细菌型豆豉：如传入日本的纳豆（拉丝豆豉）、四川水豆豉、陕西西歧豆豉。同样利用天然的或接种细菌在煮熟的大豆表面繁殖，30℃发酵 5 ~ 7d 即可。

（2）豆豉发酵过程中生化变化　尽管豆豉在我国的历史悠久、品种繁多，然而国内对其发酵的微生物及其发酵过程中的生物化学变化研究甚少。

发酵的目的是为了利用微生物产酶，然后在酶的作用下，使大分子降解以提高产品的营养和风味等，这些都是通过产品中的成分变化来实现的。豆豉生产过程中的成分变化与工艺是密不可分的。前处理阶段，主要变化为蛋白质变性、可溶性蛋白和糖的溶出；制曲阶段主要是依靠微生物产酶，并利用这些酶分解大分子物质，为后酵阶段酵母菌和乳酸菌提供营养。后酵阶段主要是通过乳酸菌及酵母菌的作用产生风味物质。例如，在豆酱和酱油后酵过程中，糖被耐盐型微生物发酵生成乳酸、酒精以及多种芳香成分。

①pH 的变化：发酵过程中成分的变化也会导致 pH 的变化，pH 的变化会影响微生物的生长和产品风味。发酵过程中微生物代谢产生氨气，蛋白质、糖类和脂肪水解生成氨基酸、有机酸和脂肪酸等，都会对 pH 和产品风味有影响。发酵酱油中有机酸主要是乳酸（1% ~ 1.5%）和醋酸（0.1% ~ 0.2%），而大豆中的有机酸以柠檬酸含量最高，其次为焦谷氨酸、苹果酸和醋酸等，两者的有机酸组成明显不同，说明在发酵过程中会有新的有机酸生成。

②营养性物质的变化：发酵过程中一些营养性物质也会发生相应的变化，如表 2-5 所示在大豆的霉菌发酵过程中除伴随着维生素 B_{12}、低聚糖等功能性成分的变化之外，各营养成分含量均有明显提高，营养价值倍增。这是因为在豆豉发酵过程中微生物中的蛋白酶、纤维酶等可将大豆中不易消化的大分子物质降解为易于被人体消化吸收的小分子物质，而微生物所分泌的活性植酸酶能将植酸水解成肌醇和磷酸盐，使得原本以植酸形式存在的不溶性矿物质得到释放。

表2-5　　　　　　　　　　　　豆豉中营养成分的对比

产品营养成分	大豆	蒸煮大豆	豆豉	纳豆	新鲜天贝	牛肉	鸡蛋
水分/g	10.2	63.5	毛霉及米曲霉型（其中湿豆豉 55 ~ 63，干豆豉 18 ~ 20），细菌型 63 ~ 66	58.5 ~ 61.8	60.4	71.8	74.7
蛋白/g	35.1	16.0	毛霉型 33.2，米曲霉型 44.5，细菌型 16.9	16.5 ~ 19.3	19.5	21.2	12.3
脂肪/g	16.0	9.0	毛霉型 27.5，米曲霉型 19.4，细菌型 7.6	8.2 ~ 10	7.5	5.6	11.2

续表

产品营养成分	大豆	蒸煮大豆	豆豉	纳豆	新鲜天贝	牛肉	鸡蛋
碳水化合物/g	18.6	7.6	毛霉型 16.4，米曲霉型 21.3	10.1	9.9	0.3	0.9
纤维/g	6.69	2.1	毛霉型 7.5，米曲霉型 8.3、细菌型 5.4	2.2 ~ 2.3	1.4	0	0
维生素 B_1/mg	0.48	0.22	0.28	0.07	0.69	0.09	0.08
维生素 B_2/mg	0.15	0.09	0.65	0.56	4.9	0.21	0.4
烟酸/mg	0.67	0.67	2.52	—	4.87	—	—
泛酸/mg	0.43	—	0.52		2.84		
维生素 B_6/mg	0.18		0.83		2.47		
维生素 B_{12}/mg	0.15	0.15	3.9×10^{-3}	—	1.25		

发酵过程中鉴定出的主要氨基酸为亮氨酸、异亮氨酸、缬氨酸、苯丙氨酸、赖氨酸、谷氨酸、脯氨酸、丙氨酸、酪氨酸和组氨酸，发酵 40d 和 100d 后，亮氨酸、苯丙氨酸、赖氨酸和丙氨酸的相对含量均比发酵初期提高了 3 倍。Park 等人发现，在发酵 90 ~ 120d 期间，谷氨酸是一种主要的氨基酸，其次是脯氨酸、亮氨酸、丙氨酸和赖氨酸，谷氨酸与豆豉独特的味道有关。其他研究也检测到谷氨酸是豆酱在成熟和储存过程中含量最丰富的氨基酸，提供了可口的味道。赖氨酸和丙氨酸，提供甜味，主要在发酵 160d 后在豆酱中发现。甜味氨基酸（甘氨酸、丙氨酸、丝氨酸和苏氨酸）和鲜味氨基酸（谷氨酸和天冬氨酸）在发酵 140 ~ 160d 增加。发酵 100d 后，检测到苦味成分，即亮氨酸和异亮氨酸。

（3）生理性功能的变化　豆豉不仅营养价值极高，而且具有一定的生理性功能，如具有一定的抗癌、抗氧化、溶血栓等作用，见表 2-6。其生理功能在我国古代就受到重视，《本草纲目》中就有"豆豉具有开胃增食、消食化滞、发汗解表、除烦喘等疗效"的记载。《纲目拾遗》中也记载了"豆豉主解烦热、热毒、寒热、虚痨、调中、发汗、通关节、杀腥气、治伤寒鼻塞。"以黄豆为主料，以青蒿、桑叶为辅料的传统发酵产品淡豆豉，被认为是食品保健药品而收录在中国医学科学院编著的《食品成分表》和《中华人民共和国药典》2020 年版。

表 2-6　　　　　　　　　豆豉中生理功能对比

项目	豆豉	纳豆	天贝
抗癌作用（乳腺癌、肠癌等）	异黄酮、类黑精	异黄酮、直链 30 ~ 32C 饱和烃：染料木素和染料木苷	异黄酮
抗氧化	异黄酮、类黑精	异黄酮和维生素 E	维生素 E 和异黄酮、氨基酸
降血压	血管紧张素转换酶抑制剂	血管紧张素转换酶抑制剂	血管紧张素转换酶抑制剂

续表

项目	豆豉	纳豆	天贝
溶血栓性（抗血栓作用）	豆豉纤溶酶	纳豆激酶	—
防骨疏症及促凝血作用	—	维生素 K	—
抗致病菌	—	纳豆菌产生的抗生素	
抗高血糖（降血糖）	α-葡萄糖苷酶抑制剂	—	—
抗老年痴呆症	乙酰胆碱酯酶抑制剂	—	—

　　而大豆异黄酮是 20 世纪 90 年代后期倍受人们关注的一类生物活性物质，是大豆等豆科植物在其生长过程中形成的一类次级代谢产物，因其很强的保健功能而具有极大的开发潜力。大豆异黄酮是目前大豆及其发酵豆制品中最引人注目的一种功能性成分，由于具有一定的类似雌激素作用，又可称为植物雌激素。植物雌激素在人体中具有与生理雌激素类似或抗雌激素的双向作用。大豆异黄酮还有降低胆固醇的作用。Carroll 首次报道了大豆蛋白可以降低血胆固醇，研究发现与正常低密度脂蛋白（low density lipoprotein，LDL）相比，富含大豆异黄酮酯的 LDL 能明显抑制细胞增殖。大豆异黄酮还具有抗氧化作用。异黄酮能与自由基反应生成离子和分子，淬灭自由基，终止自由基的连锁反应。大豆异黄酮还具有预防糖尿病、骨质疏松症的作用，对防癌、抗癌有一定的功效。

　　3. 加工工艺

　　豆豉生产工艺流程如图 2-25 所示。

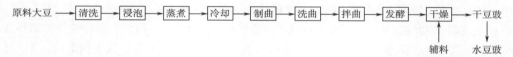

原料大豆 → 清洗 → 浸泡 → 蒸煮 → 冷却 → 制曲 → 洗曲 → 拌曲 → 发酵 → 干燥 → 干豆豉

辅料　　水豆豉

图 2-25　豆豉生产工艺流程

图 2-26 为豆豉生产现场图。

图 2-26　豆豉生产现场

操作要点如下所示：

（1）筛选　选取无霉烂、虫蛀的黄豆，除去其中的沙粒、石子、土块等杂物。

（2）选料与浸泡　生产豆豉要选择蛋白质含量高、颗粒饱满的小型豆。新鲜豆比陈豆为佳。生产黑豆豆豉所用的黑豆，尤其应注意新鲜程度。长期贮存的黑豆，由于种皮中的单宁及配糖体受酶的水解和氧化，会使苦涩味增加，影响成品风味。同时，经长期贮存的黑豆，表面的角质蜡状物质由于受酶的作用而使油润性变淡，失去光泽。原料豆在浸泡前需经过挑选，除去虫蛀豆、伤痕豆、杂豆及杂物。

大豆浸泡的目的是使大豆中蛋白质吸收一定的水分，以便在蒸煮时迅速变性，以利于微生物所分泌的酶的作用。浸泡后的大豆含水量与制曲及产品质量密切相关。生产实践表明，大豆含水量低于40%，不利于微生物生长繁殖，发酵后的豆豉坚硬，豉内疏松，俗称"生核"；含水量超过55%，曲料过湿，制曲品温控制困难，常常出现"烧曲"的现象，杂菌乘机侵入，使曲料酸败、发黏，发酵后的豆豉味苦、表皮无光、不油润。大豆浸泡后的含水量在45%左右为宜。浸泡时间的长短，可根据季节气候，以及大豆组织的软硬程度和成分而定。一般冬季5~6h，春、秋季3h，夏季2h。

（3）蒸豆　蒸豆的目的是使大豆组织软化，蛋白质适度变性，以利于酶的分解作用。同时蒸豆还可以杀死附于豆上的杂菌，提高制曲的安全性。蒸豆的方法有两种，即水煮法和汽蒸法。水煮法是先将清水煮沸，然后将泡好的豆放入沸水中，约经2h，即可出锅；汽蒸法是将浸泡好的大豆沥尽水，直接用常压蒸汽蒸2h左右为宜。蒸好的大豆会散发出豆香气。常用的感官鉴定方法是：用手压迫豆粒，豆粒柔软，豆皮能用手搓破，豆肉充分变色，咀嚼时豆青味不明显，且有豆香味。未蒸好的大豆，豆粒生硬，表皮多皱纹，蒸煮过度的大豆，组织太软，豆粒脱皮。

（4）制曲　制曲的目的是使蒸熟的豆粒在霉菌或细菌的作用下产生相应的酶系，为发酵创造条件。

制曲的方法有两种，即天然制曲法和接种制曲法。传统豆豉制曲都不接种，天然制曲，利用适宜的温度和湿度，促使自然存在的有益豆豉酿造的微生物生长、繁殖并产生复杂的酶系，在酿造过程中产生丰富的代谢产物，使豆豉具有鲜美的滋味和独特的风味。天然制曲微生物不是人工培养的纯菌种，而是依靠空气中的微生物自然落入繁殖。因此制曲过程中在主要微生物生长的同时，还会有其他微生物繁殖。接种制曲，是在曲料（蒸好冷却后的大豆）中接入人工培养的种曲（如经过扩大培养的沪酿3.042米曲霉种曲），进行培养，并尽量避免其他微生物生长繁殖。

接合孢子的形成及浅盘种曲见图2-27。

以上两种制曲方法各有其优缺点。天然制曲法，由于生长的微生物较杂，故酶系也复杂，豆豉风味较好，缺点是制曲技术较难控制，质量不容易稳定，生产周期长，生产受季节限制。接种制曲法，曲子质量稳定，生产周期短，常年实践证明，用沪酿3.042米曲霉菌种，人工纯培养制曲，成品豆豉风味较差，这和其酶系统单一有关。生产中应考虑多菌种发酵，如添加生香酵母或米曲霉和毛霉混合制曲等，来提高豆豉质量。

不论是天然制曲还是接种制曲，一般制曲过程中都要翻曲两次，翻曲时要用力把豆曲抖散，要求每粒都要翻开，不得黏连，以免造成菌丝难以深入豆内生长，致使发酵后成品豆豉硬实、不疏松。

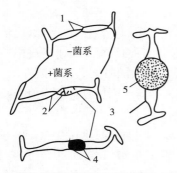

（1）接合孢子的形成（异宗配合）

1—原配子囊 2—配子囊 3—接合子梗
4—接合孢子囊 5—接合孢子

（2）浅盘种曲

图2-27 接合孢子的形成及浅盘种曲

不论是天然制曲还是接种制曲，由于利用微生物的不同，制曲工艺也有差异。

①曲霉制曲

a. 天然制曲：大豆经蒸煮出锅后，冷却至35℃，移入曲室，装入竹篮内，厚2～3cm，四周厚些，中间薄些，室温在26～30℃，品温在25～35℃培养，最高不超过37℃。入室24h品温上升，豆粒稍有结块，48h左右菌丝布满，豆粒结块，品温可达37℃，进行第一次翻曲，用手搓散豆粒；并互换竹篮上下位置使温度均匀，翻曲后品温下降至32℃左右，再过48h品温又回升到35～37℃，开窗通风降温，保持品温33℃左右。以后曲料又结块且出现嫩黄绿色孢子进行第二次翻曲。以后保持品温在28～37℃，6～7d出曲。成曲豆粒有皱纹，孢子呈暗黄绿色，用手一搓可看孢子飞扬，掰开豆粒内部大都可见菌丝。水分含量在21%左右。

天然制曲受季节气温的限制，不能常年生产，制曲周期较长，制约了豆豉生产的发展。近年来采用酿造酱油所用的优良菌株沪酿3.042接种制豆豉曲，制曲周期短，可以常年生产。

b. 接种制曲：大豆经煮熟出锅，冷却至35℃接入沪酿3.042种曲。拌匀入室，装入竹篮中，厚2cm左右。保持室温25℃，品温25～35℃，22h左右可见白色菌丝布满豆粒，油料结块，品温上升至35℃左右，进行第一次翻曲，搓散豆粒使之松散，有利于分生孢子的形成，并不时调换上下竹篮的位置，使品温均匀一致，72h豆粒布满菌丝和黄绿色孢子即可出曲。

②毛霉制曲

a. 天然制曲：大豆经蒸煮出锅，冷却至30～35℃，入曲室厚度3～5cm，冬季入房，室温2～6℃，品温5～12℃，制曲周期因气候变化而异，一般15～21d。入室3～4d豆粒上可见白色霉点，8～12d菌丝生长整齐，且有少量褐色孢子生成，16～20d毛霉转老，菌丝由白色转为浅灰色，质地紧密，直立，高度0.3～0.5cm，同时紧贴豆粒表层有暗绿色菌体生成，即可出曲。

自然毛霉制曲要求温度低，只能在冬季生产，制曲周期长，不利于生产的发展。

b. 接种制曲：大豆蒸煮出锅，冷却至30℃，接种纯种毛霉种曲。纯种毛霉是从自然豆豉曲中分离出来的，经过耐热驯化，具有在25~27℃下生长迅速，菌丝旺盛，适应性强，蛋白酶、糖化酶等主要酶系活性高的特点。

纯种毛霉制曲制成的曲质量好，不受季节性限制，可以常年生产，制曲周期由15~21d缩短到3~4d，制成品的感官、理化和卫生指标均能达到优质毛霉型豆豉的质量标准。

毛霉型豆豉工艺的不同点是在制曲过程中采用纯种毛霉接种培菌，并根据毛霉的特性辅以相应的制曲与发酵工艺。在毛霉制曲过程中，毛霉分泌的酶系有蛋白酶、淀粉酶、谷氨酰胺酶、半纤维素酶、果胶酶和脂酶等。主要以蛋白酶中的酸性蛋白酶对品质的影响较大。目前毛霉纯种制曲主要采用M.R.C-1豆豉毛霉为菌种，该菌种为总状毛霉，豆豉曲中的酶系、菌量多而复杂，酶系中酸性蛋白酶活性较高，有利于谷氨酸的生成，同时果胶酶、纤维素酶活性较强。毛霉少量的孢囊孢子和厚垣孢子色泽较浅，通常为浅褐色。菌丝长，洁白致密，完整致密地包裹在豆醅上。辅料繁杂量多、发酵周期长，发酵作用充分完全。发酵时加入的大量辅料（特别是酒醪与混合香辛料）不光补充了大量有效成分，还引入了繁多的有益微生物区系及酶量（耐盐的乳酸菌如嗜盐足球菌和酵母菌如鲁氏接合酵母、假丝酵母等）。可使豆豉具有醇厚的挥发性香气。发酵和后熟过程中，伴随着复杂的化学与生化反应，如酸和醇生成酯、氨基酸与糖反应产生部分颜色和风味物质。

③细菌制曲：山东水豆豉及一般家庭制作大都采用细菌制曲。家庭小量制作时，大豆经过水煮，捞出沥干，趁热用麻袋包裹，保温密闭培养，3~4d后豆粒布满黏液，可牵拉成丝，并有特殊的豆豉味即可出曲。

值得注意的是，在干燥荒漠地区制作细菌型豆豉有时会伴生肉毒杆菌。新疆地区曾发生多起食用家庭制作的细菌型豆豉而发生肉毒杆菌中毒的事件。

（5）洗曲　豆豉成曲附着许多孢子和菌丝。若将附有大量孢子和菌丝的成曲不经清洗直接发酵，则产品会带有强烈的苦涩味和霉味，且豆豉晾晒后外观干瘪，色泽暗淡无光。为了保证产品质量，豆豉的成曲必须用清水把表面的霉以及污物清洗干净，但洗曲时应尽可能降低成曲的脱皮率。

豆豉的洗涤有两种方法：一是手工法，二是机械法。人工洗曲，豆曲不宜长时间浸泡在水里，以免含水量增加。成曲洗后应使表面无菌丝，豆身油润，不脱皮。机械洗曲，是将豆曲倒入洗豆豉机中，并加入清水，启动电机，带动盛载豆曲的铁制圆筒转动，使豆粒互相摩擦，洗去豆粒表面的曲菌。洗涤后的豆豉，用竹箩盛装，再用清水冲洗2~3次即可。

（6）发酵与干燥　豆曲经洗曲之后即可喷水加盐，加香辛料，入坛发酵。

发酵容器有木桶、缸、坛等，最好采用陶瓷坛。装坛时豆曲要装满，层层压实，用塑料薄膜封口，在一定温度下进行后期发酵。在此期间利用微生物所分泌的各种酶，通过系列复杂的生化反应，形成豆豉所特有的色、香、味。这样发酵成熟的豆豉即为水豆豉，可以直接食用。水豆豉出坛后干燥，水分降至20%左右，即为干豆豉。

豆豉发酵多采用室温自然发酵。豆曲装坛时的含水量是关键，如含水量超过47%，会造成豆豉表面颜色减退、发红，甚至烂身，脱皮。若含水量低于40%，酶的水解作用受到抑制，成品不疏松，鲜味较差。拌料后的豆曲含水量达45%左右为宜。

知识拓展

1. 豆豉质量问题

（1）白点   在豆豉生产的中后期，豆粒表面往往会出现无数的白色小圆点，严重地影响豆豉的感官质量，豆豉白点的形成是因为制曲时，毛霉培菌时间过长，毛霉分泌的蛋白酶水解大豆蛋白所形成的酪氨酸逐渐增多，最后趋向过饱和使结晶析出。在发酵后期，由于盐及其他添加剂的加入，抑制了其他酶系的协同作用，而肽水解酶在10%左右的食盐存在下，仍有较高的活性，将豆中蛋白质分解成过多的酪氨酸，由于酪氨酸在水中溶解度只有0.348%（20℃），结果酪氨酸大量生成和析出，从而产生了豆豉白点。

采取缩短毛霉培养时间和增加无盐发酵时间的方法均可有效预防豆豉白点的出现，但工序必须配合适当，方能保证产品质量。另外可以考虑通过抑制毛霉的酰酰酪氨酸水解酶的生物合成，达到减少白点的目的，也就是说可以通过选育低酰酰酪氨酸酶活性的菌株，减少白点的产生。

（2）生核和烧曲   "生核"和"烧曲"现象与浸泡后的大豆含水量密切相关。浸泡使大豆中蛋白质吸收一定的水分，以便在蒸煮时迅速变性，以利于微生物所分泌的酶的作用。浸泡时间不宜过短，当大豆含水量低于40%，制曲过程明显延长，不利于微生物生长繁殖，且经发酵后制成的豆豉不松软，豆豉肉坚硬，俗称"生核"；若浸泡时间延长，当含水量超过55%时，大豆吸水过多而胀破失去完整性，曲料过湿，制曲品温控制困难，制曲时常常出现"烧曲"现象，杂菌乘机侵入，使曲料酸败、发黏，发酵后的豆豉味苦，表皮无光，不油润，且易霉烂变质。

浸泡时间的长短可根据季节气候以及大豆组织的软硬程度和成分而定。一般冬季5~6h，春、秋季3h，夏季2h。

（3）苦涩味   苦涩味是豆豉的常见质量问题。长期储存的黑豆，由于种皮中的单宁及配糖体受酶的水解和氧化，会使苦涩味增加，影响成品风味。另外，洗曲时没有将附有大量孢子和菌丝的成曲清洗干净而直接发酵，产品也会带有强烈的苦涩味和霉味。

（4）微生物的污染   对于霉菌制曲，主要是霉菌毒素的污染，对于豆豉而言，主要是黄曲霉毒素的污染。因为豆豉是一种发酵豆制品，在自然发酵过程中，常受环境中产毒霉菌黄曲霉毒素（简称AFTB1）的污染。农户自制豆豉受黄曲霉毒素污率高达22%~57%，主要发生在制曲、发酵的过程中。郑君玉等对成熟后的豆豉做AFTB1检测，发现46份样品中，64.7%的样品黄曲霉毒素的含量大于15×10^{-9} mg/kg，说明自然发酵情况下污染黄曲霉毒素的概率很高。

黄曲霉毒素是黄曲霉和寄生曲霉的代谢产物，寄生曲霉的所有菌株都能产生黄曲霉毒素，但我国寄生曲霉罕见。黄曲霉是我国粮食和饲料中常见的真菌，由于黄曲霉毒素的致癌力强，因而受到广泛重视，但并非所有的黄曲霉都是产毒菌株，即使是产毒菌株也必须在适合产毒的环境条件下才能产毒。该毒素具有耐热的特点，裂解温度为280℃，在水中溶解度很低，能溶于油脂和多种有机溶剂。

黄曲霉生长产毒的温度范围是12~42℃，最适产毒温度为33℃，最适A_w为0.93~0.98。豆豉的制曲条件很适合黄曲霉毒素产毒，所以在制曲的过程中，环境必须尽量干净卫生，避免其他微生物生长繁殖。而且最好采用接种制曲的方法，这样可以避免自然落入微生物时，菌系过于复杂，难以控制质量。黄曲霉主要产生 B_1 和 B_2 两种毒素，测定黄曲霉毒素的含量多以 B_1 为代表。

对于细菌制曲的豆豉曲，由于厌氧作用，容易使肉毒杆菌生长，进而产生肉毒素中毒。汤学明、范丽君、权兴泸等报道了西昌市食用水豆豉引起的 A 型肉毒素中毒的事件。新疆地区也曾发生多起食用家庭制作的细菌型豆豉导致肉毒素中毒的事件。

肉毒杆菌适宜的生长温度为 35℃ 左右，属中温性，发育最适宜温度 25～37℃，产毒最适宜温度 20～35℃，最适 pH 6～8.2。当 pH 低于 4.5 和超过 9 时，或温度低于 15℃ 和高于 55℃，肉毒杆菌不能繁殖和形成毒素。食盐能抑制其发育和毒素的形成，但不能破坏已形成的毒素。提高食品中的酸度也能抑制肉毒杆菌的生长和毒素的形成。我国肉毒杆菌繁殖和形成毒素多发生在肉类、鱼类、乳类等含蛋白质的食品和发酵食品如臭豆腐、豆瓣酱、豆豉和面酱等食品中。

肉毒素是目前已知的化学毒素与生物毒素中毒性最强的一种，对人的致死量 10^{-9} mg/kg，其毒力比氰化钾大 1 万倍。本毒素对碱和热很敏感，所以受热很容易破坏，失去毒性。防止肉毒杆菌食物中毒的措施：①盐量要达到 14% 以上，并提高发酵温度以抑制肉毒杆菌产毒。②要经常日晒，充分搅拌，充足的氧气供应不适宜肉毒杆菌生长繁殖。③尽量做到不生吃酱菜和豆豉。

2. 传统豆豉简介

（1）潼川豆豉　潼川豆豉产于四川三台县（古称潼川府），有 300 多年的历史。潼川豆豉是自然发酵毛霉型豆豉，制作时间从当年的立冬（农历十月）至次年的雨水（农历一月）。这期间，当地最高气温一般在 17℃ 左右适于毛霉生长。参与发酵的微生物主要是总状毛霉，也有其他霉菌和细菌共同作用。潼川豆豉的特点是鲜香回甜，油润发亮，色黑粒散。

①原料配比：黑豆 1000kg，食盐 180kg，白酒（50% vol 以上）10kg，水 60～100kg（不包括浸渍和蒸料时加入的水量）。按上述配料可产豆豉成品 1650～1700kg。

②操作过程：潼川豆豉以黑豆为原料，除去虫蛀豆、伤痕豆及杂豆类，无杂物。浸渍原料豆用水量以没过原料 30cm 为宜。水温 40℃，浸泡时间 5～6h，冬季水温低时，可适当延长浸泡时间。当全部豆粒均无皱时，将大豆捞出，沥干。此时豆粒含水量 50% 左右。在常压下蒸料约 5h。潼川豆豉大豆蒸煮分前、后两甑操作，先在前甑蒸 2.5h，再移至后甑蒸 2.5h。移甑时，前甑上层的大豆移至后甑底层，下层大豆转入甑面，上下对翻，可以保证甑内所有的原料蒸熟蒸透。蒸料后，熟料水分 56% 左右。熟料出甑后，移至箩筐内，自然冷却至 30～35℃。冷却后的熟料移至簸箕或晒席上，以曲室制曲，曲料堆积厚度 2～3cm，要求厚薄均匀。本工艺为自然接种，常温制曲，也就是不接种人工纯培养的种曲，利用空气中的毛霉菌自然繁殖。制曲品温通常为 5～10℃，曲室温度为 2～5℃（一般冬季生产）。曲料入室培养 3～4d，表面开始生长白色霉点。8～12d 后，菌丝生长整齐，并将每粒豆坯紧紧包被，已有少量浅褐色孢子生长。培养 16～20d 后，毛霉菌丝逐渐由白色转为浅灰色，质地紧密，直立，高度为 0.3～0.5cm，同时在浅灰色菌丝下部有少量暗绿色菌丝体，紧贴豆粒表面生成。制曲时间为 15～21d，因气温不同而异，一般 100kg 原料可制豆曲 125～135kg。

将豆曲倒入箩筐或拌曲池内，打散，以原料大豆计算，每 100kg 大豆加食盐 18kg，50% vol 白酒 1kg，水 1～5kg，混合拌匀。豆曲与食盐等辅料拌匀后，装入浮水罐中要求装满但又不压紧，豆曲较松散，在靠罐口部位压紧。用无毒塑料膜封口，罐缘加水，每月换水 3 次，以保持清洁。封罐后，可将罐移至室外，接受阳光照射。在梅雨季节移入室内，避免雨水进罐，发生变质。发酵周期12个月，中间不翻罐。发酵成熟的豆豉可直接食用，存放时也应选择凉爽卫生之处。

（2）阳江豆豉　广东省知名产品之一，历史悠久，远销东南亚、南美、北美等地，在港澳台市场上被誉为"一枝独秀"。阳江豆豉的特点是豆粒完整、乌黑油亮、鲜美可口、豉味醇香、豉肉松化，别具一格，属于曲霉型豆豉。

①原料配比：黑豆1000kg，食盐160～180kg，硫酸亚铁2.5kg，五倍子150g，水60～100kg（硫酸亚铁及五倍子的作用，是为了增加豆豉的乌黑程度）。

②操作过程：选取本地优质黑豆为原料，外地黑豆、黄豆等均不理想。除去虫蛀豆、伤痕豆、杂豆及杂物。浸豆用水需没过豆粒面层约30cm，浸泡时间随季节而异。一般冬季浸豆，经4～5h后，有80%的豆粒表面无皱皮，可放出浸水，至6h左右，全部豆粒表面无皱皮。夏季气温较高，当浸泡2～3h后，已有65%～70%的豆粒表面无皱皮。浸渍适度的豆粒含水分在46%～50%。常压蒸料2h左右，当嗅到有豆香时，观察豆粒形状，松散而不结团，用手搓豆粒则呈粉状，说明豆已蒸熟。用风机吹风或自然冷却，使熟料温度降至35℃以下。

将曲料移入曲室，装入竹匾。装竹匾的曲料四周可厚一些，厚度约3cm，中间薄一些，厚度为1.5～2cm。制曲方式为人工控制天然微生物制曲。曲室温度26～30℃，曲料入室品温25～29℃。培养10h后，霉菌孢子开始发芽，品温慢慢上升。培养17～18h后，豆粒表面出现白色斑和短短的菌丝。当培养24～28h，品温达31℃左右，曲料稍有结块现象。约经44h培养，室温升至32～34℃，曲料品温升至37～38℃（最好品温不超过38℃），菌丝体布满豆粒而结饼，进行第一次翻曲。翻曲时用手将曲料所有结块都轻轻搓散。此时，还要倒换竹匾上下位置，使品温接近。翻曲后，品温可降至32℃左右。再经47～48h培养，品温又上升为35～37℃，可开窗透风，使品温下降至33～34℃。培养至67～68h，曲料再一次结块并长出黄绿色孢子，可进行第二次翻曲。第二次翻曲后，品温自然下降，以后保持品温28～30℃，培养至120～150h出曲。成熟豆曲水分21%左右，曲豆表面有皱纹，孢子呈略暗的黄绿色。

用清水将豆曲表面的曲霉菌孢子、菌丝体及黏附物洗净，露出豆曲乌亮滑润的光泽，只留下豆瓣内的菌丝体。洗霉后，豆曲水分为33%～35%。洗霉后的豆曲，需分次洒水，并堆放1～2h，使豆曲吸水为45%左右为宜。为了调味和防腐，吸水后的豆曲中，按比例添加食盐，使氯化钠含量达13%～16%。此时还要添加硫酸亚铁（俗称青矾）和五倍子，以增加豆曲乌黑程度。添加的方法是：先将五倍子用水煮沸。取上清液与硫酸亚铁混合，使之溶解，再取上清液与食盐一起浇到豆曲中。拌匀后的豆曲装入陶质坛中，每坛装20kg左右。装坛时要把豆曲层层压实，最后用塑料薄膜封口，加盖，进行发酵。发酵温度30～45℃较适宜，可在室外日晒条件下自然发酵，30～40d豆豉成熟。将发酵成熟的豆豉从坛中取出，在日光下暴晒，使水分蒸发。要求豆豉水分含量35%为适宜。成品豆豉应存放于干燥阴凉之处。

二、纳豆生产

纳豆（图2-28）是日本的一种传统发酵食物，与中国的豆豉相类似。它是以大豆为原料，经蒸煮后接种纯种纳豆芽孢杆菌经过短期发酵而成的一种功能性食品。最原始的制作方法是以稻草包裹住煮熟的大豆，经自然发酵而成。成熟的纳豆呈淡黄色到茶色，具有纳豆特有的香气、滋味，表面附有一层薄如白霜的黏性物质，此物质黏性强，拉丝状态好，拉丝为聚谷氨酸，同时制成的豆粒软硬适当、无异物。纳豆不仅含有大豆的营养价值，而且发酵过程中产生了多种生理活性物质，具有溶解体内纤维蛋白及其他调节生理机能的保健作用。

纳豆和豆豉可能有共同的起源。纳豆类似中国的发酵豆、怪味豆。唐朝国势鼎盛，鉴真高僧东渡日本时（日本历天平宝胜五年）将豆豉介绍给日本，日本人称豆豉为"纳豆"。在日本，纳豆食用已有 2000 多年

图 2-28　纳豆

的历史，曾是僧侣、贵族、皇室御用的营养佳品。明治维新以后，纳豆从皇室流传到民间，逐渐成为日本居民日常饮食的必备食物之一。1980 年后，随着冷冻技术的发展，日本纳豆由作坊式生产，逐渐改为工厂化生产方式。1983 年，日本政府制定了纳豆的行业标准。日本也曾称纳豆为"豉"，平城京出土的木简中也有"豉"字。与现代中国人食用的豆豉相同。由于豆豉在僧家寺院的纳所制造后放入瓮或桶中贮藏，所以日本人称其为"唐纳豆"或"咸纳豆"，日本将其作为营养食品和调味品，中国人把豆豉用锅炒后或蒸后作为调味料。纳豆传入日本后，根据日本的风土发展了纳豆，如日本不用豆豉而用大酱，或用酱油不用豉汁。而且由于是禅僧从中国传播到日本寺庙，所以纳豆首先在寺庙中得到发展，如大龙寺纳豆、大德寺纳豆、一休纳豆、大福寺的滨名纳豆、悟真寺的八桥纳豆等，均成为地方上寺庙的有名特产。日本人喜欢食用纳豆，他们主要食用咸纳豆与拉丝纳豆，关西人喜欢前者，关东人则爱吃后者。拉丝纳豆由于发酵方法不同，而出现一种黏丝，是不放盐的。

纳豆含有黄豆全部营养和发酵后增加的特殊养分，含有异黄酮、不饱和脂肪酸、卵磷脂、叶酸、膳食纤维、钙、铁、钾、维生素及多种氨基酸、矿物质。经日本的医学家、生理学家研究得知，大豆的蛋白质具有不溶解性，而做成纳豆后，变得可溶并产生氨基酸，而且纳豆菌及关联细菌会产生原料中不存在的各种酵素，帮助肠胃消化吸收。纳豆的成分是：水分 61.8%、粗蛋白 19.26%、粗脂肪 8.17%、碳水化合物 6.09%、粗纤维 2.2%、灰分 1.86%。作为植物性食品，它的粗蛋白、脂肪最丰富。纳豆是高蛋白滋养食品，纳豆中含有的酶可排除体内部分胆固醇，分解体内酸化型脂质，使异常血压恢复正常。

在长期的生产实践和研究过程中，人们认识到纳豆不仅营养丰富，而且具有诸多好处：助消化、预防疾病、延缓老化、提高肝解毒功能、防治高血压、消除疲劳、预防癌症、减轻醉酒感、增强脑力、解除病痛等。特别是 1987 年日本须见洋行发现纳豆激酶（Naltokinase），其溶栓能力远比尿激酶强，且无任何毒副作用，体内半衰期长（6.8h），可有效防止血栓脑中风及心肌梗死等心脑血管疾病。纳豆菌可杀死霍乱菌、伤寒病菌、大肠杆菌等，起到抗生素的作用。纳豆菌还可以灭活葡萄球菌肠毒素，因此常食用纳豆有壮体防病的作用。纳豆中含有 100 种以上的酶，特别是碱性蛋白酶和 α - 淀粉酶，易将纳豆中的蛋白质分解，便于人体消化吸收。

95% 以上的日本家庭都会自制纳豆。日本人的平均寿命达 85.75 岁，心脑血管疾病发

病率仅为 0.4%，这与他们长期坚持吃纳豆的饮食习惯是息息相关的。鉴于日本的成功经验，美国、韩国采用"纳豆食疗法"预防高血压、糖尿病、冠心病、脑血栓、偏瘫等心脑血管疾病，也有 30 年的成功经验。纳豆食品工业在中国的起步较晚，在 20 世纪 90 年代以后，一些大专院校、科研单位才开始了纳豆的相关研究工作，对于纳豆研究的重点是纳豆激酶的特性及富集等。目前在中国，纳豆食品还没有国家标准，中国的成品纳豆市场还不成熟。

1. 主要原料

纳豆主要以黄豆作为原材料进行发酵生产，有研究使用黑豆进行发酵，但两者存在区别。黄豆与黑豆在营养成分上有所不同，所以被纳豆菌利用的情况也就不同。用黄豆生产纳豆，豆粒金黄、完整、较软，产黏液多、氨基酸含量高，同时苦味重、气味浓，这与氨基酸含量高是相关的，且活菌数远多于黑豆。黑豆生产的纳豆为黑色，带金属光泽，豆粒完整且较硬，黏液少、氨基酸含量低，所含活菌数也较少。黄豆与黑豆比例为 8:2 时，共同发酵生产的纳豆的氨基酸含量和菌数均介于原料为全黄豆和全黑豆之间。从混合发酵的豆粒来看，明显易分辨，黄豆粒金黄，有金属光泽，表面黏液含量多，粒完整较软，而黑豆粒有光泽，表面覆盖的黏液少，粒完整较硬。黄豆容易被纳豆菌利用，生产的纳豆优于黑豆。

2. 主要微生物与生化过程

纳豆生产用的纳豆菌属枯草芽孢杆菌纳豆菌亚种，是无人体寄生性的高度安全性的细菌，为革兰阳性、好氧、有芽孢的杆菌，它的形态培养基和生物学特点，与枯草芽孢杆菌一致。但纳豆菌不同于枯草芽孢杆菌，纳豆菌对生物素有专一需求，而枯草芽孢杆菌不需要。大豆经纳豆菌发酵产生拉丝，但枯草芽孢杆菌发酵大豆则不产生或很少产生拉丝。在纳豆生产过程中，要求相对湿度在 85% 以上，否则纳豆菌的生长受到抑制，纳豆在生长繁殖过程中，可产生淀粉酶、蛋白酶、脱氨酶和纳豆激酶等多种酶类化合物。纳豆菌属于弱酸性，会阻碍乳酸菌制造的乳酸。在技术上已经开发出气味较弱的纳豆，但由于使用了活性较低的纳豆菌种，容易造成其他细菌的增殖。此外，纳豆菌的天敌是会寄生在细菌上的噬菌体病毒，在噬菌体开始作用后会降低纳豆菌的活性，并可能造成其他细菌开始繁殖，因此应避免食用超过保存期限的纳豆。也有研究采用纳豆发酵粉和乳酸菌粉混合发酵，最终得到的纳豆色泽鲜亮，氨臭味明显降低，拉丝状态好，品质明显优于市售纳豆。也有学者采用嗜热链球菌为改良菌种，通过二次发酵改良来改善纳豆的不良气味。纳豆发酵过程中，革兰阳性的芽孢杆菌（*Bacillus subtilis*, natto）可合成维生素 K_2 即甲萘醌 -7（*Menaquinone* -7，MK -7）。MK -7 在生物体内有重要的作用：能预防骨质疏松症，MK -7 生成骨蛋白质再与钙共同生成骨质，增加骨密度，防止骨折，改善骨质增生；MK -7 可预防肝硬化进展为肝癌；MK -7 治疗缺乏性出血症，促进凝血酶原的形成，加速凝血，维持正常的凝血时间；MK -7 是 γ - 羧化酶的必要辅助因子，γ - 羧化酶能够羧化这些钙调节蛋白，使它们形成具有生物活性的钙结合组织。通过控制这些血管组织中的蛋白质，维生素 K_2 可以使钙从动脉中转移到骨头中。纳豆中 MK -7 的含量是各种奶酪的 100 多倍。纳豆或补充 MK -7 对骨代谢和预防骨丢失的益处已在人类和动物研究中得到证实。在纳豆芽孢杆菌及纳豆激酶应用的过程中存在着众多优势的同时也存在着一些问题，主要集中于纳豆中含有较多胺类物质，会产生一些不良气味，让人较为难以接受。此外纳豆激酶对温度、pH 较为敏感，以致其被口服至人体后稳定性差、易失活，大大限制了其在食品中的应用。

3. 加工工艺

纳豆生产工艺流程如图2-29所示。

图2-29　纳豆生产工艺流程

操作要点如下所示：

（1）精选大豆　大豆粒度大小和吸水速度有关，在生产过程中通常选用规格一致的豆粒，有的纳豆是用破碎的大豆制造的，称为碎纳豆。制造碎纳豆先将大豆脱皮、破碎、过筛，取一定粒度的碎大豆进行加工。粒度一致的大豆，先除去蛀虫豆、伤痕豆、出芽豆、杂豆及杂物之后进行清洗。

（2）浸泡　将大豆彻底清洗后用3倍量的水进行浸泡，使其充分吸水，吸水量应控制在浸渍后的质量为浸渍前质量的2.1～2.3倍。浸泡时间是夏天8～12h，冬天20h。浸渍时间与大豆的新旧、粒度、水温、品种等有关。浸渍用水最好使用饮用水。

（3）蒸煮　大豆不需要高温蒸煮，以避免由于美拉德反应损失氨基酸及糖分，造成产品颜色加深，一般采用0.08～0.1MPa蒸煮30～40min，若是碎豆蒸煮7～8min，以大豆易用手捏碎为宜，宜蒸不宜煮。煮的水分含量太多。在大豆蒸熟前，在浅盘中铺好锡箔纸，并在锡箔纸上打多个气孔，灭菌备用。大豆蒸熟后，不开蒸锅的盖子，直接倾去锅内的水。将蒸锅的大豆无菌转移到灭菌盆或罐内，立即盖盖，以免杂菌污染。

（4）接种　待大豆冷却后，将菌体悬浮液或培养液用喷雾器喷洒在煮熟的大豆上，每1kg大豆原料约接种菌液1mL，由于纳豆菌耐热，为防止杂菌污染，可将蒸煮大豆冷却到80～90℃接种。

（5）包装　将接种后的大豆按100g/袋（盒）包装入已灭菌的包装内，要防止包装过程中杂菌的污染。

（6）发酵　将分装后的大豆放置在发酵室分摊架上。发酵室温度控制在35～45℃，相对湿度控制在80%～85%。入室2h后纳豆菌孢子发芽，4h后品温上升，此时纳豆菌生长繁殖，消耗可发酵性糖，同时，蛋白质分解。伴随着增殖，品温上升到48℃左右，8h后糖分消耗殆尽，开始分解氨基酸产氨。10～12h菌数达10^9个/g（对数期）。品温接近50℃，增殖受到抑制，超过50℃则停止繁殖，显著产生黏性物质。入室16～18h即可出室。

纳豆发酵过程中需控制几个环节，一是调节品温，通常入室的品温不低于40℃，若品温太低，孢子发芽到品温上升的时间太长，则其他生长适温低的杂菌先行增殖，进而出现发酵异常的纳豆；二是微生物控制，包括环境、包装容器、接种工具、翻拌用具、操作人员的微生物控制，以防止杂菌（霉菌、小球菌、乳酸菌、梭状芽孢杆菌、大肠杆菌等）的污染；三是纳豆菌生长对数期控制品温在50℃左右，室内相对湿度控制在80%～85%。

（7）冷藏后熟　出室后，为防止过热及再发酵，要冷却到5～10℃，冰箱内存放一周进行后熟，便可呈现纳豆特有的黏滞感、拉丝性、香气和口味。要增进纳豆的口味，必须经过后熟。如果冷藏时间过长，产生过多的氨基酸会结晶，从而使纳豆质地有起沙感。因此，纳豆成熟后应该进行分装冷冻保藏。

▣ 知识拓展

（1）食用方式　传统上先将纳豆加上酱油或日式芥末（一般在百货商场所卖的盒装纳豆，使用的是日式淡酱油还有黄芥末），搅拌至丝状物出现，置于白饭上食用，为纳豆饭。也有人将纳豆和生鸡蛋、葱、阳荷、萝卜、柴鱼等各种食材一起混合食用。在北海道、日本东北部地区有时也将纳豆和砂糖混合食用，亦有加上蛋黄酱的创意吃法。若未经搅拌便加入酱料会使纳豆水分过多，黏性也会有所消减，葱和芥末则能抑制"纳豆氨"刺鼻的气味。不习惯吃纳豆者则以为纳豆是腐坏的水煮黄豆。纳豆适合日本的风土。日本人的主食是大米，一般以粒状食用，纳豆也是粒状，使日本人备感亲切，而且食用纳豆帮助消化米饭，并使爱食用精白米饭的日本人不易得脑血管疾病。由于其营养价值被揭晓，食用者日益增多。如今由于食品加工技术越来越发达，纳豆也被制成许多不同的口味，个人可以根据口味和需要选择购买。

（2）制作方法　传统制作方法是将蒸熟的黄豆用稻草包裹起来，稻草浸泡在100℃的沸水中杀菌消毒，并保持在40℃放置一日，稻草上常见的枯草杆菌（纳豆菌）因可产生芽孢而耐热度高，杀菌过程不受破坏，高温培养使得枯草杆菌生长速度快也能抑制其他菌种，并使黄豆发酵后产生黏稠的丝状物，这种黏稠外观主要来自成分中的谷氨酸，主要成分是聚谷氨酸，被认为是纳豆美味的来源。20世纪后期，高品质稻草取得不易，多已改用保丽龙或纸制容器盛装贩售。因此现代的制作方式，是利用蒸过的黄豆与人工培养出的纳豆菌混合后，直接放在容器中使之发酵，黄豆以外的某些豆类也能制成纳豆。

（3）纳豆激酶的发现　纳豆激酶（nattokinase，简称NK）是一种枯草杆菌蛋白激酶，是在纳豆发酵过程中由纳豆枯草杆菌产生的一种丝氨酸蛋白酶，是纳豆中的功效成分。1980年的一天，从事溶解血栓药物研究工作的日本心脑血管疾病专家须见洋行博士突然想起日本人爱吃的纳豆不就是蛋白发酵形成的吗？蛋白经过发酵就会生成蛋白水解酶，纳豆中含有丰富的纤维蛋白，纤维蛋白经过发酵，不也能够生成纤维蛋白水解酶吗？血栓结构中最顽固的部分不就是纤维蛋白吗？纤维蛋白不就是能够被纤维蛋白水解酶溶解的吗？说不定，纳豆里就可能含有溶解血栓的纤维蛋白水解酶。于是，下午两点半时，须见洋行博士把纳豆中提取的物质加入人工血栓中。须见洋行原本准备第二天看结果的，但五点半的时候，一次偶然的查看，奇迹发生了，血栓居然溶解了2cm，而平常用尿激酶做溶血栓的实验溶解2cm需要近两天的时间，也就是说纳豆发酵物溶解血栓的速度是尿激酶的19倍之多。于是，就将纳豆的这种强力溶栓物命名为纳豆激酶，这就是溶血栓药物研究史上有名的"下午两点半"实验。

三、丹贝生产

丹贝，又称为天培、天贝，是以大豆为原料，经脱壳、浸泡、接种根霉菌后用香蕉树、麻栗树或月桂树等阔叶树的叶子包上，利用其树叶上寄生的特定种类真菌——根霉发酵而制得的一种高蛋白大豆发酵食品，其成品是白色饼状物，2~3cm厚，具有酵母的清香气味和类似奶酪的香味，如图2-30所示。

丹贝作为一种发酵产品，具有一系列吸引人的优点，如味道鲜美，其常见的吃法有炸制和烩制。炸制时可把它切成 2mm 厚的薄片，沾上盐水后用油炸成酥脆的具有胡桃味的炸制品，也可把它切成 4～5cm 见方、2～3cm 厚的大方块，沾上盐水后用油炸成外焦里嫩的炸制品。烩制的方法是，把它切成 2～3cm 的方丁，然后可与鸡肉、牛肉、羊肉等烩制。丹贝富含优质蛋白质，不含胆固醇，营养丰富，颇为素食者的喜爱。据营养测定评价表明，用少孢根霉（RT－3）菌发酵制成的丹贝，未发酵大豆消化率为 60%～65%，经大鼠氮代谢实验结果表明，

图 2-30　丹贝的成品图

丹贝表观消化率为 94.4%，真实消化率为 91.4%，发酵产生活性很强的蛋白酶，蛋白质含量高达 54.1%，丹贝游离氨基酸和多肽明显增多，丹贝中游离氨基酸含量是发酵前的大豆的 6～20 倍，其蛋白质氨基酸组成更趋平衡，模式较优，营养价值高，易消化不胀气，从而满足了老年人、体弱者对蛋白质的需求。丹贝中泛酸和维生素 B_{12} 的含量都比发酵前的大豆多，尤其是维生素 B_{12} 的含量增加更为明显，是原来的 60 倍左右。它的有益蛋白质及氨基酸含量甚至高于燕窝和一些高级肉禽鱼类，是素食者良好的蛋白质来源。此外，丹贝发酵后，大豆异黄酮糖苷转化为活性更强的游离型异黄酮苷元，其大豆异黄酮苷元增加将近 7 倍，大豆异黄酮苷元则具有更强烈的生物学活性，具有抗氧化、抗菌、预防骨质疏松、防止衰老、抗肿瘤、防止心脑血管疾病的功能。丹贝价格低廉、制作方法简易、发酵周期短，对于大规模工业化生产具有重要意义。

丹贝是世界上唯一一个作为主食的发酵大豆产品，它起源于印度尼西亚，深受美国、欧洲以及东南亚地区人民的青睐，被美国人亲切地称为"肉的替代品"。在印度尼西亚，尤其是爪哇岛当地居民几乎每日三餐都以它为主食，据估计，爪哇岛人平均每人每日食用丹贝量达 30～120g 之多。全印度尼西亚的丹贝年产量约 75000 多吨，消耗了印尼大豆产量的 14%。虽说丹贝在印度尼西亚具有悠久的历史，但是对于它的科学研究起步却比较晚。

直到 1895 年 Prinsen geerligs 首次进行丹贝真菌鉴定研究，为丹贝的后续研究奠定了基础。1936 年 Lockwood 研究指出米根霉（*Rhizopus oryzae*）是丹贝的主发酵菌；1946 年 Stabel 第一个报道丹贝的真菌发酵是在大豆浸泡期间先进行了细菌的酸发酵；1955 年，VanVeen 认为丹贝是一种婴幼儿、儿童高蛋白营养食品。之后很多科学家对丹贝的发酵生产及安全性进行了系统的研究。而我国起步较晚，始于 20 世纪 90 年代初，由北京市食品工业研究所和南京农业大学最早开展了研究，迄今为止取得了很大的进步，不仅分离筛选和鉴定了发酵的生产菌，指出众多的根霉都可以发酵丹贝，但最好的品种是少孢根霉（RT－3）制作的丹贝，还对其后加工做了大量细致的研究工作。

丹贝的制作工艺分为传统加工工艺和现代加工工艺，但主要的工艺过程是一致的，即要经过浸泡、脱皮、蒸煮、接种、发酵，最后形成饼块。传统工艺是由印度尼西亚流传下来的，而现代工艺是国内根据印尼的制作方法经过加工改进而来的，而后也有不同的研究者在

传统的基础上摸索了其他的制作工艺，本节主要介绍国外传统加工工艺和国内现代加工工艺。

丹贝因其不同的处理方法，最后可形成不同的产品，如制成油炸丹贝、丹贝粉、冷冻丹贝、杂粮丹贝、水果丹贝以及丹贝调味料等。章建浩等人将丹贝加盐后发酵来制备丹贝调味料，结果表明，经发酵后，丹贝调味料中的游离氨基酸比新鲜丹贝提高了47.3%，其中谷氨酸含量提高了63.6%，赋予了产品鲜味。故而将丹贝进行后发酵后，配以其他辅料制成丹贝调味料，其营养丰富，具有独特的风味。除此之外，基于丹贝一系列的优点和特点，在前人研究的基础上，现代研究者对丹贝的其他方面进行了研究，以期开发出更多有利于人类的新产品。

1. 主要原料及预处理

（1）主要原料　丹贝的制作对原料没有特殊要求，一般选用油脂含量低，蛋白质和糖质含量高的大豆原料。在印尼，以不同原料来生产丹贝，如刀豆、扁豆、大豆、黑豆、长虹豆、甜羽扁豆、鹰嘴豆、野罗望子豆、绿豆、蚕豆、菜豆、利马豆等，而在国内有人经过工艺改造，开发出了以大麦、小麦加工副产品、豆腐渣、椰子饼粕、花生饼粕等为原料来制作丹贝。

①大豆：大豆中含有丰富的营养物质，如蛋白质、矿物质和维生素等。其中，蛋白质含量约在40%，因其蛋白质中不含胆固醇，因此被称为动物蛋白的替代品。大豆中的矿物质含量一般在4.0%~6.8%。同时，大豆中还含有丰富的维生素，如维生素C、维生素B_1等。

②黑豆：黑豆又称乌豆、黑大豆，有"豆中之王""营养之花"之称。它具有比普通大豆更高的营养价值，不仅可以养颜抗衰、补肾强身，对心血管疾病患者也大有益处。黑豆富含不饱和脂肪酸、氨基酸、黄酮、酚类物质、花色苷等。与黄豆相比，黑豆中的蛋白质、Ca、Fe、总黄酮、花色苷含量分别高14.21%、30.93%、224%、26.24%、44.92%，且黑豆蛋白质与人体所需蛋白质的氨基酸模式和比例十分相近。

③蚕豆：蚕豆含有丰富的维生素，尤其是硫胺素和核黄素。蚕豆中还有钙、铁、锌等可以调节大脑和神经组织的矿物质元素。宋庆明的研究发现，虽然蚕豆中的蛋白质含量为27%~30%，但所含氨基酸种类丰富，且可检测出谷类蛋白所缺少的赖氨酸。

④豆渣：豆渣是过滤了豆浆后留下的粗糙物，人们常将它视为糟粕，不愿食用，多用来做家畜饲料，甚为可惜。食品营养学家指出，豆渣中含有大量的膳食纤维和钙质，是人体必需的营养物质。其中的膳食纤维素可降低血中胆固醇含量，对防止动脉硬化、控制高血压、预防冠心病等都十分有利。另外，它能间接抑制胰高血糖素的分泌，并影响氨基酸的代谢，对控制糖尿病和肥胖者减少食欲和体重有益。纤维素还能促进肠蠕动，利于排便，对防止便秘、痔疮和肠癌有很大的作用。豆渣中的钙质对人体神经传导功能信号、维持组织器官和运动系统的生理机能都很重要，同时可补充骨骼和牙齿的钙质，能防治中老年人骨质疏松症。

⑤花生：花生中含有25%~35%的蛋白，主要有水溶性蛋白和盐溶性蛋白。花生中的蛋白与动物性蛋白营养差异不大，而且不含胆固醇，其营养价值在植物性蛋白质中仅次于大豆蛋白。花生含有一般杂粮少有的胆碱、卵磷脂，可促进人体的新陈代谢、增强记忆力，可益智、抗衰老、延寿。

（2）预处理　不同的原料生产丹贝其处理方法稍有不同，本节将对传统大豆和豆渣作为原料的预处理进行详细介绍。

①传统大豆的预处理一般经清洗、浸泡、脱皮、蒸煮等步骤，然后将其捞起，放在容器中摊开，使表面水分蒸发同时进行冷却。当温度降至 90℃ 时，加入 1% 的淀粉，并充分混合，使部分淀粉糊化，以促进霉菌的发育。

浸泡：一般大豆在冬季浸泡 12h 左右，在夏季浸泡 6~7h。在气温高于 30℃ 的季节，为了防止细菌繁殖，在浸泡大豆的水中添加 0.1% 左右的乳酸或白醋，降低浸泡液 pH 至 5~6，或在浸泡液中添加乳酸菌，使其在浸泡过程中产生乳酸，较低 pH 也适合于少孢根霉的生长。

脱皮：大豆的吸水量一般达到大豆质量的 1~2 倍，将吸水后的大豆放在竹篓中，脚踏或置于流水中强力搅拌，尽量除掉皮。去皮的目的：有利于霉菌繁殖；除去纤维素和多缩戊糖等难消化成分，提高制品质量；能够抑制在发酵过程中大豆变色。

蒸煮：将脱皮后的大豆放在 100℃ 水中煮 60min 左右，然后将煮熟的大豆捞起，放在容器中摊开，使表面水分蒸发同时进行冷却。

②以豆渣为原料时，对其预处理为将过滤了豆浆后留下的粗糙物进行干燥，添加面粉。

国外的干燥技术先将豆渣用压榨机除去水分，然后转送到干燥机进行高温干燥。后有公司参考丹麦的鱼粉干燥机的组成原理，独自开发了豆渣干燥机。而在国内，先用脱水机对豆渣连续压榨过滤脱水，接着用解碎机进行解碎，然后将解碎的物料排出进入干燥塔干燥；也有一些企业采用搅拌型豆渣干燥工艺，通过原料输送机将豆渣从原料箱送入搅拌罐，水分靠排风机排向大气，干燥的豆渣由旋风集料桶回收。

2. 主要微生物与生化过程

（1）主要微生物　丹贝中的微生物有根霉、革兰阴性杆状细菌和芽孢杆菌。其中以根霉为优势微生物，它可以在特定条件下利用原料代谢产生 L-乳酸、L-苹果酸、富马酸和脂肪酶等，是传统发酵食品的优势菌株。其中最重要的生产菌株为少孢根霉，还有少量的米根霉、无根根霉、黑根霉等。革兰阴性杆状细菌虽然不是其中的优势微生物，但也是很重要的微生物。芽孢杆菌则是有害的微生物，它在丹贝的后发酵和成品贮存中常使成品腐败变质。

C. W. Hesseltine（1963）等人通过对丹贝中微生物进行收集和分离，得到 40 株根霉。其中 25 株是少孢根霉，4 株是葡枝根霉（黑根霉），3 株是少根根霉，3 株是米根霉，3 株是台湾根霉，2 株是无厚孢根霉。用这些分离得到的根霉，均可通过纯培养的方法生产丹贝，但只有少孢根霉均可每次都能从自然发酵的丹贝中分离得到，其他根霉则不一定每次都能分离得到，因此，少孢根霉是丹贝生产中主要的微生物。1965 年，Hesseltine 接着又研究了发酵过程中少孢根霉对大豆蛋白、脂肪、寡糖和植酸的实际降解作用，首次提出少孢根霉是丹贝生产的理想菌株，这为后来利用少孢根霉纯培养技术进行丹贝的工业化生产奠定了一定的理论基础。

①少孢根霉：丹贝以少孢根霉为主要发酵菌株，可产出将以结合型糖苷存在的异黄酮转化为以苷元形式存在的异黄酮的 β-葡萄糖苷酶，从而使丹贝具有较高的生理活性。目前，常用的商业丹贝生产菌株是 Hesseltine 鉴定的 *R. oligosporous* NRRL2710。少孢根霉可以利用木糖、葡萄糖、半乳糖、麦芽糖、海藻糖、纤维二糖、可溶性淀粉和豆油作为碳源。对水苏糖、棉籽糖、蔗糖和淀粉的利用率很差。少孢根霉不能利用淀粉的原因在于其淀粉水解酶活性很弱或者没有。这和米根霉不同，米根霉的淀粉水解酶是很强的。如果把少孢根霉长期培养在淀粉质基质上，可以诱导并逐渐加强淀粉水解酶。由于大豆中只含少量的淀粉或不含淀粉，从丹贝发酵的角度来看，我们就没有必要去计较它丧失淀粉酶活性的问题。少孢根霉的

果胶酶也很弱。少孢根霉具有较强的脂肪酶。大豆中除了含有水苏糖、棉籽糖和蔗糖外，几乎不含其他单糖、低聚糖和淀粉。少孢根霉又不能利用水苏糖、棉籽糖和蔗糖，因此少孢根霉在丹贝发酵过程中，主要是以大豆中的脂肪作为碳源。少孢根霉具有很强的蛋白质水解酶系。这对丹贝的发酵很重要，因为大豆的蛋白质含量很高，只有蛋白酶活性强才能保证发酵的正常进行。Hesseltine 发现大豆中含有一种水溶性的对热稳定的物质，这种物质能够抑制少孢根霉的生长和蛋白酶的形成，因此用大量的水浸泡和煮大豆对制作丹贝是非常必要的。因为这样做可以大量地浸出这种抑制物，以保证少孢根霉的正常生长。少孢根霉的蛋白酶系最适 pH 是 3.0~5.5，深层发酵为 3.0，但是制作丹贝时，以 pH 5.5 为最好，所以，有的科学家在制作丹贝时，在浸泡大豆的水中加入适量的乳酸。这不但能使大豆具有少孢根霉起作用的最适 pH，而且还可以抑制杂菌的孳生。其蛋白酶的最适温度为 50~55℃，在 pH 3.0~6.0其酶活性相当稳定，但是在 pH 2.0 以下和 7.0 以上很快失活。其蛋白酶可分为 5 个组分，已在其中两个最大组分中制结晶酶制剂，正进一步研究。

少孢根霉具有很强的蛋白质水解能力，能将豆类中的蛋白质水解为氨基酸和氨，供少孢根霉利用。少孢根霉可以利用铵盐和氨基酸中的脯氨酸、甘氨酸、丙氨酸和亮氨酸作为氮，对其他氨基酸则利用得不好或者不能利用。同时，它还具有较强的分解脂肪和植酸的能力，可提高矿物质的生物利用率。

②黑根霉：黑根霉又称匍枝根霉，也称为面包霉，分布广泛。菌落黑色、灰色，是其代表性特征，雌雄异株。很多特征与毛霉相似，菌丝也为白色、无隔多核的单细胞真菌，多呈絮状。黑根霉（ATCC6227b）是目前发酵工业上常使用的微生物菌种。黑根霉的最适生长温度约为 28℃，超过 32℃不再生长。

③米根霉：米根霉属于毛霉目毛霉科根霉属，其菌落疏松或稠密，匍匐枝爬行，无色。假根发达，指状或根状分枝。发育温度 30~35℃，最适温度 37℃。它具有发达的淀粉酶和蛋白酶体系，能糖化淀粉，转化蔗糖，产生乳酸、反丁烯二酸及微量酒精；可以为乳酸菌生长提供必需的小分子糖类和氨基酸，能够改善产品的功能特性和增加乳酸含量，其产 L－（＋）乳酸的量可达 70%左右。张慧娟等还发现，利用米根霉对脱脂米糠进行半固态发酵，可以改善脱脂米糠中酚类物质的释放，使酚类、黄酮类物质分别增加 47.3%和 48.96%。

④无根根霉：无根根霉假根不发达，孢子囊呈球形。发育温度 30~35℃，最适温度37℃，在 41℃时不能生长，常用来发酵豆类食品和谷类食品。

（2）生化过程　在丹贝发酵过程中，少孢根霉分泌蛋白酶及肽酶。将大豆中高分子蛋白质水解为低分子水溶性含氮化合物，如多肽、寡肽、氨基酸等。这些肽类及氨基酸相比大分子蛋白质更容易被人体所消化吸收，同时也是丹贝滋味形成的重要因素。

大豆中含有 20%左右的碳水化合物，少孢根霉分泌的淀粉酶可以将分子质量较大的碳水化合物分解为可溶性低聚糖和葡萄糖，它们不但是重要的呈味物质，部分葡萄糖还可通过氧化酶的作用转化成葡萄糖醛酸，它能与人体内的一些有毒物质结合转化为苷类，并通过尿液排出体外从而起到解毒的功效。

大豆异黄酮是丹贝中重要的营养成分，它对乳腺癌、前列腺癌具有预防作用。又因为其结构与雌激素类似，被称为植物雌激素，能起到雌激素对人体的调节作用。大豆中 99%的异黄酮是通过 β－葡萄糖苷键以糖苷的形式存在的，丹贝发酵过程中，少孢根霉分泌 β－葡萄糖苷酶将绝大部分异黄酮糖苷转化为异黄酮苷元，异黄酮苷元比异黄酮糖苷具有更强的生物活性，包括抗菌活性、抗氧化活性、雌激素活性、抗溶血活性、抗血管收缩活性、强心作用等，还可增强毛细血管壁坚韧性。

大豆含有的纤维素不能被人体消化和吸收，其构成的细胞壁阻挡了各种酶类与细胞内营养物质的接触，降低了各类营养物质的消化率。此外，大豆纤维还能刺激胃肠黏膜，促进肠内产气，对胃肠病患者不利。丹贝发酵过程中，纤维素在纤维素酶的作用下水解为低聚纤维素及葡聚糖从而破坏大豆细胞壁，消除其对胃肠的不利影响，提升营养物质的消化率。

大豆中含有大豆凝集素和胰蛋白酶抑制剂两种抗营养因子。大豆凝集素能够与肠道上皮细胞结合，影响肠道的结构和功能，影响消化酶的活性，甚至对动物机体的全身都会产生一定的影响。丹贝能破坏大豆凝集素和胰蛋白酶抑制剂两种抗营养因子，消除其抗营养作用，使丹贝中的营养物质得以被人体充分消化和吸收，并发挥其生物活性。

另一方面，少孢根霉产生的复合酶能减少大豆制品的豆腥味，在复合酶的作用下引起豆腥味的醛、酮生成醇和酸，并进一步转化为芳香化合物和脂肪酸酯，使丹贝产生怡人的香气。发酵还能使大豆中的皂苷发生化学变化，从而降低成品的苦涩味。

3. 加工工艺

（1）传统丹贝加工工艺　传统丹贝工艺流程见图 2-31。

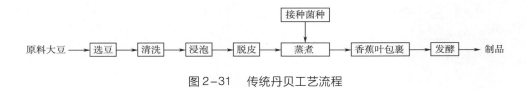

图 2-31　传统丹贝工艺流程

①选豆：选用颗粒饱满的大豆，去尽杂质、发霉变质的豆。

②清洗：用水清洗，洗净泥沙和其他污染性杂质。

③浸泡：一般大豆在冬季浸泡 12h 左右，在夏季浸泡 6～7h。在气温高于 30℃的季节，为了防止细菌繁殖，在浸泡大豆的水中添加 0.1%左右乳酸或白醋，降低浸泡液 pH 至 5～6，或在浸泡液中添加乳酸菌，使其在浸泡过程中产生乳酸，较低 pH 也适合于少孢根霉生长。

④脱皮：大豆的吸水量一般达到大豆质量的 1～2 倍，将吸水后的大豆放在竹篓中，脚踏或置于流水中强力搅拌，尽量除掉皮。

⑤蒸煮：将脱皮后的大豆放在 100℃水中煮 60min 左右，然后将煮熟的大豆捞起，放在容器中摊开，使表面水分蒸发同时进行冷却。

⑥接种：传统丹贝的接种方式类似中国民间馒头面团的接种：把发酵好的丹贝留一小块作为菌种或"发酵引子"，经风干或晒干后打成粉或把一块新鲜的丹贝搓碎，撒在已处理好的大豆基质中，搅拌均匀即可。有的地方是取发酵完成之后的丹贝表面的菌丝，经日晒粉碎后当作菌曲。还有极少数的地方把寄生这种菌的香蕉叶子、月桂树叶子等阔叶树的叶子阴干，粉碎成粉曲。

纯培养的接种一般是接种孢子悬液、孢子粉或者种曲粉，将少孢根霉接种在斜面培养基上，在 25～28℃下培养 7d 时，增生大量的孢子囊，然后用 2～3mL 无菌水把这些孢子囊从斜面上冲洗下来，制成孢子悬液接种或把这些孢子从斜面上刮下来冷冻干燥成孢子粉用于接种。或者将少孢根霉接种在米粉、细麦麸、米糠等物料上，28～32℃培养 3～7d，冻干制成种曲粉，一般 100g 原料约接种孢子 10^6 个。

⑦发酵：

a. 发酵条件：少孢根霉是好氧菌，但对氧的需要量不像其他霉菌那么多。根据菌种这一特点，接种好的物料往发酵容器填装时要填压紧一些。丹贝发酵的最佳温度为 30～33℃，丹贝的发酵时间随发酵温度而定，35～38℃下，发酵时间需 15～18h；在 32℃下需 20～22h；在 28℃下需 25～27h；在 25℃下则需 80h。发酵不易过头。

b. 发酵容器：传统方式多采用香蕉叶子，而现在则多采用打孔的塑料袋（盘）、打孔加盖的金属浅盘、竹筐等，孔径一般为 0.25～0.6mm，孔距为 1.2～1.4mm。小孔的作用是排除丹贝发酵过程蒸发出来的过量水分，同时小孔也是气体扩散的通道。装好发酵物料的塑料袋或金属浅盘一定要扎口或加盖，否则物料表面的水分会大量蒸发，影响少孢根霉的生长，同时由于物料大面积与空气接触，过量的氧可以使孢子较早形成，致使产品变黑，影响外观。

c. 物料厚度：丹贝的发酵袋、盘或其他容器所装物料的厚度一般为 2～3cm，若太薄则占用较多的发酵器具，太厚则造成中间发酵不充分，菌丝因缺氧不能很好地生长，易产生"夹生"现象。

（2）现代丹贝加工工艺　现代丹贝工艺流程见图 2-32。

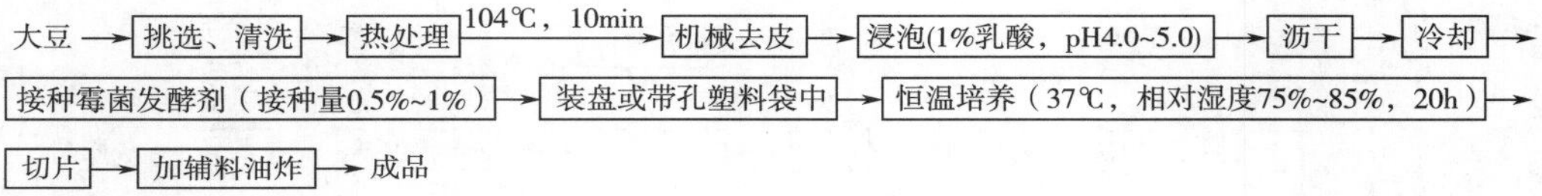

大豆 → 挑选、清洗 → 热处理 104℃，10min → 机械去皮 → 浸泡(1%乳酸，pH4.0～5.0) → 沥干 → 冷却 →

接种霉菌发酵剂（接种量0.5%～1%）→ 装盘或带孔塑料袋中 → 恒温培养（37℃，相对湿度75%～85%，20h）→

切片 → 加辅料油炸 → 成品

图 2-32　现代丹贝工艺流程

①大豆精选、清洗：选择无霉变、无虫蛀、颗粒饱满均匀的大豆作为原料，筛分去除大豆中的杂质，用洁净的水将大豆洗净备用。

②浸泡：将豆瓣浸泡于清洁的软水中（1t 豆瓣使用 3.5～4t 水）。为了防止细菌繁殖，夏天可在浸泡水中添加 0.1% 的乳酸。浸泡时间、气温不同，时间长短不一，通常在室温为 25℃时需 18h，20℃时需 20h；低于 15℃时需 24h。以大豆质量增加 1 倍为宜。

③机械脱皮：去皮分为湿法脱皮和干法脱皮两种方式。脱皮有利于少孢根霉繁殖，使菌丝能伸入大豆子叶中；去除纤维素和多缩戊糖等难消化成分，提高制品质量；能够抑制在发酵过程中大豆变色。

④蒸煮：煮豆过程可软化大豆组织，使大豆中成分易于被根霉利用。此外，大豆中含有一部分能降低根霉蛋白酶活性、抑制根霉生长的水溶性成分，通过煮豆将这部分物质去除后可提升发酵质量。采用旋转蒸料锅在 0.08MPa 煮 20min，取出冷却。

⑤发酵剂的制备：将少孢根霉接种在米粉、细麦麸、米糠等物料上，在 28～32℃下培养 3～7d，然后在 45～50℃干燥或冷冻干燥制成种曲粉用于接种。也可制备孢子悬液或孢子粉，即将少孢根霉接种在斜面培养基上，在 25～28℃下培养 7d，然后用无菌水将孢子冲洗下来做成菌悬液或直接刮下来干燥成孢子粉供使用。

⑥接种与发酵：将制备好的种曲粉或菌悬液按 0.5%～1% 接种至添加了 0.8% 乳酸的冷却好的豆瓣中。分装到盘或带孔塑料袋中，发酵的物料厚度一般为 2～3cm，可采用分段控温，即在发酵初期高温（42℃左右）促进根霉孢子萌发并抑制腐败菌生长，使根霉形成菌群

优势，之后菌丝生长期降低温度至30℃左右，相对湿度为75%～85%，发酵时间为20h。豆瓣表面被白色致密菌丝布满，结构呈糕团状，触碰有弹性并具特殊香气时，即为发酵完成。注意丹贝发酵时间不宜过长，如果发酵过头或供氧过多，根霉菌丝分化成孢囊，会导致丹贝表面出现灰黑点，并使产品呈苦味。

　　上述工艺是在国外生产丹贝工艺的基础上，据 RT－3 菌本身特性改进。据文献报道，目前国外是将纯菌接入平板培养后，制备孢子悬液制曲。该法缺点是生产丹贝时需分段控温，而温控难以掌握，极易导致菌丝自溶和生长不良。同时，国外专家认为，少孢根霉进行液体培养不能制曲用于丹贝生产。国内专家王华等研究证实，少孢根霉进行液体深层培养制曲生产丹贝是可行的。而且采用该法制曲生产丹贝无须分段控温，发酵时间可缩短 24～48h，便于操作管理。和以往乳酸液浸泡豆酸化法比较，我们将优质大豆，经干法脱皮，再用水浸泡，水煮30min后，用乳酸酸化基质，可减轻工作量，也可降低成本。

知识拓展

1. 抗氧化作用

与大豆相比，丹贝具有更强的抗氧化活性。例如，与未发酵的大豆相比，丹贝提取物更能清除 DPPH 自由基和超氧化物（Chang 等，2009）。Huang 等（2018）在最近的研究中报道，丹贝通过抑制细胞内 ROS 的生成，降低了 lps 诱导的 BV－2 小胶质细胞的氧化应激，观察到的抗氧化活性与 iNOS 表达的下调有关。利用 iNOS 拮抗剂进一步研究 iNOS 在丹贝产生活性氧能力中的具体作用将是有益的。丹贝抗氧化作用的改善可能是由于浸泡和煮沸预处理增加了大豆释放的多酚水平，加上发酵过程中少孢杆菌分泌的酶对细胞壁的降解（Bohn，2014；Kuligowski 等，2016）。虽然发酵最初降低了丹贝中的总异黄酮水平，但观察到其苷元中异黄酮苷元，特别是大豆苷元和染料木素的生物转化（Kuligowski 等，2016）。与未发酵大豆相比，丹贝大豆中的染料木素和大豆苷元含量增加了一倍（Ahmad 等，2015）。由于异黄酮苷元比其苷元具有更强的抗氧化活性（Chiang 等，2016；黄 等，2016），异黄酮苷元水平的升高可能有助于丹贝的抗氧化功能（村上等，1984）。

其他经发酵剂或发酵所得代谢物修饰的酚类化合物也可能有助于丹贝的抗氧化活性。例如，从丹贝中分离并鉴定出一种有效的抗氧化剂——3－羟基邻氨基苯甲酸（Esaki 等，1996）。该化合物对大豆油和豆粉的氧化有抑制作用，提高了它们的自由基清除活性（Esaki 等，1996；Backhaus 等，2008）。分析丹贝中除异黄酮及其衍生物外的其他多酚类物质的含量变化将有助于确定其抗氧化活性的性质。在大豆和绿豆中观察到的根霉产生的酚酸水平的增加是它们抗氧化特性的基础（Ali 等，2016）。

2. 抗微生物活性

除抗氧化作用外，丹贝还具有抗微生物活性，可能还具有调节肠道微生物群组成的能力。丹贝启动剂产生的代谢物，特别是使用根霉菌株产生的代谢物，在体外对革兰阳性和革兰阴性微生物均表现出抗微生物活性。例如，少孢根霉 IFO 8631 抑制了芽孢杆菌、金黄色葡萄球菌和乳链球菌的生长，并从过滤后的少孢根霉培养物中分离出具有抗菌活性的耐热蛋白（Kobayasi 等，1992）。在丹贝中，与普通启动剂无关的细菌已被证明具有抗菌活性。从马来西亚丹贝分离的两株粪肠杆菌产生的菌肠球菌素能够抑制革兰阳性指示菌，如单核细胞增生李斯特菌和食源性病原体微球菌（Moreno 等，2002）。从马来西亚丹贝分离的粪肠菌 TH10 分泌的琥珀酸，对大肠杆菌 O–157 有抗菌活性（Ohhira 等，2000）。丹贝悬置液通过减少对猪小肠刷状缘膜的黏附力而干扰大肠杆菌 K88 的感染性，进一步表明了可溶性成分介导的抗菌作用（Kiers 等，2002）。

有一项在动物模型上的研究表明了丹贝对肠道微生物的潜在作用机制。给健康的 SD 大鼠饲喂添加丹贝的粮食，发现大鼠肠道中拟杆菌门（特别是脆弱的拟杆菌）和厚壁菌门（特别是梭状芽孢杆菌）的细菌计数增加，而以拟杆菌门为代表的厚壁菌门相对减少（Soka 等，2014）。在犬模型中，喂食干燥的丹贝，即用商业爪哇酒曲–丹贝制备的发酵大豆的不溶部分，导致双歧杆菌和芽孢杆菌数量增加，以及粪便短链脂肪酸浓度增加（Yogo 等，2011）。在另一项研究中，将经模拟人胃肠液"消化"的丹贝与人粪便细菌样品一起温育，观察到双歧杆菌和乳杆菌的数量与未发酵大豆相比有所增加，这使研究者得出结论，认为丹贝的成分通过肠道运输可能对其肠道菌群产生影响（Kuligowski 等，2013）。在一个小型的临床研究中，16 位健康参与者（8 位男性和 8 位女性）每天消耗 200mL 超高温加工牛乳，持续 8d，然后在接下来的 16d 中每天消耗 100g 蒸制的豆（Stephanie 等，2017 年）。在第 25 天时，与研究开始时相比，受试者的黏蛋白降解菌的数量有所增加，如果食用含茶多酚的多酚类食物，如茶和酒，可能有助于这一观察（Kemperman 等，2013）。虽然这些研究表明，丹贝的摄入可能会影响肠道菌群，但需要进行人体研究，以确定丹贝是否能改变人体肠道菌群的组成和代谢活动。

3. 微量元素

硒是人体必需的微量营养素之一，在人体代谢中起着重要的作用。丹贝是印度尼西亚的传统食品，是一种低成本的营养食品，有可能成为硒的重要来源。有研究采用特异性、灵敏的中子活化分析技术（NAA）对印度尼西亚丹贝的硒含量进行了分析，并用于测定丹贝硒的日摄入量（DI）。从爪哇岛的几个传统市场收集了大约 64 个豆样本，并根据豆的消费水平确定了丹贝的硒含量。在印度尼西亚，DI 水平低于所有男性/女性、孕妇和哺乳期妇女的 RDA，百分比约为 9.99%、8.56% 及 7.49%。即使这个 DI 值很低，因为消耗率低，如果丹贝消耗足够的量，它可以满足约 50% 的 RDA，而不需要花费很多成本。

4. 保护神经损伤

有研究者将 6 个月大的 SAMP8 小鼠分为一个对照组和三个实验组，总计为四组。实验组分别服用 300、600 和 900mg/kg 体重的丹贝。结果表明，实验组在海马、纹状体和皮层中具有较强的认知能力、较低的丙二醛和羰基蛋白水平以及较高的超氧化物歧化酶（SOD）和过氧化氢酶（CAT）活性。其中，900mg/kg 体重丹贝在增加 SOD 和 CAT mRNA 表达、降低淀粉样蛋白 β（Aβ）和 β–位淀粉样前体蛋白裂解酶水平方面表现出最优异的结果；它还通过降低 p–p38 和 p–JNK 的表达来增加核因子类红细胞相关因子 2（Nrf2）的水平。总之，丹贝可能通过有丝分裂原激活的蛋白激酶途径调节 Nrf2，从而保护神经元免受氧化应激和 Aβ 诱导的损伤，并减少记忆障碍。

发酵肉制品生产工艺

第一节　发酵香肠生产

发酵香肠是普遍受到很多国家人们喜爱的一种传统食品，其加工历史至少已经有 2000 多年。目前，发酵香肠是发酵肉制品中产量最大的一类产品，它是选用正常屠宰的健康的猪、牛、羊等畜肉，经过绞碎后与糖、盐、香辛料等混合均匀后灌入肠衣，经过微生物发酵、风干而制成的有稳定的微生物特性和典型发酵风味的肉制品。

发酵香肠的加工方法似乎再简单不过，肥瘦肉混合后充填入肠衣内，放置干燥后食用，如此而已。然而这一看似简单的加工却伴随着极为复杂的微生物及理化进程，特别是发酵过程中有益性微生物的生长代谢对产品防腐及特有风味的形成极为重要。这些益生菌主要为乳酸杆菌、葡萄球菌、微球菌，以及少量酵母和霉菌。

发酵香肠的品种繁多，目前已知的就有上千种，再加上其地域性强，至今对发酵香肠的分类还没有一个统一的标准。

大约 2000 多年前，地中海地区的古罗马人便知道用碎肉加盐、糖和香辛料等经自然发酵、风干成熟制作成美味可口的香肠。但在此后很长一段时间内，其发展缓慢，甚至从区域性产品发展成为国际性产品也有 100 多年的历史。1940 年，美国人 Jensen 和 Paddock 第一次描述了乳酸菌在发酵香肠生产中的应用，从而开创了使用纯培养的微生物作为发酵剂来生产发酵香肠的先河，是传统制作模式进入现代化生产模式的重要里程碑。此后，在发酵剂的广泛应用及控制发酵等技术普及的推动下，发酵香肠发展非常迅速，并逐步进入标准化、规模化、高效化的现代化生产模式。如今，发酵香肠已发展为发酵肉制品中产量最大的一类产品，遍布世界各地区。与此同时，其品种日益多样化，在原料肉的类型、成分种类与数量、尺寸大小及成熟条件等方面都呈现出较大的多样性。

每个国家都有自己的传统特色发酵香肠，如意大利有萨拉米（Salami）香肠、德国有道尔香肠（Dauerwurst）、西班牙有肉干香肠（Charqui）、葡萄牙有葡萄酒香肠（Chouriço de vinho），中国的传统发酵香肠代表产品有哈尔滨风干香肠、广味香肠及川味香肠等。这些传统发酵香肠营养丰富、风味独特、安全性较高，深受人们的喜爱。

发酵香肠种类按地名分有黎巴嫩大香肠、塞尔维拉特香肠、欧洲干香肠、萨拉米香肠等；

按脱水程度分为干发酵香肠、半干发酵香肠和非干发酵香肠；按发酵程度分为低酸发酵香肠和高酸发酵香肠；按加工过程分为霉菌成熟香肠、非霉菌成熟香肠，以及烟熏香肠和不烟熏香肠。

尽管发酵香肠的种类很多，根据其特征，可以将发酵香肠分为两类，分类情况如表 3-1 所示。

表 3-1　　　　　　　　　　　　　　发酵香肠的分类

香肠类型	发酵时间	最终水分含量	最终水分活度	代表产品
湿发酵香肠	3~5d	34%~42%	德国下午茶香肠（German Teewurst），鲜肉香肠（Frische Mettwurst）	0.95~0.96
干发酵香肠（短成熟期）	1~4 周	30%~40%	夏季香肠（Summer sausage）	0.92~0.94
干发酵香肠（长成熟期）	12~14 周	20%~30%	匈牙利萨拉米香肠（Hungarian salami），意大利萨拉米香肠（Italian salami），法国红肠（French saucisson）	0.85~0.86

1. 湿发酵香肠

湿发酵香肠的发酵时间较短，一般为 3~5d，并且在加工过程中形成亚硝酸钠。产品最终的水分含量在 35%~42%，水分活度在 0.95~0.96。为了减少产品的质量问题以及产品包装的颜色残留，加工的原料必须保证微生物含量较少，且要在加工过程中添加一定量的碳水化合物，在低温及环境相对湿度较高的条件下烟熏及贮藏。为了使产品在较短时间内酸度迅速降低，在香肠加工过程中可以添加一些化学酸化剂，如葡萄糖酸、有机酸如乳酸和其他酸等。

2. 干发酵香肠

根据成熟时间的不同，干发酵香肠可分为两类：短成熟期发酵香肠及长成熟期发酵香肠。

（1）短成熟期发酵香肠　短成熟期发酵香肠又名半干香肠，其成熟时间为 1~4 周。香肠在腌制的时候添加亚硝酸钠，有时也添加硝酸钾。后来，微球菌也作为发酵剂应用到了发酵香肠当中。现如今，乳酸菌是发酵香肠的主要发酵剂，还要在发酵香肠中添加一定量的糖类和一定量的化学酸化剂如葡萄糖酸。使用发酵剂可以改善产品的微生物情况、感官品质和延长货架期。最终产品的水分含量在 30%~40%，水分活度在 0.29~0.94。

（2）长成熟期发酵香肠　长成熟期发酵香肠又名干香肠，干香肠在全世界较为出名，如西班牙和美国部分地区的西班牙辣香肠和萨尔奇雄香肠，意大利的萨拉米香肠等。在欧洲，发酵香肠有着很悠久的历史。部分干发酵香肠的成熟期长达 16 周，例如，匈牙利香肠的成熟期为 6 周，而萨拉米的成熟期为 12~14 周。在腌制过程中添加亚硝酸盐或者硝酸钾可以抑制一定有害微生物的生长。干发酵香肠最初的加工温度在 6~15℃，最终的水分活度达到 0.85~0.90，最终的水分含量为 20%~30%，在这样的条件下，可以避免微生物污染的问题。

一、 主要原辅料及预处理

1. 原料肉

发酵香肠对原料肉的要求：新鲜，最好为猪前腿、后腿、臀肉，肌肉组织多，结缔少，肥肉最好是猪背部皮下脂肪（猪背脂）。用于生产发酵香肠的肉糜中瘦肉含量为50%～70%。各类肉均可用作发酵香肠的原料，一般常用的是猪肉、牛肉和羊肉。在意大利、匈牙利和法国由于消费者偏爱猪肉的风味和颜色，这些国家仅用猪肉生产发酵香肠，而典型的德国发酵香肠的原料肉则采用1/3猪肉、1/3牛肉和1/3猪背脂肪为原料。若使用猪肉，则pH应在5.6～5.8，这有助于发酵，并保证在发酵过程中有适宜的pH降低速率。

2. 脂肪

脂肪是风干发酵香肠中的重要组成成分，干燥后的含量有时可以高达50%。脂肪的氧化酸败是风干发酵香肠贮藏过程中最主要的质量变化，是限制产品保质期的主要因素。因此要求使用熔点高的脂肪，也就是说，脂肪中不饱和脂肪酸的含量应该很低。牛脂和羊脂因气味太大，不适于用作发酵香肠的脂肪原料。一般认为，色白而又结实的猪背脂是生产发酵香肠的最好原料。这部分脂肪只含有很少的多不饱和脂肪酸，如油酸和亚油酸的含量分别为总脂肪酸的8.5%和1.0%，这些多不饱和脂肪酸极其容易发生自动氧化。如果猪饲料中多不饱和脂肪酸的含量较高，脂肪组织会较软，使用这样的猪脂肪后会导致最终产品的风味和颜色发生不良变化，并且会迅速发生脂肪氧化酸败，缩短保质期。任何一种脂肪都不能较长时间贮藏在会引起早期变质的条件下。因此，为降低猪脂肪中的过氧化物含量，屠宰后猪脂肪应立即快速冷冻，同时避免长期贮藏。在一些国家，允许在脂肪中添加抗氧化剂BHT（丁基羟基茴香醚）和BHA（二丁基羟基甲苯）抑制脂肪氧化酸败。

3. 葡萄糖

在风干发酵香肠的生产中，经常添加碳水化合物，其主要目的是为微生物提供足够的发酵底物，有利于乳酸菌的生长而迅速启动发酵作用。发酵香肠生产中所使用的碳水化合物通常是葡萄糖和低聚糖的混合物。这是因为如果只用葡萄糖，不仅要求添加量大，而且葡萄糖为快速利用糖，会导致pH下降过快，过早地抑制酸敏感的非致病葡萄球菌和微球菌等"风味"菌的生长，会降低产品的风味；反之，如果葡萄糖过少或只添加低聚糖，则可能造成乳酸菌的发酵作用不能迅速启动，特别是在高成熟温度下，导致有害微生物的生长繁殖。发酵过缓是发酵香肠中检出金黄色葡萄球菌的重要原因。风干发酵香肠生产中所用的低聚糖的种类有蔗糖、乳糖、麦芽糖，有时还添加糊精。

4. 食盐

食盐的含量会影响产品的结着性、风味及保质期，同时抑制许多其他不需要的菌类生长而使乳酸菌成为优势菌。在发酵香肠中食盐的添加量一般2.0%～3.5%，涂抹型发酵香肠的最终产品中食盐的含量可能达到2.8%～3.0%，切片型发酵香肠的最终产品中食盐含量可能达到3.2%～4.5%，这可将初始原料的水分活度降低到0.96，高的食盐含量与亚硝酸盐以及低pH结合，使原料中大部分有害微生物的生长受到抑制，同时有利于乳酸菌和微球菌的生长；食盐可提高肉的黏着性，将肌原纤维蛋白（盐溶性）部分溶出，肉粒周围包裹一层薄膜，形成乳糜状，提高肉粒之间的黏结性，提高切片性，食盐还具有呈味作用。

5. 香辛料

大多数发酵香肠的肉馅中均可加入多种香辛料，如黑胡椒、大蒜、辣椒（粉）、肉豆蔻和小豆蔻等。胡椒粒或粉是各种类型的发酵香肠中添加最普遍的香辛料，用量一般为 0.2% ~ 0.3%。其他香辛料如辣椒（粉）、大蒜（粉）、肉豆蔻、灯笼椒等，也可以添加到风干发酵香肠中，种类和用量视产品类型和消费者的嗜好而定，香辛料在发酵香肠中发挥以下几方面的作用：①赋予产品香味；②刺激乳酸的形成，这是因为胡椒、芥末、肉豆蔻等香辛料中锰的含量较高，而锰是乳酸菌生长和代谢中多种酶所必需的微量元素；③抗脂肪氧化，大蒜等香辛料中含有抗氧化物质，能抑制脂肪的自动氧化作用，从而延长产品的保藏期。

6. 肠衣

肠衣分为盐肠衣和干肠衣。品质优良的猪肠衣质地薄韧，透明均匀。盐肠衣呈浅红色、白色或乳白色。干肠衣多为淡黄色，具有一定香气。肠衣是香肠的外包装，其基本的功能就是保证香肠在一定条件及时间内不变质，以满足贮存及流通的需要。这种功能由肠衣的阻隔性指标所提供，即氧气阻隔性、水汽阻隔性、香味阻隔性。

7. 食品添加剂

（1）硝酸盐和亚硝酸盐（烟酰胺）　常作为发色剂，以亚硝酸盐为主。亚硝酸盐与乳酸复分解产生亚硝酸，HNO_2 被分解为 NO，可与肉中的肌红蛋白结合，生成亚硝基肌红蛋白，使肉呈现鲜红色。亚硝酸盐除具有发色作用外，还具有抑菌、抗氧化和改善提高产品风味和质构的作用。亚硝酸盐具有抑菌防腐作用，特别是抑制肉毒梭状芽孢杆菌和革兰阴性菌的生长。但亚硝酸盐的毒副作用很大，具有致畸性、致癌性和诱变性，严重威胁着人体健康。

亚硝酸钠是一种传统的发色剂，可直接加入，添加量一般少于 150mg/kg，对于形成发酵香肠的最终肉红色和延缓脂肪氧化具有重要作用。在生产发酵香肠的传统工艺或生产干发酵香肠的工艺中一般加入硝酸钠，其添加量为 200 ~ 500mg/kg，抑制肉毒梭状芽孢杆菌的生长。一般认为，用硝酸钠生产的干香肠在风味上要优于直接添加亚硝酸钠的香肠。GB 2760—2014《食品安全国家标准　食品添加剂使用标准》规定肉制品中硝酸钠和亚硝酸盐的使用量分别不得超过 500mg/kg 和 150mg/Kg，亚硝酸盐残留量以 $NaNO_2$ 计≤30mg/kg。

（2）酸味剂　添加酸味剂的主要目的是确保肉馅在发酵早期阶段的 pH 快速降低，这对于不添加发酵剂的发酵香肠的安全性尤为重要。在涂抹型发酵香肠生产中，酸味剂也经常和发酵剂结合使用，因为涂抹型发酵香肠需要在一定时间内将 pH 快速降低以保证其品质。然而，在其他的制品中发酵剂与酸味剂结合使用将会导致产品品质降低，所以很少添加酸味剂。常用的酸味剂是葡萄糖酸 - δ - 内酯，其添加量一般为 0.5% 左右。它能够在 24h 内水解为葡萄糖酸，迅速降低肉的初始 pH。

（3）D - 异抗坏血酸钠　D - 异抗坏血酸钠作为发色助剂，可保持发酵香肠色泽，防止亚硝酸盐形成，改善风味，使香肠切口不易褪色。一般添加量为 0.5 ~ 0.8g/kg。

二、　主要微生物与生化过程

1. 发酵香肠中的微生物

（1）酵母　发酵香肠中的酵母菌主要是汉逊德巴利酵母（*Dabaryomyce hansenii*）和法马塔假丝酵母（*Candida famata*），具有改善香肠风味的作用。酵母适合加工干发酵香肠，汉逊德巴利酵母是常用菌种。该菌耐高盐、好氧并具有较弱的发酵性，一般生长在香肠的表面。通过添加该菌，可提高香肠的风味。主要通过抑制脂质氧化、延缓酸败和产生醇类、酮类、酯类等风味物质而赋予香肠良好风味。汉逊德巴利酵母可通过提高源于氨基酸降解的风味物质含量及产酯而弥补盐或脂肪含量降低带来的风味缺陷，且赋予发酵香肠水果风味。该菌与乳酸菌、微球菌合用可获得良好的产品品质。酵母除能改善干香肠的风味和颜色外，还能够对金黄色葡萄球菌的生长产生一定的抑制作用。但该菌本身没有还原硝酸盐的能力，同时还会使肉中固有的微生物菌群的硝酸盐还原作用减弱。

（2）霉菌　霉菌常用于生产干发酵香肠。常用的两种不产毒素的霉菌是产黄青霉和纳地青霉，它们都是好氧菌，因此只生长在干香肠表面。另外，由于这两种霉菌可分泌蛋白酶和脂肪酶，因而通过在干香肠表面接种这些霉菌可增加产品的芳香成分，提高产品品质。

（3）细菌　用作发酵香肠发酵剂的细菌主要是乳酸菌和球菌。乳酸菌是发酵香肠的优势菌，常用肉品发酵剂乳酸菌主要是植物乳杆菌、清酒乳杆菌、乳酸乳杆菌、干酪乳杆菌、弯曲乳杆菌、戊糖乳杆菌、干酪乳杆菌、乳酸片球菌、戊糖片球菌和啤酒片球菌。乳酸菌在发酵香肠中的突出贡献就是能够发酵糖类产生乳酸。酸的形成赋予发酵香肠典型的酸味。

发酵过程中由于酸的生成，肉品的 pH 降至 4.8~5.2，肌肉蛋白在酸性条件下变性形成胶状组织，提高了肉品的硬度与弹性。由于 pH 接近肌肉蛋白的等电点，肌肉蛋白的保水能力减弱，可以加快香肠的干燥速度，降低水分活度。

在酸性条件下，病原菌及腐败菌的生长得以抑制；有些乳酸菌可产生多肽类抗菌物质，如乳酸链球菌可产生乳酸链菌素。一株干酪乳杆菌 CUL705 能产生乳酸和乳酸菌素，该细菌素能抑制李斯特菌、金黄色葡萄球菌和广泛的革兰阴性菌。一些乳酸菌菌株还具有产细菌素等抗菌物质的功能特性，利用这些菌株可实现对发酵香肠中李斯特菌、肉毒杆菌等致病菌的有效控制，可提高产品的货架期，确保发酵香肠的微生物安全。

肉品发酵剂中常见的凝固酶阴性球菌为肉葡萄球菌、木糖葡萄球菌及变异微球菌。

微球菌和葡萄球菌本身产酸速度很慢，通常与乳酸菌混合使用，利用其还原硝酸盐以及分解蛋白质和脂肪的能力，从而使产品形成良好的色泽和风味。

葡萄球菌和微球菌能产生硝酸盐还原酶，硝酸盐还原酶可以将硝酸盐还原成亚硝酸盐，亚硝酸盐与肉中的乳酸作用形成亚硝酸，亚硝酸不稳定，易分解成 NO，NO 与肉中的肌红蛋白（Mb）反应生成亚硝基肌红蛋白（MbNO），使发酵制品呈现腌制品特有的鲜艳的玫瑰红色。

发酵过程中，有些乳酸菌会产生 H_2O_2，H_2O_2 是强氧化剂，导致形成褐色的高铁肌红蛋白和绿色的高铁胆绿素，这两种颜色与肉中的红色结合在一起，形成灰色调，严重影响香肠的颜色。肉葡萄球菌和木糖葡萄球菌这两种菌在发酵香肠的生产过程中提供过氧化氢酶，过氧化氢酶可分解 H_2O_2 生成水和氧，从而阻断过氧化物的形成。加入发酵香肠的微球菌数量为 10^6~10^7CFU/g 香肠时，每分钟可清除 15nmol 的 H_2O_2。

球菌由于能够分泌蛋白水解酶和脂肪水解酶，而有助于形成发酵香肠特有的芳香物质，酶解的产物在干发酵香肠特征风味形成中起了重要作用且其对风味的贡献主要归功于以下几种反应类型：糖发酵、氨基酸代谢、脂质氧化及酯酶催化反应。其中氨基酸代谢在产良好风味物质中扮演着重要作用，其产物被认为与干发酵香肠的独特风味形成有关。研究发现在模拟干发酵香肠生产中肉葡萄球菌和木糖葡萄球菌可产生强烈的干萨拉米风味，且生化特性、挥发性化合物分析结果表明，这种强烈的风味与菌株分解支链氨基酸产生 3 – 甲基正丁醛及相应的酸类与醇类有关。因此代谢氨基酸特别是分解支链氨基酸如亮氨酸、异亮氨酸及缬氨酸生成相应的支链醛、酸及醇的能力成为评价球菌菌株产良好风味物质潜力的重要依据之一。

凝固酶阴性球菌具有降低发酵香肠生物胺含量的特性。一些木糖葡萄球菌能够通过其生物胺氧化酶活性来降低发酵香肠中生物胺含量；葡萄球菌不仅可作为产良好风味物质功能性发酵剂，而且某些菌株还具有降低生物胺含量的功能特性，可促进发酵香肠的安全性。此外，随着研究的深入，凝固酶阴性球菌必将会有更多的功能特性被陆续挖掘。

片球菌属于兼性厌氧乳酸菌，能通过 EMP 途径发酵葡萄糖产生 L – 乳酸或 DL – 乳酸。片球菌无过氧化氢酶活性，某些片球菌产生的细菌素能抑制单核增生李斯特杆菌的生长。生产中常用的片球菌有戊糖片球菌和乳酸片球菌。

根据《食品安全法》规定，2016 年 4 月国家卫生计生委批准"三种葡萄球菌可用于食品"，审评机构组织专家对小牛葡萄球菌（*Staphylococcus vitulinus*）、木糖葡萄球菌（*Staphylococcus xylosus*）、肉葡萄球菌（*Staphylococcus carnosus*）的安全性评估材料审查通过，列入《可用于食品的菌种名单》。小牛葡萄球菌等 3 个菌种分离自发酵肉制品，经扩大培养制成发酵剂，主要应用于食品发酵工业，以提高发酵食品的稳定性，缩短生产周期和丰富产品风味。

2. 发酵香肠在成熟过程中的生化过程

（1）脂肪的变化　脂类物质在发酵香肠加工中的变化主要表现在两个方面：脂肪的水解及脂肪的氧化。一方面，发酵香肠在成熟过程中脂肪会发生水解，产生游离脂肪酸和低一级的甘油酯，当添加发酵剂或有酶时这种水解尤为强烈。葡萄球菌和微球菌是最重要的脂肪酶来源，乳酸菌的脂酶活性则低很多，但在大多数情况下乳酸菌的数量要比葡萄球菌和微球菌多，故其分泌的脂肪酶类在脂肪水解中的作用也不容忽视。另外，在由霉菌成熟的干发酵香肠中，来自霉菌的脂肪酶在脂肪水解中的作用也很重要。另一方面，脂肪水解产生的游离脂肪酸为其后脂肪氧化反应提供了底物，发酵香肠脂肪氧化基本只涉及不饱和脂肪酸，氧化通常是自动氧化和酶氧化，生成与发酵香肠风味有关的醛、酮、醇等物质。发酵香肠成熟过程中，温度、pH、盐分含量、成熟时间是控制脂肪降解的主要因素。低温延缓脂肪分解菌生长并降低脂肪酶水解脂肪的能力；pH 降低也会大大降低脂肪酶产生菌的生长速率；氯化钠能抑制脂肪酶活性，降低脂肪分解作用。

（2）蛋白质的变化　发酵香肠成熟期间，在脂肪降解的同时，蛋白质也发生降解，产生多肽、肽、氨基酸等，发酵香肠中的蛋白质分解作用是由肉组织本身固有的蛋白酶（包括钙激活酶和组织蛋白酶）和微生物蛋白酶的联合作用下，持续不断地进行的。前者为后者提供多肽底物。一部分氨基酸随后脱羧、脱氨基或进一步代谢成醛、酮等其他小分子化合物，也通过美拉德反应产生小分子挥发性化合物，是香肠特征风味的组成部分。香肠经发酵成熟后，产品中非蛋白氮含量增加了 30%，非蛋白氮包括游离氨基酸和多肽类物质。非蛋白氮物质的数量和组成又对产品的风味有重要影响。同时游离氨基酸和寡肽还与其他成分有协同作用，从而促进最终产品风味的形成。

（3）碳水化合物的变化　一般情况下，发酵过程中约有 50% 的葡萄糖发生代谢，其中大约有 74% 生成了有机酸，主要是乳酸，但同时有乙酸及少量的中间产物丙酮酸，21% 左右生成 CO_2 和乙醇等。

乳酸的生成伴随着 pH 的下降。最终 pH 由乳酸的量和肉中蛋白质的缓冲能力决定。乳酸的生成及 pH 的降低对发酵香肠的感官特性有重要意义。半干型香肠中酸味的主要物质，能掩盖其他风味，可以掩盖产品的咸味。

（4）风味物质的形成　发酵香肠中的风味物质可分为九大类，包括脂肪烃、醛、酮、醇、酯、有机酸、硝基化合物、其他含氮物和呋喃，这些风味物质主要来源于：①添加到香肠内的成分（如盐、香辛料等）；②非微生物直接参与的反应（如脂肪的自动氧化）产物；③微生物酶降解脂类、蛋白质、碳水化合物形成的风味物质。其中，微生物酶降解是形成发酵香肠风味物质的主要途径。碳水化合物经微生物酶降解形成乳酸和少量的醋酸，赋予发酵香肠（尤其是半干香肠）典型的酸味；脂肪和蛋白质的降解产生了游离的脂肪酸和游离的氨基酸，这些物质既可作为风味物质，又可作为底物产生更多的风味化合物。脂类物质分解成醛、酮、短链脂肪酸等挥发性化合物，其中多数具有香气特征，从而赋予发酵香肠特有的香味；蛋白质在微生物酶的作用下分解为氨基酸、核苷酸、次黄嘌呤等，这些物质是发酵香肠鲜味的主要来源。

总之，发酵香肠的最终风味是来自原料肉、发酵剂、外源酶、烟熏、调料及香辛料等所产生的风味物质的复合体。

三、加 工 工 艺

1. 中国传统发酵香肠工艺

（1）工艺流程　中国传统发酵香肠的制作工艺采用先腌制后发酵的方式，制作工艺见图 3-1。

原料的选择与处理 → 切丁 → 配料 → 拌馅、腌制 → 灌制 → 结扎 → 排气 → 漂洗 → 晾晒或烘烤 → 烟熏 →
风干发酵 → 成品

图 3-1　中国传统发酵香肠的制作工艺

（2）操作要点

①原料的选择与处理：香肠的原料肉主要是猪肉，要求新鲜卫生，清洗时要将分割肉上的血迹、血斑及污秽物等清洗掉。清洗时间不宜过长，然后将原料肉进行剔去筋腱、结缔组织、骨头和皮。分别用肥膘切粒机和绞肉机将肥肉和瘦肉切成符合要求的肉粒，一般瘦肉用绞肉机以 0.4~1.0cm 的筛板绞碎，肥肉切成 0.6~1.0cm 大小的肉丁。

②配料：哈尔滨风干肠（kg）：瘦肉 75，肥肉 25，食盐 2.5，酱油 1.5，白糖 1.5，白酒（50% vol 以上）0.5，大茴香 0.01，豆蔻 0.017，小茴香 0.01，桂皮粉 0.018，白芷 0.018，丁香 0.01。

广式香肠（kg）：瘦肉 70，肥肉 30，食盐 2.2，白糖 7.6，白酒（50% vol 以上）2.5，白酱油 5，硝酸钠 0.05。

川味香肠（kg）：瘦肉 80，肥肉 20，食盐 3.0，白糖 1.0，酱油 1.0，曲酒（50% vol 以上）1.0，硝酸钠 0.05，花椒 0.1，胡椒 0.1，混合香料（大茴香、山奈、桂皮、甘草、荜拨）0.15。

③拌馅与腌制：按选择的配料标准，把肉和辅料混合均匀，清洁室内放置 2~4h 即可

灌制。

④天然肠衣准备：选天然肠衣（猪或羊的小肠）或胶原肠衣，均可食用。干肠衣先用温水浸泡，回软后沥干水分备用。

⑤灌制：肠衣套在灌肠机灌嘴上，填充尽量均匀，不能过紧或过松。

⑥捆线结扎：每隔 10~20cm 用细线结扎一道。

⑦排气：每一节香肠上用排气针扎刺若干小孔，排出空气。

⑧漂洗：将湿肠用清水漂洗一次，挂在竹竿或晾晒架上，以便晾晒、烘烤。

⑨晾晒和烘烤：日光下暴晒 2~3d，夜间送入烘烤房内烘烤，温度保持在 42~49℃。一般经过三昼夜的烘晒即完成。

⑩烟熏：果木不充分燃烧产生熏烟，在烟熏机中使用循环烟气熏制，50~80℃，熏 6~12h，然后冷却至 0~7℃。

⑪风干发酵：悬挂在通风干燥处，在8℃以下，风干 1~3 个月，香肠干燥失水，失重 20%~35%。在挂晾期间，香肠自然发酵，赋予制品特殊风味。

2. 国外发酵香肠工艺

欧美发酵香肠制作工艺常采用接种发酵的方式，生产过程主要包括配料、发酵和成熟三个阶段。可以把国外的发酵香肠生产工艺划分为两大类：一类以欧洲的低温发酵法为代表，发酵温度一般不会超过 24℃；另一类以美国的高温快速发酵法为代表，发酵温度一般高于 24℃，甚至可以达到 40℃进行快速发酵。

（1）工艺流程国外发酵香肠的制作工艺见图 3-2

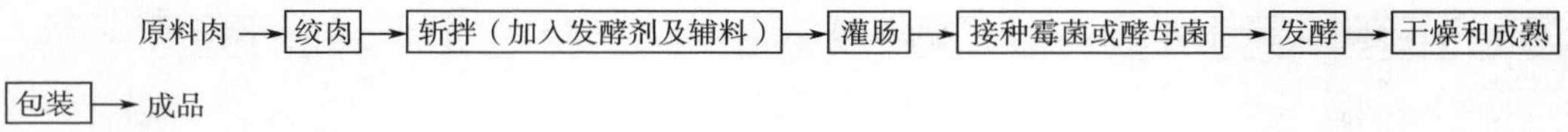

原料肉 → 绞肉 → 斩拌（加入发酵剂及辅料）→ 灌肠 → 接种霉菌或酵母菌 → 发酵 → 干燥和成熟

包装 → 成品

图 3-2　国外发酵香肠的制作工艺

（2）操作要点

①原料肉的选择：原料肉（猪肉、牛肉、马肉）新鲜度要高，并且加工过程中没有加热过程，初始菌效要低。尽管发酵香肠的质构不尽相同，但粗绞时原料精肉的温度应当在 -4~0℃，而脂肪要处于 -8℃的冷冻状态，以避免水的结合和脂肪的熔化。

②斩拌：首先将精肉和脂肪倒入新斩拌机中，稍加混匀，然后将食盐、腌制剂、发酵剂和其他辅料均匀地倒入斩拌机中斩拌混匀。斩拌的时间取决于产品的类型，一般肉馅中脂肪的颗粒直径为 1~2mm 或 2~4mm。生产上应用的乳酸菌发酵剂多为冻干菌，使用时通常将发酵剂放在室温下复活 18~24h，接种量一般为 10^5~10^7CFU/g。

③灌肠：将斩拌好的肉馅用灌肠机灌入肠衣。灌制时要求填充均匀，肠坯松紧适度。整个灌肠过程中肠馅的温度维持在 0~1℃。为了避免气泡混入，最好利用真空灌肠机灌制。

生产发酵香肠的肠衣可以是天然肠衣，也可以是人造肠衣（纤维素、胶原肠衣）。肠衣的类型对霉菌发酵香肠的品质有重要的影响。利用天然肠衣灌制的发酵香肠具有较多的菌落，并有助于酵母菌的生长，更为均匀且风味较好。无论选用何种肠衣，其必须具有允许水分透过的能力，并在干燥过程随肠馅的收缩而收缩。德国涂抹型发酵香肠通常用直径小于 35mm 的肠衣，切片型发酵香肠用直径为 65~90mm 的肠衣，接种霉菌或酵母菌的发酵香肠一般用直径为 30~40mm 的肠衣。

④接种霉菌或酵母菌：肠衣外表面霉菌或酵母菌的生长不仅对于干香肠的食用品质具有非常重要的作用，而且能够抑制其他杂菌的生长，预防光和氧气对产品的不利影响，并代谢产生过氧化氢酶。商业上应用的霉菌或酵母菌发酵剂多为冻干菌种，使用时，将酵母和霉菌的冻干菌制成发酵剂菌液，然后将香肠浸入菌液中即可。配制接种菌液的容器应当是无菌的，以避免二次污染。

⑤发酵：发酵温度依产品类型而有所不同。通常对于要求 pH 迅速降低的产品，所采用的发酵温度较高。发酵温度每升高 5℃，乳酸生成的速率将提高 1 倍。但提高发酵温度也会带来致病菌，特别是金黄色葡萄球菌生长的危险。发酵温度对于发酵最终产物的组成也有影响，较高的发酵温度有利于乳酸的形成。当然，发酵温度越高，发酵时间越短。一般涂抹型香肠的发酵温度为 22~30℃，时间最长为 48h；半干香肠的发酵温度为 30~37℃，时间为 14~72h；干发酵香肠的发酵温度为 15~27℃，时间为 24~72h。

在发酵过程中，相对湿度的控制对于干燥过程中避免香肠外层硬壳的形成和预防表面霉菌和酵母菌的过度生长也是非常重要的。高温短时发酵时，相对湿度应控制在 98% 左右，较低温度发酵时，相对湿度应低于香肠内部湿度 5%~10%。

发酵结束时，香肠的酸度因产品而异。对于半干香肠，其 pH 应低于 5.0，在美国生产的半干香肠 pH 更低，德国生产的半干香肠 pH 为 5.0~5.5。香肠中的辅料对产酸过程有影响，在真空包装的香肠和大直径的香肠中，由于缺乏氧，产酸量较大。

⑥干燥和成熟：干燥的程度是影响产品的物理化学性质、食用品质和贮藏稳定性质的主要因素。在香肠的干燥过程中，必须注意控制香肠表面水分的蒸发速率。在半干香肠中，干燥损失少于其湿重的 20%，干燥温度为 37~66℃。温度高，干燥时间短；温度低时，干燥可能需要几天。

干香肠的干燥温度较低，一般为 12~45℃，干燥时间主要取决于香肠的直径。商业上应用的干燥条件如下：相对湿度 88%~90%（24h）→24~26℃，相对湿度 75%~80%（48h）→12~15℃，相对湿度 70%~75%（17d）→成品；25℃，相对湿度 85%（36~48h）→16~18℃，相对湿度 77%（48~72h）→9~12℃，相对湿度 75%（25~40d）→成品。

许多类型的半干香肠和干香肠在干燥的同时进行烟熏，烟熏的主要目的是通过干燥和熏烟中的酚类、低级酸等物质的沉积和渗透抑制霉菌的生长，同时提高香肠的适口性。对于干香肠，特别是接种霉菌和酵母菌的干香肠，在干燥过程中会发生许多复杂的化学变化，也标志着香肠的成熟。在某些情况下，干燥过程是在较短时间内完成的，而成熟则一直持续到消费，通过成熟形成发酵香肠的特有风味。

⑦包装：为了便于运输和贮藏，保持产品的颜色和避免脂肪氧化，成熟以后的香肠通常要进行包装。真空包装是最常用的包装方法。不足之处是真空包装后由于产品中的水分会向表面扩散，打开包装后，导致表面霉菌和酵母菌快速生长。

知识拓展

1. 肉类发色剂亚硝酸盐的天然替代物

（1）蛋黄粉　经冻干或喷雾干燥等方式制得的蛋黄粉中含有大量的硫化氢。硫化氢同亚硝酸盐一样，能够与肌红蛋白结合，使肉呈现鲜艳的红色。用由9%的蛋黄粉末和一定量的抗坏血酸、食盐、山梨糖醇、水制成的酸菜液腌渍的猪肉与使用250mg/kg的亚硝酸钠腌渍制成的火腿颜色接近，但无亚硝酸盐残留。

（2）芹菜粉 芹菜含有多种维生素、矿物质和黄酮类化合物，能提供天然的硝酸盐，硝酸盐含量为2100mg/kg，对肉制品的护色和抗氧化具有一定的作用。

（3）天然调味品——姜、蒜、姜黄 姜有抗脂肪氧化的作用，其活性成分姜辣素和六氢姜黄素能防止油脂氧化。大蒜中的化合物能抑制硝酸还原菌的生长。大蒜在切片时会产生大蒜素，它是强效抗生素，是一种抗真菌化合物（植物杀菌素）。姜黄可以抑制金黄色葡萄球菌和肉毒梭状芽孢杆菌，并具有相当于或优于亚硝酸盐和抗坏血酸的强大的抗氧化性能。

（4）天然色素 红曲红色素（光不稳定）、番茄红素（用番茄粉或番茄酱部分替代亚硝酸盐）、胭脂树红（是从胭脂树种子的果皮中提取的红—橙—黄色天然色素。胭脂树红对热、光和氧稳定，安全无毒，没有任何致突变、致癌和遗传毒性作用）。当添加300~400mg/kg的红曲红色素和25~50mg/kg的亚硝酸钠即可获得具有良好的色泽和抑菌效果的肉制品。利用天然红曲色素增色，不仅可以减少60%的亚硝酸盐的用量，还可以增加肉制品中氨基酸的含量，风味独特。

2. 意大利萨拉米香肠（Italian Salami）

萨拉米香肠是一种非常有名的腌制肉肠（在意大利语里"Salame"就是指盐腌制的肉），尤其常见于各类意大利美食，但它并不是意大利的专属，欧美诸国也都会生产本国的萨拉米，它们都习惯以产地命名，比如法国萨拉米（French Salami）、德国萨拉米（Germany Salami）、西班牙萨拉米（Spanish Salami）、匈牙利萨拉米（Hungarian Salami）等。

萨拉米本质上就是一类风味独特的发酵风干肉肠，不经任何烹饪加工，只由发酵和风干制作而成。

制作萨拉米香肠所使用的生肉是需要加盐腌制的，通常还会加入大蒜、胡椒、辣椒、咖喱、茴香、肉豆蔻以及各种香草等，有的时候还会加入葡萄酒，腌制灌入肠衣后的肉肠经过发酵、熏烤工序后，需要晾挂在干燥、通风和阴凉处风干，经过3~4个月的时间去发酵熟成。在这个过程中，萨拉米会干燥脱水，质量会减少三分之一，同时还会产生多种发酵风味物质。不同萨利米的不同口味，都是因为配料、工艺及在发酵的过程中，生长的细菌种类和时间各不相同。

各种萨拉米所使用的原料肉种类和研磨粗细程度是不同的，可以是全猪肉的，或者是牛羊肉混合的，甚至还可以是其他肉类。意大利萨拉米多是由不同部位的猪肉制成，而欧洲其他国家和地区的萨拉米大部分是由猪肉和牛肉混合制成的。

萨拉米香肠所使用的生肉是需要加盐腌制的，通常还会加入大蒜、胡椒、辣椒、咖喱、茴香、肉豆蔻以及各种香草等，有的时候还会加入葡萄酒。而具体萨拉米的制作方法还是要根据各种萨拉米的独特配方和不同风格来决定。每一种萨拉米的腌制方法、熟成方法、风干方法等都是不同的，此外，萨拉米还分烟熏和非烟熏的。意大利萨拉米具有代表性的品种有很多，如米兰萨拉米（Milano Salami）、费利诺萨拉米（Felino Salami）、辣味萨拉米等，每一种都是独一无二的美味。

米兰萨拉米：来自米兰的香肠，现在遍布整个伦巴第大区。由猪肉、牛肉和胡椒制成，长度为6～11cm，其特征在于，切开来可见细如米粒的白色脂肪粒，以非常均匀的方式分布在每一片肉上，颜色呈鲜红色。它与匈牙利香肠类似，但味道更甜。

费利诺萨拉米：这是一种纯猪肉萨拉米，起源于意大利帕尔马地区，这种萨拉米的形状不均匀，一端大一端小。在与著名的帕尔马火腿同等的气候条件下，费利诺萨拉米需要大约3个月的陈化时间。

热那亚萨拉米（Genoa Salami）：一种有红葡萄酒和大蒜风味的萨拉米香肠，它通常是由猪肉制成的，有时候也会加入小牛肉或牛肉，再加入大蒜、红葡萄酒和胡椒进行调味。它的质地比许多其他类型的萨拉米香肠要更柔软一些，口感上会有非常清新的酸味。

托斯卡纳萨拉米（Finocchiona Salami）：一种典型的托斯卡纳香肠，因为调味时加入了茴香籽而闻名世界，它比一般的萨拉米要粗一些，是由磨碎的猪肉和脂肪制成，需要风干3～4个月。这种萨拉米带有辛辣的口感，通常是切厚片食用。

那不勒斯萨拉米（Napoletano Salami）：这种萨拉米的直径较小，与意大利辣香肠（pepperoni）比较类似，颜色很独特，通常是由瘦猪肉和少量脂肪制成的，通常是简单对折后绑在两端。需要风干至少六个月，一般都带有不同程度的辣味。

辣味萨拉米（Piccante salami/Calabrese Salami）：这是一种辛辣的意大利萨拉米香肠，加入红辣椒和多种辣椒粉调味，因此它的味道很浓烈，但也不至于淹没了手工腌制香肠的味道。

意大利辣香肠（Pepperoni）：这不是传统的意大利香肠，它是由意大利裔美国人发明的，在美式比萨中是非常受欢迎的。在制作的过程精细研磨，轻微烟熏，加入胡椒和香料调味，所以吃起来会有些许辛辣感。

猎人萨拉米（Cacciatore Salami）：这种萨拉米产自意大利各地，通常会加入葛缕子、干红辣椒、黑胡椒等调味，因其较小的尺寸而闻名。Cacciatore（Cacciatora）在意大利语中是"猎人"的意思，据说猎人在长途狩猎中会带着它当作点心食用。

食物再好，会吃才是王道。所以，萨拉米该怎么吃呢？萨拉米是西餐中的经典食材，作为西餐之母的意大利，自然有很多种关于萨拉米的美味吃法，比如直接吃、做比萨饼、配意面、做三明治、做沙拉等。

如果你是追求养生的美食爱好者，生吃绝对是最好的选择。因为经过风干发酵的萨拉米，肉类中的蛋白质会分解成氨基酸，生吃能大大提高人体对营养的吸收。一般用于汤和主菜前的开胃菜，可以是一份萨拉米拼盘，也可以搭配奶酪、面包等直接吃，或者是配上一杯不错的红葡萄酒，慢慢去品尝，一定能收获味蕾的惊喜。

当然，切成薄片的萨拉米还可以与比萨酱、奶酪以及其他食材一起用作比萨饼的馅料，烤制后香醇滋味更甚，闻着便已欲罢不能。比如一道经典的意大利风味比萨饼——魔鬼比萨（Pizza Diavola），就用到了萨拉米香肠。

另外，作为享誉全民的意大利美食，除了制作特色比萨，自然也可以用来烹饪各种美味菜肴，比如制作意面酱汁，和意大利面完美交融在一起。当然，萨拉米同样也可以和意面一起出现在餐盘里。

第二节　发酵火腿生产

火腿起源于中国唐代以前，唐代陈藏器《本草拾遗》中就有描述"火胶（同腿），产金华者佳"的描述。最早出现火腿二字的是北宋，苏东坡在他写的《格物粗谈·饮食》明确记载了火腿做法，"火腿用猪胰二个同煮，油尽去。藏火腿于谷内，数十年不油，一云谷糠。"元朝初期，马可·波罗跟随父亲和叔叔游历各国，途经中东，历时四年多来到中国。在中国游历了 17 年以后，马可·波罗回到了意大利，同时也带回了发酵火腿的制作方法，并得以发展。火腿的名称由来，有两种传说：一种说法是因火腿肉色嫣红如火而得名；另一种说法，早先加工火腿，经腌制、洗晒后，需经烟熏火烤，才能成为成品，因其中有经"火"烤，故而得名。

发酵火腿是选用带皮、带骨、带爪的鲜猪后腿肉作为原料，经修割、腌制、洗腿、晾晒（或风干）、发酵、整形、后熟等工艺加工而成的，具有独特风味的肉制品，可以各种烹饪方法食用，也可直接食用的发酵肉制品。发酵火腿在欧洲被奉为"欧洲九大传奇食材之首"，与奶酪、红葡萄酒并称为"世界三大发酵美食"。

基于其加工工艺的特性，发酵火腿亦可称为干腌火腿，可分为中国传统发酵火腿和西式发酵火腿两种。在干腌火腿加工过程中，火腿中的蛋白质和脂肪发生了复杂的生物化学变化，其水解和氧化等反应过程中生成的产物形成了干腌火腿独特的风味。我国的金华火腿（南腿）、宣威火腿（云腿）、如皋火腿（北腿）以及宣恩火腿均属于发酵火腿，并称为我国的"四大名腿"，此外还有诺邓火腿（云南大理）、老蒲家火腿（云南宣威）、贵州威宁火腿、四川冕宁火腿等，我国是火腿生产大国，火腿年产量≥400 万只，10.4 万 t，2020 年产值 167.7 亿元，2021 年产值 170.6 亿元。

火腿发酵过程中优势微生物的生长影响着火腿的风味、香气及品质。由于地域环境的不同使得微生物的种类存在差异，工艺的不同导致不同火腿中的优势微生物不尽相同，进而导致不同种类的火腿品质各具特色。

国外著名的发酵火腿如意大利帕尔玛火腿、西班牙伊比利亚火腿、美国乡村火腿等，生产工艺先进，质量上乘，举世闻名。国内外发酵火腿相比，都是以整条猪后腿为原料生产，经过腌制、发酵等工艺，生产周期都在 10 个月以上，需要加热才能食用。而西式发酵火腿在封闭式现代化厂房中控温控湿标准化生产，卫生条件好，可直接生食。

一、　主要原辅料

1. 原料

一般均选择猪的鲜后腿（表 3-2）。

表 3-2　　　　　　　　　　　　不同品牌火腿及猪品种

火腿种类	原料选择
金华火腿	"两头乌"猪，腿坯 5.5~6.0kg

续表

火腿种类	原料选择
宣威火腿	乌金猪，腿坯 7～10kg
法国科西嘉火腿	科西嘉猪，24 月龄，鲜腿（11.5±1.1）kg
西班牙伊比利亚火腿	伊比利亚黑猪，鲜腿 10～12kg
意大利帕尔玛火腿	大白猪、长白猪或杜洛克，10～12 月龄，鲜腿均重 12～14kg

　　图 3-3 为两头乌猪，又称金华两头乌或义乌两头乌，是我国著名的优良猪种之一。两头乌猪因其后腿皮薄骨细、肉质硬实洁白，因而成了制作金华火腿的最佳原料。

　　乌金猪（图 3-4）起源于云南、贵州、四川乌蒙山区与金沙江畔，乌金猪是中国高原生态系统唯一自由放养驯化的猪种，属放牧型猪种，体形结实，后腿发达，能适应高寒气候和粗放饲养，其肉质优良、肉味鲜美、口感细腻，既适合新鲜食用，又是享誉国内外云南火腿的优质材料。乌金猪以肉质鲜美，富含钙、铁、锌和 ω - 脂肪酸，适合高原牧场养殖。与西班牙的伊比利亚黑猪齐名。云南乌金猪在海拔 1000m 的山地粗放养殖，6 月龄就可以出栏，背腰平直、鬃毛直立、嘴筒粗长，前额长满褶皱和旋毛，它肉质鲜美、肥而不腻，育肥猪在体重 70kg 时屠宰。

图 3-3　两头乌猪

图 3-4　乌金猪

2. 腌制材料

食盐（海盐）、硝酸盐、亚硝酸盐、蔗糖、葡萄糖、异抗坏血酸钠和香辛料等。

二、主要微生物与生化过程

1. 主要微生物

　　发酵火腿中的微生态系统是由乳酸菌、微球菌、葡萄球菌、酵母菌、霉菌等微生物群构成的，比发酵香肠微生物种类更丰富，它们在肉制品的发酵和成熟过程中发挥了各自独特的作用。

　　（1）细菌及其作用　乳酸菌包括植物乳杆菌、清酒乳杆菌、弯曲乳杆菌、乳酸片球菌和戊糖片球菌。清酒乳杆菌能分泌蛋白酶和脂肪酶，并含有极为丰富的细菌素，对改善发酵肉制品的风味，提高产品的贮藏性能具有重要作用。乳酸片球菌具有较强的食盐耐受性，最适生长温度 5~42℃，能还原硝酸盐和发酵糖类物质产生双乙酰等风味物质。金华火腿现代化工艺发酵过程中内部的优势细菌是乳酸菌，其次是葡萄球菌。经鉴定乳酸菌主要是戊糖片球菌、马脲片球菌和戊糖乳杆菌等，葡萄球菌主要是马胃葡萄球菌、鸡葡萄球菌和木糖葡萄球菌等。微球菌和葡萄球菌在肉制品的发酵过程中通常会发生有益的反应，如分解过氧化物，降解蛋白质和脂肪。

（2）真菌及其作用　发酵火腿传统发酵工艺检测出的霉菌较多，发酵前期青霉菌占优势，主要有意大利青霉、简单青霉、灰绿青霉、橘青霉等；发酵后期曲霉菌占优势，主要包括萨氏曲霉、灰绿曲霉、黄柄曲霉等。

在发酵火腿的成熟中，霉菌的作用如下：形成特征的表面外观，并通过霉菌产生的蛋白酶、脂肪酶作用于肉品形成特殊风味；通过霉菌生长耗掉氧气，防止氧化、褪色；竞争性抑制有害微生物的生长；使产品干燥过程更加均匀。

长期以来人们普遍认为火腿上的霉菌与火腿质量和色香味的形成有直接关系。宣威火腿以"身穿绿袍，肉质厚，精肉多，蛋白丰富，鲜嫩可口，咸淡相宜，食而不腻"而享有盛名。在金华火腿传统生产工艺中，习惯上在发酵阶段有意识地让火腿上长满各种霉菌，并把它作为检查火腿质量好坏的感官标志之一，火腿外表显"青蛙花"色（指多种霉菌）的质量较好，显有黄朽色（指细菌）的则往往成为三级腿或等外品级。火腿上所生长的霉菌对那些污染的腐败细菌的生长有抑制作用。在火腿腌制阶段，随着腌制时间的延长，霉菌的检出株数逐渐减少，而腐败细菌的检出株数则逐渐增多。在发酵阶段，随着发酵时间的延长，霉菌的检出株数逐渐增多，而腐败细菌的检出株数则逐渐减少。

酵母是火腿发酵成熟的重要条件，在无霉菌的条件下，宣威火腿照样能够完成发酵、成熟和风味的形成。在我国的发酵火腿中，腿内优势菌种多是酵母菌。金华火腿现代化工艺发酵过程中内部优势酵母菌主要是欧诺比假丝酵母、红酵母、赛道威汉逊酵母、白色布勒掷孢酵母、多形汉逊酵母和汉逊德巴利酵母等。研究人员从宣威火腿中分离到 100 株以上真菌、放线菌，30 株细菌，腿体内酵母含量高达 $10^6 \sim 10^7 \text{CFU/g}$，酵母不但是宣威火腿全发酵中的优势有益菌群，而且对成熟火腿中维生素 E、脯氨酸、色氨酸等香甜成分的增加及风味的形成起重要作用。酵母主要存在于发酵肉的表面，能形成肉眼可见的菌落；球拟酵母的大量存在，赋予了产品特有的酱香味，与产品的感官评价相吻合。

2. 主要生化过程

发酵火腿特有的风味主要来源于蛋白质分解、脂质分解氧化、美拉德反应、硫胺素的降解几个方面。

（1）蛋白质分解　有关研究发现，在火腿的发酵过程中，蛋白质含量的减少，是由于发酵过程中蛋白质（包括可溶性蛋白质）在有关酶的作用下，被水解成为游离氨基酸，这些游离氨基酸包括谷氨酸、丙氨酸、亮氨酸、赖氨酸和天冬氨酸等。

蛋白质分解是发酵火腿生产工艺过程中重要的生化反应，受工艺过程中温度、pH 和盐含量、水分含量等因素影响，在火腿加工过程中肌肉组织的蛋白质在酶的作用下分解为多肽和游离氨基酸。虽然酶种类很多，但起作用的主要是组织蛋白酶和钙激活中性蛋白酶，这两种酶都是酸性酶，活性随肌肉 pH 升高而下降。在火腿加工过程中，火腿中水分活度不断下降，当 $A_w < 0.95$ 时，组织蛋白酶活性下降，成熟温度高，则酶活性增强。长期成熟加工有

利于肌肉蛋白酶作用，导致蛋白质大量降解。火腿成熟中后期的持续高温使美拉德（Maillard）反应和斯特雷克（Strecker）反应加快，游离氨基酸（FAA）作为反应底物，其含量缓慢下降，同时产生大量的挥发性芳香成分。

　　发酵火腿中的肽、游离氨基酸与其特征风味密切相关，是火腿酸味、甜味、苦味的前体物质。氨基酸的呈味特性如表3-3所示。多肽一般呈苦味，疏水性残基增强苦味感。一些带有亲脂性侧链的小肽是导致苦味的重要物质，特别是相对分子质量低于1800u的寡肽。各种氨基酸含量与干燥成熟工艺时间长短密切相关。成熟过程中，肽和游离氨基酸的数量大大增加，对风味影响较大。研究发现赖氨酸和酪氨酸与火腿熟化滋味相关，酪氨酸、赖氨酸含量高的火腿感官评价得分高，色氨酸和谷氨酸对咸味有作用，苯丙氨酸和异亮氨酸对酸味有作用。游离氨基酸除对滋味有贡献之外，对挥发性芳香成分的构成也有贡献，如2-甲基丙醛、2-甲基丁醛、3-甲基丁醛来自于支链氨基酸的降解。发酵火腿中的含硫化合物及来自于斯特勒克降解的硫醇和美拉德反应的吡嗪，其前体物质均是游离氨基酸。火腿中游离氨基酸总含量（7.192%）比腌制前（0.494%）提高14倍，大部分游离氨基酸的含量为腌制之前的10~20倍。

表3-3　　　　　　　　　　　　　　　　氨基酸的呈味特性

呈味特性	氨基酸种类
鲜味	谷氨酸、甘氨酸、丙氨酸、天冬氨酸
甜味	氨基酸的呈味与其侧链R基团的疏水性有密切关系。当氨基酸的疏水性较小时，呈甜味 如甘氨酸、丙氨酸、丝氨酸、脯氨酸、羟脯氨酸、苏氨酸等
苦味	当氨基酸侧链R基团的疏水性较大时，呈苦味，如亮氨酸、异亮氨酸、甲硫氨酸、缬氨酸、苯丙氨酸、色氨酸、组氨酸、赖氨酸、精氨酸（相对较低）、酪氨酸等
酸味	当其侧链R基团为酸性基团（如—COOH、—SO₃H）时，则以酸味为主，如谷氨酸、天冬氨酸、半胱氨酸等

　　（2）脂质分解氧化　发酵火腿的醛类物质主要包括直链醛、支链醛、烯醛和芳香族醛。其中，直链醛、烯醛主要来源于不饱和脂肪酸，如亚油酸、亚麻酸和花生四烯酸氧化形成的过氧化物裂解。由于醛的风味阈值低及在脂质氧化过程中生成速率快，它们是发酵火腿中特征风味形成的重要因素。脂肪族的酯由肌肉组织中脂质氧化产生的醇和游离脂肪酸之间相互作用而产生，是食品的重要组分。

　　（3）美拉德反应　1953年，美国化学家约翰·霍奇（John Hodge）综合前人研究，提出了美拉德反应的反应过程，对美拉德反应的机制提出了系统的解释，可分为三个阶段：初期、中期和末期。初期是氨基酸的氨基与糖的羰基发生亲核加成反应生成席夫碱，席夫碱环化形成氮代糖基胺，经阿姆德瑞（Amadori）分子重排反应，生成烯醇式和酮式糖胺。中期是烯醇式和酮式糖胺在酸性条件下经1,2-烯醇化反应，生成羰基呋喃醛，在碱性条件下经2,3-烯醇化反应，产生还原酮类和脱氢还原酮类化合物。这些多羰基不饱和化合物通过斯特勒克降解反应，产生醛类、吡嗪类化合物和一些容易挥发的化合物，这些化合物能产生特殊的香味。最后阶段的机制非常复杂，多羰基不饱和化合物进行缩合、聚合反应，产生褐黑色的类黑精物质。美拉德反应产物除类黑精外，还有一系列中间体还原酮及挥发性杂环化合物，所以并非美拉德反应的产物都是呈香成分。反应经过复杂的历程，最终生成棕色甚至是黑色的大分子物质类黑素。

发酵火腿生产过程中，水分活度不断降低，干制结束后火腿半膜肌水分活度为0.88，二头肌水分活度为0.92，pH为6.02，这种环境条件和长时间的生产过程有利于美拉德反应的进行，该反应既有氨基酸与还原糖之间的反应，也有氨基酸与醛之间的反应，如羟基丙酮、二羟基丙酮、羟基乙酰、乙二醛、丙酮醛、羟乙醛、甘油醛等。它们容易与其他化合物发生反应或发生自身缩合反应，美拉德反应的最终产物主要是含N、S、O的杂环化合物，如糖醛（呋喃甲醛）、呋喃酮、噻吩、吡咯、吡啶、吡嗪、噻唑等物质，这些杂环化合物往往具有$C_5 \sim C_{10}$的烷基取代基，氨基酸是N、S的主要来源，烷基则通常由脂肪族醛衍生而来，在已鉴定的火腿风味成分中，含有吡啶、吡嗪、呋喃、吡咯类化合物，构成发酵火腿的主要风味。氨基酸的斯特雷克降解是美拉德反应中的一个重要反应，在美拉德反应的初级和中级阶段，主要发生的是由氨基引发或催化的糖类降解反应，而斯特雷克降解，可看作羰基化合物引发的α-氨基化合物的降解，是一分子α-氨基酸与一分子二羰基化合物反应，氨基酸脱羧基、脱氨基产生比原来少一个碳原子的醛（称斯特雷克醛）和α-氨基酮，间接产物包括吡嗪类风味物质。不同氨基酸经降解产生的特殊香味如表3-4所示。

表3-4   不同氨基酸经降解产生的特殊香味

氨基酸	典型风味	氨基酸	典型风味
苯丙氨酸、甘氨酸	焦糖味	甲硫氨酸	肉汤味
亮氨酸、精氨酸、组氨酸	焙烤风味	半胱氨酸、甘氨酸	烟熏味、烧烤味
丙氨酸	坚果味	α-氨基丁酸	胡桃味
脯氨酸	面包、饼干风味	精氨酸	爆米花味
谷氨酸、赖氨酸	黄油味		

（4）硫胺素的降解   硫胺素（维生素B_1，$C_{12}H_{17}N_4OS$）是一类含S、N的双环化合物，在肉中的含量相对较高（$0.5 \sim 1mg/100g$），发酵火腿中硫胺素降解主要产生如呋喃、呋喃硫醇、噻吩、噻唑类和脂肪族含硫化合物、含硫杂环化合物，虽然在挥发性物质中含量较低，但风味阈值较低，能赋予火腿一定的香味。

三、加 工 工 艺

1. 中国传统发酵火腿——金华火腿

金华火腿加工工艺流程如图3-5。

原料选择 → 修割腿坯 → 摊晾 → 腌制 → 浸泡刷洗 → 晾晒整形 → 发酵 → 干腿整形 → 落架堆叠

图3-5   金华火腿加工工艺流程

（1）原料选择   原料是决定成品质量的重要因素，金华地区猪的品种较多，其中"两头乌"最好，它具有头小脚细、瘦肉多、脂肪少、肉质细嫩、皮薄（皮厚约为0.2cm，一般猪为 0.4cm）等特点，特别是后腿发达、腿心饱满。故一般选用金华"两头乌"的鲜后腿，质量控制在 5 ~ 6.5kg（指修成火腿形状后的净重），皮厚小于 3mm，皮下脂肪不超过 3.5mm（图 3-6）。要求选用屠宰时放血完全、不带毛、不吹气的健康"两头乌"。

图 3-6　鲜腿选择

（2）修割腿坯　选好原料后进行修割腿胚，刮净皮面和猪蹄间的细毛及污血并勾去蹄壳。将鲜猪后腿斜放在肉案上，左手握住腿爪，右手持削骨刀，削平腿部趾骨（眉毛骨），削平髋骨（龙眼骨），并不露股骨头（不露眼）；从荐椎股处下刀削去椎骨（不塌鼻）；根据腿只大小，在腰椎骨 1 ~ 1.5 节处用刀斩落。把鲜腿腿爪向右、腿头向左平劈开腰椎骨突出肌肉部分，但不能劈得太深

放在案上，把胫骨和股骨之间的皮割开，成半月形。开面后将油膜割去，操作时刀面紧贴皮肉，刀口向上，慢慢割去，防止硬割。将鲜腿摆正，腿爪向外，腿头向内，右手拿刀，左手抲平后腿肉，割去腿边多余的皮肉。削平耻骨，除去尾椎，把表面和边缘修割整齐，挤出血管中的淤血，腿边缘修成弧形，使腿面平整，呈竹叶形（图 3-7）。

（3）摊晾　修坯后摊开或悬挂自然冷却至少 18h。

（4）腌制　腌制是加工火腿的主要环节，也是决定或统一质量的重要过程。金华火腿腌制采用干腌堆叠法，就是多次把盐硝混合料撒布在腿上，将腿堆叠在"腿床"上，使腌料慢慢渗透。腌制的适宜温度为8℃左右，腌制时间为 35d 左右。以 100kg

图 3-7　腿坯整形

鲜腿为例，用盐量 8 ~ 10kg，一般分 6 ~ 7 次上盐。第一次上盐，称为上小盐，在肉面上撒上一层薄盐，用盐量 2kg 左右。上盐后将火腿呈直角堆叠 12 ~ 14 层。第二次上盐，称为上大盐，在第一次上盐的第二天。先翻腿，用手挤出淤血，再上盐。用盐量 5kg 左右。在肌肉最厚的部位加重敷盐。上盐后将腿整齐堆放。第三次在第 7 天上盐，按腿的大小和肉质软硬程度决定用盐量，一般为 2kg 左右，重点是肌肉较厚和骨质部位。第四次在第 13 天，通过翻倒调温，检查盐的溶化程度，如大部分已经溶化可以补盐，用量为 1 ~ 1.5kg。在第 25 天和 27天分别上盐，主要是对大型火腿及肌肉尚未腌透仍较松软的部位，适当补盐，用量为 0.5 ~ 1kg。在上盐阶段要注意的是骨头部位需要手工额外上盐，因为这个部位极易发生腐败。在腌制过程中，要注意撒盐均匀，堆放时皮面朝下，肉面朝上，最上一层皮面朝下。腌制时间

与腿的大小、脂肪层的厚薄等因素有关，大约经过一个多月的时间，当肉的表面经常保持白色结晶的盐霜，肌肉坚硬，则说明已经腌好。

（5）浸泡刷洗　鲜腿腌制结束后，清洗腿面上的盐渣及油腻污物，以保持腿的洁净，有助于提高火腿的色、香、味。将腌好的火腿放在清水中浸泡，肉面向下，腿皮必须浸没水中，不得露出水面。浸腿时间的长短要根据气候、腿只大小、盐分多少、水温高低而定。春季一般要浸泡 6~8h，冬季一般是 25h 左右。浸泡一段时间后，即可进行刷洗，用竹刷将脚爪、皮面、肉面等部位，顺纹轻轻刷洗、冲干净。将刮洗干净的腿再置于清水中浸漂 2h，再次刷洗。如果火腿浸泡后肌肉颜色发暗，说明火腿含盐量较低，浸泡时间应当相应缩短；如果肌肉颜色发白且坚实，说明火腿含盐量较高，浸泡时间则需适当延长。如果选择用流水浸泡，应当缩短浸泡时间。

（6）晾晒整形　将洗净的火腿用草绳拴住，吊挂在晒腿架上，再用刮刀刮去脚腿和腿皮上的残余细毛和油污等杂质，并用手抹掉积水。吊挂时火腿要互相错开，相邻两只火腿间留有一定的距离，以避免遮挡光线，使肉面向阳，晾干水渍，在日光下晾晒至皮面黄亮、肉面铺油，约需 5d。在日晒过程中，腿面基本干燥变硬时，即可在腿皮面上加盖厂印、商标，并随之进行整形。整形是在晾晒过程中将火腿修整成一定的形状，把火腿放在绞形凳上，绞直脚骨，锤平关节，捏拢小蹄，绞弯脚爪，皮面压平，捧拢腿心，呈丰满状，使得火腿外形美观，而且经排压后肌肉更加紧缩，有助于贮藏发酵。整形后的火腿继续晾晒，晾晒时间的长短根据季节、气温、风速、腿只大小、肥瘦、含盐量的不同而定。春季一般晾晒 4~5d，冬季一般晾晒 5~6d。晾晒时要注意避免在强烈日光下暴晒，以防止脂肪融化流油。在晾晒过程中，遇到阴天应将火腿移至室内，若产生黏液应当及时揩去，如果产生的黏液较多应重新洗晒。晒腿时应检查腿头上的脊骨是否折断，如有折断应用刀削去，以防积水，影响质量。晾晒阶段完成以火腿变得紧而红亮并开始出油为度量标准（图 3-8）。

（7）发酵　火腿经上盐腌制、浸泡刷洗、晾晒整形后，火腿内部大部分水分虽然外泄，但是肌肉深处还没有足够干燥。因此，必须经过发酵过程，一方面使水分继续蒸发，另一方面使肌肉中的蛋白质、脂肪等部分发酵分解，增进火腿的肉色、味道、香气。火腿进入发酵场前，应当逐只检查火腿的干燥程度，是否有虫害或虫卵。将火腿按大、中、小分类悬挂在腿架上。晾挂时，火腿要挂放整齐，腿间留有空隙，相邻两只火腿间相距 5~7cm。发酵间需保持干燥，通

图 3-8　晾晒整形

风阴凉，室内相对湿度应控制在 70% 左右，发酵时间一般自上架起 2~3 个月，通过晾挂，腿身干缩，腿骨外露，所以还要进行一次整形，使其成为完美的"竹叶形"。经过 2~3 个月的晾挂发酵，残余水分和油脂逐渐外泄，皮面呈枯黄色，肉面油润。肌肉表面生成绿色、白色霉菌，称为"油花"，属于正常现象，表明干燥适度，咸淡适中。这些霉菌分泌的酶使火腿中的蛋白质、脂肪等发生降解，使火腿逐渐产生了香味和鲜味。在自然条件下，腿上长出小白点、小绿点霉菌，随着气温变化，小点霉菌由白变绿，逐步扩大到整只腿的肉面。腿的

皮面潮湿发黏，有黄糊，霉呈白色或黑色，这属于发酵异常的表现，此时应及时采取措施，用生石灰铺在地面上吸潮，或用白砻糠抹在腿的肉面上吸潮（图3-9）。

（8）干腿整形　火腿发酵后，水分蒸发，腿身逐渐干燥，腿骨外露，需再次修整。将腿放在工作台上，用劈刀把突出于肌肉的趾骨削平，然后分三刀把突出于肌肉的"龙眼骨"修成荞麦形。再将火腿两边多余的膘皮修成弧形，用斜刀法割去油膘、瘦肉高起部分，用平刀法割去肉面不平整部分（图3-10）。干火腿整修后应达到刀工光洁，腿形呈竹叶形。

（9）落架堆叠　经过发酵修整的火腿，根据洗晒、发酵先后批次、质量、干燥程度

图3-9　发酵

依次从架上取下，分批落架。刷去火腿上的霉菌，按照大小分别堆叠在木床上（图3-11），肉面向上，皮面向下，每隔5~7d翻堆一次，使之渗油均匀。经过半个月左右的后熟过程，即为成品。

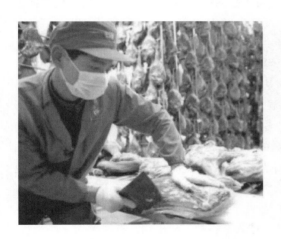

图3-10　干腿整形

图3-11　落架堆叠

2. 西式发酵火腿——帕尔玛火腿

（1）原料猪选择及屠宰　用于制作帕尔玛火腿的猪必须产自意大利中部和北部的11个地区，饲料以奶酪副产品、粟、玉米和燕麦为主。猪饲养期必须超过9个月，体重不低于150kg。鲜猪后腿重12~14kg，皮下脂肪最好厚20~30mm。选用新鲜的猪后腿用于火腿制作。

（2）冷却　新鲜的猪后腿被放入冷却间（0~3℃）冷却24h，直到猪腿的温度达到0℃，这时猪肉变硬，便于修整。用于生产帕尔玛火腿的猪后腿不能冷冻贮藏，宜放置在1~4℃条

件下的钢制或塑料制作的架子上 24～36h，在这一时间内按后腿质量完成分类和修割。

（3）修割　需修割成鸡腿的形状。修割环境温度需控制在 1～4℃，修割时要去掉一些脂肪和猪皮，为后面的上盐腌制做好准备，修割损失的脂肪和肌肉量大约是总质量的 24%，在操作过程中，如果发现一些不完美的地方则必须将其切除。

（4）一次上盐　冷却并修割后的猪腿从屠宰车间被送到上盐车间。从 1993 年起，在腌制中已经停止使用硝酸盐或亚硝酸盐，改用海盐。上盐腌制前，首先要用按摩机对猪腿进行轻微的按摩，挤压出静脉残留的淤血，疏松肌肉组织，便于上盐。上盐的方式根据不同的部位有所不同，猪肉表面部位使用粗粒湿盐（含 20% 的水分），其用量为后腿质量的 1%～2%；在瘦肉部位要抹上中粒干盐，用盐量为后腿质量的 2%～3%。最后把火腿置于温度在 2～3℃，相对湿度为 80%～85% 的上盐间内，存放 7d，完成第一阶段的腌制。

（5）二次上盐　当原料肉失重 1.5%～2% 时，将猪后腿表面剩余盐去掉，称重，将猪腿用按摩机挤压按摩，疏松肌肉组织，促进盐分均匀平衡地渗透到猪腿当中，上盐时表皮用湿盐，其他部位用干盐，上盐量为原料肉质量的 2%。二次上盐的湿度要低于一次上盐的湿度，相对湿度调整至 80% 以下，这有利于火腿表面温和的脱水，然后调节上盐间的温度在 2～3℃，至猪后腿中心盐度必须保持在 70%～80%，失重达到原料肉的 3.5%～4%。时间长短要取决于猪后腿的质量，后腿重的时间要长，后腿轻的时间要短。

（6）去盐　二次上盐后，使用刷子将猪后腿表面盐粒去掉，保证猪腿表面无盐无异物。称重，最后用低压水喷头对猪腿表面进行清洗，保证火腿表面无血污、盐粒。

（7）预腌制　猪腿清洗干净后，使用砸绳机将火腿悬挂在架子上，较高处猪腿使用提升机将架子放下悬挂。将架车放置在预腌制间，设置温度 3～5℃，相对湿度为 60%～75%，直至失重达到原料肉的 9%～10%，称重。

（8）腌制　将预腌制间装有猪腿的架车拉至腌制间，进入腌制阶段，控制腌制间温度 3～5℃，相对湿度调整为 65%～80%，直至失重达到原料肉的 18%～20%，最后称重。

（9）清洗和风干　腌制后，使用 40～45℃温水对猪腿进行高压清洗，目的是去除盐渍形成的条纹，或者微生物繁殖所分泌黏液的痕迹，去除盐粒和杂质。期间要检查蒸汽的压力与清洗机中水的温度，同时清洗操作应在干燥通风的环境下进行。清洗完毕后，保证火腿表面无残余盐分和不洁物。沥干水后，将猪腿置于干燥室内逐步烘干，前期为 12d，热流空气温度为 20℃，后期为 6d，温度逐渐降至 15℃，或利用周围环境的自然条件，选择晴朗干燥有风的天气进行风干，其目的是防止后腿膨胀和酶活性不可控制地增长。

（10）涂猪油　在猪腿表面抹上猪油，猪油里掺入一些盐、胡椒粉，有时掺入一些米粉。涂猪油的目的是使后腿肌肉表面层软化，避免表面层相对于内部干燥过快，避免进一步失水。

（11）成熟和陈化　在熟化阶段，会发生很多生化反应，对猪腿风味、香味、口感及消化特性的形成至关重要，这是决定帕尔玛火腿香味和口感的重要因素。该阶段分为预熟化、热熟化、冷熟化，预熟化阶段温度为 13～15℃，热熟化阶段为 18℃，冷熟化阶段为 13～15℃，相对湿度在 75%～93%，至失重达到原料肉的 28%～30%，称重。陈化阶段要求时间为 4～5 个月，温度为 18℃，相对湿度为 65%。

（12）检验、做标记　当陈化过程结束后，后腿质量会减少 25%～27%，最高可达 31%。理化测试部位取脱脂的肱二头肌，火腿成品水分活度为 0.88～0.89，水分含量低于 63.5%，盐分含量小于 6.7%，蛋白质水解指数小于 13%。感官检验，以嗅觉为主。经检验合格的火腿，用火打上"5点桂冠"印记。

（13）包装　产品包装时要求环境温度控制在15℃以下，包装要牢固、防潮、整洁、美观、无异气味，便于装卸、仓储和运输。

（14）入库　产品检验合格应立即进入成品库，库温为0～4℃。

知识拓展

1. 中国传统发酵火腿——金华火腿

我国的发酵火腿生产历史悠久，一般是把肉经过腌制、发酵和干燥的方法制成腌腊肉制品。据文献记载，早在周代，人们已经会采用低温腌制干燥等方法加工腊肉制品，在《周礼》中已有"腊人掌干肉""牛修"等腌腊肉制作方面的记载。火腿作为我国的一大传统肉制品，属于干腌火腿，主要原料为猪后腿，用食盐等辅料腌制后，经晾晒和发酵等加工而成的具有浓郁风味的肉制品。浙江金华火腿、江苏如皋火腿、云南宣威火腿和湖北宣恩火腿并称为"中国四大名腿"。以金华火腿为例，金华火腿起源于中国浙江省金华地区，是以中国著名地方猪品种——金华"两头乌"或其杂交后代的后腿为原料，采用民间传统加工工艺精制而成的干腌肉制品，是中国劳动人民经验和智慧的结晶。它不仅是一种为人们所喜爱的肉制品，还有着深厚的文化底蕴，孕育了大量脍炙人口的美丽传说。早在1915年就曾荣获巴拿马国际商品博览会金奖，更是当今世界著名干腌火腿——帕尔玛火腿的祖先。

金华火腿历史悠久，据说金华火腿的来历与宋代抗金名将宗泽有关，当时宗泽抗金战胜而还，乡亲们争送猪腿让其带回开封慰劳将士，因路途遥远，乡亲们撒盐腌制猪腿以便携带，腌制成的猪腿色红似火，便被称为火腿。后宗泽将"腌腿"献给朝廷，康王赵构见其肉色鲜红似火，赞不绝口，御名"火腿"，更为火腿锦上添花。又因南宋时期的东阳、义乌、兰溪、浦江、永康、金华等地均属金华府管辖，故这些地区生产的火腿统称金华火腿（图3-12）。

图3-12　浙江金华火腿

据史料考证，金华火腿始于唐，唐代开元年间陈藏器编纂的《本草拾遗》中记载："火腿，产金华者佳"；两宋时期，金华火腿生产规模不断扩大，成为金华的知名特产；元朝时期，意大利马可·波罗将火腿的制作方法传至欧洲，成为欧洲火腿的起源；明朝时，金华火腿已成为金华乃至浙江著名的特产，并被列为贡品；清代时，金华火腿已外销日本、东南亚和欧美各地；1913年，金华火腿荣获"南洋劝业会奖"；1915年，雪舫蒋腿获巴拿马国际商品博览会金奖；1929 年，雪舫蒋腿在杭州西湖国际博览会上获特等奖；中华人民共和国成立后，金华火腿曾多次被评为地方和全国优质产品；1981 年，金华火腿更荣膺国家优质产品金质奖章；1985 年，金华火腿蝉联国家优质食品金质奖章；1988 年，切片金华火腿荣获首届中国食品博览会金奖；1995 年，浙江金华获"中国火腿之乡"称号；1999 年，金华成立了金华火腿行业协会；近年来，随着人民生活的不断改善，金华火腿的生产发展创历史最高水平。

原料是火腿质量保证的基础。加工金华火腿的原料腿要求用金华"两头乌"或其杂交后代的后腿，公猪、母猪、病猪、死猪和黄膘猪的后腿不能用来加工金华火腿，并且要求屠宰时不能伤及后腿，不能打气。原料腿要新鲜、皮薄、骨细，无伤、无破、无断骨、无脱臼；腿心饱满，肌肉完整而鲜红，肥膘较薄而洁白；大小适当，经修坯后质量以 5.5 ~ 7.5kg为宜。

原料腿应在腌制前，于修坯前或后摊开或悬挂自然冷却至少 18h。修胚即是将原料腿初步修整成近似竹叶形的金华火腿成品形状的过程，包括削骨、开面、修腿边和挤淤血 4 个主要步骤。

2. 西式发酵火腿——帕尔玛火腿

发酵火腿在国外有着悠久的历史，最早可以追溯到罗马帝国时代，考古学家曾经在加泰罗尼亚地区发现过已石化的发酵火腿，据考证那只发酵火腿的历史已有近 2000 年。国外著名的发酵火腿如意大利帕尔玛火腿（图 3-13）、西班牙伊比利亚火腿、美国乡村火腿等，生产工艺先进，质量上乘，举世闻名。其中最有代表性的是意大利的帕尔玛火腿，火腿经腌制和风干而制成，但不经过烟熏。选取养到 9 个月以上、质量 150kg 以上的猪，猪腿一般 12 ~14kg，经过上盐、放置、洗涤、干燥、成熟、陈化等 14 ~ 17 个月的制作过程，与原来的鲜猪腿相比，火腿的质量一般减少了 25% ~ 27%，最大减少值可达 31%，火腿成品的水分活度为 0.88 ~ 0.89，水分含量 <63.5%，盐分含量 <6.7%，蛋白质分解指数 <31%。

图 3-13　意大利帕尔玛火腿

选择生长 9 个月以上、体重在 150kg 以上的长白猪（landrace）作为原料猪，这个时期的猪肌肉中水分含量较少，肌肉水分含量较多的猪在上盐阶段会吸收较多的盐分，造成火腿含盐量增加，不利于形成西式发酵火腿特有的风味。原料猪通过公司的屠宰车间屠宰后，经过 24h 冷却排酸，然后进行分割、修整，取猪后腿，将猪后腿修成"鸡大腿"型。

3. 西班牙伊比利亚火腿

西班牙伊比利亚火腿（图 3-14）是一种西班牙传统的有法定产区的生火腿，在西班牙的美食中据决定性的地位。肉源来自伊比利亚种的黑猪。由于这种黑猪产量极低，而火腿制作全程持续 12～48 个月，所以伊比利亚猪肉火腿的价格昂贵。

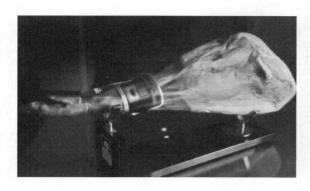

图 3-14　西班牙伊比利亚火腿

4. 意大利圣丹尼火腿

意大利圣丹尼火腿（图 3-15）因产量少，很少销售至国外。火腿质量标准非常严格，买回来的新鲜猪腿需要再挑选才能制成火腿，报废率高达 12%～15%，这也是产量少的原因之一。知名度远远低于帕尔玛火腿，但却被行家老饕们认为是顶级的火腿之选，在古代可是总督（威尼斯）、帝王（奥地利、匈牙利）的专供产品。

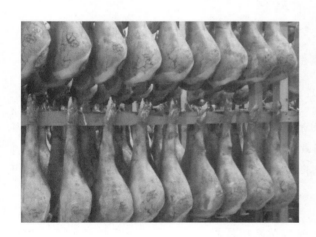

图 3-15　意大利圣丹尼火腿

5. 云南宣威火腿

云南宣威火腿（图 3-16）是云南省著名特产之一，因产于宣威而得名。它的主要特点是：形似琵琶，只大骨小，皮薄肉厚，肥瘦适中；切开断面，香气浓郁，色泽鲜艳，瘦肉呈鲜红色或玫瑰色，肥肉呈乳白色，骨头略显桃红，似血气尚在滋润。其品质优良，足以代表云南火腿，故常称"云腿"。

6. 德国黑森林火腿

德国黑森林火腿（图 3-17）（black forest ham）是招待贵宾的特级国宴菜肴，源自于德国西南部的黑森林，选用结实而优质的猪后腿肉，先去除猪骨头，用不同的调料来调

图 3-16　云南宣威火腿

图 3-17　德国黑森林火腿

味，经历至少一个半月的自然风干，接着进行烟熏程序。待六星期之后再一次进行自然风干。由于工序繁复，从制作到可以食用最少也得耗时三个月，而顶级黑森林火腿更得花费一年多的时间才能上市。好的黑森林火腿，色泽暗红，散发阵阵烟熏香气，切成薄片后可看到丝丝分明的纹理。

7. 法国巴约纳火腿

巴约纳火腿（图 3-18）是法国南部巴斯克地区的名产，以城市巴约纳命名。巴约纳火腿的原材料选自当地特有的猪品种，这些猪以玉米为饲料，渴了就喝当地的山泉水，在制作时选用法国的白盐，加上当地特有的环境，所以制作出来的火腿肉质柔软、口感黏、富有弹性。

8. 江苏如皋火腿

江苏如皋火腿（图 3-19）（北腿）制作始于清代，形似琵琶或竹叶，色红似火，风味独特，瘦多肥少，生产中选用如皋、海安一带饲养的尖头细脚、薄皮嫩肉的瘦肉型猪种——"东串猪"为原料，对猪腿也按一定规格精选，择其质量长度恰当、腿心肌肉丰满者，再经多道工序精细加工制成，发酵周期为 5～6 个月，整个制作周期共 10 个月左右，色、香、味俱全，享誉海内外。

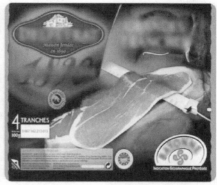

图 3-18　法国巴约纳火腿

图 3-19　江苏如皋火腿

9. 四川冕宁火腿

四川冕宁火腿（图 3-20）是四川省凉山州著名的传统肉类食品，具有风味独特、香气浓郁、精多肥少、腿心丰满、红润似火的特点。冕宁火腿选用凉山乌金猪与优良种猪长白或约克杂交的生猪后腿，经过腌制、洗晒、发酵、整形等工艺制成。

图 3-20　四川冕宁火腿

10. 美国弗吉尼亚火腿

美国弗吉尼亚火腿（图 3-21）产于美国弗吉尼亚州，号称猪都是用花生喂养的，吃了花生的猪，肉质鲜美，制作火腿还能增添坚果的香气。弗吉尼亚火腿不但用盐腌制，而且还用山核桃属的木材或红橡木烟熏，形成自己独特的香味。蒸煮烟熏后产品外观肉感突出、色泽诱人，味道自然醇厚，物美价廉，深受当地人民的喜爱。

图 3-21　美国弗吉尼亚火腿

第三节　发酵水产品生产

一、鱼　露

鱼露又称鱼酱油，传统发酵是用海鱼或虾为原料，拌入大量食盐，经腌渍、长期缓慢发酵（2～3 年）、熬炼后得到的一种味道极为鲜美的汁液，色泽呈琥珀色，味道带有咸味和鲜味。在酿造过程中原料蛋白质和脂肪在各种微生物繁殖时的分泌酶及鱼自身酶类的共同作用下，降解产生氨基酸、脂肪酸等，再经复杂的化学反应和微生物代谢作用形成种类丰富的挥发性和非挥发性化合物，具有独特风味和口感的美味天然海鲜调味品。鱼露原产自福建和广东潮汕等地，后经华侨商人带到越南和东南亚地区，自此鱼露便在越南广泛流传来开，成为越南餐桌必备的酱料。其他国家也生产鱼露，特别是泰国产量最高，北欧冰岛也可以找到鱼露的踪迹，世界各地沿海渔民在捕获水产品后，都需要腌制咸鱼，鱼露很自然地成为海民捕获水产品的副产品之一。

鱼露在泰国被称为 NamPla，在韩国被称为 Myeolchi Aekjeot，在越南被称为 Noucnam，在马来西亚被称为 Budu，在中国被称为鱼露。在福建，鱼露被称为虾油，在中国的部分地区也称为鱼酱油，是潮汕人家必备的"厨房神酱"（图 3-22），也是闽南菜和东南亚料理中常用的调味料之一。它是一种富有特色的调味品，抑腥提鲜，是烹制海鲜的上选调料，亦可用于生鲜肉类的调味，分外香浓。在烹制鱼肉菜时，加一点鱼露，味道

图 3-22　鱼露产品

更鲜美。此酱料更适用于佐餐蘸食、酱爆系列菜肴的主要烹饪调料，调制复合调料汁、烧烤调料、火锅涮料等。鱼露是以氨基酸和多肽形式存在的盐溶性蛋白质。以小鱼虾为原料，色泽呈琥珀色，味道带有咸味和鲜味。影响鱼露质量的主要因素有五个：鱼种、食盐种类、鱼盐比、辅料、发酵条件。鱼露质量的某些方面也取决于特定的消费者。例如，Budu 颜色深，马来西亚消费者喜欢，但泰国消费者不喜欢。鱼露含有多种氨基酸，还有呈味核苷酸，因此味道很鲜。鱼露在盐腌中加很多食盐，成品中氯化钠含量为 29% 左右，所以杂菌污染机会较少。鱼露营养价值丰富，含有所有必需氨基酸，赖氨酸含量特别高。鱼露中也含有许多维生素和矿物质。它是维生素 B_{12} 和钠（Na）、钙（Ca）、镁（Mg）、铁（Fe）、锰（Mn）和磷（P）等矿物质的良好来源，中外市场对鱼露的需求量日益增加。

1. 主要原料及预处理

（1）主要原料 鱼露以海产小鱼，如兰圆鱼、乌丁鱼、三角鱼、马面鱼、小虾等肌肉结实、新鲜、耐盐腌的海产小杂鱼为主要原料。按品种、鲜度和大小分别进行处理，其中原料的新鲜度会非常影响鱼露的质量。

（2）预处理 将新鲜的鱼去鳞片并清洗干净，大鱼需要剁成小块，然后将其磨碎，发酵池或者发酵缸洗净晾干。在快速发酵鱼露时，我们需要先将新鲜洁净的鱼肉与曲（酶类）混合。

2. 主要微生物与生化过程

（1）主要微生物 鱼露发酵过程中，微生物利用其产生的蛋白酶、肽酶、碱性磷酸酶等对原料底物进行分解和生物转化，进而形成多肽、氨基酸、呈味氨基酸等重要的营养和风味物质。从传统鱼露中分离筛选这些特殊的产酶微生物（表 3-5），并研究它们的产酶机理、酶催化特性、酶与产物之间的关系等，将有助于鱼露的酿造和品质改善。传统鱼露发酵是一种半封闭的发酵，鱼露发酵过程微生物多样性较为丰富，在鱼露发酵初期，鱼盐间空隙存在空气，大量霉菌开始生长，至 15d 时，霉菌最先达到最大量，是发酵初期的优势菌。霉菌分泌出各种蛋白酶，使蛋白质水解成为多肽、氨基酸等，为后阶段其他微生物的生长创造条件。但随着海盐渗入鱼体，鱼汁渗出，鱼盐间空隙被填满，高浓度食盐和缺氧使霉菌生长变缓，霉菌数量减少。霉菌分泌的酶类发挥作用，乳酸发酵使 pH 下降到一定程度，且存在厌氧环境，酵母菌、乳酸菌大量繁殖。发酵 3 个月后酵母、乳酸菌成为优势菌，乳酸菌和酵母菌这两种优势菌体之间引起竞争进行酒精发酵，生成乙醇，进而促进各种香气成分的生成。酵母和乳酸菌混合发酵能产香、产酒精，与单纯的乳酸发酵相比，酸味适口。而后由于环境 pH 的不断下降，酵母菌数量逐渐减少，发酵 1 年以后，乳酸菌成为优势菌。

表3-5 部分从不同鱼酱油中分离的微生物及其所产的酶

微生物种类	酶的种类
枯草芽孢杆菌 JM - 3	酸性蛋白酶
巨大芽孢杆菌	碱性蛋白酶
枝芽孢杆菌 SK37	胞外结合蛋白酶
泰国喜盐芽孢杆菌	胞外丝氨酸金属蛋白酶
枝芽孢杆菌 SK33	丝氨酸蛋白酶

续表

微生物种类	酶的种类
嗜盐四联球菌	组氨酸脱羧酶
耐盐别样芽孢杆菌 MSP69	胞外碱性磷酸酶
盐水四联球菌	组氨酸脱羧酶
嗜盐四联球菌 MS33 和 M11	胞内氨肽酶
木葡萄球菌	酪胺氧化酶
肉葡萄球菌 FS19	氨基氧化酶
解淀粉芽孢杆菌 FS05	氨基氧化酶
橘青霉 YL - 1	碱性丝氨酸蛋白酶
喜盐芽孢杆菌 SR5 - 3	丝氨酸蛋白酶
线芽孢杆菌 RF2 - 5	丝氨酸蛋白酶
芽孢杆菌 11 - 4	蛋白酶 I
枯草芽孢杆菌 CN2	碱性蛋白酶
巨大芽孢杆菌 KLP - 98	酸性蛋白酶
地衣芽孢杆菌 RKK - 04	丝氨酸蛋白酶

从鱼露中分别分离出乳酸菌、酵母菌和霉菌，酵母菌与乳酸菌等都对其风味物质的形成起着积极的作用。在鱼露的自然发酵过程中一些具有产蛋白酶能力的耐盐、嗜盐微生物，例如，嗜盐杆菌（*Halobacterium salinarium*）、嗜盐乳酸菌 MS33（*Tetragenococcus halophilus*），它们对鱼体蛋白质的降解起到一定的作用，同时生成的代谢物对鱼露风味的形成具有一定的作用。

其中霉菌、细菌、酵母、乳酸菌在鱼露发酵中的重要作用是蛋白质降解和风味香气的形成。鱼露发酵微生物可分为两大类。

①嗜盐或耐盐的产蛋白水解酶和脂肪酶的细菌：从传统鱼露中分离的微生物主要为蛋白酶产生菌，大多是一些嗜温和嗜盐或耐盐的细菌。Yossan 等从泰国鱼露中分离的巨大芽孢杆菌能产生一种碱性蛋白酶。一些乳酸菌能产生外切型蛋白酶——氨肽酶，是乳酸菌蛋白水解系统的一部分，能够将肽和寡肽转化为氨基酸，这些氨基酸是进一步形成风味物质的前体。Udomsil 等从鱼露中分离到了 7 株乳酸菌，它们的细胞内氨肽酶对甲硫氨酸、丙氨酸、亮氨酸、谷氨酸和精氨酸底物都表现出较高的活性。Sinsuwan 等从鱼露中分离的一株枝芽孢杆菌（*Virgibacillus sp.*）SK37 是一种中度嗜盐菌，它产生的枯草杆菌样胞外蛋白酶在 25% NaCl 溶液中仍具有蛋白水解活性，且该菌株还能产生 6 种碱性丝氨酸细胞结合蛋白酶，它们的催化活性和稳定性均表现出对 NaCl 的依赖性。Montriwong 等从泰国鱼露中筛选到一株盐反硝化枝芽孢杆菌（*V. halodenitrificans*），其产生的蛋白酶具有耐盐性，耐多种表面活性剂和有机溶剂，以及广泛的耐酸碱性。Chaiyanan 等从鱼露中分离到一株泰国喜盐芽孢杆菌（*Halobacillus thailandensis*），该菌株能够产生 2 种丝氨酸蛋白酶和 1 种金属蛋白酶。Sinsuwan 等从泰国鱼露中分离的枝芽孢杆菌 SK33 所产的丝氨酸蛋白酶，随着 NaCl 浓度升至 25%，其活性却在增加，在 NaCl 浓度为 0 或者 25% 时，该蛋白酶均表现出很高的稳定性。Satomi 等从日本鱼露中

分离到一株嗜盐四联球菌（*Tetragenococcus halophilus*），其质粒上具有完整的编码丙酮酰依赖性组氨酸脱羧酶的基因 *hdcA*。Chuprom 等从虾酱油中分离到一株耐盐别样芽孢杆菌（*Allobacillus halotolerans*）MSP69，该菌株产生胞外碱性磷酸酶，能够增加产品中 5′-GMP 和 5′-AMP 的含量。

②与风味和香气发展有关的酵母、乳酸菌、球菌：酵母菌厌氧发酵产生的乙醇是鱼露中主要风味物质形成的前体，而鱼露发酵中的另一优势菌——乳酸菌，通过同型或异型乳酸发酵，产生乳酸、乙酸等有机酸，这些有机酸能够与乙醇等醇类通过酯化反应生成重要的芳香型物质——酯类。李梦茹等对戊糖片球菌（*Pediococcus pentosaceus*）在模拟鱼露中的代谢行为及转录组学进行了分析，发现柠檬烯和松萜的降解是戊糖片球菌的主要代谢通路之一，该通路与挥发性成分的产生有关。利用微生物代谢作用提高鱼露中某些特征风味物质的含量，将有助于改善鱼露尤其是速酿鱼露的风味。从自然发酵鱼露中分离的嗜盐四联球菌 MS33 和 MRC5-5-2 具有较高的胞内氨肽酶活性，它们能够产生 2-甲基丙醇和苯甲醛，这两种化合物有助于形成肉味和杏仁样味。Fukami 等研究了木葡萄球菌对鱼露风味形成的影响，发现添加木葡萄球菌能够减轻样品中的鱼腥味、臭味和酸败味使产品风味得到明显改善。Udomsil 等将一种新的葡萄球菌（*S. piscifermentans*）CMC5-3-1 接种发酵鱼露，发现与未接种 CMC5-3-1 菌株的对照组相比，实验组中产生了更高浓度的谷氨酸和 2-甲基丙醛，后者有助于黑巧克力气味的形成。

已知产香酵母对酱油风味的形成很重要，如埃切假丝酵母（*Candida etchellsii*）能够合成酱油中一种典型的重要风味化合物——2（5）-乙基-4-羟基-5（2）-甲基-3（2*H*）-呋喃酮，因此在鱼露发酵过程中添加产香酵母亦有可能改善鱼露的风味。吉川修司研究了添加酵母菌对鱼露发酵和质量的影响，结果显示，与不添加酵母菌的对照组相比，添加鲁氏酵母（*Zygosaccharomyces rouxii*）和 *C. versatilis* 的发酵鱼露中，精氨酸和赖氨酸较少，而甘氨酸、亮氨酸、鹅肌肽、鸟氨酸较多，且琥珀酸只在添加了酵母菌的鱼露中检出。王磊等以池沼公鱼（*Hypomesus olidus*）为原料，通过加入固体麸曲发酵和加入鲁氏酵母及球拟酵母（*Torulopsis globosa*）进行后熟增香生产的鱼露，氨基酸和有机酸等含量较高，有明显的醇香和鲜香味。

（2）生化过程　鱼露的化学成分和风味物质形成的生化过程是鱼肉蛋白和脂肪在鱼内源酶和微生物的共同作用下，逐步分解、发酵并进一步反应。蛋白酶分解蛋白为肽，氨肽酶进一步水解肽生成游离氨基酸，形成富含多种呈味氨基酸和小肽，脂肪酶分解脂肪为脂肪酸，经过脂肪氧化、美拉德反应、斯特勒克降解等多种反应形成各种挥发性和非挥发性风味物质的复杂混合体系，发酵过程中的主要变化是蛋白质转化为小肽和游离氨基酸。

研究人员对中国传统发酵鱼露过程中的生化变化进行了检测分析。采用凯氏定氮法测定鱼露样品中的可溶性总氮含量（TSN），采用甲醛滴定法测定氨基态氮（AAN），使用高效液相色谱法和 PICO. TAG 氨基酸分析柱（Waters Ltd.，Milford，MA，USA）测定氨基酸组成，结果如图 3-23 所示。根据 Conway（康维皿法）和 Byrne 的方法，采用 Conway 微扩散法测定总挥发性盐基氮（TVB-N）和三甲胺氮（TMA-N）含量；用 Patange、Mukundan 和 Kumar 的比色法对组胺进行了分析；用亨德尔、贝利和泰勒的方法测定非酶褐变。

对不同发酵时间的鱼露样品的组胺、TVB-N、TMA-N 的变化进行研究，结果如图 3-24 所示。随着发酵时间的延长，滤液中 TSN、TCA、总可滴定酸和氨基酸氮含量不断增加（$p < 0.05$）。TVB-N 的变化与 TSN 的变化相似。鱼露加工过程中 TSN 和 AAN 含量的增加，与

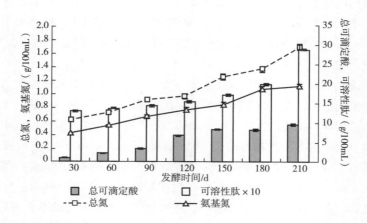

图3-23 鱼露发酵过程中总可溶性氮 （TSN）、 氨基氮 （AAN）、
可溶性肽 （TCA） 和总可滴定酸含量变化

鱼肉自溶和微生物降解的共同作用有关。鱼露中 60% ~ 80% 的氨基化合物是氨基酸。TSN 含量是评价鱼露质量的客观指标，主要来源于游离氨基酸、核苷酸、肽、氨、尿素和氧化三甲胺 （TMAO） 等蛋白质态氮和非蛋白质态氮化合物。这些成分有助于特定的香气和风味，其中氨基氮含量是判断蛋白质水解程度的方便指标。

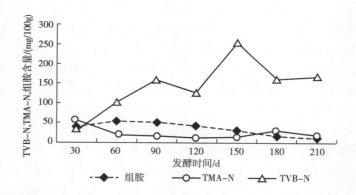

图3-24 鱼露发酵过程中总挥发性盐基氮 （TVB－N）、 三甲胺氮 （TMA－N）
和组胺含量变化

鱼露的组胺含量在发酵的前两个月增加，随后高盐含量抑制了鱼体内的蛋白水解酶和微生物的生长。组胺含量从发酵第三个月左右开始下降，并随着发酵的进行而继续下降 （$p < 0.05$）。嗜盐组胺菌的 L－组氨酸脱羧活性在生长稳定期开始时最高，随着生长稳定期的进行逐渐降低。这一事实可能解释了商业鱼露中组胺含量非常低的原因。

如表3-6 所示，谷氨酸、赖氨酸、亮氨酸、缬氨酸和丙氨酸是鱼露中的主要成分，而脯氨酸是鱼露中痕量成分。样品中每种游离氨基酸含量的差异似乎分别归因于自溶和微生物作用产生的游离氨基酸平衡的差异。氨基酸对鱼露的味道有显著的贡献，谷氨酸、天冬氨酸呈鲜味，甘氨酸、丙氨酸、丝氨酸和脯氨酸呈甜味，而缬氨酸、苯丙氨酸和组氨酸呈苦味。

表3-6 鱼露发酵过程中氨基酸成分的变化

氨基酸	含量/（mg/100g）					
	发酵 30d	发酵 60d	发酵 90d	发酵 120d	发酵 150d	发酵 180d
天冬氨酸	39.46	33.81	19.68	17.92	71.08	74.6
谷氨酸	177.68	180.55	232	245.71	409.29	472.61
丝氨酸	102.98	64.85	68.9	71.37	276.81	317.98
甘氨酸	77.78	54.97	61.58	59.14	82.5	121.73
组氨酸	154.51	138.59	150.98	157.5	277.2	291.37
精氨酸	222.06	236.42	255.04	274.93	239.29	275.94
苏氨酸	129.81	123.99	156.82	110.85	185.42	219.97
丙氨酸	157.2	161.08	218.18	297.94	355.83	400.62
酪氨酸	77.82	58.47	45.6	152.04	57.55	78.33
缬氨酸	149.68	162.83	230.86	21.84	354.26	422.94
甲硫氨酸	81.38	80.08	132.69	218.32	168.77	206.04
半胱氨酸	5.09	14.76	21.79	397.48	4.61	8.84
异亮氨酸	102.6	122.3	164.52	912.2	271.84	309.01
亮氨酸	200.94	228.48	318.91	189.17	444.45	530.48
色氨酸	191.99	414.95	745.49	745.49	350.78	469.51
苯丙氨酸	89.23	112.3	156.73	156.73	200.75	247.19
赖氨酸	226.86	329.67	366.28	533.64	476.01	569.5
总计	2187.1	2518.07	3346.07	3346.07	4226.46	5016.68

在发酵过程中观察到褐变现象，表明褐变色素形成于发酵时间的延长。发酵7d后，当培养温度升高到50℃时，样品的褐变程度更大。鱼露的褐变是鱼露色泽形成的主要原因，鱼露的褐变是由美拉德反应引起的。在最后的褐变反应中，在420nm处的吸光度被用作褐变的指示剂，用非酶褐变指数（A_{420}）表示。酱油和鱼露在储存过程中由于美拉德反应产生的黑色素而变得更黑。鱼露的还原糖含量是微量的，因此脂肪氧化产物和降解产物如醛和其他羰基化合物可与游离氨基酸反应，随着发酵时间的增加，其释放的程度更高。升高的孵育温度加速了这种反应。

总之，发酵过程增加了鱼露的 TSN、TCA、甲醛氮、总可滴定酸和游离氨基酸含量，从而提高了产品的营养价值。

3. 加工工艺

传统鱼露的生产一般采用自然发酵，得到的调味汁滋味呈味较好，但生产周期长，含盐量高，规模化生产程度低。为了解决工业化生产的瓶颈问题，人们探索了保温发酵技术、外加酶及富含酶的内脏发酵技术和外加曲等快速发酵工艺，以缩短生产周期，但所得到的鱼露风味不如传统发酵法，仍然需要优化或者采取更有效的措施提升风味，所以针对造成鱼露生产周期长的原因来制定相应的缩短生产周期的方案和对鱼露风味的改良就成为亟待解决的问题。

（1）自然发酵　鱼露自然发酵生产工艺流程如图3-25所示：

新鲜原料和盐混合(3:1或2:1) → 前期发酵(自溶) → 中期发酵 → 后期发酵(一周，保温40~50℃) → 调配 → 过滤 →

检验 → 杀菌 → 包装 → 成品

图3-25　鱼露自然发酵生产工艺流程

天然发酵的鱼露风味独特，非常鲜美，但其生产周期较长，一般为数月甚至一年以上。为了获得更好的风味，有的甚至达到2~3年。

鱼露生产是利用盐渍和发酵相结合而得到的产物，即使用盐渍的手段来抑制腐败微生物的作用，通过蛋白酶对鱼体蛋白进行水解的过程（即发酵过程）。发酵罐中的低氧水平对选择工艺微生物具有协同作用。发酵罐表面的含氧量很高，但受液体表面的限制，发酵罐底部的含氧量极低。厌氧发酵改变了鱼露的芳香品质。因此，鱼露发酵是在部分好氧和厌氧条件下完成的。

传统的鱼露发酵是个缓慢的自然发酵过程。自然温度下，通过耐盐性、嗜盐性微生物及其产生的酶、鱼体自身的内源酶对原料鱼中的蛋白质、脂肪等大分子物质进行降解，并进一步发酵。经过一系列复杂的生化反应，形成了滋味鲜美、营养丰富、气味浓郁，带有鱼等水产品原材料特有香质的发酵液。

由于养殖和天气/温度的不同，鱼露的鱼种和制作方法因国家而异。一般来说，鱼露是通过研磨小鱼、与盐混合、发酵约12个月来生产的。把小鱼加盐至含盐量为25%~26%，放入桶内腌制10~12个月。腌制期间要进行多次的翻动和1~2次的倒桶，使鱼身均匀地受鱼类内脏浸出的酶类作用，最后分解成汁液和渣滓两层，并有鱼香味，也可用保温发酵的方法进行发酵溶化。把腌制的小鱼由30℃渐升至60℃进行保温发酵，并经常翻拌，使其均匀受热，可加快鱼的溶化，保温发酵需20~30d，缩短了溶化时间。发酵溶化后，移入大缸内进行日晒，每天要翻拌1~2次，使其充分受到光照。日晒时间一般在一个月以上，这时香气突出，颜色加深。盛夏季节发酵溶化时间可适当缩短。

①工艺流程：鱼露生产工艺流程如图3-26所示。

②操作要点

a. 盐渍：盐渍过程的实质是盐腌与鱼的自溶发酵过程。加盐量为发酵基质的25%~26%（也有的加工工艺加盐量为鱼质量的30%~40%），一般来说，鱼盐比取决于生产中所用鱼的大小和所需的最终产品味道。在不同的盐浓度下，细菌和酶的活性会发生变化，从而产生不同的风味。盐的化学成分也会影响发酵过程中微生物菌群的类型，进而影响鱼露的质量。将新捕捞的鲜鱼放在浸泡池内，条型大的鱼需用搅碎机搅碎，搅拌均匀，每层用盐封闭，腌渍7~8个月。期间要多次进行翻拌，并倒桶1~2次，使腌渍后的鱼体含盐在24%~26%且当肉质呈红色或淡红色，肉变得松软、骨肉易分离的溶化状态和气味清香为止。

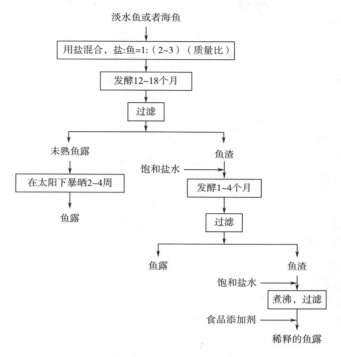

图3-26　鱼露生产工艺流程

b. 发酵：鱼露发酵可分为自然发酵和保温发酵（又称人工发酵）两种方式。

一种是自然发酵。自然发酵是在常温条件下进行发酵。在发酵期间，一般在室外发酵池（图3-27）中把鱼腌渍在里面每天进行暴晒，早晚各打耙一次，充分利用自然气候和太阳能。利用鱼体本身的酶类与微生物，将蛋白质分解形成氨基酸。发酵程度视氨基酸的含量而定，当氨基酸的增加量趋于零时，发酵液香气浓郁、口味鲜美时，即为发酵终点，一般需要几个月时间。

图3-27　泰国鱼露生产发酵池

另一种是保温发酵，就是利用夹层保温池进行发酵，采用水浴保温，发酵温度在 50 ~ 60℃，在较高温度条件下，利用海鱼自身的酶类与微生物，将蛋白质分解形成氨基酸。在发酵期间要经常搅拌，一般需要发酵 20 ~ 30d。为了加速发酵进程，可外加蛋白酶加速蛋白质分解，可利用的蛋白酶有木瓜蛋白酶、菠萝蛋白酶、胰蛋白酶和复合蛋白酶等，发酵周期可缩短一半。

两种发酵方式，以自然发酵的风味较好，但发酵周期较长。

c. 抽滤：经发酵的鱼酱，通过抽滤可使鱼露与鱼渣分离开来。抽滤可使用布、竹帘和多孔的聚乙烯管等器具。抽滤时，可将多孔聚乙烯管等容器插入鱼酱中，用胶皮管与真空抽气装置连接，鱼露即通过聚乙烯管被抽出。抽滤一般进行三次，即初滤，经初次抽滤所剩的鱼渣分次加入盐卤，进行第二、第三次抽滤，从而制得鱼露。

（2）保温低盐发酵　天然发酵过程中，为了防止腐败微生物的繁殖，采用了高盐度盐渍的方法，高盐虽然抑制了腐败微生物的繁殖，却同时也抑制了蛋白酶的作用。设想能够创造蛋白酶作用的最适条件，同时抑制腐败微生物的繁殖，以期达到缩短发酵周期的目的。方法即采用低盐和高温的结合应用。低盐可以提高蛋白酶的作用，但低盐也能提高腐败微生物的腐败作用，为了抑制微生物的作用，可以采用高温。这样不仅可以抑制微生物的繁殖，还可以加强蛋白酶的作用，而且还能驱除发酵液中的臭味，提高鱼露质量。

Lopecharat 和 Park 研究了太平洋白鱼在加盐量 25%，温度分别为 35℃和 50℃时的发酵情况，发现在 50℃时，鱼露的产量较高，总可溶性氮含量在发酵 15d 时就和市售鱼露的一样，可溶性固体含量和相对密度在 60d 时达到市售鱼露的水平，但是色泽远远不及市售鱼露。

（3）外加酶或添加富含酶的内脏发酵技术　利用天然酶，包括菠萝蛋白酶和木瓜蛋白酶来缩短发酵时间。木瓜蛋白酶能提高鱼肉的水解率。不过，菠萝蛋白酶的效果更好。酸水解也用于加速发酵。通常是在第一步就将鱼与曲（或酶）混合然后再进行盐渍等步骤。

在鱼露的发酵过程中，加入适量的富含酶的活鱼内脏，鱼内脏含有丰富的蛋白酶，如胰蛋白酶、胰凝乳蛋白酶、组织蛋白酶等，可以加速蛋白质的分解，从而缩短发酵周期。

（4）加曲发酵　在鱼露发酵过程中，加入一些酿造酱油所用的米曲霉或酿造清酒所用的曲种等，利用它们所分泌的蛋白酶、脂肪酶、淀粉酶等，将原料鱼中的蛋白质、脂肪、碳水化合物等充分分解，经一系列的生化反应，形成鱼露特有的风味。还有一种方法是可以从传统鱼露的发酵过程中分离筛选出耐盐、嗜盐菌，把这些菌在合适的条件下扩大培养，再加入盐渍的原料中去，能够加速蛋白质等的分解过程，而且其蛋白质分解度高，鱼露风味较好。

（5）复合方法　鱼露快速发酵方法主要以复合方法为主，即以上几种方法的结合使用。如降低盐保温发酵与加曲发酵的结合，加酶及加曲的结合等。

知识拓展

（1）鱼露生物胺及微生物降解　鱼露中含有 18 种以上的氨基酸，其中包括 8 种人体所必需的氨基酸；作为水产品重要功能成分之一的牛磺酸也是鱼露的重要成分；另外，鱼露中富含多种有机酸如富马酸、琥珀酸等和人体新陈代谢所必需的微量元素，如 Cu、Zn、Cr、I、Se 等。

但鱼露中存在一定量的生物胺，过多摄入可导致人体中毒，甚至能与亚硝酸盐反应生成致癌物质亚硝胺。因此，生物胺的定量是评价鱼露质量的一个重要指标。通过固相萃取和高效液相色谱，对549个商品鱼露样品的组胺含量进行分析，结果显示，组胺含量范围为100~1000mg/L，其中大多数为200~600mg/L。鱼露中组胺、腐胺、尸胺、酪胺最大浓度的报道分别是1220mg/L、1257mg/L、1429mg/L、1178mg/L。

鱼露中的生物胺是由原料中的蛋白质降解产生的氨基酸，在腐败微生物氨基酸脱羧酶的作用下通过脱羧反应、转氨作用或醛和酮的转氨作用形成的。假单胞菌属（*Pseudomonas* sp.）中的某些种可以产生腐胺、组胺和酪胺，肠道细菌是腐胺、尸胺最主要的产生菌，有的还可以产生酪胺和组胺，葡萄球菌属（*Staphylococcus* sp.）中一些种类和弧菌（*Vibrio* sp.）也是生物胺产生菌。

具有氨基氧化酶的微生物能够通过氧化脱氨基作用降解生物胺并产生醛类、氨类和氢类物质，因此利用高产氨基氧化酶的微生物可降低鱼露中生物胺含量。从传统鱼露中筛选到一株汕头盐单胞菌（*Halomonas shantousis* nov.），该菌能同时高效降解8种生物胺且自身不积累生物胺，将其作为功能发酵剂用于鱼露发酵，结果显示，汕头盐单胞菌能降低64.5%的组胺、59.2%的酪胺、71.0%的尸胺、63.4%的色胺、68.2%的苯乙胺、22.0%的腐胺和55.3%总生物胺。从鱼露中筛选到2株具有氨基氧化酶活性的细菌——肉葡萄球菌FS19和解淀粉芽孢杆菌FS05，FS19和FS05能分别使鱼露中的组胺浓度降低27.7%和15.4%。从鱼露中筛选到10株具有生物胺降解能力的微生物，其中奥默柯达酵母（*Kodamaea ohmeri*）M8降解生物胺的活性最强，30℃发酵9d后，组胺和酪胺降解率分别为69.6%和79.2%。

已发现清酒乳杆菌（*L. sakei*）、木葡萄球菌（*S. xylosus*）、解淀粉芽孢杆菌（*B. amyloliquefaciens*）、肉葡萄球菌（*S. carnosus*）、奥默柯达酵母（*K. ohmeri*）可产生组胺氧化酶；变异微球菌（*Micrococcus variens*）、木葡萄球菌（*S. xylosus*）、奥默柯达酵母（*K. ohmeri*）可产生酪胺氧化酶腐胺氧化酶；鲁宾斯微球菌（*Micrococcus rubens*）可产生腐胺氧化酶。

（2）鱼露与酱油化学成分比较 鱼露是由内源酶和微生物自然水解而成的蛋白质产品。显然，发酵过程中的主要变化是蛋白质转化为小肽和游离氨基酸。鱼露的化学成分（即氮含量、pH和挥发性酸）已在各种鱼露中得到广泛的研究。一般来说，由于大多数多肽氮在发酵期间减少，氨基酸含量增加。由于蛋白质和大的多肽释放游离氨基酸，pH下降。此外，总脂质减少，但脂肪酸组成在发酵过程中变化不大。鱼露与酱油的化学成分非常相似（表3-7）。鱼露的pH和NaCl含量明显高于酱油。此外，在鱼露中醋酸含量较高，而在酱油中乳酸含量较高。鱼露中NaCl的平均含量为（26±3.7）g/dL，高于酱油。鱼露平均pH在5.3~6.7，其中的大部分有机酸以盐形式存在。鱼露样品中未发现糖或酒精。

表3-7 鱼露和酱油的化学成分

	鱼露	酱油
pH	5.3~6.7	4.7~4.9
NaCl/（g/dL）	22.5~29.9	16.0~18.0
总氨基酸/（g/dL）	2.9~7.7	5.5~7.8
谷氨酸/（g/dL）	0.38~1.32	0.9~1.3
总有机酸/（g/dL）	0.21~2.33	1.4~2.1

续表

	鱼露	酱油
醋酸/（g/dL）	0.0 ~ 2.0	0.1 ~ 0.3
乳酸/（g/dL）	0.06 ~ 0.48	1.2 ~ 1.6
琥珀酸/（g/dL）	0.02 ~ 0.18	0.04 ~ 0.05
还原糖/（g/dL）	微量	1.0 ~ 3.0
乙醇/（g/dL）	微量	0.5 ~ 2.0

二、虾　酱

虾酱（shrimp paste）又称虾糕（图3-28），是我国和东南亚地区常用调味料之一，也是传统发酵美食。一般是以各种洗净去杂的小鲜虾加盐（虾体质量的15% ~ 35%）自然发酵1个月左右后，经磨细制成的一种紫红色黏稠状酱。

全国科学技术名词审定委员会将虾酱定义为"毛虾等小型虾类经腌制、捣碎、发酵制成的糊状食品"，也可干燥成块状，味道浓郁。虾酱不但味道鲜香，而且营养丰富，虾酱中含有丰富的蛋白质、钙、类胡萝卜素和几丁质，具有抗氧化活性、降胆固醇、降血压及增强机体免疫力等生物功能活性，在功能性食品领域中具有广阔的应用空间。

目前，我国的虾类资源极为丰富，其中各种小型虾类（如毛虾、蜢子虾等）产量较大。由于小型虾类个体微小，加工难度较大，利用率不高。因此以小型虾类加工虾酱，可有效提高小型虾类的利用率，实现资源增值。我国的虾酱主要产于沿海地区，其

图3-28　虾酱

中较为有名的虾酱有胶东地区的蜢子虾酱、天津的北塘虾酱、江苏的麻虾酱及广东的台山虾酱。磷虾随着洋流在秋冬季到达我国近海流域，其营养丰富，表面有微生物，体内有内源蛋白酶，离水后很快腐败变质。渔民采用高盐防腐技术，将上岸的磷虾直接加入25% ~ 28%的食盐，发酵制备虾酱。

我国传统虾酱以广东、山东和福建等地生产规模较大。广东省虾酱年产量为1万t左右，占全国年产量的30%以上。仅广东台山下川岛家寮村每年的虾酱产量就有2000t。另外，在我国辽宁、天津、江浙、贵州一带也有部分虾酱生产。

虾酱中的蛋白质含量极其丰富，干重可达25%，可作为重要的蛋白质来源，是调味类食品中营养比较丰富的食品之一。高含量的蛋白质在碱性蛋白酶的作用下变成较短的肽链或游离氨基酸，使虾酱中充满了海鲜类食品的鲜味，同时由于蛋白质已经被水解充分，更加适合

胃肠道的吸收，是老少皆宜的食品。

1. 主要原料

传统虾酱原料以小型虾类为主，常用的有毛虾、小白虾、蜓子虾、眼子虾、蚝子虾、钩虾、糠虾等，这些虾的仔虾体长 1～2cm，是加工虾酱的原料。另外，由于虾下脚料中含有整虾 15% 的蛋白质，氨基酸含量较高（表 3-8）。根据生产工艺可分为：传统发酵法、现代自然发酵法、酶法发酵法、人工接种发酵法和低盐快速发酵法，其中酶法发酵法最为常用。现代酶法发酵法也可利用虾下脚料生产虾酱，这有利于虾的综合利用。虾酱生产用盐必须是符合国家卫生标准的水洗食用盐。

表 3-8　　　　　　　　　虾下脚料中游离氨基酸和总氨基酸的含量　　　　　　　单位：mg/100g

氨基酸种类	游离氨基酸		总氨基酸	
	含量	相对含量/%	含量	相对含量/%
异亮氨酸	16.66	2.74	45.81	4.24
丙氨酸	65.31	10.77	67.70	6.26
丝氨酸	16.28	2.68	41.96	3.88
缬氨酸	29.22	4.82	49.76	4.60
甘氨酸	114.33	18.86	79.73	7.38
酪氨酸	25.35	4.18	36.88	3.41
亮氨酸	43.53	7.18	75.34	6.97
谷氨酸	45.33	7.47	160.18	14.83
苏氨酸	21.51	3.54	42.89	3.97
脯氨酸	11.36	1.87	31.79	2.94
甲硫氨酸	20.35	3.35	24.47	2.26
苯丙氨酸	28.86	4.76	43.89	4.06
天冬氨酸	21.24	3.50	102.43	9.48
精氨酸	76.67	12.65	178.79	16.55
赖氨酸	56.78	9.36	74.76	6.92
组氨酸	13.26	2.18	23.58	2.18
总量	606.04	100	1079.96	100

2. 主要微生物与生化过程

传统虾酱生产工艺中，利用虾体内含蛋白酶、糖化酶和脂肪酶等多种酶及各种耐盐细菌，作为自然发酵的基础，在保持高盐浓度的条件下使虾体蛋白水解，利用发酵缸内天然存在的微生物进行发酵，这些微生物主要包括乳酸杆菌属、酵母菌属、片球菌属等。乳酸杆菌属、片球菌属及酵母菌属等耐盐性微生物，是传统调味品虾酱的主要微生物，乳酸杆菌可利用糖产生乳酸，乳酸和乙醇生成的乙酸乙酯，赋予虾酱特殊香味，而米酒乳杆菌有一定的蛋白酶和脂肪酶活性并含有极为丰富的肽酶和细菌素，对改善虾酱食品的风味，提高产品的贮藏性能具有重要作用；球拟酵母属和乳酸片球菌的大量存在可以赋予产品浓郁的酱香味。从蜢子虾酱中分离鉴定出一株中度嗜盐菌 MKY 20，经初步鉴定为枝芽孢杆菌属中的盐脱氮枝芽孢杆菌，中度嗜盐菌的分离对于防止虾酱腐败变质，延长虾酱贮藏期具有重要作用。虾酱中含有丰富的蛋白质、钙、铁、硒、维生素 A 等营养元素，特别是钙和蛋白质含量最丰富，另外，虾酱中还有两种很重要的生物活性成分为虾青素和甲壳素，虾青素是迄今为止最强的一种抗氧化剂，抗氧化活性高于 β – 胡萝卜素、维生素 E 和维生素 A，称为超级维生素 E，可用于抑制多元不饱和脂肪酸的氧化，抵御紫外线的作用，改善视力，提高免疫力等。虾酱越红，虾青素含量越高。甲壳素可降低胆固醇，调节肠内代谢，调节血压以及抗菌，可广泛应用于医药、食品保鲜和制作功能材料等领域。因此，适量食用虾酱对身体颇为有益。

虾酱生产中的微生物涉及 13 个细菌门，分别为变形菌门（Proteobacteria）、梭杆菌门（Fusobacteria）、厚壁菌门（Firmicutes）、拟杆菌门（Bacteroidetes）、放线菌门（Actinobacteria）、酸杆菌门（Acidobacteria）、浮霉菌门（Planctomycetes）、疣微菌门（Verrucomicrobia）、芽单胞菌门（Gemmatimonadetes）、绿弯菌门（Chloroflexi）、螺旋菌门（Spirochaetes）、螺旋体门（Saccharibacteria）、未分类菌群（unclassified）。虾酱中变形菌门为优势的菌群门，达到 92.02%，而在变形菌门中 γ – 变形菌纲比例最高，是主要的菌群纲。梭杆菌门和厚壁菌门比例较低，仅为 3.97% 和 3.38%。变形菌门是革兰阴性菌的主要组成部分，在人体、虾类、蟹类中广泛存在。对养殖池塘中的水体研究也发现变形菌门为优势类群。研究所用的麻虾来源于黄海，其中主要的细菌类群是变形菌门，因此以变形菌门为虾酱中占主导作用的菌群可能与其原材料来源相关。变形菌门是细菌中最大的一门，包括了很多的病原菌，如大肠杆菌、沙门菌、幽门螺杆菌等，而变形菌带菌率的高低主要和食品的新鲜度、运输和贮存的卫生条件密切相关。因此，变形菌对虾酱的品质影响极大，需要在麻虾酱的发酵生产和储存过程中严格控制变形菌的生长，实现生产标准化和规范化。

3. 加工工艺

（1）传统发酵工艺　　加工工艺对虾酱的质量和风味有直接的影响。由于各个地区传统虾酱的原料及发酵工艺有所不同，虾酱的色、香、味也存在一定差异。蜢子虾酱的酿造工艺：以新鲜捕捞的蜢子虾为原料，用海水漂洗至虾体呈半透明青灰色，沥干后加入食盐搅拌并在阳光下暴晒发酵，1~2 个月发酵完成，最后将经过暴晒的蜢子虾酱装坛密封继续发酵，经过 1 年的密封发酵和陈酿后即可食用（图 3–29）。贵州侗族传统虾酱（侗家虾酱）的制作以河虾为原料，以糯米、辣椒为辅料，经过二次封坛发酵而成，产品具有甜、酸、辣、咸等滋味。

图 3–29　传统发酵法的工艺流程

仔虾原料经过简单挑选、清洗后，加入虾体质量 15%~35% 的食盐，拌匀，浸没缸中，使其自然发酵（图 3–30），日晒夜露，每天搅拌 2 次，通常在 1 个月左右发酵完成。比如侗家虾酱加工时，发酵时间夏天 15~20d，春秋 20~25d，冬天 30~35d。虾酱发酵完成后，色泽微红，组织细腻，风味较好。然而生产周期长，难以进行自动化连续生产，产品腥味较重，盐度过高等是传统自然发酵工艺的缺陷，如何利用现代食品加工新技术对虾酱传统工艺进行改造是目前亟待解决的问题。

（2）现代自然发酵法　由于虾酱的传统生产工艺采用自然发酵的方式，极易被污染产生生物胺类物质，且发酵过程会受到季节、天气、温度等诸多不可控因素的影响，使虾酱的生产周期长、品质不稳定，不利于大规模工业化生产。因此，国内外专家学者对虾酱的发酵工艺进行了改良和优化。

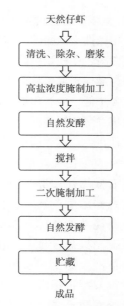

图3-30　自然发酵法的
的工艺流程

天然虾体内含蛋白酶、糖化酶和脂肪酶等多种酶及各种细菌，可作为自然发酵的基础。现代自然发酵法是利用虾体中的各种内源酶及耐盐细菌，在保持高盐浓度的条件下使虾体蛋白水解。把经过清洗、除杂、磨浆的鲜海虾加6%～9%食盐于发酵罐中控温22～26℃自然发酵24h，搅拌除氨，二次加入6%～9%食盐于发酵罐中控温21℃发酵3个月左右，置于密闭容器中常温条件下存放6个月以上进行后熟，然后制成虾酱。其氨基氮含量≥0.3%，盐分含量为15%～18%，改变了传统虾酱咸味重的特点。

现代自然发酵法利用天然仔虾体内的多种酶进行自然发酵，包括蛋白酶（胃蛋白酶、胰蛋白酶、类胰蛋白酶）、糖化酶（淀粉酶、麦芽糖酶、纤维二糖酶、蔗糖酶、透明质酸酶、几丁质酶、木聚糖酶）和脂肪酶等。用水清洗刚捕捞的仔虾至虾体呈半透明青灰色，将水沥干，加虾体质量15%的食盐，在发酵罐内37℃恒温发酵4d，发酵期间每日搅拌20 min使发酵产生的气体逸出。随着发酵的进行，虾体中虾青素部分转化为虾红素，颜色渐转紫红，虾体内胆固醇则转化成维生素 D_3，蛋白质降解为小分子多肽和游离氨基酸，部分碳水化合物转化为低级糖，最后形成特有浓郁风味的虾酱。现代自然发酵法发酵时间较传统发酵工艺时间短，然而加盐量仅为15%的条件下，37℃保温4d，要时刻注意仔虾微生物的污染，以防在发酵过程中虾体腐败变质。

（3）加酶发酵法　加酶发酵法制备低盐虾酱是利用蛋白酶加速蛋白质的分解转化，大大缩短发酵时间，并且可明显降低含盐量，扩大食用范围。

加酶发酵法是利用外加蛋白酶，将虾原料粉碎后加10%食盐和0.5%蛋白酶充分混匀后，移至发酵罐40℃恒温发酵约3h，待虾香浓郁时停止发酵。此法除适合整虾发酵外，也适用以虾壳、虾头等虾制品下脚料为原料生产虾酱。以鲜全虾生产虾酱受季节限制，以虾下脚料为原料可常年生产。此法所制虾酱含盐量较低，也适于大规模工业化生产。加酶发酵法的工艺流程如图3-31所示。

仔虾原料 → 研磨 → 加蛋白酶 → 加盐 → 恒温发酵 → 成品

图3-31　加酶发酵法的工艺流程

在虾酱发酵过程中加入各种蛋白酶，加速虾体蛋白质的分解转化，缩短发酵时间，有效降低虾酱产品的食盐含量，是加酶发酵法制备虾酱的目标。以毛虾为原料，利用碱性蛋白酶和中性蛋白酶探究虾酱酶法发酵工艺条件，确定了碱性蛋白酶和中性蛋白酶的最适反应条件均为加酶量0.5%，酶解温度55℃，加盐量18%，而最适酶解时间分别为2h和1h，最适 pH

为7.0；其成品食盐含量明显低于传统发酵虾酱，且产品风味得到改善；在相同的工艺条件下，使用碱性蛋白酶的虾酱中氨基酸态氮含量高于中性蛋白酶。以小型蠓子虾为原料，利用碱性蛋白酶、中性蛋白酶、木瓜蛋白酶探究虾酱酶法发酵工艺条件，最终确定最佳酶为碱性蛋白酶，最佳水解条件为水解时间4h、水解温度50℃、加盐量18%、加酶量400U/g。其成品食盐含量低、生产周期短，游离氨基酸态氮含量达4.38mg/g。

加酶发酵法制备低盐虾酱改变了传统虾酱的高盐口味，符合大众口味，生产周期短，成本低，且在生产过程当中不易被污染，比较卫生，符合国家标准。

（4）人工接种发酵法　　人工接种发酵法是在虾酱发酵过程中人工接种纯种发酵菌种，可有效缩短发酵时间，抑制有害微生物的生长，提高产品品质。利用一种乳酸菌发酵制作虾酱的生产技术，把经过清洗、脱水的新鲜海虾磨成虾浆，接种乳酸菌并加入食盐在不断搅拌的条件下发酵10~15d，后进行油酱分离、杀菌制成虾酱，其成品风味良好，且亚硝酸盐含量低于传统发酵虾酱。还有一种低盐高蛋白质酵母虾酱的生产方法，将原料清洗、沥水、粉碎后加入蛋白酶进行酶解，在酶解过程后加入产酯酵母，经过酶解与酵母发酵再保温一段时间制成产品，其工艺流程如图3-32所示。其发酵时间明显低于传统发酵虾酱，且产品具有香味浓郁、低盐、高蛋白的特点，且含有多种有益健康的成分。以小型虾和大豆为主要原料，接种米曲霉发酵，制得酱色鲜艳、虾鲜味浓郁的发酵虾酱。

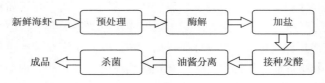

图3-32　人工接种发酵法的工艺流程

（5）低盐快速发酵工艺　　由于加酶发酵法较传统发酵法具有低盐、发酵时间短，适合大规模工业化生产等优点，目前，很多学者利用不同酶对低盐快速酶解工艺进行了探讨。利用米曲霉制曲、发酵大豆和虾皮生产发酵调味虾酱，发酵时间仅3~4d，当大豆、虾、面粉的质量比为6:3:1时，所研制的虾酱氨基酸态氮含量为0.6g/100g，虾酱酱色鲜艳，口感好，酱香味和虾香味浓郁，组织均匀，其工艺流程如图3-33所示。选用小型毛虾经蛋白酶水解，采用甲醛滴定法对不同加酶量、酶解时间、温度及用盐量对挥发性盐基氮含量（FAN）的影响进行了测定，确定了碱性蛋白酶和中性蛋白酶的最适反应条件均为加酶量0.5%，酶解温度55℃，加盐量18%，最适酶解时间分别为2h和1h，最适pH 7.0。通过酶法水解小型蠓子虾，正交分解法设计实验，选取常用的碱性蛋白酶、中性蛋白酶、木瓜蛋白酶作为对象，用甲醛滴定法确定游离氨基氮的值，从而选出最佳的水解酶和水解条件。最终确定最佳酶为碱性蛋白酶，最佳水解条件为水解时间4h，水解温度50℃，加盐量18%，加酶量400U/g，游离氨基氮的量可达4.38mg。研究认为食盐添加量对虾酱的感官品质中，氨基酸态氮含量为0.528g/100g以上，含量较高，富有营养，总体接受性好。低盐快速发酵工艺制备虾酱改变了传统虾酱的高盐化，更符合大众口味，生产周期短，使产品的成本降低，且在生产过程当中不易污染，比较卫生，成品符合国家标准，但由于目前技术尚未成熟，且虾酱生产从业人员受教育水平一般较低，工厂规模较小，所以还未得到推广。

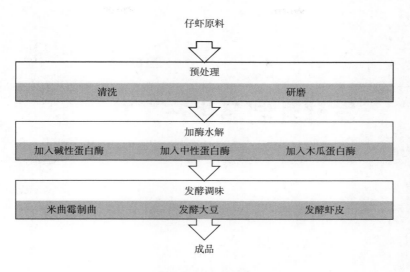

图 3-33 低盐快速发酵工艺流程

第四章

发酵乳制品生产工艺

第一节　酸乳生产

乳制品作为日常饮食中补充蛋白质和钙的重要来源，对人类健康和营养均衡具有重要的意义。在过去的 10 余年间，中国乳业迎着信任危机和行业自身问题砥砺前行。2020 年，全国乳制品年产量为 2780.4 万 t，2021 年，全国乳制品产量为 3031.7 万 t，行业的供需规模保持平稳态势。

近年来，乳品质量安全的有效保障、品类的丰富和品质的提高，有效提升了消费者信心，也为人们追求更加多元化的产品提供了空间。相比于纯牛乳和风味乳，酸乳因其易消化吸收、口味丰富、零食属性强和缓解"乳糖不耐症"等特点，渐渐融入了人们的日常生活中。

酸乳，即以乳或乳制品为主要原料，添加或者不添加其他成分，在微生物发酵剂的作用下发酵而成的酸性凝乳状产品。GB 19302—2010《食品安全国家标准　发酵乳》当中，对酸乳产品类型的四个专业术语进行了明确的定义，乳品企业所生产的酸乳产品，必须严格按照国家标准的要求进行分类与标识。专业术语的具体定义如下。

发酵乳（fermented milk）：以生牛（羊）乳或乳粉为原料，经杀菌、发酵后制成的 pH 降低的产品。

酸乳（yoghurt）：以生牛（羊）乳或乳粉为原料，经杀菌、接种嗜热链球菌和保加利亚乳杆菌（德氏乳杆菌保加利亚亚种）发酵制成的产品。

风味发酵乳（flavored fermented milk）：以 80% 以上生牛（羊）乳或乳粉为原料，添加其他原料，经杀菌、接种嗜热链球菌和保加利亚乳杆菌（德氏乳杆菌保加利亚亚种）发酵前或后添加或不添加食品添加剂、营养强化剂、果蔬、谷物等制成的产品。

一、酸乳的分类

对于酸乳产品，没有统一固定的分类方式，通常是根据成品的组织状态、脂肪含量、加工工艺、发酵剂的组成和产品风味等因素将其进行划分。

1. 按成品组织状态分类

（1）凝固型酸乳　在包装容器中进行发酵和冷却，从而使酸乳成品得以保留其因发酵凝乳而获得的凝固状态。

（2）搅拌型酸乳　在发酵罐中发酵，然后进行搅拌、冷却、灌装，酸乳产品因搅拌工序以及管路剪切力而变成黏稠的具有流动性的液体。

（3）饮用型酸乳　与搅拌型酸乳类似，不同之处是产品在冷却之后、灌装之前，还需进行一次均质处理，将凝乳变为流动性极佳的液体状态。

（4）冷冻型酸乳　将搅拌型酸乳进行类似于冰淇淋生产工艺中的充气凝冻处理而获得的产品。

（5）浓缩型酸乳　也称滤乳清酸乳，产品在发酵罐中发酵，然后先经过离心分离机去除部分乳清，再进行冷却和灌装，得到干物质含量更高、质地相对稠厚的浓缩型酸乳。

2. 按成品脂肪含量分类

（1）全脂酸乳　脂肪含量不低于3.1%的产品。

（2）部分脱脂酸乳　脂肪含量为0.5%～3.1%的产品。

（3）脱脂酸乳　脂肪含量不高于0.5%的产品。

3. 按成品是否含有活菌分类

（1）没有进行特殊标注的酸乳　均为活菌型产品，须在冷藏条件下贮存，产品出厂时的乳酸菌活菌数高于1×10^6 CFU/g（mL）。

（2）巴氏杀菌热处理风味发酵乳　即常温酸乳，在发酵完成之后又经过了一道巴氏杀菌工序，灭活了产品中的乳酸菌，并且在无菌条件下进行灌装，所以此类产品中不含有活性乳酸菌，可以在常温下贮存，且保质期一般为六个月。

4. 其他酸乳产品

（1）益生菌酸乳　益生菌是活的微生物，当摄入充足的数量时，对宿主产生健康益处。益生菌具有菌株特异性，发酵食品中的微生物不能直接称为益生菌，只有在进行分离鉴定、安全评价及功能试验后且结果符合益生菌概念的菌株，才能称为益生菌。

嗜热链球菌不耐胃酸，保加利亚乳杆菌对胆盐的抵抗力弱，两者经过消化道后基本不能生存。益生菌酸乳一般是指在发酵剂的基础上再另外添加益生菌的酸乳产品，常用的益生菌主要来自乳杆菌属和双歧杆菌属，也可能是芽孢杆菌属、肠球菌属、链球菌属、片球菌属、明串球菌属等，所使用的益生菌菌株需要有相应的评价文件作为依据。

（2）开菲尔　开菲尔是一种古老的发酵乳制品，所使用的发酵菌种和工艺技术已传承了数个世纪。开菲尔中，乳酸菌同酵母菌协同发酵，赋予产品独特的酒香味和爽快的酸感。根据Kosikowski和Mistry的报道，开菲尔可选择的原料乳分为山羊乳、绵羊乳或牛乳。乳酸含量通常在0.8%左右，乙醇含量约为1.0%，二氧化碳则是开菲尔的另一种主要发酵副产物。在俄罗斯和欧美国家，开菲尔的现代化生产已较为成熟，涉及发酵的微生物菌群复杂多样。

二、　主要原辅料及预处理

一般情况下，酸乳生产所用原料主要有原料乳、乳粉、白砂糖、甜味剂、稳定剂、发酵剂、果汁、果酱和食用香精等。

1. 原料乳

按照联合国粮食与农业组织（FAO）和世界卫生组织（WHO）对酸乳的定义，各种动物的乳均可作为生产酸乳的基本原料，但实际上绝大多数酸乳还是以牛乳为原料。近年来，在美国、印度和日本等国家有以山羊乳、水牛乳等其他哺乳动物的乳作为原料的酸乳产品上市，我国青藏地区也出现了一些添加一定比例的牦牛乳的酸乳产品，但以牛乳为原料仍是主流。

我国 GB 19301—2010《食品安全国家标准 生乳》规定，生乳中的蛋白质含量不低于2.8%，脂肪含量不低于3.1%，菌落总数不高于 2×10^6 CFU/g（mL）。然而随着国内养殖水平的提升，一些业内团体和联盟开始在国家标准的基础之上制定更加严格的生乳标准或者对生乳进行分级管理，如 T/HLJNX 0001—2016《黑龙江省食品安全团体标准 生乳》和 T/SFLA 001—2019《中国农垦乳业联盟产品标准 生鲜乳》，这些团体标准的制定体现了企业的责任感和使命感，同时也对行业的良性发展起到了推动作用。

2. 稳定剂

在酸乳中使用稳定剂的主要目的是提高酸乳的黏稠度、改善质地口感以及增加产品在货架期内的稳定性。可用于酸乳的稳定剂种类很多，常见的有果胶、琼脂、明胶、结冷胶、黄原胶和变性淀粉等，为了避免单一稳定剂作用的局限性，常常复配使用。具体的使用剂量，应符合国家标准 GB 2760—2014《食品安全国家标准 食品添加剂使用标准》中的相关规定。

3. 发酵剂

发酵剂（starter culture）是指生产发酵乳制品时所用的特定微生物的培养物，其主要作用有：分解乳糖产生乳酸，降低产品的 pH 进而使产品凝固，同时延长了产品的保存时间；降解脂肪和蛋白质，改善产品的营养价值和可消化性；产生风味物质，如丁二酮和乙醛，从而使酸乳具有特征风味。在酸乳的生产中，发酵剂的选择对最终产品的口感、质量和功能特性影响较大。

（1）发酵剂菌种 用于酸乳生产的基础发酵剂多数是由嗜热链球菌（*Streptococcus thermophilus*）和保加利亚乳杆菌（*Lactobacillus bulgaricus*）按照一定比例复配而成的，除此之外，根据实际生产需要所使用的其他菌种须符合《可用于食品的菌种名单》和《新资源食品原料安全性审查管理办法》的相关规定。

①嗜热链球菌：嗜热链球菌是革兰阳性、球状细菌，无芽孢和鞭毛，无运动性，属微需氧菌群，最适生长温度为40~45℃，主要进行同型乳酸发酵，可利用的糖类包括乳糖、半乳糖、葡萄糖、果糖和蔗糖等。嗜热链球菌的产酸性能主要表现为发酵初期原料乳 pH 较高，益于其生长，且产生的少量甲酸和丙酸还可以促进保加利亚乳杆菌的快速生长。

②保加利亚乳杆菌：保加利亚乳杆菌是革兰阳性、杆状细菌，厌氧，无孢子，无运动性，最适生长温度为40~43℃，进行同型乳酸发酵，能利用的糖类包括乳糖、葡萄糖和果糖等。保加利亚乳杆菌具有更好的耐酸性能，在发酵的中期才开始快速繁殖，通常情况下，与嗜热链球菌的相互作用表现为互惠共生。

（2）发酵剂分类 发酵剂的贮存方式和加工方式一直随着时代的变迁在不断变化。根据发酵加工方式的不同，大体可以将发酵剂分为两大类，即继代式发酵剂和直投式发酵剂。

①继代式发酵剂：在商品化直投式发酵剂广泛应用之前，人们一直都在使用传统的继代式发酵剂从事生产。发酵剂的调制方式大致如下。

a. 菌种的复活及保存：在无菌条件下将菌种接种到灭菌的脱脂乳试管中多次传代和培养，之后保存在4℃左右冰箱中，每隔1~2周转接一次。因在长期转接过程中可能会污染杂菌，造成菌种的退化和裂解，所以还应不定期地进行纯化处理，以去除杂菌和提高菌种活力。

　　b. 母发酵剂的调制：向盛有灭菌脱脂乳的三角瓶中，接入 1% ~ 2% 脱脂乳量的充分活化的菌种，混合均匀，放入恒温箱中进行培养。凝固后再次移入灭菌脱脂乳中，重复此操作 2 ~ 3 次，使乳酸菌保持一定的活力。

　　c. 工作发酵剂的制备：将脱脂乳、全脂乳或复原脱脂乳（总固形物含量 10% ~ 12%）加热到 90℃ 保持 30 ~ 60min 后，冷却到 42℃（或菌种要求的其他温度）接种母发酵剂，发酵到乳酸含量 0.8% 左右之后冷却至 4℃。此时生产发酵剂的活菌数可达到 1×10^8 ~ 1×10^9 CFU/mL。

　　制作生产发酵剂的培养基最好与成品的原料相同或相近。生产发酵剂的使用量为发酵料液的 1% ~ 2%，最高不超过 5%。

　　因继代式发酵剂的制作和保存工序复杂，耗时耗力，且存在菌种污染及退化风险，易导致终产品批次之间的质量波动，目前已基本被直投式发酵剂所取代。

　　②直投式发酵剂：随着发酵剂制备技术的不断发展和提高，20 世纪 70 年代中期，国外开始了对直投式发酵剂的研究。直投式发酵剂是一类新型的商业化生产菌种，可分为冷冻干燥型发酵剂和深冷型发酵剂，前者可在 0 ~ 4℃ 或者 -18℃ 保存，后者则需要在 -45℃ 保存。直投式发酵剂的活力强，含菌量高，每克产品的活菌数在 10^{11} 个以上，并且使用方法简单，质量也更加稳定。直投式发酵剂的应用对酸乳及其他发酵乳制品生产的社会化、专业化、规范化和统一化起到了关键性的促进作用，提高了酸乳产品的质量，推动酸乳产品的生产走向标准化，切实保障了消费者的健康和利益。

　　目前，世界上商业发酵乳制品常用发酵剂的供应商有科汉森（Christian D. A. Hansen）、丹尼斯克（Danisco）、帝斯曼（DSM）和意大利乳品研究中心（CSL）等。

　　（3）发酵剂的选择　根据实际生产需要，选择适当的发酵剂产品。选择时以发酵剂的主要技术特性作为依据，一般应从以下几个方面考虑。

　　①产酸能力：判断发酵剂的产酸能力主要是通过测定酸度和绘制产酸曲线的方法。产酸能力强的发酵剂在发酵过程中容易导致产酸过度和后酸化过强，所以生产中一般选择产酸能力中等或弱的发酵剂。

　　②后酸化程度：后酸化是指酸乳生产中终止发酵后，发酵剂在产品冷却和冷藏阶段仍能够继续缓慢地产酸的现象。由于酸乳的后酸化现象经常改变产品的滋味、气味和组织状态，因此在酸乳的生产中应选择后酸化尽可能弱的发酵剂，以便控制产品质量。

　　③产香性：一般来讲，酸乳发酵剂产生的芳香物质为乙醛、丁二酮、丙酮和挥发性酸。优质的酸乳必须具备良好的滋味和气味，因此发酵剂的选择非常重要，常采用的评价方法有：

　　a. 感官评价：品尝时样品应为常温，因为低温对味觉有阻碍作用；产品酸度不应过高，否则会将香味完全掩盖；样品要新鲜，用生产 24 ~ 48h 内的酸乳进行品评为佳，因为这段时间内是风味和口味的形成阶段。

　　b. 挥发性酸的量：挥发性酸是形成酸乳风味和口味的一类物质，挥发性酸含量越高，则酸乳中芳香物质含量越高。

　　c. 乙醛生成能力：乙醛是形成酸乳的特征风味的重要成分，不同的菌株产生乙醛的能力不同，因此乙醛生成能力是选择优良菌株的关键指标之一。

④黏性物质的产生：发酵剂在发酵过程中产生黏性物质如胞外多糖等有助于改善酸乳的组织状态和黏稠度，特别是在酸乳干物质含量不太高时显得尤为重要。生产者可根据生产工艺以及对终产品性状的具体需要，选择使用产生黏性物质能力不同的发酵剂。

⑤蛋白质的水解性：乳酸菌的蛋白质水解活性一般较弱，如嗜热链球菌在乳中只表现出很弱的蛋白质水解活性，而保加利亚乳杆菌则表现出较高的蛋白质水解活性，可以水解蛋白质产生大量的游离氨基酸和肽类。影响蛋白质水解活性的因素主要有原料乳的类型、温度、pH、菌种种类和产品贮藏时间。

（4）噬菌体污染的防治　噬菌体是一类能够感染微生物并将其作为生存载体的病毒，具有非常专一的寄生性，一种噬菌体只能在特异性宿主细胞中增殖。乳品工厂噬菌体的感染一般没有预兆，而问题一旦爆发则会带来严重的后果。被噬菌体污染后的发酵乳，会出现发酵周期延长（甚至无法达到预期酸度）、产品组织状态差以及风味异常等问题，进而造成不可挽回的经济损失，因此，噬菌体的防治是酸乳生产过程中的一个重要问题。

①噬菌体的来源：噬菌体广泛存在于泥土、空气之中，几乎有细菌存在的地方就有噬菌体的存在。乳品工厂噬菌体的来源有以下几种可能：生乳储罐和奶槽车、员工及外来参观者、设备的清洗死角、内部运输设备、CIP清洗、车间通风、生产用水及污水等。

②噬菌体污染的判断：在实际生产过程中，对于已经出现发酵异常的酸乳，可以通过以下方法判断是否为噬菌体污染。

a. 对发酵异常的酸乳产品进行乳清分离，注意分离过程中使用的所有用具均需进行彻底杀菌。

b. 将分离后的乳清分为2份，并将其中1份进行95℃/15min的杀菌处理，冷却至45℃以下备用；另1份无须特殊处理。

c. 按酸乳生产配方配制适量料液并定容至料液总量的90%左右，对料液进行95℃/5min杀菌处理后，冷却至41~43℃并分装为2份备用。

d. 将步骤b中所得的杀菌与未杀菌的2份乳清分别加入上述处理后备用的2份料液中，定容至100%，接入发酵剂（确认未被污染的与发酵异常酸乳所用的为同型号发酵剂），进行42℃恒温发酵。

e. 对2份产品的发酵过程进行跟踪比较，若在所用原料和加工处理条件一致的前提下，加入杀菌乳清的样品发酵正常且另外一份发酵异常，则可初步判定发酵异常为噬菌体感染所致。

③噬菌体污染的预防和控制

a. 加强工厂环境消毒，防止噬菌体入侵和蔓延。定期对管件连接处进行常规检查，防止出现清洗死角。有文献总结了各类消毒剂对噬菌体数量级减少的作用，推荐每日消毒达到减少8个数量级的强度（表4-1）。

b. 确保工厂地面没有牛奶和乳清的残留，乳清粉原料的贮存应远离发酵车间。

c. 接种发酵剂时，操作工应对双手和相关设备进行严格的清洗和消毒；另外，应根据发酵剂供应商的建议，以及结合工厂总体环境，定期轮换使用对不同噬菌体敏感的发酵剂。

d. 定期清洁空气滤网，工厂内空气采用逆循环。

e. 严格执行作业区域管理制度，禁止无关人员进入发酵区域。

表4-1　　　　　　　　　　　一般消毒剂可使噬菌体减少的数量级

消毒剂	浓度/%	时间	数量级减少
过氧乙酸	0.5	15min	8~9
次氯酸盐	0.5	10min	7~8
氯氨	0.2	10min	7~8
甲醛	0.6	2h	8
碱、酸	—	1~2h	1~2
石炭酸	2	1~2h	1~2
双氧水	6	1~2h	1~2

三、　主要微生物与生化过程

1. 酸乳发酵过程中乳酸菌的生长

将保加利亚乳杆菌与嗜热链球菌混合培养时，两者之间互利共生，比单独培养时呈现出更快的产酸速度。

在发酵初期，嗜热链球菌是主要的产酸菌株，嗜热链球菌在生长过程中产生的甲酸和二氧化物可以促进保加利亚乳杆菌的生长。继而，保加利亚乳杆菌在生长时分解乳中酪蛋白而形成氨基酸（甲硫氨酸、组氨酸、脯氨酸）和小肽，又促进了嗜热链球菌的生长。随着菌株的生长繁殖，料液的酸度也不断增加，嗜热链球菌的耐酸能力相对较弱，生长繁殖开始逐步受到抑制，所以在发酵后期，保加利亚乳杆菌更具生长优势。

2. 发酵过程中的代谢及其对酸乳成分的影响

（1）糖类代谢　糖类是酸乳中乳酸菌生长繁殖的主要碳源和能量来源。同型发酵的乳酸菌通过磷酸戊糖途径发酵糖类为丙酮酸，再通过乳酸脱氢酶转化为乳酸。异型发酵的乳酸菌代谢糖类后除主要产生乳酸外，还产生乙醇、乙酸和二氧化碳等多种产物。双歧杆菌是一类特殊的严格厌氧菌，对葡萄糖的代谢也属于异型发酵，但是与其他乳酸菌的异型发酵并不相同。双歧杆菌没有醛缩酶，不能通过糖酵解途径代谢葡萄糖，但其含有磷酸解酮酶，这是双歧发酵途径的关键酶。最终，双歧杆菌代谢葡萄糖产生乳酸和乙酸。

（2）蛋白质水解和氨基酸代谢　由于乳酸菌不能利用无机氮，所以必须降解蛋白质和多肽才能满足自身的氨基酸需求。乳酸菌蛋白质水解系统的结构构件可根据功能分为三组：①蛋白酶分解蛋白质生成肽；②转移系统通过细胞膜来改变分解物的位置；③肽酶分解肽生成游离氨基酸。这些游离氨基酸通过菌株依赖性代谢途径分解为挥发性的风味化合物。

另外，发酵过程中乳酸的形成与积累使得乳清蛋白和酪蛋白复合体因其中的磷酸钙逐渐溶解而变得越来越不稳定，酪蛋白胶粒开始聚集沉降，逐渐形成蛋白质网络立体结构，这种变化使得发酵料液开始具有酸乳的凝胶形态。

（3）脂类代谢　酸乳发酵剂对脂肪的水解程度很小，但是已经足够影响酸乳的风味。挥发性脂肪酸的含量会在酸乳保存过程中继续增加，改善产品的味道。

（4）柠檬酸代谢　生乳中的柠檬酸含量较低，约为0.18%，并且仅能被嗜温菌利用，如肠膜明串珠菌和乳酸乳球菌等。乳酸菌的柠檬酸发酵生成四碳化合物，如双乙酰、丁二醇和乙偶姻，它们具有芳香性，赋予发酵产品特征风味。

四、加工工艺

1. 工艺流程

酸乳生产的工艺流程如图 4-1 所示。

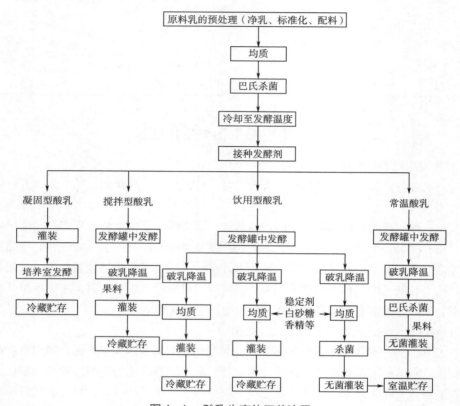

图 4-1 酸乳生产的工艺流程

2. 原料预处理

（1）原料乳 原料乳的质量直接影响发酵乳制品的最终产品质量。GB 19301—2010《食品安全国家标准 生乳》规定了原料乳的验收标准，其中包含感官要求、理化指标、污染物限量、真菌毒素限量、微生物限量、农药残留限量和兽药残留限量等质量标准。

刚挤出的生牛乳中含 5.5% ~7% 的气体，经贮藏和运输后，其气体含量一般上升到 10% 以上，这些气体对牛乳的后续加工过程和产品品质会产生影响，因此，在不同阶段对牛乳进行脱气处理是非常必要的。另外，原料乳验收后必须进行净化处理，以去除杂质和减少微生物的数量，一般采用过滤净化和离心净化的方法。预杀菌工序可以减少牛乳中的细菌总数，特别是嗜冷菌的数量，降低变质风险，乳品厂可根据自身生产条件决定牛乳预杀菌的温度和时间参数。预处理后的牛乳于 4℃ 左右冷藏贮存备用，最好在 12h 内用完，贮存时间建议不要超过 24h。

（2）标准化及配料 验收合格后的原料乳，需根据具体生产需要进行成分的标准化，调整乳清蛋白与酪蛋白的比例等，常用方法有：①调整原料乳组成：向原料乳中添加一定量的乳粉、蛋白粉和稀奶油等，以达到标准化的目的；②浓缩原料乳：采用蒸发、反渗透或者超滤等浓缩方法，去除牛乳中一定比例的水分，达到浓缩的目的；③复原乳：由于乳源条件的限制，可以使用乳粉、蛋白粉和无水奶油等，根据所需原料乳的成分，用水复原成标准原料乳供后续生产加工使用，在终产品标签上按照要求注明"复原乳"字样。

按生产配方配料时，要求称量准确、投料有序、混合均匀，不同原料的最适化料温度不同，可以根据供应商提供的建议参数综合考虑，确定最终的化料温度和时间，以保证最优的加工效果。

如果需要添加果汁，应使用 2 倍体积且低于 20℃的纯净水将果汁进行稀释，并加入碳酸氢钠调节果汁 pH 至不低于 6.0，再缓缓加入至已经溶解好其他辅料的料液中。

（3）均质 配料完成后进行脱气和均质处理。脱气是为了去除配料时不可避免地混入的空气，均质的主要目的是为了保证乳脂肪均匀分布，阻止奶油上浮。即使料液中的脂肪含量低，均质也能改善酸乳产品的稠厚度和稳定性，并使得酸乳质地细腻顺滑，口感良好。均质所采用的压力一般为 18~25MPa，温度为 60~65℃。

（4）热处理 料液通常采取 90~95℃保持 5min 的杀菌方法，热处理的主要目的：①杀灭料液中的杂菌，为乳酸菌的正常生长和繁殖创造条件，同时保证食品安全；②钝化原料乳中对乳酸菌有抑制作用的物质，除去乳中的氧，降低氧化还原电势等；③使乳清蛋白充分变性，改善酸乳的硬度和黏度等质构特征，防止成品乳清析出，尤其是 β-乳球蛋白，能够与 κ-酪蛋白相互作用，使酸乳形成稳定的凝胶体系。

（5）接种 杀菌后的料液要马上降温至发酵剂最适生长温度，用嗜热链球菌与保加利亚乳杆菌的复合发酵剂时，最适发酵温度为（42±1）℃，若使用其他嗜温菌进行发酵，发酵温度可能为 32~37℃。需要强调的是，如果终产品为凝固型酸乳，而预处理能力与包装能力并不匹配，那么料液应冷却至 10℃以下，最好是 5℃，灌装之前再升温至发酵温度。

接种是造成发酵料液受微生物污染的主要环节之一，必须严格注意操作卫生，尽可能防止霉菌、酵母和噬菌体以及其他有害微生物的污染。发酵剂投入料液后要充分搅拌使其溶解，杜绝出现料液发酵状态不均匀的现象。

3. 凝固型酸乳的加工工艺及质量控制

凝固型酸乳的生产线如图 4-2 所示。

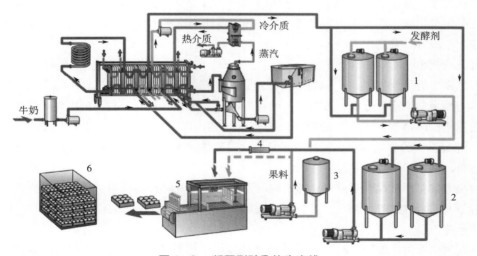

图 4-2 凝固型酸乳的生产线

1—生产发酵剂罐 2—缓冲罐 3—果料罐 4—管道混合器 5—包装机 6—发酵间

（1）工艺要求与操作要点

①灌装：可根据产品设计和市场需求选择包装形式，如瓶装、碗装或杯装等。对于回收利用的容器如玻璃瓶，在使用前要进行严格的清洗和消毒处理。

②发酵：灌装后的包装容器摆放在敞口的箱子中，互相之间留出适当空隙，使发酵室的热气和冷却室的冷气能够高效地在容器之间流动循环。箱子堆放在托盘上送入发酵室，注意摆放位置和顺序，原则上是先进者先出。发酵室内温度的准确控制是产品质量均匀一致的基本前提，应避免忽高忽低和上下不均；发酵期间应避免震动，否则会影响凝乳状态；控制好发酵时间，避免酸度不够、凝乳过软，或酸化过度以致乳清析出。

产品的发酵终点可依据以下条件进行判断：a. GB 19302—2010《食品安全国家标准　发酵乳》规定，产品的出厂酸度应不低于70°T，实际生产中，因考虑到冷却过程中产品的酸度还会继续上升，65 ~ 70°T 即可终止发酵；当然，产品酸度的高低还应根据当地消费者的喜好或者季节变化灵活调整；b. 产品 pH 低于4.6；c. 产品凝乳状态完整，表面有少量水痕。

③冷却：达到发酵终点的产品应立即移入4℃左右的冷库中，迅速降温以有效地抑制乳酸菌的继续生长，终止发酵防止产酸过度；同时，降低和稳定脂肪上浮和乳清析出的速度。

④冷藏后熟：冷藏温度一般为2 ~ 6℃。在冷藏期间，产品的酸度仍会有所上升，同时风味成分双乙酰含量会增加，与其他多种风味物质相互平衡共同构成酸乳的特征香气，通常把这个阶段称作后熟。试验表明，产品中双乙酰的含量在冷藏24h 后达到最高，之后又开始下降。经过冷藏后熟之后，产品出厂开始上市售卖。

（2）凝固型酸乳常见质量问题及控制　在酸乳的生产过程中，由于各种原因，难免会出现一些质量问题，下面简要阐述问题发生的可能原因及相应的控制措施。

①凝固性差或不凝固

问题发生的可能原因：a. 原料乳质量差，如抗生素残留或含有防腐剂都会影响乳酸菌正常发酵，总干物质含量低也会导致凝乳效果不佳；b. 发酵温度和时间控制不准确；c. 噬菌体污染；d. 发酵剂本身活力不足，或者接种量偏低；e. 糖的添加量过大，产生高渗透压，乳酸菌细胞脱水，从而影响发酵进程。

解决方案：选用优质原料乳，严把原料验收关；严格控制发酵条件，保证发酵温度稳定、发酵时长适宜；正确使用发酵剂产品，并定期使用轮换菌种，预防噬菌体感染；料液中糖的添加量最好不要高于10%。

②乳清析出

问题发生的可能原因：a. 原料乳热处理强度不够，乳清蛋白变性比例不足，而变性乳清蛋白可与酪蛋白形成复合物，容纳更多的水分；b. 发酵时间过长，过高的酸度破坏了已经形成的蛋白质胶体结构，或者发酵时间过短，胶体结构尚未充分形成，都会导致产品乳清析出；c. 原料乳中的钙盐不足，干物质含量低，接种量过大，或者机械震动等因素，也都会造成乳清析出现象。

解决方案：严格控制料液热处理时间、发酵时间、发酵剂接种量；另外，在生产中可添加适量的 $CaCl_2$，减少乳清析出的同时也能赋予产品一定的硬度。

③风味不良

问题发生的可能原因：a. 由于菌种选择及操作工艺不当，混合菌株发酵时菌株之间比例异常，导致产香不足、风味不佳；b. 发酵剂或者发酵过程中有杂菌污染，引起不洁味道，污染丁酸菌会使产品有刺鼻怪味，污染酵母不仅产生异味，还会产气，破坏酸乳的组织状态；c. 酸乳过酸或者过甜，都会导致酸甜比失衡，影响风味。

解决方案：保证混合菌株在适宜的温度条件下发酵；严格控制发酵时间，对酸度进行监控，掌握发酵终点；在生产过程中，严防环境和操作过程中的微生物污染。

④霉菌污染：酸乳在贮存时间过长或者环境温度过高时，往往在表面出现霉菌，引起食品安全风险；因此要严格保证生产卫生条件，控制好贮存温度和时间。

4. 搅拌型酸乳的加工工艺及质量控制

搅拌型酸乳的加工工艺与技术要求基本与凝固型产品相同，两者的最大区别在于，凝固型酸乳是先灌装后发酵，而搅拌型酸乳是先发酵再灌装，其生产线如图4-3所示。

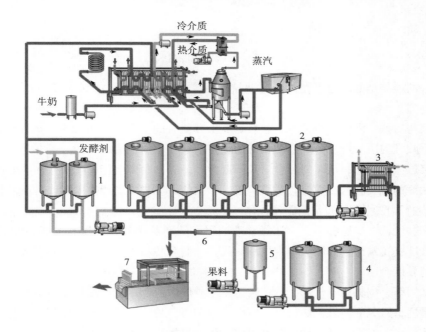

图4-3 搅拌型酸乳的生产线

1—生产发酵剂罐 2—发酵罐 3—板式热交换器 4—缓冲罐
5—果料罐 6—管道混合器 7—包装机

（1）工艺要求与操作要点

①发酵：搅拌型酸乳的发酵是在发酵罐中进行的，发酵罐带有保温夹层，并设有温度实时监控和调节装置，以便精准控温，避免温度上下波动对酸乳的发酵产生不利影响。使用直投式发酵剂生产搅拌型酸乳时，典型的培养条件为（42±1）℃，4～6h。

②破乳冷却：当酸乳达到发酵终点后即可搅拌破乳，一般来讲可接受的破乳酸度为68～74°T。破乳就是对凝乳施加剪切力，通过机械力破碎凝胶体系。如果破乳过于激烈，不仅会降低凝乳的黏稠度，而且可能导致分层现象。分层是由于混入空气引起的，当出现分层时，上层是凝乳颗粒、脂肪和空气，下层是分离出的乳清和气泡。如果对凝乳搅拌得当，不仅不会出现分层现象，还会使凝乳变得稳定，大大提升保水性。

破乳后的酸乳已具有较好的流动性，通过泵输送至板式热交换器中进行冷却，保证产品在不受强烈机械搅动的情况下可以迅速降温至 15~22℃，降低乳酸菌的活性，阻止酸度的进一步增加。冷却后的酸乳在进入灌装机之前一般先打入待装罐。

③果料混合与调香：酸乳与果料的混合有两种方式：一种是间歇混料法，在待装罐中将酸乳与杀菌的果料混匀，此法适用于生产规模较小的企业；另一种是连续混料法，通过一台可变速的计量泵将杀菌的果料连续地添加到酸乳中去，经过混合装置（图4-4）将二者混合均匀，果料计量泵和酸乳给料泵是同步运转的。

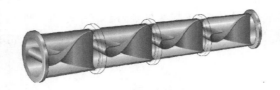

图4-4　在线果料混合装置

需调香的搅拌型酸乳也可在待装罐添加香精，加入后开启搅拌 10~15min，确保香精与酸乳混合均匀。

④灌装与后熟：灌装时应注意，包装容器上方留有的空隙应尽可能少；确保计量设备准确，充填后酸乳的质量应一致；灌装机必须保持清洁，为避免空气污染，充填室应安装滤菌空调以便接近无菌状态；灌装时尽量避免激起泡沫，否则会影响产品在货架期内的稳定性。

将包装好的酸乳移入冷库进行后熟，进一步促使芳香物质的产生以及改善产品黏度。

（2）搅拌型酸乳常见质量问题及控制

①产品黏度低，口感稀薄：应注意合理选用发酵剂及接种量，控制发酵温度不可偏高，在恰当的酸度终止发酵；控制破乳力度和时间，控制泵的料液输送速度，尽量减少剪切力以保留产品的黏度。

②沙状组织，细腻度不佳：沙状结构可由多种原因造成，生产搅拌型酸乳时，应选择恰当的发酵温度，避免原料乳受热过度，减少乳粉和蛋白粉的用量或者优化化料工艺。

③乳清析出：酸乳破乳时搅拌速度过快、过度搅拌、泵送时混入空气、发酵过度或干物质含量低，都会造成乳清分离。因此，应选择合适的搅拌器并控制破乳力度，同时可选用合适的稳定剂，提高酸乳的黏度进而防止乳清析出。

④风味不佳：除去与凝固型酸乳相同的原因外，在发酵完成后的搅拌过程中，如果操作不当混入大量空气，有可能造成霉菌和酵母的污染，导致酸乳在贮存过程中变质，产生不良风味。因此生产过程中应对搅拌速度和时间加以控制，同时尽可能不要打开发酵罐和待装罐的顶盖。

⑤色泽异常：生产中加入的果蔬原料如果处理不当易引起变色或褪色现象，应根据果蔬原料的加工特性与酸乳进行合理的搭配，必要时可添加抗氧化剂或者食品级色素来保证货架期内酸乳产品颜色的稳定性。

5. 饮用型酸乳

随着酸乳市场的发展，产品越来越多样化，近年来开始流行一种低黏度、可饮用的酸乳产品。三种可选加工流程见图4-1。

在饮用型酸乳的生产中，大部分工艺与搅拌型酸乳相同，不同之处在于发酵完成之后的处理工序。发酵结束后，可直接通过均质处理降低产品黏度，也可先与稳定剂、香精等混合后再进行均质，经过或者不经过杀菌步骤，通过匹配的灌装方式，得到具有不同货架期的饮用型酸乳产品。

6. 常温酸乳

酸乳产品越来越趋向于大规模集约化生产，市场范围的不断扩大和渠道的不断下沉带来的结果是运输距离和时间的增加，由于冷链运输成本相对较高，以及目前国内冷链条件的不完善，因此，需要延长酸乳的货架期，并且使其能在室温条件下保存。

一款酸乳产品的保质期是众多因素综合作用的结果，涉及的问题包括黏度变化、乳清析出、酸甜比失衡、颜色和风味改变等，而最重要的是食用安全性。常温酸乳，即巴氏杀菌热处理风味发酵乳，它的生产工艺与普通搅拌型酸乳相比主要有 3 处不同：①原料乳需要通过强度更大的杀菌或者其他处理方式，以确保杀死或者去除所有微生物包括孢子，以防止孢子在货架期内萌发，引起食品安全问题；②发酵结束后，料液要进行巴氏杀菌处理，75℃/15s 足以将料液中的嗜热链球菌和保加利亚乳杆菌灭活；③无菌灌装。目前市面上的常温酸乳可以在室温条件下保存 6 个月。

7. 酸乳的质量标准

要符合 GB 19302—2010《食品安全国家标准 发酵乳》中的规定。

（1）感官要求 见表4-2。

表4-2 感官要求

项目	要求		检验方法
	发酵乳	风味发酵乳	
色泽	色泽均匀一致，呈乳白色或微黄色	具有与添加成分相符的色泽	取适量试样置于 50mL 烧杯中，在自然光下观察色泽和组织状态。闻其气味，用温开水漱口，品尝滋味
滋味、气味	具有发酵乳特有的滋味、气味	具有与添加成分相符的滋味和气味	
组织状态	组织细腻、均匀，允许有少量乳清析出；风味发酵乳具有添加成分特有的组织状态		

（2）理化指标 见表4-3。

表4-3 理化指标

项目		指标		检验方法
		发酵乳	风味发酵乳	
脂肪[a]/（g/100g）	≥	3.1	2.5	GB 5009.6—2016
非脂乳固体/（g/100g）	≥	8.1	—	GB 5413.39—2010
蛋白质/（g/100g）	≥	2.9	2.3	GB 5009.5—2016
酸度/°T	≥	70.0		GB 5009.239—2016

注：[a] 仅适用于全脂产品。

（3）微生物限量　见表4-4。

表4-4　　　　　　　　　　　　　　　　微生物限量

项目	采样方案[a]及限量（若非指定，均以 CFU/g 或 CFU/mL 表示）				检验方法
	n	c	m	M	
大肠菌群	5	2	1	5	GB 4789.3—2016 平板计数法
金黄色葡萄球菌	5	0	0/25g（mL）	—	GB 4789.10—2016 定性检验
沙门菌	5	0	0/25g（mL）	—	GB 4789.4—2016
酵母　　≤	100				GB 4789.15—2016
霉菌　　≤	30				

注：[a]样品的分析及处理按 GB 4789.1—2016 和 GB 4789.18—2010 执行。

（4）乳酸菌数　见表4-5。

表4-5　　　　　　　　　　　　　　　　乳酸菌数

项目	限量/[CFU/g（mL）]	检验方法
乳酸菌数[a]　　≥	1×10^6	GB 4789.35—2016

注：[a]发酵后经热处理的产品对乳酸菌数不做要求。

（5）其他

①发酵后经热处理的产品应标识"××热处理发酵乳""××热处理风味发酵乳""××热处理酸乳/奶"或"××热处理风味酸乳/奶"。

②全部用乳粉生产的产品应在产品名称紧邻部位标明"复原乳"或"复原奶"；在生牛（羊）乳中添加部分乳粉生产的产品应在产品名称紧邻部位标明"含××% 复原乳"或"含××% 复原奶"。

注："××%"是指所添加乳粉占产品中全乳固体的质量分数。

③"复原乳"或"复原奶"与产品名称应标识在包装容器的同一主要展示版面；标识的"复原乳"或"复原奶"字样应醒目，其字号不小于产品名称的字号，字体高度不小于主要展示版面高度的五分之一。

五、　知识拓展——植物基酸乳

"植物基"作为2019年十大流行食品营养健康趋势之一，被看作食品行业新的发力点和增长点；而在 Innova 市场洞察的有关2020年主要趋势报告中指出，随着消费者兴趣的增长，基于植物的乳制品品类有望实现多元化。植物蛋白并不会取代动物蛋白，但确实受到了越来越多消费者的关注和喜爱，在未来，两种来源的乳制品都将是人类摄取能量的重要食品来源。

相比于牛乳制品，植物基产品不存在乳糖不耐受问题，不存在抗生素残留问题，环境友好，同时饱和脂肪酸含量低，纤维素含量高，并且能够满足素食主义者的饮食需求，因而获得了消费者的青睐，食用植物基产品被视为一种饮食结构更加合理、更加健康的生活方式。

常见的植物基食品来源有豆类、椰子、巴旦木、燕麦和核桃等，其中最为传统的是大豆。目前，世界范围内比较著名的植物基酸乳生产商有英国 Alpro、日本 Pokka Sapporo、日本 Marusan、日本雪印、法国 St Hubert、美国 Chobani、美国 Nush、以色列 Yofix 等。在国内，农夫山泉于 2019 年推出三款不同口味的纯植物蛋白质发酵的"植物酸乳"，成为国内首个植物基酸乳品牌，开拓了国内代乳制品的新品类。

第二节　干 酪 生 产

干酪是一种营养价值非常高的乳制品，据统计，世界上的干酪多达 2000 种，其中较为著名的有 400 多种。欧洲发达国家是干酪的主要消费国，干酪的消费在西方已经形成一种餐饮文化，部分国家的人均年消费量超过 20kg。目前，干酪行业在国内属于乳品中的新兴领域，整体技术水平与发达国家相比有很大差距，但近几年来，无论是国内的干酪产量还是消费水平都呈现出了明显的上升趋势，说明国内市场已经开始启动。随着世界各国饮食文化的交流与融合，人们会慢慢地形成新的消费意识和消费习惯，干酪会逐渐走进越来越多的普通家庭。

一、　干酪的概述

1. 干酪的概念

干酪，又名奶酪、芝士、起司，是在乳中加入适量的发酵剂和（或）凝乳酶，使乳蛋白质（主要是酪蛋白）凝固后，排出乳清而得到的浓缩产品。联合国粮食及农业组织（FAO）和世界卫生组织（WHO）制定了国际上通用的干酪定义：干酪是以乳、稀奶油、（部分）脱脂乳、酪乳或这些产品的混合物为原料，经凝乳酶或其他凝乳剂凝乳，并排出乳清而制得的新鲜或发酵成熟的乳制品。国际上通常把干酪分为三大类：天然干酪（natual cheese）、再制干酪（processed cheese）和干酪食品（cheese food）。以上三类干酪的主要规格如表 4-6 所示。

表 4-6　　　　　　　　天然干酪、再制干酪和干酪食品的主要规格

名称	规格
天然干酪	以乳、稀奶油、部分脱脂乳、酪乳或混合乳为原料，经凝固后，排出乳清而获得的新鲜或成熟的产品，允许添加天然香辛料以增加香味和滋味
再制干酪	用一种或一种以上的天然干酪，添加食品卫生标准所允许的添加剂（或不加添加剂），经粉碎、混合、加热熔化、乳化后而制成的产品，含乳固体 40% 以上。此外，还规定： ①允许添加稀奶油、奶油或乳脂以调整脂肪含量 ②为了增加香味和滋味，所添加的香料、调味料及其他食品必须控制在乳固体的 1/6 以内。但不得添加脱脂乳粉、全脂乳粉、乳糖、干酪素以及不是来自乳中的脂肪、蛋白质及碳水化合物

续表

名称	规格
干酪食品	用一种或一种以上的天然干酪或再制干酪，添加食品卫生标准所允许的添加剂（或不加添加剂），经粉碎、混合、加热熔化而制成的产品，产品中干酪比例须占 50% 以上。此外，还规定： ①所添加的香料、调味料或其他食品须控制在产品干物质的 1/6 以内 ②添加的非乳脂肪、蛋白质、碳水化合物不得超过产品的 10%

另外，国家标准 GB 5420—2010《食品安全国家标准 干酪》当中，对干酪的术语和定义做出了明确规定：干酪是成熟或未成熟的软质、半硬质、硬质或特硬质，可有涂层的乳制品，其中乳清蛋白/酪蛋白的比例不超过牛乳中的相应比例。干酪由下述方法获得。

（1）在凝乳酶或其他适当的凝乳剂的作用下，使乳、脱脂乳、部分脱脂乳、稀奶油、乳清稀奶油、酪乳中一种或几种原料的蛋白质凝固或部分凝固，排出凝块中的部分乳清而得到。这个过程是乳蛋白质（特别是酪蛋白部分）的浓缩过程，即干酪中蛋白质的含量显著高于所用原料中蛋白质的含量。

（2）加工工艺中包含乳和（或）乳制品中蛋白质的凝固过程，并赋予成品与（1）所描述产品类似的物理、化学和感官特性。

同时还分别定义了三个细分种类。成熟干酪（ripened cheese）：生产后不能马上使（食）用，应在一定温度下储存一定时间，以通过生化和物理变化产生该类干酪特性的干酪。霉菌成熟干酪（mould ripened cheese）：主要通过干酪内部和（或）表面的特征霉菌生长而促进其成熟的干酪。未成熟干酪（unripened cheese）：未成熟干酪（包括新鲜干酪）是指生产后不久即可使（食）用的干酪。

关于再制干酪，国家标准 GB 25192—2010《食品安全国家标准 再制干酪》当中给出的定义为：以干酪（比例大于 15%）为主要原料，加入乳化盐，添加或不添加其他原料，经加热、搅拌、乳化等工艺制成的产品。

2. 干酪的分类

干酪种类的划分与命名，主要根据干酪的原产地、生产工艺、产品外观、理化指标和微生物学特性等内容而进行。有些干酪，在原料和生产工艺上基本相同，由于产地不同或者形状大小、包装方法不同，其名称也不同，所以世界范围内干酪品种繁多。国际上比较通行的分类方法，是以质地和成熟情况对天然干酪进行分类。

根据水分在非脂成分中的比例（MFFB），可将干酪分为特硬质、硬质、半硬质、半软质和软质干酪。根据发酵成熟情况，可将干酪分为成熟干酪、霉菌成熟干酪和未成熟干酪。详细内容见表 4-7。

表 4-7　　　　　　　　　　　　干酪的分类及主要品种

形体特征	非脂成分中水分含量/%	与成熟有关的微生物	主要干酪品种	原产国
特硬质干酪	<41	细菌	帕马森干酪（Parmesan） 罗马诺干酪（Romano）	意大利

续表

形体特征	非脂成分中水分含量/%	与成熟有关的微生物		主要干酪品种	原产国
硬质干酪	49～56	细菌	大气孔（眼）	埃曼塔尔干酪（Emmenthal）	瑞士
				格鲁耶尔干酪（Gruyere）	
			无气孔	切达干酪（Cheddar）	英国
半硬质干酪	54～63	细菌	小气孔	高达干酪（Gouda）	荷兰
			无气孔	爱达姆干酪（Edam）	
半软质干酪	61～69		细菌	砖状干酪（Brick）	德国
				林堡干酪（Limburgar）	
			霉菌	罗奎福特干酪（Roquefort）	法国、丹麦
				蓝纹干酪（Blue）	
软质干酪	＞67		霉菌	卡门培尔干酪（Camembert）	法国
			不经成熟	酪农干酪（Cottage）	美国
				奶油干酪（Cream）	

另外，按照凝乳方式的不同，还可以把干酪分为四类：①酶凝乳干酪，大部分干酪属于此类，如切达干酪；②酸凝乳干酪，如夸克干酪（Quark）、奶油干酪；③热 - 酸联合凝乳干酪，如里科塔干酪（Ricotta）；④浓缩 - 结晶化干酪，如挪威乳清干酪（Mysost）。

二、　主要原辅料及预处理

1. 发酵剂

（1）发酵剂概述　根据微生物在干酪生产和成熟阶段所发挥作用的不同，可以将干酪中的微生物分为两类，即发酵剂和非发酵剂乳酸菌（nonstarter lactic acid bacteria，NSLAB）；而发酵剂又可以进一步细分为一级发酵剂和二级发酵剂。

①一级发酵剂：一级发酵剂主要由嗜热型或嗜温型的乳酸菌菌株组成，能够代谢乳糖生成乳酸，形成低酸环境抑制有害菌的生长繁殖，同时促进凝乳酶的凝乳作用。一级发酵剂也参与蛋白质和脂肪的降解，产生干酪的风味物质。

商业乳酸菌发酵剂主要有嗜温菌中的乳酸乳球菌（*Lactococcus lactis*）、明串珠菌属（*Leuconostoc*），嗜热菌中的嗜热链球菌（*Streptococcus thermophilus*）、保加利亚乳杆菌（*Lactobacillus delbrueckii* ssp. *bulgaricus*）、瑞士乳杆菌（*Lactobacillus helveticus*）等。

②二级发酵剂：二级发酵剂是应用在表面成熟干酪中的发酵剂，通常为好氧微生物，其作用是改善干酪的外观、风味和组织结构，加快干酪成熟过程。表面成熟干酪主要有两种类型，即霉菌成熟干酪和细菌表面涂抹干酪。二级发酵剂在使用时可同一级发酵剂一起添加到乳中，或者先接种在无菌盐水中再喷洒、涂抹至干酪表面。

此外，二级发酵剂可赋予干酪产品某种特定的性质，如瑞士干酪的气孔主要是由谢氏丙酸杆菌费氏亚种（*Propionibacterium shermanii* ssp. *Freudenreichii*）产气形成，而干酪表面的着色主要归功于娄地青霉（*Penicillium roqueforti*）、沙门柏干酪青霉（*Penicillium camemberti*）和扩展短杆菌（*Brevibacterium linens*）。

③非发酵剂乳酸菌：在干酪的成熟过程中，微生物处于一个不利生存的环境，营养匮乏、低水分、低 pH，这样的条件抑制了很多微生物的生长，然而一些乳酸菌可以在此环境中存活并产生有益于干酪的作用，它们通常来自生乳或者工厂环境，不能产酸或者几乎不产酸，对干酪成熟过程中的蛋白质水解、脂类水解以及酶类的释放起促进作用，能够加速干酪的成熟，被称为非发酵剂乳酸菌（NSLAB）。

NSLAB 是一类在干酪成熟过程中处于优势并对风味的形成具有重要作用的乳酸菌群，主要是由嗜温型乳杆菌组成，其中干酪乳杆菌、植物乳杆菌和弯曲乳杆菌数量最多；也包括一些片球菌和肠球菌，但数量很少。从成熟期干酪天然存在的 NSLAB 中精心筛选出来的性能优越的菌株，可作为辅助发酵剂，添加至干酪中用于提高产品的感官品质，加快成熟、降低生产成本。

（2）发酵剂的制备　目前，干酪厂家一般使用粉末状的冷冻干燥发酵剂（单菌种或混合菌种）进行生产。

①乳酸菌发酵剂的制备：内容详见第四章第一节。

②霉菌发酵剂的调制：除去使用的菌种及培养温度有差异外，霉菌发酵剂调制的基本方法与乳酸菌相似。将面包去掉表皮后切成小立方体，盛于三角瓶，加适量水并进行高压灭菌。先将霉菌悬浮于无菌水中，再将水喷洒至灭菌后的面包上，于 21~25℃的恒温箱中培养 8~12h，使霉菌孢子布满面包表面。从恒温箱中取出面包，在 30℃下干燥 10d，也可在室温下进行真空干燥。最后将面包研磨成粉末，经筛选后，盛于容器中保存。

2. 凝乳酶

根据来源，凝乳酶可以分为动物性凝乳酶、植物性凝乳酶、微生物凝乳酶和基因工程凝乳酶四大类；通常所说的凝乳酶，特指从多胃反刍动物的第四胃中（特别是牛、绵羊、山羊）提取而来的天然的、动物来源的凝乳酶体系。凝乳酶主要由皱胃酶和胃蛋白酶组成，因为是通过提取工艺获得的天然产品，所以还含有少量其他酶类如胃亚蛋白酶，以及一些低分子质量的组分如多肽、氨基酸和脂肪酸等。其中皱胃酶和胃蛋白酶的比例取决于动物的年龄，理想情况下小牛皱胃中皱胃酶所占的比例可高达 80%，随着年龄的增长，皱胃中胃蛋白酶的占比会提高。商业化的凝乳酶产品会根据实际需要，对皱胃酶和胃蛋白酶进行标准化处理，从而获得不同比例的产品以满足不同的市场需求。

（1）凝乳酶的作用机理　凝乳酶在促进凝乳过程中的主要作用对象是酪蛋白。酪蛋白占牛乳蛋白质总量的 80%~82%，在自然状态下，以酪蛋白胶束的形式存在，胶束的粒径为 20~300nm。酪蛋白不是单一的蛋白质，其胶束由 α_{s1}、α_{s2}、β 和 κ-酪蛋白组成，疏水性的 α_s-酪蛋白、β-酪蛋白构成了胶束内部，κ-酪蛋白几乎全部覆盖在表面构成了胶束外部。κ-酪蛋白通过 C 末端形成的毛发层位于胶束的最外端，在表面排列形成"外壳"，从而使胶束带负电荷。一方面，酪蛋白胶束通过胶束间毛发层的空间位阻作用与静电斥力作用而稳定地存在于牛乳之中，能够承受适度的加热和冷却处理，不会出现明显的聚集或者基本结构被破坏的问题。另一方面，酪蛋白胶束很容易通过凝乳酶的作用或者酸化处理而产生凝乳现象，这正是制作酸乳和干酪类产品的基础。

凝乳酶可以破坏原本稳定的酪蛋白胶束结构（图 4-5），使得胶束之间发生聚集而形成凝乳，凝乳的过程可分为两个阶段。第一阶段，凝乳酶特异性地作用于 κ-酪蛋白的 105 位苯丙胺酸和 106 位甲硫氨酸之间的肽键位点，水解 κ - 酪蛋白成为酪蛋白糖巨肽（CMP）与副 κ - 酪蛋白。随着带负电的亲水性 CMP 释放至乳清，酪蛋白胶束表面的负电荷减少，胶束间的静电斥力下降；同时，毛发层切除致使胶束间的空间位阻降低。当 κ - 酪蛋白的酶解达到一定程度时，酪蛋白胶束的稳定性下降，酶凝进入第二阶段。在第二阶段，酪蛋白之间通过疏水键形成三维网状结构，并通过 Ca^{2+} 架桥作用聚集，从而形成凝乳。

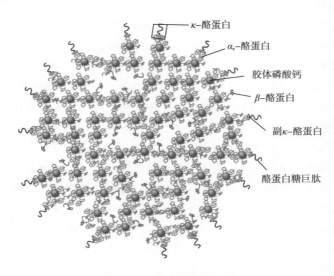

图 4-5　酪蛋白胶束结构

（2）影响凝乳酶作用的因素

①pH 的影响：降低 pH 可以缩短凝乳酶的凝乳时间，使得反应速度加快，凝块硬度变大。对于酶凝乳干酪，添加凝乳酶的 pH 点从原料乳初始 pH 到 pH6.00 不等，主要集中在 pH6.30 ~ 6.50 范围内。

②钙离子的影响：只有乳中存在自由 Ca^{2+} 时，被凝乳酶转化的酪蛋白才能凝结，所以乳中自由 Ca^{2+} 的浓度会影响酶凝乳时间、凝块硬度和乳清的排出。如果原料乳中 Ca^{2+} 含量不足，在乳中添加钙盐使之恢复平衡就变得非常重要，常见的方法是添加 $CaCl_2$ 溶液。

③温度的影响：凝乳酶在 40 ~ 42℃ 条件下凝乳活力最强，但是在实际的干酪生产中，乳温通常保持在30 ~ 33℃，一方面是考虑到乳酸菌的最适生长温度（比如乳酸乳球菌的最适温度在30℃左右）；另一方面是较高温度下凝块硬化速度过快，会对后续的排乳清工艺以及最终干酪产品的含水量和硬度产生影响。

（3）凝乳酶的活性

①凝乳酶的活性单位（rennin unit，RU），是指 1g（mL）凝乳酶在 35℃ 条件下，40min 内所能凝固的牛乳的毫升数。根据活性，可以计算出凝乳酶的用量。

②凝乳酶的活性还可以用 IMCU/g（mL）表示，即国际凝乳酶活性单位（international milk clotting units per gram or per millilitre）。根据 ISO 11815/IDF 157 提供的方法，在 32℃、pH6.50 的条件下，将牛乳标准化后作为作用基质，测定凝乳酶与标准蛋白酶的凝乳活性并进行比较，得出活性数值。

（4）其他凝乳助剂　近年来，由于干酪产量的不断上升，动物来源凝乳酶出现了供需矛盾以及价格偏高等现象，这使得寻求其替代物成为乳品科学领域研究的热点之一。其他来源的凝乳助剂的开发和研制越来越受到普遍的重视，并且很多产品已应用到干酪的生产中。

①植物性凝乳酶：几乎在所有的植物组织中均发现了具备凝乳功能的蛋白酶。植物性凝乳酶的凝乳能力一般较强，可以高效地凝乳，但是一些植物性凝乳酶的水解蛋白质能力也很强，容易导致干酪在成熟过程中出现苦味。实际应用时，要考虑凝乳能力与蛋白水解能力的平衡。从木瓜、菠萝、蓟属植物、无花果等植物中提取的凝乳酶，已经广泛应用于素食食品加工业。

②微生物凝乳酶：微生物凝乳酶一般来源于霉菌、细菌和担子菌，在生产中得到应用的主要是霉菌来源凝乳酶，如从微小毛霉菌中分离出的蛋白酶。

微生物凝乳酶具有良好的发展前景。微生物培养方法简单、生长周期短，受气候和地域限制小，用其生产凝乳酶成本低，提取工艺简单，经济效益高。用微生物凝乳酶生产的干酪已占世界干酪总产量的1/3。然而也存在一些问题，微生物凝乳酶通常具有较高的蛋白水解能力，一方面导致乳清中蛋白质含量高，对干酪得率有负面作用；另一方面，使得干酪在成熟过程中因蛋白质分解产生苦味肽而出现苦味。

③基因工程凝乳酶：由于皱胃酶的各种替代酶在实际应用中表现出某些缺陷，迫使人们利用新的技术与途径来寻求犊牛以外的皱胃酶来源。将小牛皱胃酶编码基因在霉菌、食品级酵母和大肠杆菌等宿主中表达，进而生产重组皱胃酶已成为解决现实问题的有效途径之一。自从1990年利用重组DNA技术发酵生产皱胃酶的方法得到美国FDA认证和批准以来，基因工程发酵生产皱胃酶已在美国广泛应用并在世界范围内逐渐被接受。

基因工程重组皱胃酶通常只含有一种基因变体（B型），而天然小牛皱胃酶由A、B、C三种类型组成，对于干酪香气和风味的形成起着至关重要的作用，有难以取代的优势。另外，一些国家如法国、德国和荷兰，禁止使用重组凝乳酶生产干酪；欧盟国家的某些原产地保护的干酪品种，只允许使用动物来源凝乳酶生产。

三、 主要微生物与生化过程

1. 干酪加工和成熟过程中的微生物变化

干酪的加工与成熟是一个复杂的过程，不同的工艺阶段涉及不同的微生物，并且同一产品的不同部位之间的微生物分布也可能具有明显差异，综合起来构成了一个复杂的、动态的干酪微生态系统。

干酪中的微生物可分为一级发酵剂、二级发酵剂和非发酵剂乳酸菌（NSLAB），三者在不同的时期发挥着不同的作用。一级发酵剂的主要功能是在加工前期发酵产酸，在30~37℃的条件下，数小时内迅速生长达到10^8CFU/g甚至更高，把乳糖转化为乳酸，使牛乳pH降至5.3以下。它们在干酪成熟期间自溶释放的多种蛋白酶、肽酶也会参与到蛋白质的水解过程中，并使氨基酸进一步转化为风味物质。

当干酪从前期加工阶段进入成熟阶段，内部的环境条件也逐步发生了变化，水分活度降低、pH降低、成熟温度远远低于发酵温度，作为发酵剂的链球菌和乳球菌会因为自溶现象在干酪成熟期快速下降，而非发酵剂乳酸菌则会在干酪成熟期快速上升，进而成为优势菌群，对干酪的品质特性和风味特性起到决定性的作用。

此外，在霉菌干酪的成熟期，蛋白质水解主要是由第二发酵剂也就是霉菌产生的酶在发挥作用。

2. 干酪加工和成熟过程中的生化变化

在干酪的加工和成熟过程中，涉及的生化反应主要有糖酵解、蛋白质水解和脂肪水解；然后是次级分解代谢，包括脱氨、氨化、脱硫、去羧基等，以及一些合成代谢，比如酯化作用。风味平淡的凝乳，经过成熟期复杂的生物化学变化，形成了干酪典型的滋味、气味和组织状态。

（1）碳水化合物的代谢　乳中的碳水化合物主要由乳糖和柠檬酸盐组成，以及很少量的与 κ - 酪蛋白结合的糖蛋白。

在凝乳的生产中，发酵剂代谢乳糖产生乳酸是主要和必需的反应。乳酸的产量和体系的缓冲容量决定了干酪的 pH，影响着微生物和酶的相互作用，进而对干酪的风味产生影响。

图 4-6 总结了干酪中乳糖的代谢和所形成的乳酸的代谢途径。

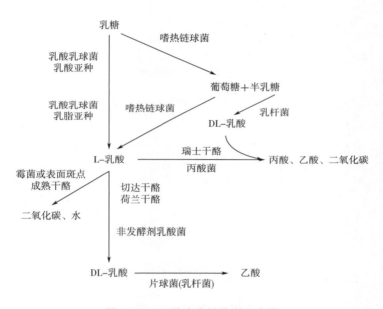

图 4-6　干酪中乳糖代谢示意图

（2）蛋白质的代谢　干酪中的蛋白质主要由酪蛋白和少量的乳清蛋白组成。在干酪成熟期间发生的三个基本生化反应中，蛋白质水解是最复杂也是最重要的反应；水解的主体是酪蛋白，乳清蛋白几乎不发生水解。干酪成熟过程中酪蛋白的水解是在各种来源的蛋白酶和肽酶的作用下进行的。酶的主要来源有：凝乳酶、通过发酵剂引入的蛋白酶和氨基肽酶、乳本身含有的酶和非发酵剂乳酸菌中的酶。酪蛋白水解是将凝块转化为成熟干酪的关键步骤，对产品的质地和风味都有相当大的贡献，尤其是通过短肽和氨基酸所产生的背景风味。氨基酸分解成为许多芳香族化合物，是干酪风味的主要贡献因素。图 4-7 是干酪中酪蛋白和氨基酸代谢示意图。

（3）脂肪的代谢　干酪中的脂肪代谢主要依靠脂肪酶和酯酶，脂肪酶作用于乳化的乳脂成分，而酯酶作用于水溶性成分。脂解过程中释放出来的中链和短链脂肪酸直接成为干酪的风味成分，而游离氨基酸进一步降解形成的醇、酮酸和醛也可以赋予干酪特征风味。图 4-8 是干酪中脂肪分解示意图。

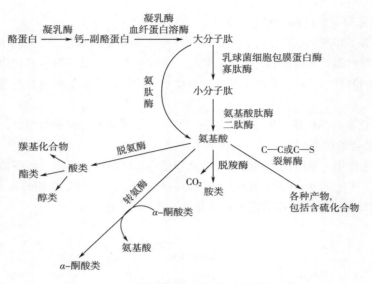

图 4 – 7　干酪中酪蛋白和氨基酸代谢示意图

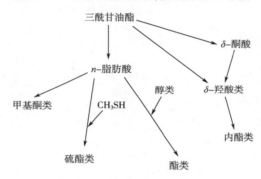

图 4 – 8　干酪中脂肪分解示意图

四、加 工 工 艺

1. 天然干酪的工艺流程与操作要点

（1）工艺流程　虽然干酪的种类繁多，但各种天然干酪的生产工艺，除了在个别环节上有所差异之外，基本流程大体相同。硬质和半硬质干酪的基本生产工艺流程大致如图 4 – 9 所示：

原料乳验收 → 预处理 → 酸化 → 凝乳 → 凝块切割 → 搅拌、升温 → 排乳清 → 堆叠 → 压榨成型 →
加盐 → 成熟 → 贮藏

图 4 – 9　硬质和半硬质干酪的基本生产工艺流程

（2）工艺操作要点

①原料乳的预处理：干酪一般以牛乳生产，但某些特定的干酪也会选用绵羊乳、山羊乳、水牛乳，比如 Feta 和 Romano 是用绵羊乳制作的，传统的 Mozzarella 是用水牛乳制作的。不同来源的乳因成分差异而具有不同的加工特性，进而影响以它们为原料制成的干酪的特性。

　　a. 净乳：净乳有两个目的，一是除去生乳中的杂质，二是除去生乳中的一部分细菌，特别是在巴氏杀菌时不能杀灭的、对干酪质量影响较大的芽孢菌。如丁酸梭状芽孢杆菌会在干酪的成熟过程中产生气体，破坏干酪的组织状态，带来不良风味。净乳机分离出的菌体浓缩物约占原料乳的 3%，可单独处理。

　　b. 均质：均质的主要目的是打碎脂肪球，使之均匀分布在酪蛋白胶束周围。均质工艺在早期的干酪生产中并不常见，因为脂肪球的状态不是关键控制点，但随着生产技术的发展，人们发现将原料乳进行均质可消除一些因季节更迭而带来的变化，才被逐渐应用起来。

　　c. 标准化：生产时，需要根据干酪的脂肪含量对原料乳的含脂率进行标准化，更优的方法是对酪蛋白/脂肪（C/F）进行标准化。可以采用的具体方法有：添加稀奶油或者分离部分脂肪，添加脱脂乳或者非脂乳固体（脱脂乳粉）。生产硬质干酪时，降低脂肪含量是必要的；生产奶油干酪时，则通常需要向原料乳中添加稀奶油。

　　d. 杀菌处理：在传统加工工艺中，所有干酪都是用未经杀菌处理的原料乳制作的，因为生乳中的许多成分和部分微生物有助于干酪风味的形成；但同时，未经杀菌处理的原料乳会含有有害菌和致病菌，可能带来异常发酵和食品安全风险，不利于干酪的质量稳定。

　　杀菌温度的高低，直接影响干酪的质量。如果杀菌强度过大，则受热变性的蛋白质增多，破坏原料乳中盐离子的平衡，进而影响凝乳酶的作用效果，使凝块松软、收缩作用变弱，容易形成水分过多的干酪。过去常用的杀菌条件为 72℃ 保持 15～20s，但是由于牛乳中耐热菌群有增多的趋势，现多采取 74～78℃、15～20s 的杀菌方式。

　　②添加发酵剂和预酸化：原料乳经杀菌处理并降温后，泵入干酪槽（图 4-10）。干酪槽为水平放置的不锈钢槽，具有可通冷热水的保温夹层和搅拌器。原料乳一般冷却至 30～35℃，加入发酵剂充分搅拌至完全溶解，进行 30～60min 的短时发酵，也就是预酸化。原料乳 pH 的降低可以促进凝乳酶的凝乳作用。

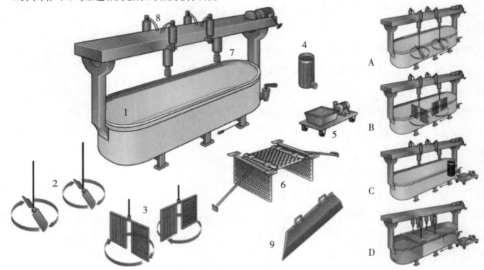

图 4-10　传统的带有干酪生产用具的普通干酪槽
A—槽中搅拌　B—槽中切割　C—乳清排放　D—槽中压榨
1—带有横梁和驱动电机的夹层干酪槽　2—搅拌器　3—干酪切割刀　4—置于出口处过滤器干酪槽内侧的过滤器
5—带有一个浅容器小车上的乳清泵　6—用于圆孔干酪生产的预压板　7—工具支撑架
8—用于预压设备的液压筒　9—干酪切刀

③添加氯化钙：在干酪的生产中，钙离子在使原料乳结成凝块时起着关键的作用。发酵时，随着 pH 的降低，胶束态钙离子会逐渐变成溶解态，此时加入钙盐，则部分溶解态的钙离子会重新回到酪蛋白胶束中变成胶束态钙，达到动态平衡。在可溶性钙盐中，氯化钙最合适，每吨牛乳中可加入 50～200g，加入前用无菌水预先溶解。过量的氯化钙会使凝块太硬，需掌握好添加量。

④添加凝乳酶和凝乳的形成：原料乳的凝结是干酪生产工艺中最重要的环节。通常根据凝乳酶的活性和原料乳的量计算凝乳酶的用量。使用时先将凝乳酶预溶，然后加入乳中，尽量在 30s 内完成搅拌混匀，然后使料液迅速静置下来（搅拌过度会影响凝乳的形成），保温凝乳。典型的凝乳时间为 25～30min。除了几种类型的新鲜干酪，如茅屋奶酪和夸克奶酪，主要是通过乳酸来凝乳以外，其他所有干酪的生产都依靠凝乳酶或凝乳助剂的反应来形成凝块。

⑤凝块切割：在凝块切割之前，需要鉴定凝块的乳清排出质量。常用的方法是将一把小刀刺进凝固后的乳表面下再慢慢抬起，直至出现的裂纹呈适宜状态，一旦出现玻璃样裂纹则认为凝块已适宜切割。或者，用小刀在凝乳表面切一条长 5cm、深 2cm 的切口，用食指从切口的一端斜插入凝块中约 3cm，将手指向上挑起，如果切面整齐平滑，手指上无细小凝块残留，且渗出的乳清透明，即可以开始切割。切割过早或过晚，对干酪的质量和得率均会产生不良影响。

切割须使用干酪刀。干酪刀有水平式和垂直式两种，钢丝刃的间距通常为 0.79～1.27cm。切割时，应先沿着干酪槽长轴用水平式刀平行切割，然后用垂直式刀沿长轴垂直切割，再沿短轴垂直切割。小立方体的大小取决于干酪的类型，切块越小，干酪终产品中的水分含量越低。

大型机械化生产中，凝块切割是由兼有锐切边和钝搅拌边的切割搅拌工具操作完成的（图 4–11）。

⑥搅拌及加温：切割后，为了促进凝块颗粒中的乳清排放，防止颗粒相互聚集，需要对凝块进行搅拌和加温。由于此时的凝块颗粒柔嫩易碎，搅拌必须轻缓，以保持颗粒能够悬浮在乳清中为度。搅拌时间可根据凝块的酸化需要灵活调整。通常在 15min 以后，搅拌速度可逐渐加快，同时在干酪槽的夹层中通入温水慢慢升温。初始时每 3～5min 升高 1℃；当温度达到 35℃ 以上时，每 3min 升高 1℃；

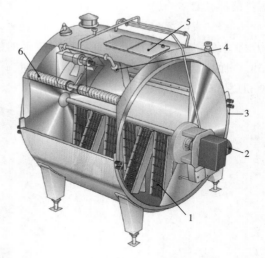

图 4–11　带有搅拌和切割工具以及升降乳清排放系统的水密闭式干酪缸
1—切割与搅拌相结合的工具　2—乳清排放的滤网
3—频控驱动电机　4—加热夹套
5—人孔　6—CIP 喷嘴

1℃；当温度达到最终目标时，停止升温保持此时的温度一段时间，持续搅拌。加温一方面能够促进凝块收缩，帮助乳清排放；另一方面可以抑制乳酸菌代谢产酸，控制产品的 pH。

加热的时间和温度由干酪的类型决定。加热到 44℃ 以上时，称为热烫。某些类型的干酪，如格拉娜和帕玛森干酪，热烫温度甚至高达50～56℃，只有极耐热的乳酸菌才能存活下来，在后期干酪特性形成的时候发挥重要作用。需要注意的是，加温速度不宜过快，否则凝块颗粒收缩过快，表面会形成硬膜，影响乳清的进一步排出，最后使成品水分过高。

⑦排乳清：排乳清是指将凝乳颗粒与乳清分离的过程。在搅拌升温的后期，凝块收缩至原体积的一半，用手握住一把干酪颗粒，用力压出水分后松开，如果颗粒富有弹性，搓开后可以重新分散，即排出全部乳清。在干酪槽底的出口处罩上金属网，乳清由此排出。同时应将凝乳颗粒堆积在干酪槽的侧面，以促进乳清的进一步排出。根据干酪品种的不同，还有捞出式和吊袋式等乳清分离方式。全机械化干酪罐自带乳清排放系统，操作上更为简便。

乳清是生产干酪的副产物，根据 pH 不同，可分为甜乳清和酸乳清。乳清经巴氏杀菌，再通过浓缩、喷雾干燥可以制得乳清粉，用作其他产品的加工原料。甜乳清还可以用于生产乳清奶酪（ricotta），一种短保质期的新鲜干酪。

⑧堆叠：乳清排出后，将干酪颗粒堆积在干酪槽的一端或者专用的堆积槽中，上面用带孔木板或者不锈钢板压5～10min，使其成块的同时继续排出乳清，此过程称为堆叠。在生产过程中时常会有反复堆叠的操作，即对大的凝块层进行横向和纵向的切割，再对切割后的凝块进行多次间歇式翻转和堆叠，促进松散凝块的相互融合，并获得预期的水分含量。在现代化的干酪生产系统中，凝块的堆叠通常是在带孔的托盘中进行，反复堆叠的过程由高度自动化的连续生产线或者塔状系统控制完成。

⑨压榨成型：将堆叠后的凝块切成小立方体，装入成型器中进行定型压榨。压榨是指对装在模具中的凝块颗粒施加一定的压力，进一步排掉乳清，使颗粒聚集成块并形成一定的形状，同时表面变硬。至此，干酪具有了特定的形态和致密的组织。为保证干酪品质的一致性，压力、温度、时间和酸度等参数在生产每一批产品的过程中都应保持恒定。

根据干酪品种的不同，成型器的形状和大小也不同。成型器周围有小孔，以便乳清流出。压榨的压力与时间也依干酪品种各异。首先进行预压榨，通常压力为 0.2～0.3MPa，时间为 20～30min。预压榨之后取下进行调整，视情况再进行一次预压榨或者直接正式压榨。将干酪翻转后装入成型器内，于压力 0.4～0.5MPa、温度 15～20℃（有的品种要求 30℃）的条件下再压榨 12～24h。如果起始压榨压力过大，那么压紧的外表面会将水分封闭在干酪内部，影响乳清的进一步排出。压榨结束后，将干酪从成型器中取出并去掉多余边角，此时的干酪称为生干酪。

图 4-12 为垂直压榨器，适用于小批量干酪的生产；大批量生产所用的压榨系统有多种，如自动充填隧道式压榨系统、传送压榨系统等。图 4-13 为传送压榨装置。

⑩加盐：加盐的目的在于改善干酪的组织状态、外观和风味，降低干酪中的水分，增加干酪硬度，抑制乳酸菌的活性、控制乳

图4-12 带有气动操作压榨平台的垂直压榨器

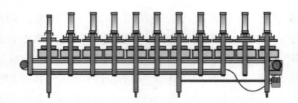

图 4-13　传送压榨装置

酸的生成，抑制腐败菌等不良微生物的生长繁殖。除去少数例外，干酪中盐含量为 0.5% ~ 3%，而蓝霉干酪和白霉干酪的盐含量通常为 3% ~ 7%。加盐引起的副酪蛋白上钙和钠的交换，使干酪变得更加光滑；而干酪中通过产气形成孔眼的菌株对盐比较敏感，所以盐也是控制干酪孔眼形成程度的有效调节剂。

　　一般情况下，在添加发酵剂 5 ~ 6h 后，凝块 pH 降到 5.3 ~ 5.6，可向排放乳清后的凝块颗粒或者压榨后的生干酪加盐。加盐方法通常有以下三种。

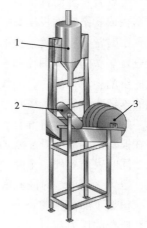

　　a. 干盐法：干盐法是在定型压榨前，将定量的食盐均匀撒在凝块颗粒中，或者将食盐涂布于生干酪表层，此操作可通过手工或者机械方法进行。机器撒盐的方法很多，一种方式是与切达干酪加盐相同，即干酪颗粒在通过连续生产设备的最后阶段时，在表面加盐；另一种加盐系统用于生产帕斯塔 - 费拉塔（Pasta - Filata）干酪（图 4-14），食盐加入器位于热煮压延机和装模机之间。经这样处理，盐化时间可由通常的 8h 减少到 2h，同时盐化所需的场地面积变小。

　　b. 湿盐法：湿盐法是将压榨后的生干酪浸入盐水池中浸渍，此法有利于干酪对盐分进行均匀而充分的吸收，在生产中较为常用。盐水浓度在初始两天为 17% ~ 18%，之后保持在 20% ~ 23%。为了防止干酪内部产生气体，盐水温度应控制在 8℃ 左右。盐浸时间根据干酪的最终含盐量确定，生干酪的尺寸大小和盐水浓度都会影响盐浸时间。

图 4-14　用于生产帕斯塔 - 费拉塔干酪的干盐机
1—盐容器　2—用于干酪熔融的液位控制　3—槽轮

　　盐渍系统有很多种，最常用的一种是将生干酪放置在盐水容器中，容器置于 12 ~ 14℃ 的冷却室，图 4-15 所展示的是一套手工控制系统，是盐渍法的基础，连续生产上的盐渍分为表面盐化和深浸盐化。

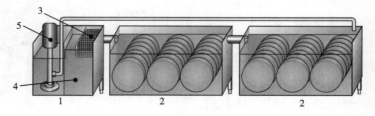

图 4-15　带有容器和盐水循环设备的盐渍系统
1—盐溶解容器　2—盐水容器　3—过滤器　4—盐溶解池　5—盐水循环泵

表面盐化：在表面浅浸盐化系统（图4-16）中，生干酪悬浮在容器内进行表面盐化，容器中的圆辊保持干酪之间的间距。

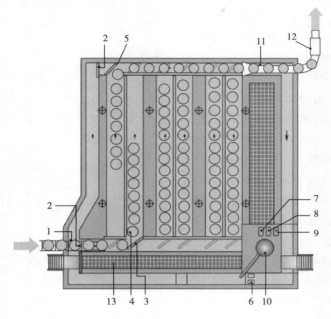

图4-16 表面浅浸盐化系统

1—带可调板的入口传送装置 2—可调隔板 3—带调节隔板和引导门的入口 4—表面盐化部分 5—出口门
6—带滤网的两个搅拌器 7—用泵控制盐液位 8—泵 9—板式热交换器 10—自动计量盐装置（包括盐浓度测定）
11—带有沟槽的出料输送带 12—盐液抽真空装置 13—操作区

深浸盐化：深浸盐化系统（图4-17）带有可绞起的笼箱，笼箱大小可按照生产量设计，一个笼箱占一个浸槽，槽深2.5~3m。笼箱要遵循先进先出的原则，以保证各个干酪获得一致的盐化时间。深浸盐化系统。

c. 混合法：混合法是指先在生干酪表面涂布干盐，一段时间后再将其浸入盐水中的盐化方法。

⑪成熟：将生干酪置于一定的湿度和温度条件下，通过有益微生物和酶的作用，历经一定时间后，使干酪获得独特的风味、组织状态和外观的过程，称为干酪的成熟。

图4-17 深浸盐化系统

干酪的成熟通常在成熟库中进行。成熟库内的环境对成熟的速率、硬皮形成和质量损失至关重要，不同类型的干酪需要不同的温湿度条件。成熟期间低温优于高温，一般控制在5~15℃。对于细菌成熟的硬质和半硬质干酪，相对湿度通常控制在85%~90%，而对于软质干酪和霉菌成熟干酪则需要提高至95%。当相对湿度一定时，硬质干酪在7℃条件下需要成熟8个月以上，在10℃需要成熟6个月以上，而在15℃则需要成熟4个月左右。软质干酪及霉菌成熟干酪需要成熟 20 ~ 30d。

干酪的成熟过程可分为以下几个阶段。

a. 前期成熟：每天用洁净的棉布擦拭干酪表面，防止霉菌繁殖；且擦拭后的干酪要反转放置，以便各表面水分蒸发均匀。此阶段一般持续 15 ~ 20d。

b. 上色挂蜡：为防止霉菌增长以及更加美观，将经历了前期成熟的干酪清洗干净，用食用色素将其染成红色（部分品种）。待色素彻底干燥后，在 160℃ 的石蜡中进行挂蜡。近年来合成树脂膜在逐步取代石蜡。为了防止形成干酪皮以及食用方便，现多采用塑料膜热缩密封或真空包装。

c. 后期成熟和贮存：为了获得良好的风味和口感，还要将挂蜡后的干酪置于成熟库（图 4 - 18）中继续成熟 2 ~ 6 个月。成品干酪建议在温度为 5℃、相对湿度为 80% ~ 90% 的条件下保存。

2. 再制干酪的工艺流程与操作要点

再制干酪也称融化干酪或加工干酪，不是以生乳为原料直接生产，而是以不同种类

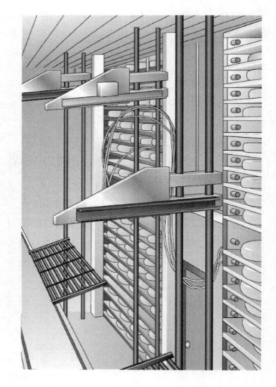

图 4 - 18　干酪机械化成熟库

或者同种类不同成熟期的天然干酪作为主要原料，添加相应的辅料加工而来的。再制干酪的起源可以追溯至 20 世纪早期，生产再制干酪的最初目的是延长干酪产品的货架期，解决天然干酪滞销的问题，然而随着乳品工业的不断发展和干酪出口的急速增长，越来越多的生产者开始了对此类产品的研究。再制干酪由于加入的各种配料以及特定的加工工艺，消除了天然干酪的刺激味道，呈现出丰富的产品口味和包装形式，更容易被没有干酪消费习惯的消费者所接受。

（1）工艺流程　再制干酪的工艺步骤相对较少，机械化程度高，基本工艺流程如图 4 - 19 所示。

原料选择 → 预处理 → 粉碎 → 加水 → 加乳化盐等 → 熔化 → 包装 → 冷却 → 贮存

图 4 - 19　再制干酪的基本工艺流程

（2）工艺操作要点

①原料的选择：天然干酪的选择，直接影响着所生产的再制干酪的最终品质。产品种类、成熟度、风味、硬度、质地以及 pH 等是在选择原料时需要考虑的因素。根据产品的可利用性和市场需求，切达、高达、瑞士干酪、荷兰干酪等都常用于再制干酪的生产。就成熟度而言，短成熟期的天然干酪提供质构，长成熟期的天然干酪提供风味，如果使用未成熟的天然干酪，则产品会具有良好的弹性和切片特性。为了既能提高再制干酪的质地和稳定性，又能保证产品

风味，短成熟期与长成熟期天然干酪的比例在 0.5 ~ 2 的范围内比较合适。

②原料的预处理：预处理包括对干酪进行去除包装、去除表皮、清洗等工序。刮刀除蜡时，如果干酪表面有发霉、龟裂、不洁以及干燥变硬的部分也应一同除去。所有的原料干酪在进行切割之前都需用纯净水进行清洗。

③切割与粉碎：清洗后的原料干酪应立即进行切割。先将干酪预切割为较大的条块状，再进行进一步的细分切割。从前，细分切割时所采用的多是出口孔径较大的绞肉机；近年来，常用的是细微切割装置，出口的平均孔径在 0.8 ~ 2mm，或者直接在熔融釜中完成此项操作。

④熔融和乳化：按照配方称量粉碎后的干酪和其他原料，与水一起在熔融釜中进行混合乳化。再制干酪中常用的乳化盐有柠檬酸钠、磷酸钠、焦磷酸钠、三聚磷酸钠、六偏磷酸钠、磷酸二氢钠和磷酸氢二钠等，它们可以切断天然干酪中酪蛋白磷酸钙的网络结构和调节pH，进而促进天然干酪中的酪蛋白水合作用，使再制干酪获得均一的乳化结构。首先在熔融釜中加入适量的水，按配方加入乳粉、黄油、调味料等添加物，再加入粉碎后的天然干酪，然后开始向熔融釜的夹层中通入蒸汽进行加热。当料液温度达到 50℃ 左右时，加入乳化盐。再将温度升至 60 ~ 70℃，保持 20 ~ 30min，使天然干酪熔化完全。如果产品需要调酸，应将柠檬酸、乳酸等预先配成低浓度的酸溶液，在乳化盐之后加入。再制干酪的最终 pH 对产品的品质、结构和蛋白交互作用均有重要影响，多项研究证明了最佳的 pH 范围为 5.4 ~ 5.8，偏高或者偏低都会使得产品的稳定性下降。在此过程中应保证料液杀菌的强度，一般为 60 ~ 70℃、20 ~ 30min，或者 80 ~ 120℃、30s 等。乳化结束后，应检测水分、pH 等参数，然后抽真空对料液进行脱气处理。

⑤加工、充填、包装：选择与乳化设备能力相匹配的包装机，对乳化后的干酪趁热进行充填包装。由于产品在灌装时是液态的，因此可以被包装成任何形状。包装材料多使用铝箔、玻璃纸、偏氯乙烯薄膜等，既要满足产品本身的贮存需要，还应考虑到食用、运输方便，以及确保产品卫生安全。

⑥冷却及贮存：包装之后需要进行冷却，不同类型的产品需要不同的冷却条件。例如，涂抹型再制干酪需要快速冷却，使脂肪晶化与蛋白质相互作用较小，成品流动性强，易于涂抹。切块、切片型再制干酪则应慢速冷却，使产品结构更加紧密，但烤食的切片干酪需要快速冷却，以获得柔软的质地和良好的焙烤性能，避免产品发硬、呈橡皮状。另外，切块、切片型再制干酪还有一道轧制、切割成型的工序，这一过程通常与冷却同时进行，彼此配合。例如，轧制时需要产品温度稍高、状态稍软，这样易于成型；而切割时需要产品温度较低、状态较硬，这样切割断面比较干净。

操作过程中应严格控制卫生条件，最终产品需在低于 10℃ 的条件下贮存。

知识拓展

1. 几种主要天然干酪的加工工艺

（1）马苏里拉（Mozzarella）干酪　马苏里拉干酪原产于意大利，是一种新鲜的可拉丝干酪（Pasta - Filata）。最为正宗的马苏里拉干酪是由水牛乳制成的，主要可以分为两大类，即鲜食马苏里拉干酪和用于比萨的马苏里拉干酪。鲜食马苏里拉干酪的质地相对柔软，水分含量更高、保质期短；用于比萨的马苏里拉干酪质地相对较硬，需要具备相应的焙烤特性，如良好的拉丝性、咀嚼性、出油性和焦点分布。

①原料乳预处理：原料乳经验收、净化后，需调整酪蛋白与脂肪的比值，鲜食马苏里拉干酪调整为1.2~1.3，用于比萨的马苏里拉干酪调整为0.8~1.0。然后进行巴氏杀菌，72℃保持15~20s。

②凝乳：将原料乳降温至35~37℃，灌入干酪发酵罐。加入发酵剂（通常使用嗜热链球菌）搅拌至充分溶解，静置10min之后加入氯化钙，建议每吨料液添加50~100g，用纯净水预先溶解后加入。再静置20min之后加入预先溶解的凝乳酶，切勿过度搅拌，静置凝乳25~30min。

③切割、搅拌及排乳清：第一次切割：切割时间5min左右，将凝块切割至直径1.5cm左右的立方体，用于比萨的马苏里拉干酪可切割至1cm左右以利于排出更多的水分。持续搅拌注意不要让凝块沉底。继续缓慢搅拌15min（也可适当延长），停止搅拌，将凝块捞出转移至酸化槽或继续浸泡在乳清中，直至凝块的pH达到要求。鲜食马苏里拉干酪建议酸化至pH5.3~5.4，用于比萨的马苏里拉干酪建议酸化至5.15~5.2。此过程可能需要2.5~3h。

④拉伸：凝块pH达到要求后则进入拉伸机开始拉伸。对于鲜食马苏里拉干酪，在拉伸过程中，热水温度控制在75~80℃，凝块温度为58~63℃，热水和凝块的比例约为2:1。对于用于比萨的马苏里拉干酪，热水温度控制在80~90℃，凝块温度为58~60℃，热水和凝块的比例为（1~1.5）:1。通过干酪的拉丝性能来判断拉伸终点。

⑤成型与盐浸：将从模具出来的干酪块浸入10~15℃的冷水中进行冷却，随后使用4~8℃的盐水进行二次冷却，盐水浓度以10%左右为宜。根据产品的形状和直径不同，盐浸的时间不同。鲜食马苏里拉干酪的终产品水分含量通常为60%~62%，含盐量在1%~2%；用于比萨的马苏里拉干酪的终产品水分含量通常为45%~52%，含盐量在0.5%~2%。包装后的产品应冷藏保存。

（2）切达（Cheddar）干酪　切达干酪原产于英格兰西南部的切达村，是一种以牛乳为原料，通过细菌成熟的硬质干酪，产品多呈淡黄色，质地均匀，香味浓郁。19世纪后期，切达干酪从牧场生产模式转变为商业化生产模式，从此传遍了世界，是英国、美国、加拿大、新西兰和澳大利亚生产的最普遍的干酪。

①原料乳的预处理：原料乳经验收、净化处理后，标准化至酪蛋白与脂肪的比值为0.68~0.72。然后进行巴氏杀菌，72℃保持15~20s。冷却至30~32℃，输送至干酪槽。

②凝乳：发酵剂可使用乳酸乳球菌乳酸亚种和乳酸乳球菌乳脂亚种混合的菌种，添加或者不添加嗜热链球菌（加快酸化速度）皆可，菌粉投入料液中之后搅拌均匀。每吨料液中添加10~20g氯化钙，用10倍量纯净水预先溶解后加入。20min之后再加入预先溶解的凝乳酶，切勿过度搅拌，静置凝乳20~40min。

③切割、搅拌及排乳清：待凝乳充分形成后，将凝块切割成5~8mm的立方体，此时乳清的酸度通常为0.11%~0.13%。缓慢搅拌25~30min，促进乳酸菌产酸和凝块颗粒收缩渗出乳清。待乳清酸度上升到0.16%~0.19%时，排出占总量1/3的乳清，然后以每分钟升高1℃的速度升温，不要停止缓慢搅拌。当乳清温度升至38~39℃时停止加热，继续搅拌酸化。当乳清酸度达到0.2%~0.22%时，排出全部乳清。

④凝块的反转堆积：排掉所有乳清后，将凝块堆积在干酪槽底的两侧，使乳清进一步流

出。待凝块堆积成为饼状，将其切割成为 15cm×25cm 大小的块并反转堆积。再视凝块的状态和酸度情况，向干酪槽夹层内注入温水，升温至 38~40℃ 后再次反转凝块，将两块或者四块堆在一起，促进乳清排出。之后每 10~15min 反转一次，待乳清酸度达到 0.6% 即可。全过程共需 1.5~2h。

⑤破碎与加盐：为了便于加盐和装模，用破碎机将饼状干酪块处理成 1.5~2cm 的碎块，缓慢搅拌一段时间以去除堆积过程中产生的不愉悦气味。约 30min 后，当乳清酸度为 0.8%~0.9%、凝块温度为 30℃ 左右时，将凝块质量 2%~3% 的食盐分 2 或 3 次均匀撒布，使生干酪的水分含量为 40%，含盐量为 1.5%~1.7%。

⑥压榨成型：将凝块装模压榨。预压榨的起始压力宜小，然后逐渐加大。用 0.39~0.49MPa 的压力压榨 20~30min，取出整型，然后再压榨 10~12h，最后正式压榨 1~2d。

⑦成熟：将压榨成型后的生干酪送入成熟室，室温 10~15℃、相对湿度 85%。开始时，每天翻转一次；一周后，产品形成角质状皮膜，对其进行涂布挂蜡或塑料袋真空包装。成熟期一般为 6 个月以上，可根据风味要求进行调整。

包装后的切达干酪应在冷藏条件下贮存，以防止霉菌生长，延长产品货架期。

（3）卡门贝尔（Camembert）干酪　卡门贝尔干酪起源于法国的诺曼底地区，它质地软黏，一般为直径 11cm 左右、厚 2.5cm 的圆柱形，是一种典型的表面霉菌成熟干酪（图 4-20）。产品表面根据所用霉菌的不同而呈现白色、灰色、灰蓝色等不同颜色，产品内部呈微黄色至黄色，组织呈融化状态，水分含量高，具有非常独特的风味。

图 4-20　卡门贝尔干酪

①原料乳的预处理：原料乳经验收、净化处理后，标准化至酪蛋白与脂肪的比值为 0.75~0.85，然后进行巴氏杀菌，72℃ 保持 15~20s。冷却至 35℃ 左右，输送至干酪槽。

②凝乳：向牛乳中加入由乳酸乳球菌乳酸亚种、乳酸乳球菌乳脂亚种和嗜热链球菌混合而成的发酵剂，并添加白地霉和青霉菌（也可以选择后期对生干酪进行表面喷撒），搅拌至充分溶解。再加入用纯净水预先溶解的氯化钙，然后让料液静置酸化 30~45min，直到 pH 降至 6.3~6.4。

向料液中加入预先溶解的凝乳酶，搅拌均匀后静置凝乳 40~45min，此时料液 pH 下降至 6.1~6.2，可以开始切割。

③切割、搅拌及排乳清：将凝乳切割为 3cm×3cm×3cm 的较大的立方块，以避免水分过度流失，利于保持终产品的柔软度。切割后先静置 10min，让凝块颗粒稍稍硬化，然后缓慢搅拌 1min；之后再静置 15min，然后缓慢搅拌 1min。当 pH 降至 5.6 左右时，可以排乳清进行装模。

④装模与成型：用于卡门贝尔干酪的一般为直径 8~12cm、高 11~15cm 的圆柱形模具，模具的四周设有无数小孔以便于乳清的排出。将凝乳颗粒倒入模具中，然后将模具移至 22~26℃的房间。30min 后进行第一次翻转，90min 后进行第二次翻转，3h 之后进行第三次翻转，每次翻转时都会从孔中排出一些乳清。将房间温度调整至 18~20℃，干酪放置过夜，pH 下降至 4.90 左右并趋于稳定。

⑤脱模与盐浸：将脱模后的干酪浸泡在浓度为 17%~18%、温度为 10~12℃盐水中，根据干酪大小不同，盐浸时间可持续 15~60min 不等。将盐浸后的干酪摆放在不锈钢架上，置于 15℃、相对湿度 85%的储藏室中干燥 1d。

⑥成熟：将干酪移至温度为 10~11℃、相对湿度为 95%的成熟室中，存放 10~12d。在成熟期间，由于霉菌代谢乳酸，干酪的 pH 会上升。注意每天将干酪翻转一次，直至干酪表面形成均匀且茂密的霉菌。

⑦包装及二次成熟：将干酪用铝箔纸进行包装，于 4℃下贮存 25d，或者于 8℃下贮存 15d，进行二次成熟，之后便可售卖。

2. 世界著名干酪鉴赏

（1）瑞克塔（Ricotta）干酪　瑞克塔干酪是一种原产于意大利的新鲜干酪，该词的原意是"煮两遍"，由生产其他干酪得来的副产物乳清（一般为 pH 接近 6.0 的甜乳清）添加或者不添加牛乳、稀奶油，经加热、调酸凝乳而制成。

瑞克塔干酪的水分含量高，盐含量低，不太容易保存，基本是当天制作，当天上货架售卖。过去，人们一般用控水篮盛装此产品，因此现在很多厂商还特意在塑料容器上印出控水篮的花纹。瑞克塔干酪口感清爽、微甜，几乎可以用于任何一种菜肴和点心，或者在干酪里加入果酱、蜂蜜直接食用也十分美味。

（2）马斯卡彭（Mascarpone）干酪　马斯卡彭干酪是一种原产于意大利的高脂肪含量的新鲜干酪，该词来源于西班牙语"mas que bueno"，是"绝品"的意思。

马斯卡彭干酪是著名的意大利甜点提拉米苏不可或缺的原料，随着提拉米苏的风靡，它也一跃成名。如果直接食用，马斯卡彭干酪的口感介于鲜奶油和黄油之间，搭配司康饼时，人们把它当作奶油的健康替代品。

（3）费塔（Feta）干酪　费塔干酪早在几个世纪之前便已闻名于爱琴海地区（希腊、土耳其、塞浦路斯），传统上主要使用全脂绵羊乳制作，但也会使用山羊乳。

费塔干酪虽然水分含量高，但是由于低 pH 和高含盐量，所以质地相对坚硬，结构上有不规则的开口，比较易碎。它可以与新鲜蔬菜搭配制成沙拉，也可用黄油煎制之后再食用。与辛辣的白葡萄酒、果味的红葡萄酒也能搭配。

（4）戈贡佐拉（Gorgonzola）干酪　戈贡佐拉干酪是一种诞生于意大利伦巴底大区的戈贡佐拉村，而在全世界范围内广受欢迎的蓝纹干酪（图 4-21）。蓝纹干酪普遍具有强烈的刺激味道，但戈贡佐拉干酪的蓝霉量少，咸味也不重，相对温和的滋味让人更容易接受。

戈贡佐拉干酪可分为两种口味，甘甜的称为"道尔契（Dolce）"，辛辣的称为"皮堪德（Piccante）"，二者的口味整体上都有向温和靠拢的趋势；干酪内部质软易熔化，外皮硬而粗糙不可食用。戈贡佐拉干酪可以直接食用，也可以用在各种菜肴中，用鲜奶油稀释一下便可作为通心粉和牛排的调味汁。另外，它与果味的红葡萄酒十分相配。

（5）帕米加诺·雷佳诺（Parmigiano Reggiano）干酪　帕米加诺·雷佳诺干酪是一种来自

意大利的、长成熟期、超硬质的原产地保护（DOP）干酪，大鼓状的它单个质量能达到24～40kg，是当之无愧的干酪中的王者（图4-22）。20世纪初，它被移民们带到了美洲大陆，后来便衍生出了知名的干酪调味料——帕玛森（Parmesan）干酪。

图4-21　戈贡佐拉干酪

图4-22　帕米加诺·雷佳诺干酪

帕米加诺·雷佳诺干酪在制作时不单独添加发酵剂，而是使用前一天生产时留下的富含微生物的乳清进行牛乳的酸化。生产完成的干酪要通过管制机构的检验，然后在每个合格产品的侧面烙上符合原产地保护规定的标志。这款干酪味道浓郁、鲜明，人们常将它碾碎之后作为调味料使用，与很多菜肴和葡萄酒都很搭。

第三节　乳酸菌饮料生产

乳酸菌饮料因口感清爽、酸甜适口而受到广大消费者的喜爱。产品根据是否含有活性乳酸菌可分为两类，即活菌型和非活菌型，可通过产品标签进行辨认。

一、　乳酸菌饮料概述

1. 定义

GB/T 21732—2008《含乳饮料》中对乳酸菌饮料的定义如下：以乳或乳制品为原料，经乳酸菌发酵制得的乳液中加入水，以及白砂糖和（或）甜味剂、酸味剂、果汁、茶、咖啡、植物提取液等的一种或几种调制而成的饮料，根据其是否经过杀菌处理而区分为杀菌（非活菌）型和未杀菌（活菌）型。

2. 分类

根据国家标准中的上述定义，乳酸菌饮料通常根据生产工艺的不同分为以下两类：

（1）活性乳酸菌饮料　加工完成之后，不杀菌而制成的产品，终产品中含有活性乳酸菌，需在冷藏条件下保存，保质期一般为 21d。

（2）非活性乳酸菌饮料　前期加工完成之后，再经过杀菌工序而制成的产品，因终产品中不含活性乳酸菌，一般可在常温下保存 6 个月。

二、 主要原辅料及预处理

1. 酸乳基料

生牛乳或者全脂复原乳、半脱脂复原乳、脱脂复原乳等均可作为酸乳基料的原料，其质量要求等同于酸乳的生产。所用发酵剂则一般选用发酵速度快、产酸能力强的产品，提高生产效率。

2. 糖类

一般以蔗糖为主，也可配合使用果葡糖浆，或者功能型甜味剂如糖醇和低聚糖，或者强力甜味剂如三氯蔗糖、阿斯巴甜、安赛蜜、甜菊糖苷、罗汉果甜苷等。白砂糖既是甜味剂，赋予产品一定的甜度，又是主要配料，能够提高产品的固形物含量和黏度。以强力甜味剂代替一部分白砂糖，可以降低乳酸菌饮料产品的热量，以及一定程度上降低产品的内容物成本。

3. 酸味剂

常用的酸味剂有柠檬酸、乳酸和苹果酸。柠檬酸的入口酸感较为强烈，而乳酸的口感较为柔和、酸味释放缓慢，两者有互补功效，常常搭配使用。使用酸味剂前，一般先将其配制成 10% ~20% 浓度的溶液，添加时最好采用喷洒式的料液处于搅拌状态下的方式，以便快速混匀，避免出现局部过度酸化、蛋白絮凝的现象。

4. 稳定剂

合理使用稳定剂是乳酸菌饮料在货架期内保持质量稳定的关键。常用的稳定剂一般为耐酸性强的亲水胶体，如高酯果胶、羧甲基纤维素钠、海藻酸丙二醇酯、结冷胶等，通常是几种胶体复配才能达到满意的效果。

5. 香精

乳酸菌饮料产品的差异化很大程度上依靠香精来实现，风味以水果香型为首选，特别是柑橘类，以及草莓、芦荟等。

三、 加 工 工 艺

1. 工艺流程

乳酸菌饮料生产工艺流程如图 4 - 23 所示。

2. 工艺要点

（1）发酵前原料乳的标准化　将生牛乳或复原乳中的非脂乳固体调整至 10% ~15%，可通过闪蒸、添加脱脂乳粉或乳清粉的方法实现。

（2）褐变　针对褐色乳酸菌饮料，需在配料时向料液中加入 5% ~8% 的葡萄糖，用于美拉德反应。褐变反应在夹层保温罐中进行，将料液升温至 95 ~98℃，保持 2 ~2.5h。颜色与焦香气是判断褐变反应终点的重要依据。

（3）胶体糖浆的制备　预先将白砂糖与稳定剂、甜味剂等进行干混，分散于 75 ~85℃的软

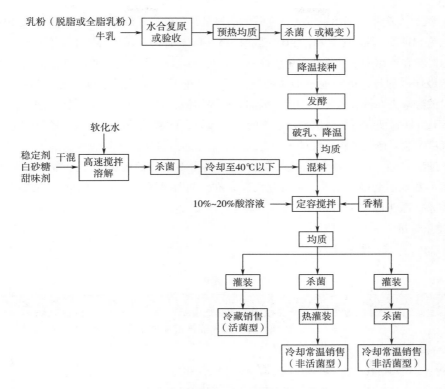

图 4-23　乳酸菌饮料生产工艺流程

化水中，在高速剪切条件下充分溶解至液体透明、无肉眼可见颗粒。降温至 40℃以下备用。

（4）破乳降温与配料　酸乳基料的发酵终点酸度一般控制在 0.9%～1.2%，破乳之后进行均质（压力为 25MPa 左右），然后通过板式换热器降温至 20℃以下。均质是为了充分破碎凝乳，获得质构连续、均匀一致的料液，降温是为了降低料液中乳酸菌的活性、阻止酸度的进一步升高。

将降温后的酸乳基料与胶体糖浆在调配罐中进行混合，加入果汁和酸味剂等其他辅料，搅拌均匀，使用常温软化水定容，产品 pH 根据具体需求控制在 3.8～4.2。最后加入香精。

（5）均质　均质处理是防止乳酸菌饮料出现沉淀的有效方法。将上述料液升温至 45～55℃，压力控制在 20～25MPa 进行均质，使液滴微细化，增强稳定剂效果，提高料液黏度，抑制粒子的沉淀。

（6）杀菌　对于非活性乳酸菌饮料，需要进行杀菌处理，目的是延长产品保质期。经合理杀菌与灌装方式生产的产品，可在常温条件下保存 3～6 个月。因为乳酸菌饮料属于高酸食品，故采用高温短时巴氏杀菌即可达到商业无菌效果，生产厂家可根据自身实际生产条件，对杀菌参数进行调整。对于塑料瓶包装的产品，一般在灌装后采用 85～95℃、20～30min 的喷淋或者隧道杀菌方式，然后进行冷却。

3. 质量控制

（1）活菌数　GB 7101—2015《食品安全国家标准　饮料》规定，乳酸菌饮料产品标签应标明活菌（未杀菌）型或非活菌（杀菌）型，标示活菌（未杀菌）型的产品乳酸菌数应≥10^6CFU/g（mL）。所选用的乳酸菌种耐酸性越强，产品在货架期内的活菌数越稳定。

（2）沉淀　产品底部出现沉淀是乳酸菌饮料最常见的质量问题。乳蛋白中酪蛋白占80%，其等电点为pH4.6。乳酸菌饮料的pH一般为3.8~4.2，此时，酪蛋白处于高度不稳定状态。为使酪蛋白胶粒在产品中呈悬浮状态，应注意以下几点：①选用合适的稳定剂产品，并通过试验测试确定最佳添加量，适当地添加磷酸盐使其与乳中Ca^{2+}形成螯合物，也可起到稳定作用；②调酸时的酸液需在低温条件下添加，添加速度要缓慢，且料液应处于搅拌状态；③合理设计产品的pH，pH过低有可能会影响稳定剂的作用效果，可通过添加缓冲盐来进行调节；④均质压力和温度都会对产品的稳定性产生一定的影响，可通过对比测试调整参数。

（3）脂肪上浮　在采用全脂乳（乳粉）或脱脂不充分的脱脂乳作原料时，因为均质处理不当等问题而引起脂肪上浮，应优化均质条件，同时可通过添加乳化剂的方式来改善产品的稳定体系，减少脂肪上浮现象。

4. 质量标准

（1）感官要求　见表4-8。

表4-8　　　　　　　　　　　　　感官要求

项目	要　　　求
滋味和气味	特有的乳香滋味和气味或具有与加入辅料相符的滋味和气味；发酵产品具有特有的发酵芳香滋味和气味；无异味
色泽	均匀乳白色、乳黄色或带有添加辅料的相应颜色
组织状态	均匀细腻的乳浊液，无分层现象，允许有少量沉淀，无正常视力可见外来杂质

（2）理化指标　见表4-9。

表4-9　　　　　　　　　　　　　理化指标

项目	乳酸菌饮料
蛋白质[a]/（g/100g）	0.7

注：[a]蛋白质应为乳蛋白质。

（3）微生物限量　见表4-10。

表4-10　　　　　　　　　　　　微生物限量

项目	采样方案[a]及限量				检验方法
	n	c	m	M	
菌落总数[b]/（CFU/g 或 CFU/mL）	5	2	10^2	10^4	GB 4789.2—2016
大肠菌群/（CFU/g 或 CFU/mL）	5	2	1	10	GB 4789.3—2016 中的平板计数法
霉菌/（CFU/g 或 CFU/mL）　≤	20				GB 4789.15—2016
酵母/（CFU/g 或 CFU/mL）　≤	20				GB 4789.15—2016

注：[a]样品的采样及处理按 GB 4789.1—2016 和 GB 4789.21—2016 执行；

[b]不适用于活菌（未杀菌）型乳酸菌饮料。

知识拓展

　　世界范围内，历史最为悠久的活性乳酸菌饮料当数养乐多（Yakult）。1930 年，代田稔博士强化培育出"干酪乳杆菌代田株"，5 年后，Yakult 活菌型乳酸菌乳饮品开始生产和销售。从 1964 年第一家 Yakult 海外分公司在中国台湾成立开始，Yakult 经历半个多世纪的发展，足迹已遍及全世界 40 个国家和地区。每瓶养乐多（100mL）含有 100 亿个以上的干酪乳杆菌代田株，它们能够活着到达肠道，改善肠道环境。

　　在国内，生产乳酸菌饮料的知名品牌有蒙牛优益 C、go 畅，伊利每益添、畅意，君乐宝君畅，光明，味全，好彩头小样，娃哈哈等。

发酵果蔬制品生产工艺

第一节　发酵蔬菜概述及泡菜的生产

一、概　述

酱腌菜是酱菜和咸菜的统称，是蔬菜经渍制加工后的产品。一般按照工艺分为盐渍菜（半干态发酵：咸菜，腌菜）、酱渍菜（酱菜）和盐水渍菜（湿态发酵：泡菜）。其特点是能保持蔬菜的鲜味及营养物质不被破坏，并且能进一步改善蔬菜的风味，使其风味独特，易于贮存。

1. 腌菜（盐渍菜）

盐渍菜：用食盐腌渍的菜称为咸菜，以新鲜蔬菜为主料，将盐分层撒入要腌制的新鲜蔬菜上（干腌），或者是将蔬菜浸渍在一定浓度的盐水中（湿腌）。典型代表：咸菜、涪陵榨菜、萧山萝卜干、浙江梅干菜。

2. 酱菜（酱渍菜）

酱菜是以新鲜的蔬菜，经食盐腌渍成咸菜坯，用压榨或清水浸泡撒盐的方法，降低咸菜坯的盐度。然后再用不同的酱（豆酱、面酱等）或酱油进行酱制，使酱中的糖分、氨基酸、芳香气等浸入咸菜坯中，成为味道鲜美、营养丰富的酱菜。典型代表：六必居酱黄瓜、北京酱八宝菜、山东酱藕。

3. 泡菜（盐水渍菜）

泡菜是以多种新鲜蔬菜为原料，浸泡在加有多种香料的盐水中，经发酵作用而成的。蔬菜在盐水中发酵，主要是在乳酸菌的作用下进行。乳酸能抑制有害微生物活动而起到贮存泡菜的作用，并使泡菜产生酸味，而且口感清脆凉爽。典型代表：四川泡菜。

二、酱腌菜主要原辅料及预处理

酱腌菜主要原料为各种蔬菜，辅助原料包括食盐、水、调味品、香辛料、着色剂、防腐剂等。

1. 生产原料

蔬菜原料质量和品种是酱腌菜生产加工的基础，产品的品质与其生产加工用蔬菜原料的质量及品种紧密相关，优质的原料和品种才能生产加工出优质的产品，因此泡渍发酵原料的要求和品种的选择至关重要。

适用于制作酱腌菜的蔬菜种类包括①根菜类（以肥大的根部为主）：萝卜、大头菜、胡萝卜等；②茎菜类（以肥大的茎部为主）：莴笋、银条菜、大蒜、姜、藕等；③叶菜类：大白菜、芹菜、大叶芥（青菜）、雪里蕻等；④花菜类：黄花菜、菜花等；⑤果菜类（以果实及种子为主）：黄瓜、冬瓜、西葫芦、苦瓜；⑥茄果类：茄子、番茄、辣椒；⑦豆类：菜豆、豇豆、扁豆、蚕豆；⑧其他类：海藻、食用菌、野生菜、果仁、果脯等。

原料一般选用成熟的新鲜蔬菜，要求新鲜、无杂菌污染，符合卫生要求，品种必须合适，不是任何蔬菜都适合腌制咸菜，例如，有些蔬菜品种水分含量高，怕挤怕压，易腐易烂，像熟透的西红柿就不宜腌制；有些蔬菜吃法单一，如生菜，适于生食或做汤菜等，不宜腌制。因此，酱腌菜最好选择那些耐贮藏、不怕压、挤，肉质坚实的品种，如白菜、萝卜、大头菜等。

2. 食盐

盐是酱腌菜生产的主要辅料，直接影响质量。选择食盐应该注意：水分及杂质少、颜色洁白、氯化钠含量高、含其他类杂质（氯化镁、硫酸镁等）少。

腌菜时用盐量的多少，要根据蔬菜的品种、质量及加工方法而定，一般为生产原料质量的10%～25%。一般来说，腌制咸菜用盐量的最高标准不超过蔬菜（挑选、洗净、控干）质量的25%，最低用盐量不少于10%（快速腌制咸菜除外）。腌制果、根、茎菜时，用盐量一般高于腌叶菜的用量。另外，不同的腌菜方法，用盐量多少差别也很大。如泡菜、酸菜等湿态发酵腌制品，要求在发酵过程中产生较多的乳酸，因此用盐量较小，用的食盐水浓度一般为5%左右；榨菜、冬菜等半干态发酵腌制品，需要较长时间贮存，并进行缓慢的发酵，因而用盐量较湿态发酵腌制品大。如果腌菜过程中不产生具有防腐作用的酸类，盐水浓度应在15%以上。对于贮存期长，需经过夏季高温的腌制品，盐水浓度要更大些，一般在20%左右。如果盐水浓度在25%以上，就可使腌制品经久不坏。

3. 水

加工过程中的用水量大，洗菜、盐渍、脱盐、制酱、配卤等工序都要用到水。水质必须达到 GB 5749—2006《生活饮用水卫生标准》中的要求。

4. 香辛料

泡菜在生产加工过程中添加香辛料，不但可以起到调味和调色的作用，而且具有不同程度的防腐杀菌作用，可以延长泡菜的保质期。香辛料既可以增进泡菜的风味，刺激进食者的食欲，适合不同口味的消费者，同时又对腐败菌和致病菌具有一定的杀灭作用，能有效延长泡菜的保质期，提高泡菜安全性。

香辛料主要包括花椒、胡椒、八角、小茴香、桂皮、橘皮、砂仁、丁香、甘草、肉豆蔻、芥末粉、五香粉、辣椒、姜、月桂、肉桂、白芥子等。

三、　主要微生物与生化过程

1. 渗透原理

（1）渗透扩散现象和渗透压　当两种含有不同成分的溶液或不同浓度的溶液放在一起，立即会引起扩散作用（溶质从高浓度环境向低浓度环境扩散），直到成为均匀溶液为止，若用半渗透膜作用将两种溶液隔开，则因溶液的性质不同及半透膜性质不同，会发生不同的渗透过程，直至达到平衡为止，这种现象称为渗透现象。

（2）酱腌菜生产过程中渗透作用的基本原理　根据蔬菜细胞的结构和渗透压原理，在酱腌菜生产过程中，利用盐水、酱汁、糖等具有较高渗透压的性质，将蔬菜浸泡在这些溶液中，因蔬菜细胞的渗透压低于溶液渗透压，从而发生渗透现象（蔬菜细胞具有半渗透膜性质）。当双方的渗透压趋于平衡时，溶液中的溶质在蔬菜细胞中达到一定量，就得到风味各异的酱腌菜。

酱腌菜的生产中盐渍、盐脱、糖渍、酱渍等都是利用渗透压原理进行的。

蔬菜在渍制过程中，渗透的速度影响菜的品质、营养的保留、设备和资金的周转。加工中影响渗透速度的主要因素有：

①有生命力的蔬菜细胞难以渗透，通过揉搓加强渗透。

②溶液浓度应适宜，过高浓度食盐引起蔬菜细胞剧烈的渗透作用而使得蔬菜组织骤然失水，导致蔬菜发生皱皮和紧缩，外观不饱满。

③原料的致密程度高，可通过切分蔬菜，强化渗透。

④溶质种类：同浓度不同溶质其渗透速度不同：食盐 > 醋酸 > 白糖 > 酱和香料。盐浓度 > 2.5% 时，大多数腐败菌暂时受到抑制；盐浓度为 10% ~ 15% 时，大多数腐败菌完全停止生长，包括肉毒杆菌，而乳酸菌能忍受 10% ~ 18% 的盐浓度；盐浓度为 25% 时，几乎所有微生物都停止生长，但也有少数如霉菌、酵母（圆酵母）可忍受 30% 的盐浓度。对于糖液，50% ~ 75% 才能抑制细菌和霉菌的生长，但酵母能忍受更高的糖液浓度。

2. 微生物发酵

高盐环境下，基本不发生微生物发酵作用或者只有微弱的发酵作用；在适宜浓度的盐溶液中，由蔬菜本身带入或空气中的有益微生物如乳酸菌、酵母、醋酸菌进行发酵，同时有害微生物如丁酸菌（产生的丁酸有强烈的令人不快的气味）、腐败菌、霉菌等有可能引起有害发酵和腐败现象。

（1）乳酸发酵　新鲜蔬菜上占优势的微生物是革兰阴性好氧菌和酵母，而生产的初期，乳酸菌的数量较少。但是，在缺氧、湿润的条件下，当盐浓度和温度适宜时，乳酸菌的生长则处于优势，大多数蔬菜或蔬菜汁都要经历乳酸发酵阶段。

乳酸发酵是腌制过程中最主要的发酵作用，是在乳酸菌作用下进行的。底物是单糖（葡萄糖、果糖、半乳糖）和双糖（蔗糖、乳糖），发酵产物为乳酸，发酵机制包括同型乳酸发酵和异型乳酸发酵。在乳酸发酵过程中，影响乳酸菌活力的主要因素为食盐的浓度，盐浓度不仅决定了乳酸菌的防腐能力，而且明显地影响乳酸菌的生长繁殖，从而影响酱制菜的风味和品质。

①同型乳酸发酵：是指葡萄糖经过糖酵解（EMP）途径发酵，只生成乳酸这一种代谢产物，从能量守恒上来看就是 1mol 葡萄糖可以在理论转化率（100%）下生成 2mol 乳酸。但是在微生物发酵过程中势必存在着其他生理活动，所以通常默认为乳酸的转化率达到 80% 以上即可以算作同型乳酸发酵。

葡萄糖经 EMP 途径降解为丙酮酸，丙酮酸在乳酸脱氢酶的催化下被 $NADH_2$ 还原成乳酸，总的反应过程是 1 分子葡萄糖降解为 2 分子乳酸。其反应式如下所示：

$$C_6H_{12}O_6 + 2ADP + 2Pi \rightarrow 2CH_3CHOHCOOH + 2ATP$$

②异型乳酸发酵：葡萄糖经戊糖磷酸途径发酵后，除主要产生乳酸外，还产生乙醇、乙酸、二氧化碳等多种产物。异型乳酸发酵的产物较复杂，其发酵机理也较复杂。

发酵葡萄糖的总反应式为：$C_6H_{12}O_6 + ADP + Pi \rightarrow CH_3CHOHCOOH + CH_3CH_2OH + CO_2 + ATP$

发酵核糖的总反应式为：$C_5H_{10}O_5 + 2ADP + 2Pi \rightarrow CH_3CHOHCOOH + CH_3COOH + 2ATP$

在蔬菜腌制中，由于多种微生物的存在，因此发酵产物也多种多样，主要有乳酸、乙酸、乙醇、二氧化碳等。但主要以乳酸为主，特别是在发酵后期。同型乳酸发酵和异型乳酸发酵对比如表5-1所示。

表5-1　　　　　　　　　　　　同型乳酸发酵和异型乳酸发酵对比

类型	途径	产物/1 葡萄糖	产能/1 葡萄糖	菌种代表
同型乳酸发酵	糖酵解途径	2 乳糖	2ATP	德氏乳杆菌 嗜酸乳杆菌
异型乳酸发酵	戊糖磷酸途径	1 乳糖，1 乙醇，1CO₂	1ATP	肠膜明串珠菌
		1 乳糖，1 乙酸，1CO₂	2ATP	短乳杆菌
		1 乳酸，1.5 乙酸	2.5ATP	两歧/双歧杆菌

乳酸菌进行乳酸发酵，不仅可抑制杂菌的活动，而且对腌制品风味形成有重要意义。乳酸本身就是一种较好的调味剂，其酸味使腌制品独特具风味，可以增加人们的食欲；同时还能与腌制过程中酵母菌等微生物发酵产生的醇类结合成具香味的低级羧酸酯。不同醇与酸结合形成不同的酯，便具不同的花果香味。如乙酸与乙醇结合形成乙酸乙酯；乳酸与乙醇结合形成乳酸乙酯等。乳酸等参与形成的香酯类给腌制品增加了特殊的风味。但过量的乳酸会使腌制品酸败，特别是制成泡菜或酱菜时必须控制乳酸发酵。一般在发酵后期，乳酸累积量达1.2%时，所有乳酸菌群也会受到抑制而停止活动。乳酸量达1.0%以上，腌制菜便变为酸菜了。

（2）酒精发酵　蔬菜在泡渍发酵的过程中，酵母菌利用蔬菜中的糖分作为基质，把糖转化为酒精的发酵作用，称为酒精发酵。在发酵过程中，随着条件的变化，优势微生物也会发生变化。蔬菜在腌制过程中，酵母进行酒精发酵，同时异型乳酸发酵也能生成酒精。酒精发酵作用在酱渍菜的发酵过程中比盐渍菜发酵过程中更为明显。

酵母菌在厌氧条件下，几乎能将葡萄糖经糖酵解途径定量地降解成乙醇和CO_2，由丙酮酸转化成这两种最终产物，涉及两个反应：首先是丙酮酸由脱羧酶催化生成乙醛和CO_2，然后乙醛在乙醇脱氢酶的作用下，被$NADH_2$还原成乙醇。反应式如下：

$$CH_3COCOOH \rightarrow CH_3CHO + CO_2$$

$$CH_3CHO + NADH_2 \rightarrow CH_3CH_2OH + NAD$$

由葡萄糖发酵生成乙醇和CO_2的总反应为：

$$C_6H_{12}O_6 + 2ADP + 2Pi \rightarrow 2CH_3CH_2OH + 2CO_2 + 2ATP$$

酒精发酵生成的乙醇对腌制品在后熟阶段中发生酯化反应、生成芳香物质是十分重要的，其他醇类的产生对风味也有一定的影响。酵母菌产生的乙醇也作为醋酸菌进行醋酸发酵的基质。但是，如果长期在厌氧条件下，对酵母菌的酒精发酵不加以控制，会对腌制产生不良影响。一方面，酒精大量增加，使腌制品酒精度高，酒味过浓，使腌制品的风味受损；另一方面，若长期缺氧，酵母菌要维持其正常代谢所需的能量，就必须大量消耗糖类物质进行酒精发酵，因为同样以糖为能源物质的酒精发酵比正常有氧呼吸产能少得多，这会对腌制品的营养性能产生影响。

除此之外，某些酵母菌（如产醭酵母）的大量繁殖也会使腌制品表面生白花、白膜，产生不愉快的酸臭味，使腌制失败。

（3）醋酸发酵 蔬菜腌制过程中生成的醋酸很微量，但对增强风味有一定的作用。醋酸发酵是由于好氧型的醋酸菌或者其他细菌的活动而形成的一种发酵。醋酸菌具有氧化酒精生成醋酸的能力，醋酸发酵实质上是醋酸菌的氧化作用，泡菜的醋酸发酵比较轻微。

在好氧条件下，首先乙醇通过乙醇脱氢酶（ADH）氧化为乙醛，乙醛再在乙醛脱氢酶（ALDH）的作用下生成乙酸。反应式如下所示：

$$CH_3CH_2OH + NAD \rightarrow CH_3CHO + NADH_2$$
$$2CH_3CHO + O_2 + NAD \rightarrow CH_3COOH + NADH_2 + H_2O$$

腌制中少量的醋酸发酵不仅无害，而且对风味形成有益。除了醋酸本身具独特风味之外，醋酸与乙醇形成的乙酸乙酯是一种芳香物质，能够给腌制品带来独特的风味，但和乳酸发酵、乙醇发酵一样，过量的醋酸会对腌制品产生不良影响。所以腌制中要及时封缸、封坛，营造缺氧环境，减少醋酸菌的发酵活动，保证腌制品的正常风味，另外，如果不及时封缸、封坛，醋酸菌能进行完全氧化使醋酸进一步氧化为 CO_2 和 H_2O，消耗了乙醇，并消耗了大量的糖类物质，这会对腌制品风味和营养带来损失。

醋酸发酵作用对腌制的影响可以从两个方面来分析。一方面，醋酸能抑制杂菌生长，形成芳香物质，改善腌制品的消化性，增加食欲，提高腌制品的营养价值；另一方面，发酵作用不能太甚，否则无节制地旺盛发酵，便会使酸味太浓，不仅使产品产生不良气味，还会额外消耗腌制品的营养成分，降低品质风味，隔绝空气和加防腐剂便是控制其措施之一。

3. 有害微生物的影响

有害微生物不仅能对腌制过程、腌制品品质风味产生不良影响，甚至使腌制品腐败不能食用；更严重的是，某些病原菌的带入使人食后致病。

（1）丁酸菌 丁酸发酵是一类比较复杂的发酵作用。发酵菌为丁酸菌，是一类专性厌氧细菌。丁酸菌发酵会将蔬菜中的糖与乳酸生成丁酸和其他产物，且产生的丁酸对制品没有防腐保藏作用，丁酸具有强烈的令人不愉快的气味（汗臭味），虽然微弱的丁酸发酵对制品没有什么影响，但是丁酸发酵会大大地降低制品品质。丁酸菌只有在缺氧和低酸度条件下才能生长旺盛。一般在食品腌制初期以及高温条件下比较容易发生丁酸发酵。

（2）腐败细菌 蔬菜腌制的过程中腐败现象的发生，是由于腐败菌分解原料中的蛋白质及其他含氮物质产生恶臭，有时还会生成有毒物质，导致菜体变软，甚至腐烂不能食用。例如具有致病性和亚硝酸盐产生能力的 Vibrio 属弧菌及假单胞菌（Pseudomonas）、希瓦菌（Shewanella）；而假交替单胞菌属（Pseudoalteromonas）、伯克菌属（Burkholderia）等腐败性微生物，其产物为吲哚、甲基吲哚、硫醇、硫化氢和胺，产生臭味，有时还生成一些有害物质。

（3）有害酵母 有害酵母一般包括产膜酵母菌、日本假丝酵母菌、红酵母菌、酒花酵母菌等。蔬菜腌制的过程中，在盐液表面或暴露于空气中的腌制品表面，常常会生一层灰白色或淡红色的、粉状有皱纹的薄膜，这是由一种产膜酵母所形成的菌膜。有时也会在盐液表面形成乳白色光滑的膜，用手一触即易破碎，这种现象也称为"生花"，是由酒花酵母引起的。

它们不仅消耗营养物质还会分解乳酸和乙醇，降低腌制品的品质和耐藏性，并可引起其他腐败细菌和孳生，使制品发黏、变软而败坏。

（4）霉菌　由于青霉、黑霉、白霉等有害霉菌的侵染，在蔬菜腌制的盐液表面或暴露在空气中的菜体上，长出白色、绿色和黑色等各种颜色的霉。这类有害霉菌能分解糖和乳酸，使制品风味变劣，失去保存能力；还能分泌果胶酶，使制品质地变软，失去脆性，甚至霉烂变质不能食用。

4. 生化变化

蔬菜在食盐水中泡渍与发酵，包含着一系列的物理化学和生物化学变化，泡渍过程中伴随着泡菜原料成分和发酵产物以及酶之间发生的生化反应，主要包括蛋白质的分解、醇酯酸化、苷类水解、褐变等作用而产生的色香味物质等。

（1）色泽变化　蔬菜中的绿色物质是叶绿素，属于四吡咯衍生物，其中的卟啉环是二氢形式，中心的金属原子为镁。蔬菜叶中的叶绿素有叶绿素 a 和叶绿素 b 两类。叶绿素在植物细胞中与蛋白质结合形成叶绿素蛋白质，由多种叶绿素蛋白质复合物构成叶绿体，当细胞死亡后，叶绿素就游离出来。叶绿素是一种不稳定的物质，不耐光、热、酸，不溶于水，易溶于碱、乙醇和乙醚。在酸性环境中很不稳定，会迅速分解变成脱镁叶绿素，使原来的绿色变成褐色或绿褐色，但它在碱性溶液中，皂化为叶绿素盐，则相当稳定。

蔬菜在腌制过程中极易失绿、脆性降低，如果不采取有效的措施，腌制效果将大打折扣。而蔬菜绿色和脆性是衡量腌制品的重要质量指标。因此，在蔬菜腌制过程中有效利用保绿和保脆技术具有重要意义。腌制过程中保绿的主要措施如下：

第一，合理控制食盐浓度。绿色蔬菜在腌制时，要合理控制食盐浓度。食盐浓度一般控制在 10%～20% 为宜。对叶绿素含量较多的如黄瓜、青辣椒等，可采取加大盐的用量，即重盐法腌制。高浓度食盐可抑制乳酸菌发酵，防止菜中的叶绿素在酸性条件下失去绿色。在实际腌菜过程中，一般采用 25% 的盐卤来腌蔬菜，就可以达到保色的目的。食盐浓度过低，既不能有效抑制有害微生物的生长繁殖，又不能抑制蔬菜呼吸作用；食盐浓度过高，虽能有效抑制有害微生物的生长繁殖，又能抑制蔬菜呼吸作用，但是会影响腌制品的质量和出品率，还会浪费大量的食盐。

第二，及时降低腌制蔬菜过程中的温度。新鲜蔬菜在腌制时，应及时进行翻倒，排除因叠放一起而产生的大量呼吸热。防止发酵产酸，蔬菜中叶绿素脱镁而失色。在高温条件下，蔬菜中的叶绿素会由于呼吸强度增强而变黑、发黄。解决的办法是在腌菜过程中，及时进行倒缸（即将腌器里的酱或咸菜上下翻倒），以散发菜体的温度，达到保色的目的。

第三，沸水烫漂蔬菜。沸水烫漂可使叶绿素水解酶失活，使叶绿素在菜体内的稳定性增强，达到保色的效果。但要注意掌握好蔬菜烫漂的时间，烫漂时间过长，菜质变软；过短则达不到保色目的。

第四，有效控制渍液 pH 或在渍液中加碱性物质。用井水（pH＞7）浸泡腌制前的蔬菜可有效地保持绿色，但在碱性环境下，会导致维生素 C 的大量损失，酸性条件下，又会加快失绿，所以蔬菜腌制液的 pH 应控制在中性或微碱性。蔬菜在腌制过程中，渗出的菜汁一般都是呈酸性，叶绿素在酸性介质中呈不稳定状态，会使蔬菜逐渐失去鲜艳的色泽。在渍液中加入碱性物质如石灰水、碳酸钠等，就会及时中和腌制渗出的酸性菜汁，从而保持叶绿素的稳定，使本色得以保留。

第五，为了减少腌制蔬菜时的氧化概率，应对腌渍池采取河沙或食盐封池，隔绝氧气、避免日光照射；并在低温和空气流通条件下贮藏以便更好地保持绿色。

第六，合理使用保护剂。适当地添加醋酸锌、葡萄糖酸锌、叶绿素铜钠和叶绿素锌钠等食品添加剂，也可以起到护绿作用。

在实际腌制蔬菜时，要根据具体情况选用适宜的保色方法，同时还要考虑其影响制品质量的其他因素。因此，在实际生产中，通常把各种保色措施综合起来使用。如腌鲜黄瓜10kg，第一次用盐1kg，加纯碱1‰化成的水，使pH至7.3；黄瓜浸泡24h后倒缸几次，防止腌菜温度升高；黄瓜腌5d后抽出腌的盐卤弃之，再加2kg盐重腌，腌时一层黄瓜一层盐，10d倒一次缸。这样腌出的黄瓜就能保持新鲜绿色。

（2）褐变反应

①酶促褐变：酶促褐变是在有氧条件下，由于多酚氧化酶（PPO）的作用，邻位的酚氧化为醌，醌很快聚合成为褐色素而引起组织褐变。PPO是发生酶促褐变的主要酶，存在于大多数果蔬中。含有酚类物质较多的原料菜如茄子、藕、菊芋（洋姜）和银条等，在切分后或腌制当中极易发生酶促褐变，使产品变成褐色或黑褐色。

酶促褐变的发生需要三个条件，即适当的酚类底物、多酚氧化酶和氧，缺一不可。控制酶促褐变的方法主要从控制多酚氧化酶和氧两方面入手，主要途径和方法有：

a. 钝化多酚氧化酶的活性，如热烫使酶失活，添加酶的抑制剂等。

b. 改变多酚氧化酶作用的条件，如调节pH、水分活度等。

c. 隔绝或去除氧气，减少与氧气的接触。

d. 使用抗氧化剂，如抗坏血酸、SO_2等。

②非酶促褐变：非酶促褐变是指美拉德反应或羰氨反应，还原糖的羰基与氨基酸的氨基发生化学反应而生成褐色物质。非酶促褐变轻则会使腌制品呈现淡黄色或金黄色，重则呈现褐色或棕红色。

非酶促褐变所产生的色泽变化，在酱腌菜制品及调味料酱、酱油及食醋中广泛存在。通常我们把这种褐变产生的色泽称为"酱色"，是一些酱腌菜类产品必须具备的一项质量指标，在酱腌菜加工过程中应该促进这种褐变的发生，以提高酱腌菜的色泽品质。然而，对于色泽较浅或洁白的原料菜如银条、藕等，褐变往往会降低制品的外观质量，在腌制过程中应该尽量避免褐变的发生，特别是应注意控制酶促褐变对制品色泽的不良影响。

减少酶促褐变和非酶促褐变的主要措施有：

a. 选择含酚类和单宁少的原料。

b. 抑制或者破坏多酚氧化酶。

c. 控制pH，抑制褐变速度。

d. 隔离氧气、避免日光。

因此，对需要保色的腌制蔬菜，应在室内加工；在腌制过程中注意封缸口或将菜坯完全浸泡在盐卤中，均可避免与阳光和空气接触，达到保色的目的。

（3）蛋白质的分解，鲜味的形成　蔬菜原料中除了含有糖分以外，还含有一定量的蛋白质和氨基酸，一般来讲，蛋白质的含量在0.5%~2.0%。原料菜中所含的蛋白质，在微生物酶和蔬菜自身酶的作用下水解产生多种氨基酸。氨基酸本身具有一定的鲜味和甜味，有的氨基酸还可以与食盐形成相应的氨基酸钠盐，能增加腌制品的鲜味，如谷氨酸、天冬氨酸钠盐具有强烈鲜味。氨基酸还可与醇类起酯化反应生成酯而具有芳香味。因此氨基酸含量越丰富，则鲜味、甜味和香味越浓。

（4）香气物质的形成　酱腌菜的香气风味物质来源于以下几个方面：蛋白质水解产生的氨基酸；发酵产生的有机酸和乙醇发生酯化，腌制过程蔬菜本身某些影响风味的苷类物质水解，如芥子苷水解成芥子油；吸附辅料（香辛料、辣椒、调味品等）的外来香气物质，以及乳酸发酵（主导地位）、酒精发酵、醋酸发酵的产物。

①蛋白质水解作用：原料菜中所含的蛋白质，在微生物酶和蔬菜自身酶的作用下水解产生多种氨基酸，过程如下所示：

$$蛋白质 \xrightarrow{蛋白酶} 多肽 \xrightarrow{肽酶} RCH（NH_2）COOH$$

许多氨基酸本身就具有一定的鲜味、甜味和香气。如多种氨基酸能与食盐形成相应的氨基酸钠盐，能增加腌制品的鲜味，如谷氨酸、天冬氨酸钠盐具有强烈鲜味。甘氨酸的甜味为砂糖的 0.8 倍，丙氨酸的甜味为砂糖的 1.2 倍，D - 色氨酸的甜味为砂糖的 35 倍。

氨基酸还可与醇类起酯化反应生成酯，而具有芳香味。因此氨基酸含量越丰富，则鲜味、甜味和香味越浓。

②酯化作用：蔬菜腌制过程中的发酵产物，如乳酸及其他有机酸类和醇类等，这些产物中乳酸本身就具有鲜味。另外，乳酸或其他有机酸与醇类物质发生酯化反应，可以形成酯类，如乳酸乙酯、乙酸乙酯、丙酸乙酯等，而使制品具有特殊的芳香气味。

③苷类物质水解：一些蔬菜因含有某些苷类物质具有苦涩、辛辣味。但是，在腌制过程中，一些苷类物质可被水解生成具有芳香气味的物质，如十字花科蔬菜中的芥菜，含有黑芥子苷，水解后可产生具有特殊香气的芥子油，而改善制品的风味。过程如下所示：

$$芥菜类香气：黑芥子苷 \xrightarrow{黑芥子苷酶} 芥子油（RN\!=\!C\!=\!S）（香气及刺激味）$$

另外，蔬菜本身含有的一些有机酸及挥发油（包括醇、酯、醛、酮和烯萜类）也都具有浓郁的香气。

④吸附外来香气：在腌制加工过程中，由于添加了各种调味料和香辛料，如酱、酱油、醋和花椒、大料、茴香等，腌制品从中吸附多种香气，增强了制品的风味。

（5）脆性变化

①细胞膨胀压的变化：细胞的膨胀压是细胞吸水膨胀时对胞壁产生的压力，细胞膨胀压越大，脆性越强。蔬菜腌制过程中细胞先蔫后胀，所以脆性增强。对于经过盐渍后再晾晒成半干态或干态的酱腌菜，由于细胞过度失水，导致细胞膨胀压下降，使产品展现"柔脆"感，体现独特风味。

②细胞中原果胶的变化：原果胶是一种非水溶性的果胶，存在于植物细胞壁中，由含甲氧基（—OCH$_3$）的多缩半乳糖醛酸的缩合物与纤维素结合在一起，成为细胞的加固物质，具有黏连细胞和保持细胞组织硬脆性能的作用。在生产过程中，促使原果胶水解的主要原因包括蔬菜原料成熟度过高或机械损伤，使原果胶酶激活；有害微生物过度繁殖分泌果胶酶促使原果胶水解。

保持果胶类物质不水解是保持蔬菜脆性的重要方法。主要措施如下：

a. 去除过度成熟和受过机械伤的蔬菜原料。

b. 对原料蔬菜及时腌制：防止呼吸作用消耗营养，细胞内果胶酶分解原果胶。

c. 控制盐水浓度、浸渍液 pH 及环境温度，抑制有害微生物生长繁殖。

d. 使用保脆剂：加入具有硬化作用的钙盐，果胶类水解后产生的果胶酸与钙离子生成果胶酸钙盐，具有凝胶性质，在细胞间隙里起到相互黏结的作用，使蔬菜组织不致变软而保持脆性。一般常用易溶于水的氯化钙，用量约为菜重的 0.05%。

（6）其他成分的变化　浸渍液酸含量上升，蔬菜内糖含量降低；蔬菜内含氮物质下降，浸渍液含氮物质上升；维生素 C 在空气中易于被氧化，但在酸性环境中稳定。

5. 白醭的产生

蔬菜腌制过程中，盐液表面常有一层粉状并有皱纹的薄膜，这是一种产膜酵母（醭酵母）及霉菌等混合所形成的菌层。轻者食味变劣，重者则引起腐烂变质。产膜酵母的大量繁殖会消耗蔬菜组织内的有机物质，分解腌制过程中产生的乳酸和乙醇，降低盐渍品的品质，引起制品败坏。

因此，在腌制过程中，要采取适当的措施防止白醭的产生。

（1）在腌制蔬菜时要掌握好用盐量，根据蔬菜的性质，按腌菜量比例用盐。一般腌菜时的盐含量为 20% 左右。

（2）腌菜时根据蔬菜的要求，及时倒缸或翻菜，使腌菜液完全淹没菜，使菜与空气隔绝。

（3）腌菜过程中不能进生水。

（4）不能用不清洁的缸（坛）或带有油污（油脂类易被腐败细菌利用）的用具入坛（缸）翻（捞）菜。

（5）腌菜时，在腌液中放一些大蒜瓣、白酒，可以达到防腐杀菌的效果。一些香辛料具有防腐杀菌的效果，如大蒜中蒜氨酸在蒜酶作用下生成的蒜素，十字花科蔬菜中芥子苷生成的芥子油均具有杀菌作用。

若腌菜时一旦产生了白醭，如果时间不长腌菜还没有变质，可以采取如下的处置办法：若白醭不多，可以用干净勺捞出腌液表面的白醭，再把腌液倒出，在锅内煮沸，适当加入一些食盐，晾凉后再用，同时要将腌菜缸（坛）放在干燥通风处晾晒。

6. 亚硝酸盐及亚硝胺的产生

亚硝酸盐具有毒性，进入人体后可以将血液中正常的血红蛋白氧化成高铁血红蛋白，减弱血红蛋白携带和释放氧气的功能，导致中毒并出现严重的缺氧。亚硝胺则可以致癌。

咸菜中之所以会出现亚硝酸盐，主要是因为蔬菜在生长过程中吸收土壤中的氮素肥料生成硝酸盐，硝酸盐在细菌还原酶的作用下还原成亚硝酸盐。腌制初期是亚硝酸盐的形成期，而在腌制的中后期，生产的条件不当也可导致亚硝酸盐大量生成。

亚硝胺的生成是因为腐败细菌分解蔬菜组织蛋白及其他含氮物质，生成吲哚、甲基吲哚、硫醇、胺等，其中胺可以和亚硝酸盐生成致癌物亚硝胺。

因此，在生产腌制蔬菜时，要采取一定的措施避免亚硝酸盐和亚硝胺的生成。

（1）选用新鲜蔬菜　腌制蔬菜要选用新鲜的蔬菜为原料。堆放时间较长、温度较高、特别是已发黄的蔬菜，亚硝酸盐含量较高，不宜采用。蔬菜在腌制前经过水洗、晾晒可减少亚硝酸盐含量。如选已含亚硝酸盐的大白菜，晒 3d 后，亚硝酸盐几乎完全消失。

（2）腌蔬菜用盐要适量　腌制蔬菜时，用盐太少会使亚硝酸盐含量增多，且产生速度加快。3% 浓度的食盐对腐败菌繁殖力的抑制很微小。6% 浓度的食盐已能防止腐败菌的繁殖，但乳酸菌及酵母菌尚能繁殖，可作为腌渍发酵时的浓度。12%～15%浓度的食盐时乳酸菌也不能活动，细菌类大部分不能繁殖，适于长久贮存腌渍。

（3）严格控制腌蔬菜液表面生霉点　腌制蔬菜时，要使腌液表面不生霉点，就要采取严格的防霉措施，如腌菜不要露出腌液面，尽量少接触空气；取菜时用清洁的专用工具；一旦腌菜液生霉或霉膜下沉，则必须加温处理或更换新液。

（4）保持腌液面菌膜　如果腌菜液表面生少量霉，不要轻易打捞，更不要搅动，待出厂或食用时打捞，以免下沉而致菜液腐败产生胺类物质。

（5）久贮的腌菜要封好缸口　要久贮的腌菜，在缸内未出现霉点之前，在缸口盖上塑料薄膜，并加盐泥封，不使腌菜与外面空气接触。为便于缸内二氧化碳排出，泥封面可留一小孔。

（6）腌制蔬菜时间最好要1个月，至少不少于20d再食用　亚硝酸盐高峰一般出现在腌制的第4天或8天，9d后下降，20d后在很低的范围，一个月后食用为宜。腌菜除要腌透外，食用前还要多用清水洗涤几遍，以尽量减少腌菜中亚硝酸盐的含量。

（7）经常检查腌菜液的酸碱度　如发现腌菜液的pH上升（碱性增大）或霉变，要迅速处理，不能再继续贮存，否则亚硝胺会迅速增长。

（8）腌菜用的水质要符合国家卫生标准要求，含有亚硝酸盐的井水绝对不能用于腌菜。

四、加工工艺

1. 盐渍菜

盐渍菜工艺流程如图5-1所示。

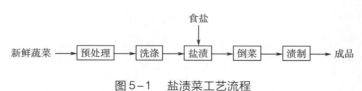

图5-1　盐渍菜工艺流程

盐渍菜一般选用肉质肥厚、组织紧密、质地脆嫩、含粗纤维少的蔬菜作为加工原料，按照实际需求对原料进行处理，然后将蔬菜洗净后晾干，根据生产需求按比例加入食盐进行盐渍，盐腌后每隔一定的时间要进行倒缸，让食盐更均匀地接触菜体，渍制均匀，尽快散发腌制过程中产生的不良气味，增加产品的风味，缩短腌制时间。倒缸完成后要进行封缸，让腌制品静置渍制，这不仅能让食盐进一步深入菜体，而且能通过微生物的作用，产生各种特殊风味。如大头菜、榨菜等菜的生产，这一阶段是最重要的。要注意的是，这一过程要防止菜的腐败变质，采取各种方法与空气隔绝。

2. 酱渍菜

酱渍菜工艺流程如图5-2所示。

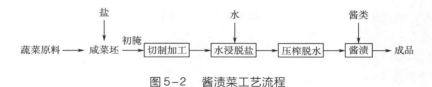

图5-2　酱渍菜工艺流程

将新鲜蔬菜洗净后加盐制作咸菜坯，腌制咸菜坯的方法主要有干腌法和卤腌法，干腌法是指只加入食盐不加入水，适合含水量多的蔬菜，多采用分批加入；卤腌法（泡腌法、循环浇淋法）是将食盐配制成一定浓度的食盐溶液再加入，适用于大规模生产加工。初步腌制完成后，将咸菜坯取出，按照需要切成丝状、条状、片状等，然后加入水进行脱盐，脱盐完成后再将咸菜进行压榨脱水，这可以降低盐浓度，使渗透压降低，便于酱渍。酱渍完成后就可以制成成品，取出食用。

3. 盐水渍菜

盐水渍菜工艺流程如图5-3所示。

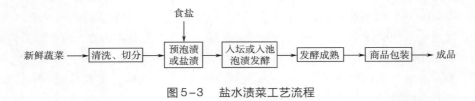

图5-3　盐水渍菜工艺流程

中国泡菜的基本发酵方法多年来没有大的改变。到目前为止，中国泡菜的生产主要是在自制和工业生产过程中进行自然发酵。各种蔬菜，如卷心菜、萝卜、嫩姜、芦笋、生菜和胡椒，经过预处理，然后浸泡在 60 ~ 80g/L 的盐溶液中，加入一定量的香料和添加剂，如大蒜、八角、茴香，然后在室温（20 ~ 25℃）下、在腌菜罐中 6 ~ 10d 进行乳酸发酵。泡菜的成熟度和品质可以用典型的泡菜风味和口感来表示。

▋ 知识拓展

1. 四川泡菜

四川泡菜是传统的乳酸发酵食品，发酵泡菜的核心是利用乳酸菌实现发酵，发酵的完成依赖于优良的泡渍液。液龄越长，乳酸菌越丰富，积淀的风味物质越多，泡菜越香醇。四川泡菜制作必须使用中国独特的古老而科学的容器——泡菜坛。标准的四川泡菜坛都是土陶烧制，外表面上釉。鉴别好坛子有三个步骤：一是看外形光滑美观，无裂纹、无砂眼；二是用手指轻弹听音，以清脆钢音为上品，空响、沙响次之，破响的不能用；三是向坛沿注一半清水，然后点燃纸张扔进坛内后扣好坛盖，坛沿水被吸干的为上品。新坛不能马上使用，还要先装满清水泡十天，每天换水，这个流程称为"退火"。之后倒掉水换装木炭再放置七天，这个流程称为"补火"。如此经过"退火""补火"的坛子才能正式用来泡菜。

四川泡菜的多样性令人咂舌，原料取材十分广泛，除了传统的莴笋、青苔、青菜头、仔姜、牛角辣椒、大蒜、青豆、莲花白、萝卜等蔬菜外，还早已扩展到肉禽海鲜类。譬如20世纪90年代初期出现的泡鸡爪，已经演变为泡椒凤爪产业，不乏年销售额达数亿元的上市公司。另外，猪耳朵、墨鱼仔、鲍鱼、鹅肠、仔鸡、全鸭、鸡冠、猪腰以及鱼、虾、蟹都是常见的荤泡菜。

四川泡菜的制作工艺

（1）操作要点

①容器：泡菜坛、发酵罐。

原辅料及配比：只要鲜嫩清脆皆可，如大白菜、萝卜、胡萝卜、青椒、芹菜、刀豆等。

配比（g）：菜100、食盐7~8、花椒0.2、红辣椒3、姜3、黄酒或烧酒3。

②工艺操作

原料处理：清洗，切分，通风处晾干（需2~3h）防生霉。

菜卤配制：水100kg + 食盐8kg + 调味料→ 煮沸 → 冷却 。

盐水中可加0.05%的钙盐以保脆。把辅料如酒、花椒、辣椒、姜放其内。香辛料可磨成粉制成布包置于坛内。

（2）入坛泡制　 洗坛 → 装菜 → 压菜 → 注盐水 → 封坛 。

（3）发酵

初期发酵：由产酸不多、繁殖快而不耐酸的肠膜明串珠菌占优势菌，以异型乳酸发酵为主，分解糖产酸和CO_2，使pH降低抑制有害微生物，同时产微量的乙醇和醋酸，大量CO_2气体逸出，乳酸含量在0.4%左右。当酸含量达到0.7%~1%时，该菌生长被抑制。

中期发酵：优势菌为同型乳酸菌，乳酸大量生成，不产气，大肠杆菌、腐败细菌等死亡。乳酸含量0.6%时，质量最佳。

后期发酵：耐酸强的乳酸菌作用，如植物乳杆菌等，乳酸可达1%。

成熟期：以菜种类、盐水浓度、气温而别。新配盐水夏天5~7d、冬天12~15d可成熟；叶菜类时间短，茎根菜时间长；盐水浓度大，时间长。

（4）再制作　若菜卤不发霉可重复使用。将制品切分整形，装入袋（罐）中并灌入汤汁，然后抽气密封、杀菌、冷却、保温检验，抽样进行理化指标、微生物指标检验及感官评定，合格者即为成品。

（5）质量指标　感官指标：具有新鲜蔬菜固有的色泽，香气浓郁，组织细嫩，质地清脆，稍有甜味和鲜味。理化指标：食盐2%~4%，总酸0.4%~0.8%。

2. 韩国泡菜

韩国泡菜，俗称Kimchi，是韩国最具有代表性的传统食品，韩国人每天都是无泡菜不下饭，因此，泡菜被称为韩国"第一菜"。因韩国许多家庭都具有制作泡菜的独特秘方，所以迄今为止，已有泡菜种类多达190种，推广到100多个国家和地区。2013年12月5日，联合国教科文组织正式将韩国"腌制越冬泡菜文化"列入教科文组织人类非物质文化遗产名录。韩国泡菜产品销售到110多个国家和地区，每年销售收入达24亿美元以上。

韩国泡菜是一种以蔬菜为主原料，各种水果、海鲜及肉料、鱼露为配料的发酵食品。主要有益因子成分为乳酸菌，还含有丰富的维生素、钙、磷等以及人体所需的十余种氨基酸。韩国泡菜食后五味俱全，可佐饭，可佐酒，易消化，爽胃口。

韩国泡菜的特点是泡菜的制作颇多讲究，将整棵大白菜竖着劈成两半，将辣酱、蒜、葱等配料加上捣碎的虾、海鱼汁等均匀地涂抹在每片大白菜上面，然后层层码好放入泡菜冰柜里贮存。吃起来酸脆爽口，清凉开胃。韩国泡菜选用材料广泛又制作特别，最普通的蔬菜如大白菜、萝卜、黄瓜、茄子、青菜、卷心菜等以及各种海鲜都可以用来做成味道各异的泡菜。调料以辣椒为主，配以盐、虾酱、芝麻、姜、葱、糖、蒜泥、各类小鱼虾、苹果丝、梨条等。韩国人一年四季都喜欢吃泡菜，一般家常自做泡菜腌制时间不长，通常腌泡一星期就可以食用，根据季节需求，也可分为过冬的泡菜和春、夏、秋季随吃随腌的泡菜。制作韩国泡菜有两大秘诀：一个是卤细虾米酱，另一个是泡菜的主要调味料——辣椒粉。这看似普通，但都是别处难以找到替代的原料。韩国的红辣椒很特别，香气浓，不太辣，甚至带点甜，即使辣椒加得多，也不致使人有辣呛的感觉。

（1）韩国泡菜的制作工艺流程　见图5-4。

原料（大白菜）选择 → 清洗 → 摘选、切分 → 盐渍（室温8~10h）→ 清洗 → 沥水 → 辅料加工 →

调味料制作 → 抹料 → 装坛发酵（4~10℃，3~4周）→ 成品

图5-4　韩国泡菜的制作工艺流程

主料：白菜4.8kg，粗盐700g。

辅料：糯米粉，萝卜1kg，水芹菜100g，葱丝200g，芥菜200g，牡蛎200g，盐6g，苹果、梨、水400g。

调料：辣椒粉130g，腌小鱼酱（鱼露）100g，虾仁酱100g，糖12g，葱200g，蒜泥80g，姜泥36g。

韩国泡菜生产工艺流程如图5-5所示。

①准备白菜、萝卜、葱、辣椒、蒜等材料

②白菜切成两半后，放在盐里腌一夜，第二天，用流动的水清洗，再甩干水分

③切好萝卜、葱、蒜泥、辣椒末等，准备往白菜芯里放

④往盐腌过的白菜里添加③的材料，要均匀涂抹

⑤用外层的白菜叶子包好里面的，放上数周发酵

⑥切开发酵的泡菜，放在盘子里

图5-5　韩国泡菜生产工艺流程

（2）韩国泡菜中的微生物区系　在发酵过程中，随着时间的推移，泡菜中的微生物种群会发生剧烈变化。起初，经过盐水浸泡、沥干并混入各种调料的白菜中，主要包含的是一种未经确认的细菌以及脱铁杆菌属的一些菌种，这种细菌可以在油田和深海虾类的内脏中找到。这些细菌只是在开始阶段存在于白菜上，与发酵过程并没有任何联系，因为过几天后，随着氧气耗尽，其他菌类慢慢成为主角，到第7天，明串珠菌属的基因数量开始增加，这种

菌类可以将糖转化成乳酸，正是它促成了开菲尔（Kefir，一种发酵乳）和酸面包的发酵。到第13天，乳酸菌属和魏斯菌属也加入进来。与明串珠菌属类似，乳酸菌属和魏斯菌属利用糖产生了乳酸，它们也是奶酪、开菲尔、酱菜和其他发酵食品背后的功臣。在剩余的实验过程中，泡菜中的细菌都以这三种菌属为主。

①韩国泡菜中微生物种类：由于韩国泡菜腌制辅料种类繁多，营养丰富，采用4~10℃低温自然发酵，导致其在发酵过程中微生物种类丰富，包括乳酸菌类：短乳杆菌（*Lactobacillus brevis*）、植物乳杆菌（*Lactobacillus plantarum*）、弯曲乳杆菌（*Lactobacillus curvatus*）、肠膜明串珠菌肠膜亚种（*Leuconostoc mesenteroides* ssp.）、魏斯菌属（*Weissella*）；酵母菌类：近平滑假丝酵母（*Candida parapsilosis*）、粗状假丝酵母（*Candida valida*）、酿酒酵母（*Saccharomyces cerevisiae*）。

其中明串珠菌属、乳杆菌属和魏斯菌属被鉴定为韩国泡菜中的优势乳酸菌属，已分离鉴定的菌种如下。

a. 明串球菌属：肉色明串珠菌（*Leuconostoc carnosum*）、柠檬明串珠菌（*Leuconostoc citreum*）、气生明串珠菌（*Leuconostoc gasicomitatum*）、冷明串珠泡珠菌（*Leuconostoc gelidum*）、类肠膜明串珠菌（*Leuconostoc paramesenteroides*）、泡菜明串珠菌（*Leuconostoc kimchii*）、乳酸明串珠菌（*Leuconostoc lactis*）、肠膜明串珠菌（*Leuconostoc mesenteroides*）。

b. 乳杆菌属：低温乳杆菌（*Lactobacillus algidus*）、短乳杆菌（*Lactobacillus brevis*）、弯曲乳杆菌、泡菜乳杆菌（*Lactobacillus kimchii*）、马里乳杆菌（*Lactobacillus mali*）、类植物乳杆菌（*Lactobacillus paraplantarum*）、戊糖乳杆菌（*Lactobacillus pentosus*）、植物乳杆菌（*Lactobacillus plantarum*）、清酒乳杆菌（*Lactobacillus sakei*）、干酪乳杆菌（*Lactobacillus casei*）。

c. 魏斯菌属：食窦魏斯菌（*Weissella cibaria*）、融合魏斯菌（*Weissella confusa*）、高丽魏斯菌（*Weissella koreensis*）、土壤魏斯菌（*Weissella soli*）、绿色魏斯菌（*Weissella viridescens*）。

②韩国泡菜中益生乳酸菌：Lee等从泡菜中分离出2株乳酸菌 *L. plantarum* SY11和 *L. plantarim* SY12，研究发现2株菌可显著降低产生T−2细胞辅助因子、肿瘤坏死因子、诱生型一氧化氮合酶（该酶分布于人体免疫细胞如淋巴细胞、T细胞中，过量表达导致炎症及各类重大疾病）的作用，可作为发酵剂生产具有抗过敏作用的乳制品。

Jeun等从泡菜中分离出菌株 *L. plantarim* KCTC3928，通过动物试验可使小白鼠的低密度脂蛋白胆固醇和三酰甘油分别减少42%和32%，降胆固醇效果显著。Cho等从韩国泡菜中筛选出高产氨基丁酸菌株 *L. buchneri*（布氏乳杆菌），氨基丁酸是一种重要的抑制性神经递质，具有健脑益智的功效。此外，泡菜源乳酸菌还具有维持肠道菌群平衡、提高机体免疫力和有助于减肥等功效。韩国泡菜中具有丰富的益生性乳酸菌资源。

3. 四川泡菜与韩国泡菜的生产工艺比较

四川泡菜在制作上讲究浸泡，是真正意义上的"泡菜"，它的精华在于各类蔬菜通过密闭环境的浸泡，起到乳酸发酵的作用，从而生成泡菜独有的风味和口感。由于需用泡菜坛，所以其乳酸菌为纯厌氧型。

韩国泡菜在制作上讲究腌渍为主，有点"腌"菜的味道，它的精华在于各类腌制调料十分丰富，配比合理，从而生成"韩国泡菜"特有的风味和口感。由于只需要泡菜缸，不必密闭，因而其发酵为兼性厌氧型的。

韩国泡菜不需要液体浸泡，只是将各种辅料粉碎，揉搓在主料上混合腌渍，发酵后一次性产出，腌渍周期长，成品表面带敷料。与我国北方腌酱菜一样，只限于在选料上有所不同。所以是一种发酵腌菜，正确使用名称应是"韩国腌菜"。"韩国泡菜"是在"中国泡菜"的基础上发展演变而成的。

第二节 榨 菜 生 产

榨菜是由十字花科芸薹属芥菜种叶芥亚种的大叶芥变种茎瘤芥（*Brassica juncea* COSS var. *tumida* Tsen & Lee，俗称青菜头）经整理、脱水、加盐腌制后熟而成的一种蔬菜腌制品，是我国的一种特色蔬菜加工品。

榨菜在 1898 年始见于中国重庆涪陵，时称"涪陵榨菜"。因加工时需用压榨法榨出菜中水分，故称"榨菜"。涪陵榨菜以其鲜、香、嫩、脆的独特品质，享誉世界，产品远销日本、东南亚、欧洲、美洲等数十个国家和地区，与欧洲酸黄瓜、德国甜酸甘蓝齐名，是世界三大名腌菜之一。

据原涪陵州志《涪州志》记载：清光绪二十四年（1898 年），涪陵县城郊商人邱寿安将涪陵青菜头"风干脱水"加盐腌制，经压榨除去卤水（盐水），拌上香料，装入陶坛，密封存放。当年送了一坛在湖北宜昌开"荣生昌"酱园店的弟弟邱汉章，邱汉章在一次宴会上将哥哥邱寿安送与的榨菜让客人品尝，客人们倍觉可口，其风味"嫩、脆、鲜、香"，为其他咸菜所不及，争相订货。1899 年，邱寿安专设作坊加工，扩大生产，并按其加工工艺过程将其命名为"榨菜"（意即"经盐腌榨制过的咸菜"）。"榨菜"一词从此诞生。2008 年，国家将涪陵榨菜列入第二批国家级非物质文化遗产名录。

一、 主要原辅料及预处理

榨菜以茎用芥菜为原料腌制而成，被涪陵当地人称为"包包菜""疙瘩菜"，还有如今比较常说的青菜头。它的根茎部分特别膨大，形成如球形一般的样子。青菜头在我国南方各地，包括重庆、浙江、四川、湖南、贵州等均有种植，但仅重庆市涪陵区的质量最为上乘。

（1）食盐 食盐毫无疑问是腌制蔬菜类主要的辅料之一，它能够使腌菜具有咸味，同时能够和氨基酸结合成钠盐，使腌制蔬菜具有很好的鲜味，食盐还有一个很重要的功能就是抑制腐败菌的生长，使蔬菜能够具有很好的保质期。

（2）香料 榨菜中除了自己本身经过生化反应产生的香味以外，各种辛香料的添加也是能够起到很好的效果，常用的辛香料有花椒、大料、桂皮、胡椒、小茴香、芥末粉、五香粉、味精等。

（3）防腐剂 防腐剂一般是用来抑制酵母、霉菌和细菌等微生物的生长来延长食品的保质期，常见的防腐剂有苯甲酸钠和山梨酸钾等，使用时必须符合国家标准。

二、 主要微生物与生化过程

1. 主要微生物

从传统榨菜生产中分离得到的细菌包括：乳酸片球菌（*Pedicoccus acidilactici*）、嗜盐片球菌

（*Pedicoccus halophilus*）、粪链球菌（*Streptococcus faecalis*）、乳链球菌（*Streptococcus lactis*）、肠膜明串珠菌（*Leuconostoc mesenteriodies*）、枯草芽孢杆菌（*Bacillus subtilis*）、蜡状芽孢杆菌（*Bacillus cereus*）、球形芽孢杆菌（*Bacillus sphaericus*）、多黏芽孢杆菌（*Bacillus polymyxa*）、嗜热脂肪芽孢杆菌（*Bacillus stearothermophilus*）、坚强芽孢杆菌（*Bacillus firmus*）、植物乳杆菌（*Lactobacillus plantarum*）、发酵乳杆菌（*Lactobacillus fermentum*）、嗜盐乳杆菌（*Lactobacillus. halotolerans*）、乳酸乳杆菌（*Lactobacillus lactis*）等。

从传统榨菜生产中分离得到的酵母菌包括：鲁氏酵母（*Saccharomyces rouxii*）、球形酵母（*Saccharomyces globosus*）、酿酒酵母（*Saccharomyces cerevisiae*）、小红酵母（*Rhodotorula minuta*）、易变球拟酵母（*Torulopsis versatilis*）、汉逊德巴利酵母（*Debaryomyces hansenii*）、异常汉逊酵母（*Hansenula anomala*）等。

从传统榨菜生产中分离得到的两属霉菌为青霉属（*Penicillium*）和曲霉属（*Aspergillus*）。

从传统榨菜中分离出的微生物有 50% 以上属于乳酸菌类，乳酸发酵活跃在榨菜后熟过程中，其中有几种耐高盐的菌种，如嗜盐片球菌，在较高的食盐含量中繁殖良好，与鲁氏酵母共同作用形成特殊酱香成分——糖醇。

盐脱水和风脱水两种腌制工艺中分离得到的微生物纯培养形态学及生理生化分析显示，盐脱水和风脱水榨菜中主要优势微生物一致，乳杆菌属、鲁氏酵母是两种腌制过程中的最主要优势菌群，并发现风脱水榨菜微生物多样性明显低于盐脱水榨菜中的微生物。

2. 主要生化过程

榨菜是一种半干态的具有轻微乳酸发酵的腌制品，鲜香嫩脆是榨菜独特的食味品质，其腌制原理主要是利用食盐的高渗透压作用、微生物的发酵作用、蛋白质的分解以及其他一系列的生物化学作用，并辅以特殊的风脱水加工工艺腌制制成的。榨菜在腌制加工及后熟过程中，一方面通过自身内源芥子苷酶和乳酸菌等微生物的作用会产生各种风味物质，赋予榨菜特有的风味和营养；另一方面香辛料对榨菜风味的形成也起到了主要作用，从而使其成为香气、口感、风味俱佳的腌制品。

（1）蛋白质和氨基酸　榨菜成品中含氨基酸达 17 种之多，其中谷氨酸、天冬氨酸含量最高，而谷氨酸及天冬氨酸钠盐具有强烈鲜味。在发酵过程中，榨菜内的蛋白质在蛋白酶的作用下，逐渐分解成各种氨基酸，从而产生鲜、香味。

（2）碳水化合物　碳水化合物是榨菜干物质的主要成分，它含有糖分、纤维素、半纤维素、果胶等物质。这些物质对榨菜的风味有密切关系。榨菜内的糖分（单糖和双糖）在腌制加工过程中，除给榨菜以甜味外，也是微生物的营养物质。当乳酸菌在糖介质中活动时，异性乳酸发酵可将糖转变为乳酸、乙醇、醋酸和二氧化碳等。

（3）糖苷类　它是单糖分子与非糖物质相结合的化合物，它关系到榨菜的色、香、味和利用价值。青菜头内含有特殊的芥子素，它具有特殊的苦辣味，在腌制加工过程中，由于腌制（踩踏）、压榨使一部分细胞破裂，细胞内的黑芥子苷酶，使芥子苷水解，生成具有特殊芳香而又带刺激性气味的芥子油（异硫氰酸烯丙酯）及葡萄糖和硫酸氢钾，其反应方程式如下：

$$C_{10}H_{16}KNS_2O_9 + 2H_2O \longrightarrow CH_2\!\!=\!\!CH\!\!-\!\!CH_2\!\!-\!\!N\!\!=\!\!C\!\!=\!\!S + C_6H_{12}O_6 + KHSO_4$$

　　黑芥子苷　　水　　　　　　芥子油　　　　　　　葡萄糖　硫酸氢钾

（4）榨菜发酵腌制过程中存在乳酸发酵、酒精发酵和少量的醋酸发酵，产生的有机酸或氨基酸与发酵中的乙醇产生酯化反应，生成乳酸乙酯、醋酸乙酯、氨基丙酸乙酯等酯类物质，形成不同的芳香。氨基酸与戊糖或甲基戊糖的还原产物 4-羟基戊烯醛作用生成含有氨基类的烯醛类的香味物质。氨基酸种类不同，与戊糖作用所产生的风味也有差别。

三、加 工 工 艺

1. 工艺流程

传统的榨菜腌制工艺，主要有风脱水、盐脱水两种腌制工艺。

最传统的腌制工艺采用风脱水，即将鲜菜头用细篾丝或细铁丝等串成一串串，挂在支架上任风吹干制成后，再取下放在专用的腌菜池里，放时一层风干菜头一层盐，盐的多少视吃菜人的口味而定，但每 100kg 菜头不得少于 2kg 盐。

另一种是现在最流行、最简便的，称为盐脱水，即将菜头直接倒入腌菜池里，也是一层菜头一层盐，每 50kg 菜头用盐不得少于 2kg，经盐腌后除去部分水分。

工艺流程： 原料处理 → 腌制 → 修整、沥水 → 拌料、发酵 →成品。

2. 操作要点

（1）原料处理　将青菜头的根茎和老皮剥去，撕去老筋后，切成 380g 大小的圆形或椭圆形菜块，再用线将菜块穿成串，搭于架上晾晒，晒至菜块回软后，下架入池腌制。

（2）腌制　将干菜块分层下池（坛），一层菜一层盐，每层必须压紧，压至菜块出汁为止。第一次腌制，50kg 菜头大约需盐 1.8kg，时间为 3d；第二次腌制是利用原池盐水将第一次腌制菜块边淘洗边捞起，放在带漏水的架子上，人工挤压，沥去水分，1d 后再入坛，仍按第一次腌制的方法撒盐，盐量为 2kg，腌制时间为 5d。菜块经盐浸透后，再用原池盐水边淘洗、边出池，放在漏架上压，沥水时间大约 1d。

（3）修整、沥水　将菜块逐块修剪光滑，抽去未尽的老筋，再用澄清的盐水做第三次淘洗，去尽泥沙，经挤压沥去水分。

（4）拌料入发酵罐　大约 24h 后，将菜块、香料面、辣椒面和食盐等混合，搅拌均匀，一同装入罐中，边装边用力压紧，使菜块之间尽量减少空隙。装满后将盖盖严，调节温度为 20℃左右，发酵 6d 左右即为成品。

（5）正宗的榨菜无论采用何种方法，都必须经过 3 次盐腌后的压榨，榨菜即因此得名。然后加盐和十多种香料及调料（干辣椒粉、花椒、茴香、砂仁、胡椒、山奈、甘草、肉桂、白酒等），装坛，封口，阴凉处存放。在隔绝空气的条件下，坛里的榨菜先经酒精发酵，后经乳酸发酵，产生特殊酸味与香味，就成为市售的榨菜了。

如今榨菜生产也实现了自动化生产线，从原料进入到产品装箱出库，全部制造环节只需要十几个人，就能完成榨菜原料清洗、切分、筛分、脱盐、脱水、拌料、计量、充氮包装、灭菌、装箱等十几个工序，并进行了技术革新，如对原材料使用净化水滚筒旋转喷淋清洗，既提高了清洗速度，也保证了更好的清洗效果。而脱盐的环节采用变频调控滤带机械化操作，自动检测榨菜的含盐量，然后进行精准控制。新型的空滚揉吸附式拌料机，不仅能够快速拌料，同时也会更加均匀，在拌料完成之后，称量、包装都实现了自动化操作，对榨菜进行喷淋式巴氏灭菌使得榨菜能够保有更好的口感，灭菌效果也会更好。

第三节　发酵果蔬汁饮料生产

发酵果蔬汁饮料是以水果、蔬菜、果蔬汁（浆）或浓缩果蔬汁（浆）为原料、经益生菌发酵后制成的具有特殊营养保健功能的发酵果蔬汁饮料。

区别于传统的果汁饮料，发酵果蔬汁饮料不仅改善了果蔬汁风味，而且通过发酵会产生丰富的有机酸、氨基酸、短链脂肪酸等营养物质，赋予果蔬新的营养功能。益生菌发酵有效减少了发酵果蔬汁饮料中的糖分，其中的一些营养因子可以促进益生菌的生长，抑制腐败菌和改善肠道健康。发酵果蔬汁饮料不仅可以改善果蔬制品的口感和风味，提升果蔬制品的营养价值，增加果蔬制品的医疗保健、改善肠道消化等功能，同时解决了果蔬销售难的问题，减少了储存费用和损耗，提高了产品附加值，丰富了果蔬制品的花色品种。随着人们保健意识的增强，消费者对饮料的选择也逐渐趋于理性。发酵果蔬汁饮料因营养、健康的特点颇受消费者的喜爱，因此发酵果蔬汁饮料具有广阔的市场前景，市场份额呈增长态势。

2014 年饮料行业提出发酵果蔬汁饮料概念后，其逐渐被各行业关注，发酵果蔬汁饮料融合发酵饮料和果蔬汁饮料两大产品特点，为饮料行业带来新亮点。

发酵果蔬汁饮料的定义及分类：GB/T 31121—2014《果蔬汁类及其饮料（含第 1 号修改单）》将发酵果蔬汁饮料明确定义为"以水果或蔬菜或果蔬汁（浆）或浓缩果蔬汁（浆）经发酵后制成的汁液、水为原料，添加或不添加其他食品原辅料和（或）食品添加剂的制品。"

因原料和菌种不同，产品的风味各异，根据原料不同，发酵果蔬汁饮料可分为：

蔬菜汁发酵饮料，如发酵番茄汁饮料、发酵南瓜汁饮料、发酵西兰花汁饮料、发酵胡萝卜汁饮料等。

水果汁发酵饮料，如发酵苹果汁饮料、发酵梨汁饮料、发酵山楂汁饮料、发酵葡萄汁饮料、发酵蓝莓汁饮料等。

水果蔬菜汁混合发酵饮料，如苹果、橙、山楂、枣等水果和蔬菜经发酵后制成的饮料。

酵母菌、醋酸菌和乳酸菌是发酵饮料应用最为广泛的菌种，根据菌种不同，发酵果蔬汁饮料可分为：醋酸菌发酵果蔬汁饮料和乳酸菌发酵果蔬汁饮料，也可以采用多菌种复合发酵，如酵母与乳酸菌，酵母与醋酸菌，酵母、乳酸菌与醋酸菌，也可与食药真菌复合发酵。

乳酸发酵是一种冷加工方式，不会降低蔬菜原料的营养价值，相反，乳酸菌利用原料的可溶性物质代谢产生多种氨基酸、维生素和酶；产生有机酸有利于蔬菜汁矿物质钙、磷等的吸收利用，提高了蔬菜汁的营养价值。

乳酸菌发酵过程中产生乳酸、醋酸等有机酸，给蔬菜汁以柔和的酸味；产生微量双乙酰使制品具有奶油香味；乳酸与发酵中产生的不同醇结合生成不同的酯，具有花果香味，这些都给蔬菜汁以特殊的风味；同时乳酸的酸味对蔬菜制品的异味（青臭味）有掩蔽作用。

乳酸菌的厌氧条件及在发酵过程中产生的酸性环境可抑制一些腐败菌和病原菌的生长，同时产生 CO_2、H_2O_2、乙醇、细菌素等具有抗菌活性的物质，防止蔬菜汁变坏，从而达到延长保存期的作用。

乳酸菌发酵蔬菜汁的最大特点就是因为含有乳酸菌而具有重要生理功能。对于因抗生素、化疗、年龄、饮食等因素引起的菌群失调，可通过长期食用含乳酸菌活菌的食物，使人体肠道内菌群的协调能力增强，特别要注意必须能经受胃液、胆汁的活菌才能发挥此作用；乳酸菌细胞壁的肽聚糖能对变异原和致癌性物质有极高的吸附率且结合稳定，因此能降低癌症的发病率，减弱和消除病原菌的毒害作用，且死菌和活菌对变异原性物质的结合能力无明显差异；乳酸菌因含有降低胆固醇的酶系而能抑制内源性胆固醇的合成，乳酸菌可以吸收胆固醇并将其转变为胆盐排出体外，乳酸菌代谢生成的醋酸盐、乳酸盐也对降低血清中的胆固醇有重要作用。此外乳酸菌制品还有控制内毒素和抗辐射等功能。

根据风味不同可分为以下两大类乳酸菌发酵蔬菜汁饮料。

乳酸菌发酵蔬菜汁乳饮料：在蔬菜汁中添加少量乳粉和乳酸菌所利用的乳糖，生产清新可口的发酵蔬菜汁乳饮料。所采用的菌种和生产酸乳的菌种相同，一般是保加利亚乳杆菌和嗜热性链球菌，只是原料乳的用量减少，而加入10%～30%的蔬菜汁制成的饮料既有酸乳的乳香，又有蔬菜的清香，而且营养比酸乳更加丰富。

泡菜风味发酵蔬菜汁：各种蔬菜都可生产泡菜型乳酸菌发酵蔬菜汁，尤其是对于一些组织较软的番茄、小白菜等，做泡菜突出不了鲜香嫩脆的特点，故可适合加工成乳酸发酵蔬菜汁，采用发酵泡菜中分离的乳酸菌，选择合适的扩大培养基培养后接种于蔬菜汁中发酵，据报道，国内外若干含有乳酸菌的药物及口服液的商品进行活菌数检测，结果表明，泡菜汁中活菌数远远高于此类商品，因此泡菜风味蔬菜汁可成为具有传统特色、廉价高效的微生态调节剂。

一、 主要原辅料及预处理

1. 主要原辅料

番茄、胡萝卜、芹菜、甜菜、欧芹、莴苣、菠菜、卷心菜是目前市场上蔬菜汁最主要的成分。除了蔬菜汁外，还可添加果汁或乳品以增加发酵饮料的风味和营养价值。所用的水果有苹果和葡萄等，乳品有牛乳、羊乳以及豆乳等。

选择适合制汁的优质原料，是蔬菜汁生产的重要环节。蔬菜原料质量的好坏，直接影响成品汁的质量。用于制汁的原料，应是成熟度高、新鲜度好、气味芳香、色泽稳定、汁液丰富、取汁容易、出汁率高、酸味适度的原料，并剔除有病虫害的、霉烂的、不合格的蔬菜和杂质。同时，为了提高发酵蔬菜汁成品的风味，增强营养价值，应选择几种质地、色泽相近的蔬菜混合制汁，进行发酵生产。如可将胡萝卜、番茄与南瓜混合制汁；将萝卜、甘蓝与冬瓜混合制汁；将芹菜与豆角混合制汁等，可以互相搭配，调和营养，易于乳酸菌发酵，具有发酵微生物所需要的碳源、氮源，有利于微生物生长代谢。若碳源、氮源不足则微生物生长和发酵速度慢，易感染杂菌。一般蔬菜均可满足微生物生长代谢所需要的碳、氮及微量元素，如果蔬菜汁含糖量在3%以下，则需补充蔗糖或葡萄糖或果汁，此外混合一些含氮物质较丰富的蔬菜如豆芽、平菇，有利于增加产品风味。

2. 原料预处理

原料预处理主要包括清洗、破碎、加热和酶处理几个过程。清洗可除去蔬菜表面的污染物，同时减少微生物的污染数量。如果蔬菜表面农药残留量过多，可用清水冲洗后再用清水浸泡15min，再用清水冲洗。根据原料的性质、形状适当选择设备。如胡萝卜可采用滚筒式洗涤机洗涤，柔软的浆果，如草莓、番茄用手工漂洗即可。破碎主要是破坏蔬菜组织，使细胞壁破裂，促使细胞中的汁液易流出。破碎时要注意适度。破碎过粗，块形过大，则出汁情况不理想。而破碎过度，块形太小，又难以榨汁。出汁率也会降低。同时，可对破碎的蔬菜加入适量的食盐和维生素 C 配制的护色液护色。加热的目的是为了软化蔬菜组织，使其细胞原生质中的蛋白质凝固和酶失活，细胞膜通透性增加，果胶物质水解，降低汁液的黏度，提高出汁率，防止蔬菜汁褐变。加热温度应根据蔬菜汁的用途而定。一般加热温度为 60 ~ 80℃，最佳温度为 70 ~ 75℃，加热时间为 10 ~ 15min。也可采用高温瞬时加热，加热温度为 85 ~ 90℃，时间为 1 ~ 2min。典型的加热设备有管式换热器和螺旋式煮果机。酶处理主要用果胶酶、淀粉酶和纤维素酶、半纤维素酶。它们主要功能就是促进蔬菜细胞中可溶性物质的提取，降低果胶黏度，提高出汁率。在使用果胶酶制剂时，应注意与破碎后的组织充分混合，根据原料品种控制用量，根据酶性质的不同，掌握适当的 pH、温度和作用时间。

二、 主要微生物与生化过程

1. 主要微生物

发酵果蔬菜汁主要使用的微生物是乳酸菌。传统的蔬菜发酵食品是采用当地自然界中的微生物所进行的发酵，由于微生物种类繁多，代谢产物多，产品的风味很好，但是自然发酵有很多缺陷，限制了发酵产量，影响质量，若采用纯种发酵可控制微生物菌群，使发酵过程标准化。乳酸菌菌种的选择对发酵蔬菜汁的风味起关键性作用，一般来说，单一菌种发酵制品口感较单调，而混合菌种发酵制品口感好。筛选菌种遵循的原则是：性状稳定，生长繁殖迅速，产酸性缓和产香性强，具有多菌种协调发酵能力、抗逆、对胃液与胆汁有较强的耐受性。菌种的驯化就是将做酸乳的菌种接种于蔬菜汁含量逐步增加的牛乳培养基中，使菌种适应蔬菜汁发酵的环境。李安平、孟宪军等采用保加利亚乳杆菌和嗜热性链球菌进行驯化用于蔬菜汁发酵。菌种的筛选、分离和驯化都是以产品的酸度、风味、营养成分、活菌数等作为考察指标，但是在乳酸菌对胃液与胆汁的耐受性方面研究较少，乳酸菌中的嗜酸乳杆菌耐酸性强，能在肠道内定植，而有些乳酸菌则不耐酸。据报道，对乳酸菌用微胶囊包被可以提高乳酸菌的抗逆性，M. Stadler、H. Viernstein 采用人工模拟胃液（0.04mol/L HCl）研究乳酸菌在 37℃ 保持 1 ~ 2h 前后的菌数差异来评价乳酸菌，并采用一些物质 HPMCAS 与海藻酸钠形成复合物来增强乳酸菌的耐受性，使其安全到达肠部，最大限度地发挥其保健和治疗效果。还有较为特别的研究是以硝酸盐的利用情况作为考察指标，Hybenova - E 研究将胡萝卜汁与甘蓝汁混合接种戴氏乳杆菌（*L. delbrueckii*）37h 或植物乳杆菌（*L. plantarum*）89h、90h 或 92h，硝酸盐利用结果为植物乳杆菌 92h 发酵蔬菜汁中检测不到硝酸盐的存在，而植物乳杆菌 90h 和戴氏乳杆菌 37h 硝酸盐的量各降低了 83%、73%，未来食品发酵菌种的选择将不通过筛选完成，而是通过设计。设计的基本原则是基于菌种的新陈代谢生理学以及与发酵产品的相互作用，通过基因工程、代谢工程和蛋白质工程等设计工具来提高现有菌种的产量及发酵性能。

2. 生化过程

蔬菜汁经乳酸菌发酵后，pH 下降，乳酸菌对葡萄糖的利用程度最高，果糖的消耗稍小，蔗糖浓度太低而没有被利用。蔬菜汁经乳酸菌发酵之后，乳酸、乙酸、富马酸含量增加，柠檬酸含量下降。除半胱氨酸和缬氨酸数量减少之外，其余的氨基酸在数量上都有不同程度的增加。

三、 工艺流程与操作要点

1. 工艺流程

蔬菜汁乳酸发酵饮料的生产工艺流程如图 5-6 所示：

原料选择 → 预处理 → 制浆或榨汁 → 过滤 → 灭菌 → 冷却 → 脱氧 → 调配 → 接种 → 发酵 → 过滤 →

灌装 → 灭菌 → 成品

图 5-6   蔬菜汁乳酸发酵饮料的生产工艺流程

2. 操作要点

制浆：蔬菜制浆，应根据蔬菜质地的不同，分别采用打浆机（应用于质地柔软的蔬菜）和螺旋连续榨汁机（应用于质地较硬的蔬菜）来进行。在压榨取汁时，一定要注意，压榨时间和压力对蔬菜出汁率影响很大。如果压力增加太快，反而会降低出汁率。为了提高出汁率，开始压榨时压力不应太大，持续压榨到一定的时间，能增加出汁量。另外，压榨时可加入一定的疏松剂，如稻糠、木纤维等，以适当提高压榨时的挤压力。疏松剂的使用量，一般为 0.5% ~1%。压榨完毕后，为了保证浆汁的细度可再用胶体磨磨细。

灭菌：对混合后的蔬菜汁加热灭菌，最好采用板式热交换器。瞬时灭菌温度可控制在 95 ~100℃。灭菌后，应实行快速降温。

接种与发酵：乳酸菌的主要作用是产酸、生香、脱臭和改善营养，赋予饮料特殊的风味。因此，对蔬菜汁发酵菌种的选用应符合要求。饮料发酵常用的乳酸菌有肠膜明串球菌、保加利亚乳杆菌、德氏乳杆菌、乳酸片球菌等菌种。用它们混合共同发酵，效果十分理想。接种时，将蔬菜汁总量 5% 的乳酸菌种子培养液（种子液菌数大约为 1100 万 CFU/mL），加入蔬菜汁中并进行搅拌，然后封缸发酵。发酵温度一般在 30 ~40℃。必要时可在蔬菜汁中加入 5% 葡萄糖和 3% ~5% 脱脂乳粉，以补充乳酸菌所需碳源和氮源，使发酵液风味更好。当发酵液酸度达到 1.5%（菌数约在 4000 万 CFU/mL）左右时，可视为发酵终止。

稀释和调配：调配的目的在于使蔬菜汁制品具有一定规格并能改进风味，增加营养，改善色泽。目前，常在蔬菜汁中加入糖、酸、维生素 C 和其他添加剂等。调配时要注意，蔬菜汁饮料中的糖酸比例，是决定其口感和风味的主要因素，加入的稀释水必须是无菌水，必要时可加入稳定剂。

排气和均质：蔬菜汁排气的目的，在于脱去汁内的氧气，从而防止维生素营养成分的氧化，减轻色泽的变化，防止挥发性物质的氧化和异味的出现；同时除去吸附在蔬菜汁悬浮颗粒表面的气体，防止装罐后固体上浮，保持良好的外观，防止装瓶和高温瞬时杀菌时起泡和马口铁罐内壁的氧化腐蚀。我们通常采用三种方法进行脱气：真空脱气法、热脱气法和酶法及抗氧剂除氧。

目前，常采用真空脱气法脱气。将蔬菜汁泵入真空锅的室内，然后被喷射成雾状或注射成液膜，以增大蔬菜汁的表面积，使蔬菜汁中气体迅速逸出而被抽去。真空室内的真空度为 90.66 ~93.33kPa。均质的目的在于使蔬菜汁中悬浮的颗粒细微化，促使蔬菜汁保持一定的浑浊度，获得不易分离和沉淀状态一致的蔬菜汁。可用胶体磨和高压均质机在 25 ~35MPa 压力下进行均质处理。

装罐与杀菌：均质后的蔬菜发酵汁，泵入灌装机装罐，压盖，并进行杀菌，冷却后即为成品。杀菌的目的主要是消灭微生物，达到商品无菌，其次是钝化酶的活性。对于酸性和高酸性蔬菜汁，常用巴氏杀菌法或高温瞬时杀菌法。巴氏杀菌法就是将蔬菜汁置于 80~85℃下，保持 30min；高温瞬时杀菌，就是将蔬菜汁泵入高温瞬时杀菌器，快速加热至汁温达（93±2）℃，维持 15~30s。对于低酸性蔬菜汁，可采用超高温瞬时杀菌，就是在 120℃ 以上的温度下保持 3~5s，如应用活菌蔬菜发酵汁，装罐后可放入 4℃ 的温度下冷藏保存。

3. 发酵蔬菜汁饮料生产实例

（1）胡萝卜冬瓜汁乳酸菌发酵饮料

乳酸菌的活化与培养：将保加利亚乳杆菌和嗜热链球菌按 1:1 的比例接种到 100g/L 的已灭菌乳粉溶液中，培养温度 41℃。

原料的选择：选择肉质黄色鲜嫩、不失水的胡萝卜，剔除病斑腐烂点，清水洗净；选择色泽鲜亮、不发黄、不干枯的新鲜冬瓜，去皮去籽；将胡萝卜和冬瓜分别切成块状。

预煮灭酶：将切成块的冬瓜放入沸水中煮 1min，胡萝卜煮 3min，进行灭酶。灭酶完毕的冬瓜及胡萝卜捞出，冷却至室温。

打浆：将冷却后的冬瓜及胡萝卜切丁，打浆。

过滤：对打成浆的冬瓜及胡萝卜过滤，去除粗大颗粒及粗纤维，收集滤液待用。

灭菌：混合蔬菜汁巴氏灭菌。

接种：将培养后的乳酸菌加入已经混合的蔬菜汁中，混匀。

发酵：将蔬菜汁密封，分别放入 41℃ 恒温培养箱中进行发酵。

调味：在制得的饮料中加入适当的糖及酸进行调味，或适当加入少许香精。

（2）黄瓜汁泡菜风味发酵饮料

原料的选择：选择鲜嫩、不失水的黄瓜，清水洗净去皮，切成块状。

打浆：将冷却后的黄瓜切丁，加入 5% 的蒜，打浆。

过滤：对打成浆的黄瓜过滤，去除粗大颗粒及粗纤维，收集滤液待用。

灭菌：混合蔬菜汁巴氏灭菌，加入 5% 蔗糖。

接种发酵：将培养后的乳酸菌加入已经混合的蔬菜汁中，混匀，30℃ 发酵至 pH 为 4。

调味：加入 1% 食盐及风味调整。

知识拓展

1. 酵素

"酵素"一词来源于日本，实际上是日语中对"酶（enzyme）"的称谓，在中国的生化教育里习惯称之为"酶"。也有人认为，酵素和酶虽然是同类物质，但仍有区别。新标准对酵素进行了科学定义：酵素是以动物、植物和菌类为原材料，经微生物发酵制得的含有特定活性成分的产品。酵素饮料起源于日本，是一种通过多种有益菌对几十种甚至数百种水果、蔬菜、藻类、菌菇等原料加糖（黑糖），通过有益微生物经长时间（几个月到 3 年不等）的混合发酵后的一种保健饮料，是一种富含维生素、氨基酸、有机酸、低聚糖等多种功效成分的发酵产品而非纯酶。

（1）酵素的分类　我国食用酵素相关研究尚处于起步阶段，但发展迅速，酵素已被国家承认并列为标准，由中国生物发酵产业协会发布的 QB/T 5323—2018《植物酵素》和 QB/T 5324—2018《酵素产品分类导则》，被评为工业和信息化部 2018 年团体标准应用示范项目，并于 2019 年 7 月 1 日起正式实施。

《酵素产品分类导则》按产品应用领域把酵素分为六大类：食用酵素、环保酵素、日化酵素、饲料酵素、农用酵素、其他酵素等。目前食用酵素、日化酵素占比大。

①食用酵素：以动物、植物、菌类等为原料，经微生物发酵制得的含有特定生物活性成分的可食用酵素产品，如玫瑰花酵素、覆盆子酵素、蓝莓酵素等。

②环保酵素：以动物、植物、菌类等为原料，经微生物发酵制得的含有特定生物活性成分的用于环境治理、环境保护等的酵素制品，如除臭酵素、水体净化酵素等。

③日化酵素：以动物、植物、菌类等为原料，经微生物发酵制得的含有特定生物活性成分的用于化妆品、口腔用品、洗涤用品等的酵素产品，如酵素洁面皂、酵素牙膏、酵素洗衣液、酵素果蔬清洗剂等。

④饲料酵素：以动物、植物、菌类等为原料，经微生物发酵制得的含有特定生物活性成分的用于动物养殖的酵素产品，如宠物酵素、饲料酵素等。

⑤农用酵素：以动物、植物、菌类等为原料，经微生物发酵制得的含有特定生物活性成分的用于土壤改良、农作物生长、病虫害防治等的酵素产品，如驱虫酵素、抗病酵素、土壤改良酵素等。

（2）酵素的发酵工艺

①酵素发酵的原理：酵素发酵是各种蔬菜、水果或与菌类等食品原料在微生物作用下的发酵过程，发酵过程基本分三个阶段（酵母菌发酵）、醋酸菌发酵和乳酸菌发酵。第一阶段（酵母菌发酵）：酵母菌发酵阶段将大分子分解成小分子，把淀粉分解成二氧化碳和酒精，也称糖化作用。第二阶段（醋酸菌发酵）：醋酸菌发酵阶段将酒精分解掉，这个阶段也称醋化作用。第三阶段（乳酸菌发酵）：通过乳酸菌分解作用，使 pH 达标，并产生大量对人体有益的益生菌，这个阶段又称熟成作用。

②微生物菌种：在发酵法制备酵素产品时，主要有两种发酵工艺方法：自然发酵和人工接种发酵。自然发酵是一种传统的发酵方式，在原料中自带微生物在高糖条件下自然长时间发酵而成，微生物主要有酵母菌、米曲霉及乳酸菌。在人工接种发酵过程中，依据发酵剂（菌种）的数量又可以分为单一菌种发酵和混合菌种发酵。用于发酵制备食用酵素的常见微生物菌种包括酵母菌、醋酸菌和乳酸菌。用于发酵制备农用酵素的微生物含固氮菌、解磷菌、解钾菌、酵母菌、放线菌、真菌以及多种对植物有益的菌群。

③原料：早期发酵法制备酵素产品所使用的原料主要是水果和蔬菜，采用单一或混合的水果或蔬菜经自然发酵或人工接种发酵制备得到相对应的酵素产品。随着人们生活水平的提高，对酵素产品的营养成分、口味要求也越来越高、越来越多，因此酵素产品的原料也在不断地变化，如谷物类、中药类、食用菌类、鲜花类等。

④发酵生产工艺流程如图 5-7 所示：

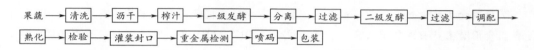

图 5-7　酵素的发酵生产工艺流程

种子：一级种子→二级种子→接种。

⑤酵素产品的质量评判：食用酵素产品因其发酵原料、发酵菌种、生产工艺和产品形态等因素不同，致使目前市场上销售的食用酵素种类繁多，质量参差不齐。可从以下几方面对酵素产品进行评价。

a. 感官评价：感官质量高的食用酵素应具备以下共性特点：色泽均匀、香气协调、风味突出、口感细腻、酸甜适宜。

b. 理化与营养评价：可溶性固形物含量、总酸含量、pH 及有机酸组成是被研究得最多的食用酵素理化指标。可溶性固形物含量高，说明酵素发酵原料添加量大。食用酵素产品中已经检测出的有机酸主要包括醋酸、乳酸、苹果酸、柠檬酸、丙酮酸、草酸、琥珀酸、异丁酸、丙酸和异戊酸等。

c. 酶活性评价：食用酵素中被研究得最多的活性酶主要包括超氧化物歧化酶（SOD）、淀粉酶、脂肪酶和蛋白酶四类，尤以 SOD 为代表。SOD 活性已成为抗衰老药物和抗衰老保健食品的一个重要指标。这些酶的存在，一方面增强了食用酵素的抗氧化能力，另一方面有助于人体胃肠道的吸收和消化。

⑥食用酵素产品的安全性

a. 食用酵素发酵用微生物的安全性：人工接种发酵生产酵素大多使用的微生物都是经过原国家卫生部（国家卫生健康委员会，简称卫健委）批准的可用于食品的菌种或传统上用于食品生产加工的菌种，因此安全性是有保障的。自然接种发酵生产酵素，由于环境中存在微生物的多样性和复杂性，可能有一些有害菌会参与发酵过程，因此，这种方式生产的食用酵素一定要通过安全性评价后才能上市销售。乳酸菌是食用酵素生产中最常用的发酵菌种，乳酸菌属中的植物乳杆菌、干酪乳杆菌、保加利亚乳杆菌、德氏乳杆菌和发酵乳杆菌等常被作为有益菌用于乳制品的生产，形成了乳制品的独特口感和品质。然而，乳酸菌属中的肠球菌比较复杂，有些益生肠球菌可用于乳制品加工，但是，另外有部分肠球菌是病原菌，对抗生素能够自发地获得耐药性。因此，在筛选肠球菌作为发酵剂时，对其进行毒性和耐药性安全评估是极其重要的。

b. 食用酵素发酵中微生物代谢产物的安全性：食用酵素发酵用微生物都是益生菌，经这些益生菌的发酵作用，会生成各种有益的代谢产物。但是由于微生物酵素发酵过程多为混菌共生发酵，整个发酵过程变化很复杂，又难以控制，因此不可避免地会生成一些有害物质。研究显示，在霉菌、酵母菌和细菌产生的果胶酶作用下，果蔬发酵过程会产生甲醇，甲醇超标会引起中毒。

c. 食用酵素生产过程的卫生质量安全：很多食用酵素产品大多采用传统技术进行生产，生产规模不大，设备简单，技术含量不高，多为自然发酵，卫生质量安全得不到保证，具有潜在的健康隐患。采用传统方法生产食用酵素时，发酵过程变化复杂，难以掌控，容易被致病菌污染。因此，食用酵素生产企业建议使用现代发酵工程技术替代传统发酵工艺，并制定严格的企业生产操作规程，确保食用酵素产品的卫生质量安全。

⑦我国食用酵素产业现状：虽然我国食用酵素起步较晚，产业发展还存在很多问题，但是我国食用酵素产业发展势头良好。根据统计，2017—2019 年，酵素饮料行业市场规模从 11 亿元上升到 19 亿元，保持较快增长；2019 年，中国酵素行业市场规模达 200 亿元，从业企业近 5000 家。2021 年，在我国网上销售平台，普通膳食营养食品同比增长前 10 位品类中，按照同比增量交易额计算，酵素食品位居第三位，仅次于维生素和益生菌类食品。随着人们对食用酵素认知程度的提高，我国相关科研机构、企业研发投入的增加以及国家标准、法规的不断健全，食用酵素产业将快速步入高速发展期，有望达到千亿元的产业规模，食用酵素也必定会成为国人青睐的健康养生食品。

2. 康普茶

康普茶（Kombucha）起源于中国，具体起源年代已不可考，但一般认为是在环渤海地区以及东北地区，那里的人们至少 200 年前就开始喝这种饮料了。

制作康普茶原料的别名也称红茶菌、海宝、胃宝，20 世纪 80 年代最流行的那阵子，家家户户都在养红茶菌。养红茶菌就像养蘑菇一样。开始时只是薄薄的一小片，但只要做一瓶红茶，放一点糖，再把红茶菌放在里面，用纱布封上口。不出几天时间，就能获得一杯酸酸甜甜的清凉饮料——康普茶。

康普茶本质上是一种发酵茶饮料。经过了细菌和酵母的共生发酵之后，红茶中的糖被转换成了酒精和醋酸。整个茶的味道变得酸甜而富有层次感。而细菌和酵母的繁殖以及纤维素的生产，使得红茶菌变得越来越大。

先用热水冲泡茶叶，倒进玻璃瓶内，然后加入砂糖，放凉一会儿，但不要放冰箱。之后，把菌膜放进瓶中，用透气的纸巾或纱布盖住瓶口，再用绳子或橡皮筋固定，放在阴凉处，发酵 7~12d，即可饮用。把喜欢的水果榨汁与康普茶混合，味道更佳，可直接饮用；也可把水果汁、果片、果丁或果干加入已经发酵过的康普茶中，加盖密封室温进行二次发酵，发酵 3~5 日即可享用，需要时打开瓶盖放气，防止瓶内气体过剩导致爆裂。

（1）康普茶微生物 红茶菌本质上是一个微生物共生群落（symbiotic culture of bacteria and yeast，SCOBY），主要菌种包括多种酵母和一些细菌。

红茶菌的酵母成分通常包括下面几种：酿酒酵母（*Saccharomyces cerevisiae*）、布鲁塞尔酒香酵母（*Brettanomyces bruxellensis*）、星形假丝酵母（*Candida stellata*）、粟酒裂殖酵母（*Schizosaccharomyces pombe*）、拜耳接合酵母（*Zygosaccharomyces bailii*）。

酵母负责将发酵红茶中加入的糖转化成酒精，顺便提供一些特别的风味。红茶菌中的细菌通常包含木质葡糖醋杆菌（*Gluconacetobacter xylinus*），它负责分解酒精产生醋酸。这样一来，康普茶中的酒精浓度就不至于太高，而它的味道也变得酸甜可口。这种细菌还有一个能力就是生产纤维素，把整个共生群落用纤维素紧紧包裹在一起，成为胶冻状的固体。椰果就是用产纤维素的细菌生产出来的。

乳酸菌：可另外添加，增加营养，改善风味。

（2）康普茶功效成分与作用功效 康普茶在发酵过程中，会产生有益身体的营养成分，例如含有丰富的乳酸菌、酵母菌、益生菌有助肠道健康和排便，可改善消化；也含少量的维生素 C、维生素 B_1、维生素 B_6、维生素 B_{12}、氨基酸、葡萄糖醛酸、多酚、酵素等，能增强免疫力及提神；对美容和健康都非常有益，甚至能减轻体重，吸引了许多女性的注意。康普茶还富含抗氧化剂，可以保护肝脏免受毒性，有助于保护人体免受有害细菌侵害。

康普茶含有 B 族维生素、维生素 C 等，小白老鼠试验表明饮用康普茶可降低胆固醇，甚至降低肿瘤的生长速度。

①多糖、茶多酚、茶碱：提高人体免疫力，增强自身抵抗力；调节血脂，调节血糖；促进双歧杆菌生长，减少肠道腐败物质和致癌物质；增加 T－淋巴细胞和 B－淋巴细胞的数量，提高机体的防御能力。

②醋酸、乳酸、柠檬酸：清理肠胃，帮助消化，防治便秘，提高维生素的稳定性，预防有害病菌、病毒入侵，预防感冒。

③咖啡因：提高大脑活力，消除疲劳，振作精神。

④红茶菌中含有三种对人体有益的益生菌：酵母菌、醋酸菌和乳酸菌。

⑤醋酸具有消除疲劳、增强食欲、帮助消化的作用。

⑥红茶菌的解毒抗癌功能因子之一是葡萄糖醛酸，它是人体肝脏中最主要的解毒物质之一。

⑦红茶菌中存在的葡萄糖二酸－1,4－内酯可使身体更有效地排出毒素。

⑧红茶菌中的葡萄糖酸能与重金属结合形成水溶性复合物，帮助人体排出有害的重金属元素，有研究表明新的红茶菌饮用者尿中的重金属含量增加。

第六章

发酵食品添加剂生产工艺

第一节　食用色素生产

食用色素是食品添加剂的一种，又称着色剂，是用于改善食物外观的可食染料，用于食品加工及药物、化妆品的染色。添加食用色素，可以改善食品的色泽，或者保持食品原有外观，能促进食欲。食用色素如同食用香精一样，分为天然色素和人工合成色素两种。

食品天然色素是由天然资源获得的食用色素，主要是从动物和植物组织及微生物中提取，其中植物性染色剂占多数。天然色素不仅具有给食品着色的作用，而且，相当部分天然色素具有生理活性。

1. 食品天然色素按来源分类

（1）植物　植物源性色素是生物体内生物化学途径的产物，其产生的多种有机化合物具有独特的理化性质。这些有色化合物在自然界中含量丰富，在光合途径中发挥重要作用，吸引授粉者，并提供保护，免受捕食者和太阳能的侵害。植物色素包括多种化学类别，如卟啉、类胡萝卜素、花青素和 β - 半乳聚糖，它们可以选择性地吸收某些波长的光，同时反射其他波长的光。

（2）动物　不同的动物体内会产生不同的化合物，从而在整个动物界产生独特的颜色。这些色素还具有多种用途，包括血氧运输、防止食肉动物捕食或紫外线辐射、交配等。

（3）微生物　各种微生物产生的色素被用来帮助鉴别某些物种。细菌和真菌有机物产生多种不同类型的色素，如类胡萝卜素和红曲色素。利用微生物生产着色剂在商业上和经济上都很有前途，因为它的生长条件易于控制。

（4）矿物质　矿物质通常被描述为结晶的元素或化合物，由地质作用形成。它们作为着色剂在食品、化妆品和艺术中有着悠久的历史。矿物质呈现多种颜色，这取决于它们的化学成分和/或物理结构。许多矿物质含有金属阳离子，而含有 d 轨道电子的金属阳离子经常吸收和反射可见光。例如，氧化铬矿物质是一种绿色颜料，它被用于绘画中，但在化妆品中作为着色剂，免于认证（CFR 2016）。

2. 食品天然色素按化学结构分类

（1）黄酮类衍生物　如花青素。

黄酮类化合物是一类以 C_6—C_3—C_6 碳骨架为特征的次生植物代谢产物。在这些多酚类物质中，花青素是水溶性色素的一个重要亚类，它赋予植物鲜红到蓝的颜色。六种主要的苷元（花青素）存在于常见的水果和蔬菜中，羟基化和甲氧基化程度不同。这些苷元在性质上与糖结合，还可能与芳香酸或脂肪酸进一步酰化。糖基化和酰化都增强了花青素的稳定性，这解释了在自然界中很少发现单花青素的事实。花青素是最大的一类水溶性天然色素，已鉴定出 700 多种独特结构。由于稳定性差，花青素作为天然食品色素的应用受到限制；花青素的颜色对光、热、氧和 pH 条件敏感，这限制了它们在不同食品中的应用。因此，食品工业正在寻求提高花青素稳定性的方法。

花青素对 pH 的敏感性允许不同的红色、紫色和蓝色结构形式之间的相互转换。随着酸性条件下 pH 的升高，茶碱阳离子（出现酸性，pH ≤ 3）脱质子，失去颜色（pH 3 ~ 6），然后最终形成醌类碱（呈紫蓝色，pH ≥ 6）。由于这些结构变化是对 pH 的反映，花青素在许多食品的温和酸性 pH 环境中通常呈红色或基本无色。

花青素颜色表达的额外扩展也可能是色素的金属离子螯合作用的结果，这一机制在花卉系统中经常观察到。B 环上的邻苯二酚或邻苯三酚可诱发蓝移。金属离子取代氢离子，诱导黄柱基离子（红色）转化为醌基（蓝色），然后将色素与另一个花青素分子进行配位堆积。

（2）类异戊二烯衍生物　如类胡萝卜素。

类胡萝卜素是一类重要的脂溶性色素，其颜色从黄色到橙色到红色，广泛分布于自然界，包括高等植物、细菌、真菌、酵母、鸟类和昆虫中。它们是 40 个碳四萜类化合物，由头尾相连的类异戊二烯单元构成。可以分为两类：仅含有多不饱和烃的胡萝卜素和含有多不饱和烃的叶黄素，具有一些氧官能团的碳氢化合物。类胡萝卜素可以是无环的、单环的或双环的（例如，分别是番茄红素、γ-胡萝卜素和叶黄素）。类胡萝卜素的长共轭系统，沿着多烯链具有 π-电子离域，负责其在可见光谱中的吸收，导致颜色从黄色到橙色到红色不等。较大的共轭体系会显示出较红的色调，而短的双键链，如具有五个双键的植物氟烷，则显示出无色。环化反应也会影响番茄红素、β-胡萝卜素和 γ-胡萝卜素的颜色，它们具有相同数量的双键，分别呈现红色、橙色和橘红色。

由于它们富含电子、高度不饱和的化学成分，类胡萝卜素在食品加工和贮存过程中易被氧化和异构化。氧化是类胡萝卜素损失的主要原因，受多种因素的影响，包括光、湿气、温度、过氧化物、金属、酶、脂类和抗氧化剂。有 600 多种不同的天然类胡萝卜素，估计每年产量为 1 亿 t。

（3）吡咯衍生物　如叶绿素。

吡咯的特征是由四个碳原子和一个氮原子组成的五元环，在生物体系中，它们起着许多有用的作用，如形成氢键、配位金属和堆积相互作用。它们是许多杂芳环和线性聚吡咯的组成部分。一些研究最多的吡咯衍生物包括血红素和叶绿素。四吡咯化合物，如叶绿素，已经被发现可以产生几乎所有的可见光谱颜色。

叶绿素的基本结构是卟吩环，一种对称的环四吡咯，在自然界中发现，具有植物附着和集中的镁离子。后两种成分作为着色剂在食品中的功能不可或缺。在碱性皂化作用下，植物附着物被裂解，形成叶绿素，从而使色素从亲油性变为亲水性。浅褐色橄榄绿色的表达表明了脱镁叶绿素的形成。虽然这个反应是不可逆的，但当 Cu^{2+} 或 Zn^{2+} 集中在这个发色团中时，可以形成强络合物。这些金属配合物不仅增加了颜料的稳定性，而且使颜料呈现出更理想的绿色。通常，这些反应是在提取的叶绿素上进行的，用于商业用途，但铜叶绿素络合物的形成也是自然发生的。许多植物都含有显著的叶绿素，超临界 CO_2 萃取的植物提取物中含有铜叶绿素。

（4）氮杂环衍生物　如甜菜红。

在许多氮杂环化合物中，甜菜红是甜菜酸酯的黄色和红色颜料铵衍生物。它们主要由两大类组成：一类是桦木酸与环多巴的缩合产物——红紫桦木色素；另一类是桦木酸与胺的缩合产物——黄橙桦木色素。花青素也可以被单糖或二糖取代，生成的糖苷可以与酰化基团相连，从而导致多种花青素结构。

甜菜红是水溶性的，对石竹目植物的颜色起作用，常见于红甜菜和仙人掌梨。甜菜红在pH 3～7 范围内稳定，主要用于低酸食品，如乳制品（酸乳和冰淇淋）。此外，与其他天然着色剂相比，甜菜红的颜色在很大程度上与 pH 无关。因此，在食品应用中，尤其是在低酸和中性食品中，甜菜红经常用来补充花青素。

醛亚胺键在较高的 pH 和热处理过程中会发生水解裂解，产生黄色桦木酸。这导致食品的着色强度降低，以及产生不希望看到的黄色，限制了甜菜红在保质期短、低温贮存和包装不透明的产品中的应用。一些添加剂被证明能稳定甜菜红。例如，抗氧化剂（如抗坏血酸）、螯合剂（EDTA、柠檬酸）、防腐剂和胶（例如：果胶、刺槐豆胶）被证明能提高甜菜素的稳定性。氧气、水分活度和其他食物成分等多种因素都会影响甜菜红的稳定性。

潜在食品用途的天然色素的化学结构分类见图 6-1。

采用微生物发酵的方法进行天然食用色素的生产，应当是发展的趋势。我国食用色素产业今后是大力发展"天然、营养、多功能"的食用天然色素，故本章着重对发酵食用天然色素进行总结。

一、红　曲　红

红曲色素，商品名称红曲红，是一种由红曲菌属的丝状真菌经发酵而成的优质天然食用色素，是红曲菌的次级代谢产物。

红曲色素属于聚酮类色素，是红曲霉代谢过程中产生的一系列聚酮化合物的混合物。许多学者将红曲色素用有机溶剂提取分离，除了得到红色针状、黄色片状结晶外，还得到紫色针状结晶。他们认为醇溶性红曲色素是由化学结构不同、性质相近的橙、黄、红三类不同色素组成的混杂色素物质。

红曲色素中已经探明结构的有 10 种，其中 6 种为醇溶性色素，4 种为水溶性色素。6 种醇溶性色素为：红曲黄素（ankaflavine）、红曲素（monascin）、红斑素（rubropunctatine）、红曲红素（monascorubrine）、红斑胺（rubropunctamine）和红曲红胺（monascorubramine），其中红曲黄素和红曲素为黄色，红斑素和红曲红素为橘黄色素，红斑胺和红曲红胺为红色素（表6-1）。4 种水溶性色素为：N - 戊二酰基红斑胺（N - glutarylrubropunctamine，GTR）、N - 戊二酰基红曲红胺（N - glutarylmonascorubramine，GTM）、N - 葡糖基红斑胺（N - glucosylrubropunctamine，GCR）和 N - 葡糖基红曲红胺（N - glucoylmonascorubramin，GCM）（表6-2）。

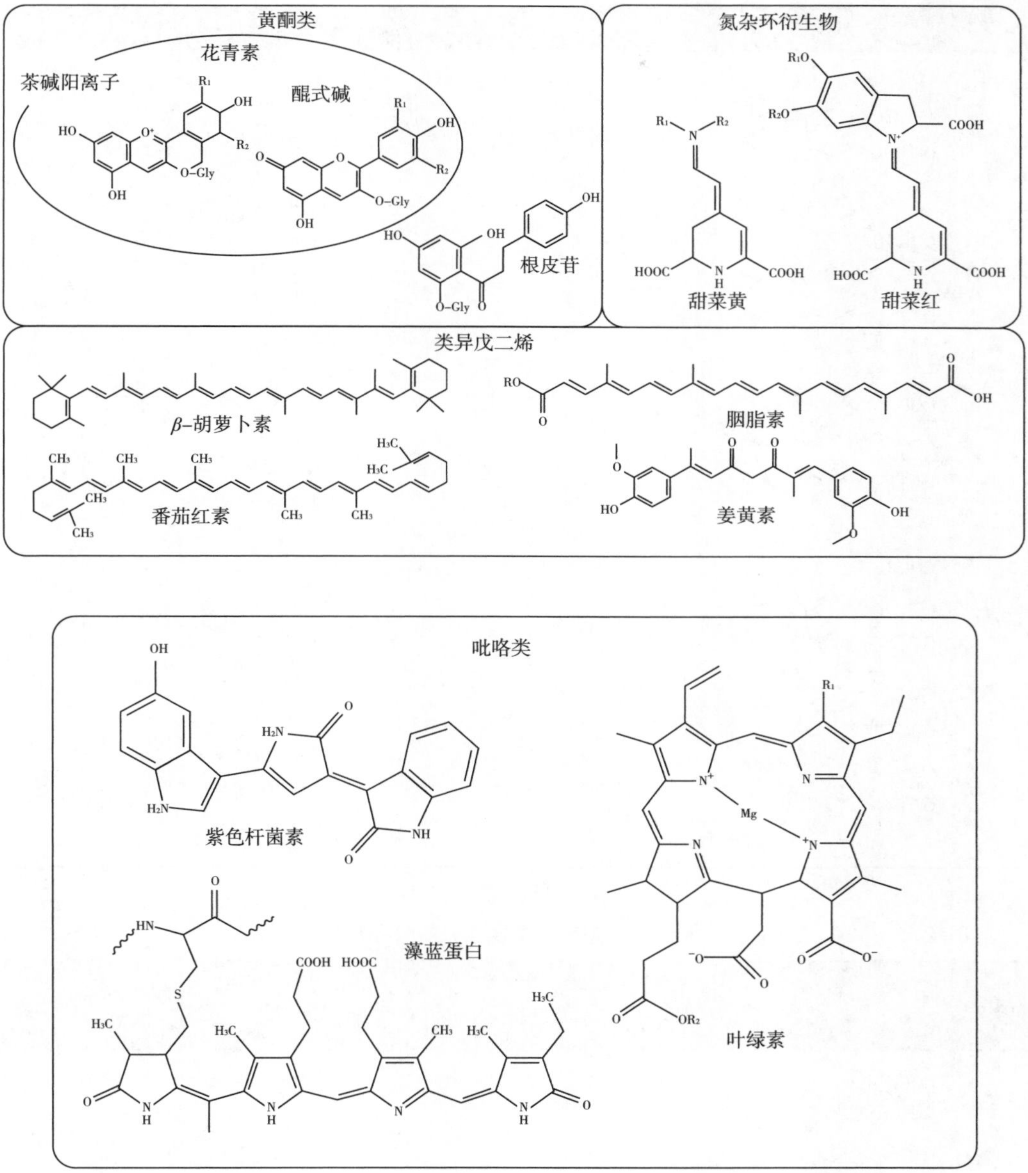

图 6-1 潜在食品用途的天然色素的化学结构分类

表 6-1 醇溶性红曲色素主要成分的分子结构

分子结构式	名称	颜色	分子式	相对分子质量
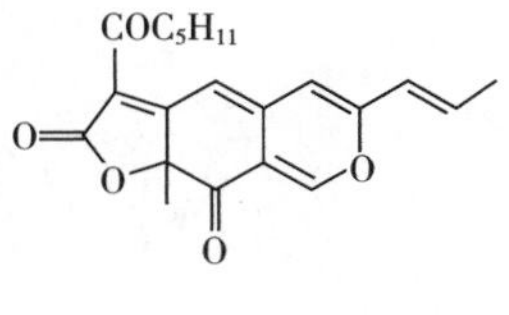	红斑素	红	$C_{21}H_{22}O_5$	354

续表

分子结构式	名称	颜色	分子式	相对分子质量
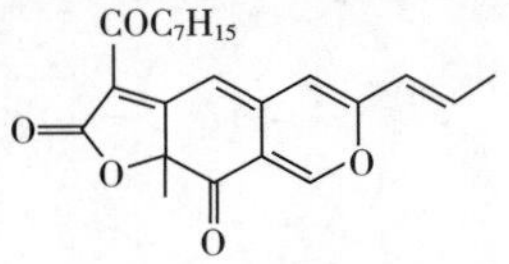	红曲红素	红	$C_{23}H_{26}O_5$	382
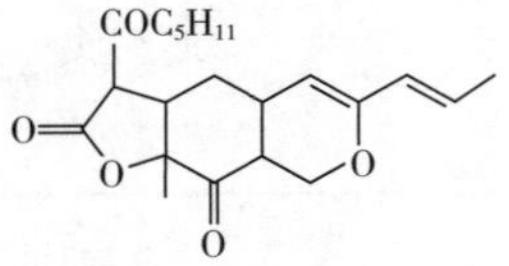	红曲素	黄	$C_{21}H_{26}O_5$	358
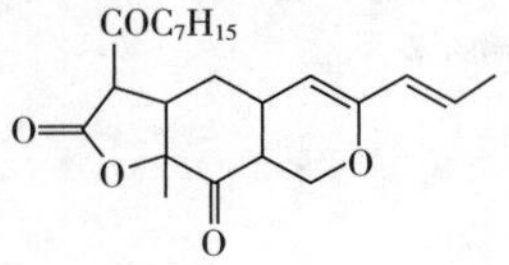	红曲黄素	黄	$C_{23}H_{30}O_5$	386
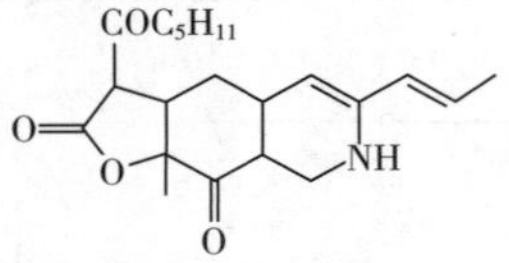	红斑胺	紫	$C_{21}H_{33}NO_4$	353
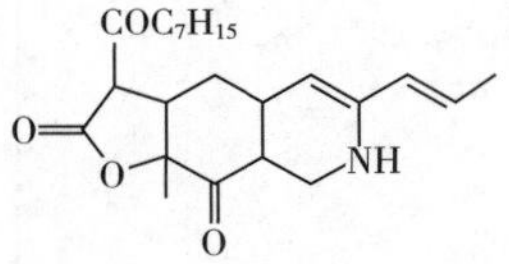	红曲红胺	紫	$C_{23}H_{27}NO_4$	381

表6-2　　　　　　　　水溶性红曲色素主要成分的分子结构

分子结构式	名称	颜色	分子式	相对分子质量
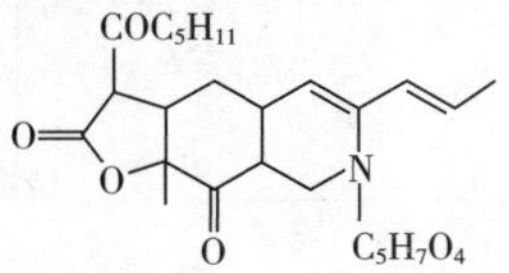	N-戊二酰基红斑胺	红	$C_{26}H_{29}O_8N$	483
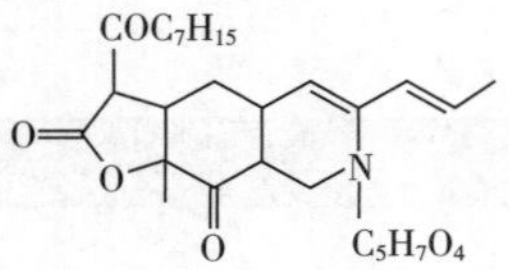	N-戊二酰基红曲红胺	红	$C_{28}H_{33}O_8N$	511
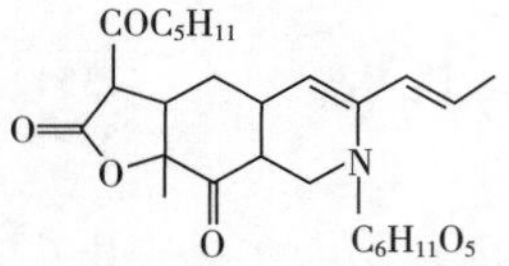	N-葡糖基红斑胺	红	$C_{27}H_{33}O_9N$	515

续表

分子结构式	名称	颜色	分子式	相对分子质量
	N – 葡糖基红曲红胺	红	$C_{29}H_{37}O_9N$	543

1. 主要原辅料及预处理

红曲，从广义上讲是指以红曲菌为菌种的发酵产物，包括固体与液体发酵产物，从狭义上讲，红曲是以红曲菌为发酵菌种或主要发酵菌种，以大米为原料的固体发酵产物，即红曲米。通常人们所讲的红曲就是指红曲米。在这里如没有特别说明，红曲也是红曲米。在我国，红曲的生产主要分布在福建、浙江等省和台湾地区。其中以福建的古田红曲最为著名。红曲不仅被用于酿酒，还用于食品着色和作为中药的配伍。目前根据用途可分为酿造用红曲、色素红曲和功能性红曲三类。以色素红曲为例：红曲菌是目前世界上唯一生产食用色素的微生物，在中国、日本与欧美，关于红曲色素生产的研究文献与专利甚多。红曲色素产品可以是红曲米或红曲菌深层发酵提取物。

2. 主要微生物与生化过程

红曲菌种：红曲菌属在真菌界属于子囊菌纲（Ascomycetes）不整子囊菌目（Plect-ascales）曲菌科（Eurotiascus）。在我国用于红曲生产的主要菌种包括作为色曲生产菌种的As3.913、As3.914、As3.973、As3.983，它们产色素能力强；既可作为色曲又可作为酿造用红曲的菌种 As3.972、As3.986、As3.987 等产色素能力强，糖化能力也强。

红曲菌能利用多种糖类生长，一般来说，淀粉、糊精、纤维二糖、甘露醇、果糖、木糖、L – 阿拉伯糖、葡萄糖等都是良好的碳源等。NaNO₃、NH₄NO₃、（NH₄）₂SO₄、蛋白胨等都是红曲菌生长的良好氮源。

曲种制备：红曲菌种包括斜面菌种、三角瓶菌种和生产曲种。斜面菌种以麦汁或米曲汁为培养基，用醋酸调 pH 4.5~5.0，灭菌冷却后接种，32℃培养 7~10d，冰箱保存备用；三角瓶菌，以籼米饭为培养基，灭菌冷却后接种，32~35℃下培养 7~10d 成熟，置 40℃下烘干，使水分降至 8%~10%，置于阴凉干燥处保存；生产菌种，将三角瓶菌种用 2 倍的 3% 的醋酸浸泡 4~6h 后磨浆，搅拌均匀，作接种用。将优质籼米浸渍 4~6h，淋清沥干，蒸熟成米饭。摊晾至 35~38℃，接入 1% 三角瓶菌种。控制曲房温度 30℃左右，品温 33~34℃，培养 8d 左右，中途需要翻曲、通风和浸水（pH 为 5.0），培养的成曲在 40~45℃下干燥。

3. 加工工艺

（1）固态发酵工艺 多数红曲色素的生产是利用传统的固态发酵法，先用红曲菌发酵产生红曲米，再从红曲米中提取红曲色素。红曲固态发酵具有能耗低、大规模发酵过程往往无须严格的消毒，培养基简单且多为便宜的天然物质，生产过程节水，操作简单易行，提取成本低等优点。另外，采用固态发酵工艺无废水废渣产生，因此不会造成二次污染，从可持续发展的角度来看，固态发酵具有很大优势。固态发酵制备红曲色素工艺流程见图 6 – 2。

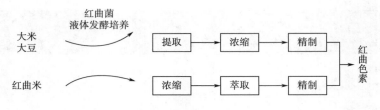

图6-2　固态发酵制备红曲色素工艺流程

由红曲米生产红曲红的工艺流程为：红曲米→研碎→加乙醇→调pH→浸提→离心→干燥→成品。主要工艺条件：70%的乙醇；pH调至8；浸提时间为24h；可采用真空干燥，温度为45℃。红曲米生产的工艺流程：籼米或糯米煮熟后，在温度为40~50℃时，接入红曲种子，保持室温33℃左右，相对湿度80%左右，经3d培养米粒上出现白色菌丝时，进行翻曲降温，室内喷水，保持温度，并经常检查品温，保持品温不超过40℃。到4~5d时，将曲装入干净麻袋中，浸在净水中5~10min，使其充分吸水，并使米粒中的菌丝破碎，待水沥干，重新放入曲盘中制曲。此时注意品温不超过40℃及翻曲保温操作，米粒渐变红色，7~8d时品温开始下降，趋于成熟。整个周期约10d。

固态发酵生产红曲红的影响因素：

①培养基的组成：在培养过程中，培养基的组成（如不同的碳源、氮源等）对红曲霉菌的生长和色素的合成有最直接的影响。因此培养基应当有利于色素生成、组成简单、来源丰富、价格便宜、取材方便等。

②发酵条件：发酵条件（如接种量、基质初始水分、pH、发酵时间和发酵过程中添加氮源）关系到菌体的生长和繁殖，也会影响色素的产生，在选择发酵条件时要同时考虑菌体生长需要和色素形成的要求。

③金属离子：在浸泡大米的水中加入不同的无机盐对色素的产量也有一定影响。

（2）液态发酵工艺　近年来也开始采用培养期短的液体培养法，利用纯种红曲菌，采用液体发酵法生产红曲色素，另外在培养方法上还可采用液体、固体两步法生产红曲，即红曲菌菌种经过液体培养成种子，再移植到固体大米上繁殖而成红曲，其色素含量也比传统工艺高。

液态发酵制备红曲色素工艺流程见图6-3。

液态发酵的主要操作包括菌种培养、发酵、色素提取、分离和干燥等，菌种培养时，首先取少量完整的红曲米，用酒精消毒后在无菌条件下研磨粉碎，加到盛有无菌水的小三角瓶中，用灭菌脱脂棉过滤，滤液在20~32℃下让菌种活化24h。然后，取少量菌液稀释后在培养皿上于30~32℃培养，使其形成单独菌落。再从培养皿上面将红曲霉菌移至斜面培养基上。斜面培养繁殖7d后，再以无菌水加入斜面，吸取菌液移接于液体培养基中，在30~32℃及160~200r/min下旋转式摇瓶培养72h。

液态发酵是生产色素的关键步骤，周期一般为50~60h，发酵后将发酵液进行压滤或离心分离提取色素。为保证提取完全，滤渣用70%~80%的酒精进行多次提取，所得滤液与发酵液分离后的澄清滤液合并，回收酒精后浓缩，再进行喷雾干燥。为了使溶液容易成粉，可添加适量添加剂作为色素载体。其主要工艺条件是：发酵温度32~34℃，发酵时间60~72h，

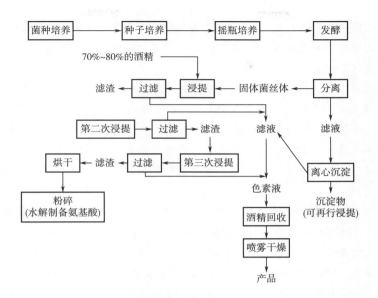

图6-3　液态发酵制备红曲色素工艺流程

滤液用盐酸调节pH为4.0左右，使色素沉淀，滤饼用95%的乙醇浸提24h，调节pH为6.5，在60~70℃下加热使蛋白质凝聚。色素清液在减压条件下浓缩蒸发，再进行喷雾干燥。

作为天然色素，红曲色素一直以来被认为是安全性较高的食用色素，试验已证明不含黄曲霉毒素。动物性试验表明，使用红曲色素及其制品的食物均未发现急、慢性中毒现象，也无致突变作用。此外，还具有降低血脂、血压，抗突变、防腐、保鲜等生理活性，因此红曲色素具有"天然、营养、多功能"的多重优点。

近年来，随着国内外学者对红曲色素研究的深入，其应用范围也在不断扩大。尽管对红曲色素的研究已取得较大进展，但其相关产品的存在成分不明确、卫生指标和真菌毒素橘霉素含量超标等问题，使红曲色素等相关产品出口及应用受到限制。所以进一步分离鉴定红曲色素的化学成分，研究红曲色素生物合成的途径，进而从分子水平上对红曲霉产红曲色素、橘霉素等代谢产物进行调控，开发生产成分确定、性能优异、高色价低橘霉素含量的色素产品，将是红曲色素的研究方向。

知识拓展

红曲色素的一般性质如下所示。

（1）色价与色调　红曲色素有两个最大吸收波峰，分别在410nm和510nm附近，即黄色和红色光波区。红曲色素中主要含有红、黄两个色素成分，黄多于红，视觉感到红曲色素呈现橙红或橙黄色，反之就感到红曲色素颜色深红。

（2）溶解度　红曲色素中的脂溶性色素均能溶于乙醚、乙醇、醋酸、正己烷等溶剂中，其溶解度以醋酸最大，正己烷最低。常用的溶剂是乙醇和醋酸。红曲色素在水中的溶解度与水溶液的pH有关。在中性或碱性条件下极易溶解，而在pH4以下的酸性范围内或含5%以上盐溶液中，其溶解度呈减弱倾向。

（3）对pH的稳定性　pH对红曲色素影响较复杂。一般红曲色素在中性范围比较稳定，即使在加热情况下也以中性为佳，不过在酸碱性两种情况下，偏碱性比偏酸性为好。

（4）热稳定性　经研究证明，红曲色素的热稳定性较好，优于其他合成色素，在天然色素中其耐热性能也属优良。

（5）光稳定性　红曲色素的醇溶液受紫外线的影响较小，但日光能使色度降低。日光照射7h，室内自然光照射30d后，色素保留率仅50%。红曲色素中红、橙、黄3类色素间光稳定性差别很大，黄色素的光稳定性最强，其次为红色素，橙色素对光最不稳定。

（6）对其他物质的稳定性质　红曲色素不受常见金属离子与氧化剂和还原剂的影响。

（7）着色性　红曲色素着色性很好，特别是对蛋白质着色力好。一些原料一经着色后再用水洗也很难洗去。

（8）安全性　红曲色素作为天然色素，安全性高，已证实不含黄曲霉毒素，而且急性毒性实验、安全性毒性实验、慢性毒性试验以及致突变性试验均证明无致突变作用。但是橘霉素的存在引起了红曲食用安全性的讨论。1977年有学者通过菌种诱变从红曲菌发酵产物中分离出一种抑菌物质，1995年法国学者P. J. Blanc等在红曲菌发酵产物中检测到一种对人畜有害的真菌毒素——橘霉素，证实其具有肾毒性，能够引起肾脏肿大、肾小管扩张和上皮细胞坏死，还可致畸、致癌，从而引起了各国对红曲产品应用的限制。

二、　类胡萝卜素

类胡萝卜素广泛分布于自然界，是一类使动植物食品显现黄色和红色的脂溶性色素，在任何其他动物体内主要是作为维生素A的前体物质。β-胡萝卜素（β-carotene）具有两个β-紫罗酮环，是最有效的维生素A源。

类胡萝卜素的结构特征是具有共轭双键，构成其发色基团。类胡萝卜素最基本的组成单元为异戊二烯，8个异戊二烯以共价键头尾或尾尾连接，形成左右两边基本对称的色素分子。类胡萝卜素大多具有相同的中心结构，只是末端基团不同。

β-胡萝卜素是一种脂溶性类胡萝卜素，分子式为$C_{40}H_{56}$，相对分子质量为536.88。易溶于二氯甲烷、氯仿、二硫化碳，是人体内维生素A的重要来源。β-胡萝卜素为棕红色有光泽的斜方六面体结晶，结构式如图6-4所示。

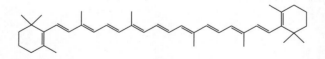

图6-4　β-胡萝卜素结构式

1. 主要原辅料及预处理

目前市场上的β-胡萝卜素主要有3种来源，分别是化学合成法、植物提取法和生物发酵法生产。化学合成法是指采用有机化工原料，通过化学合成反应，人工合成β-胡萝卜素的一种方法。其生产成本低廉，但因活性低和毒性问题，使用上受到一定限制。目前，天然β-胡萝卜素的需求增长大于化学合成品，国际市场上天然品的售价约为化学合成品的3倍。因而有相对多的研究着眼于采用化学方法从天然植物、藻类等原料中提取β-胡萝卜素。利用微生物生产类胡萝卜素是获得生物资源型类胡萝卜素的最重要的途径。类胡萝卜素普遍存在于真菌、细菌和藻类中。用培养真菌、酵母菌发酵生产 β - 胡萝卜素，不受环境条件限制，具有安全性、低成本及强着色力等优势，在国内外受到格外的青睐。本书着重介绍生物发酵法生产 β - 胡萝卜素。

三孢布拉霉菌产 β - 胡萝卜素的最优碳源为葡萄糖，最优氮源为麸皮浸出液和大豆粉，最佳发酵培养基配方为：葡萄糖 6%、大豆粉 1%、麸皮浸出液 3%、KH_2PO_4 0.1%、$MgSO_4$ 0.02%、维生素 B_1 0.0005%、大豆油 1%。

2. 主要微生物与生化过程

发酵法生产 β - 胡萝卜素具有生产原料来源广泛，不受自然条件制约，周期短和宜于工业化生产等优点。产 β - 胡萝卜素的菌株有布拉克须霉菌（*Phycomyoces blakeskeanus*）、三孢布拉霉菌（*Blakeslea trispora*）和红酵母（*Rhodotorula*）。其中三孢布拉霉菌生物量大、产量高，β - 胡萝卜素占总胡萝卜素 90% 以上，其结构与标准的 β - 胡萝卜素相同，是工业化生产的理想菌种。三孢布拉霉菌生产 β - 胡萝卜素的合成机理为正负菌种混合培养，负菌是主要生产菌，正负菌结合产生大量性激素类物质——三孢酸，进而促进负菌合成 β - 胡萝卜素。

3. 加工工艺

以三孢布拉霉菌为出发菌株发酵生产 β - 胡萝卜素工艺流程如图 6-5 所示。

菌种 → 斜面培养 → 种子培养 → 发酵培养 → 菌体收集 → 干燥 → 菌体粉碎 → 皂化 → 石油醚萃取 →

真空浓缩 → 乙醇结晶 → 油树脂保存

图 6-5　以三孢布拉霉菌为出发菌株发酵生产 β - 胡萝卜素工艺流程

操作要点：研究表明发酵培养基必须具备一定的黏度，添加植物油对产 β - 胡萝卜素有促进作用。发酵期间添加表面活性剂和抗氧化剂能提高 β - 胡萝卜素的产量。各种结构类似物对三孢布拉霉菌产生 β - 胡萝卜素的作用也是另一重要的研究方面。迄今为止发现了许多这种结构类似物。它们的用量很少，而对合成 β - 胡萝卜素的关键酶有效果，这些物质包括 β - 紫罗兰酮及其代用品，如苧烯、柠檬油、芳香族化合物。

知识拓展

天然色素由于其着色力以及对 pH、光、热和氧的稳定性相对于合成色素较差，并且提取不易，价格较为昂贵，因此在过去很长一段时间被稳定性高、着色力强、价格低廉的合成色素所取代。但随着社会的发展，人们生活水平的提高，食品毒理学和食品化学的发展，合成色素的安全性开始受到广泛的关注，因此天然色素又逐渐回归大家的视野。随着人们崇尚天然、安全第一的要求，天然色素得到了迅速的发展。

1. 胭脂红色素

（1）主要原辅料及预处理　胭脂虫红色素，也称洋红酸、胭脂红，是从生长在不同地区、不同类型的仙人掌上的胭脂虫体内提取出来的，胭脂虫干体剔除其中的仙人掌刺、沙石、头发等杂质，先用倍量的石油醚煮沸回流，再用倍量的乙醇煮沸回流，晾干后作为提取的原料备用。其呈粉红至紫红色，是一种蒽醌类天然色素，其主要成分是胭脂红酸，化学名：

7 - C - D - 吡喃型葡萄糖苷 - 3，5，6，8 - 四羟基 - 1 - 甲基 - 9，10 - 二氧 - 2 - 蒽醌甲酸 [（7 - C - D - glycopyranosyl） - 3，5，6，8 - tetrahydroxy - 1 - methyl - 9，10 - dioxo - 2 - anthracenecarboxylic acid]，分子结构式如图 6 - 6 所示。胭脂红酸分子呈极性，由于分子内含有 8 个羟基和 1 个羧基，而羟基和羧基有很强的亲水性，因此胭脂红酸极易溶于水，也较易溶于甲醇、甲酸、二甲基亚砜等极性溶剂；难溶于乙醚、氯仿、石油醚、甲苯、

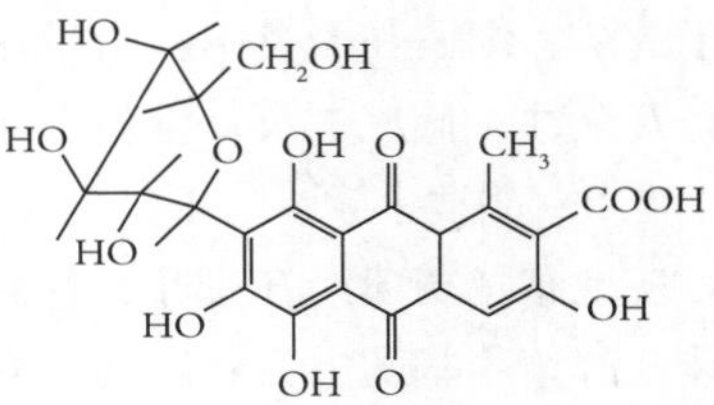

图 6-6 胭脂红酸的分子结构式

苯、油脂等非极性或弱极性溶剂中；无明显熔点和沸点，温度升高颜色加深；从水溶液中结晶的胭脂红酸在 130℃是为亮红色晶体，250℃分解。其理化性质非常稳定，无致癌和致畸等慢性毒性，广泛用于食品、药品、化妆品等多种行业。

（2）工艺流程与操作要点 胭脂虫红色素提取工艺流程如图 6-7 所示：

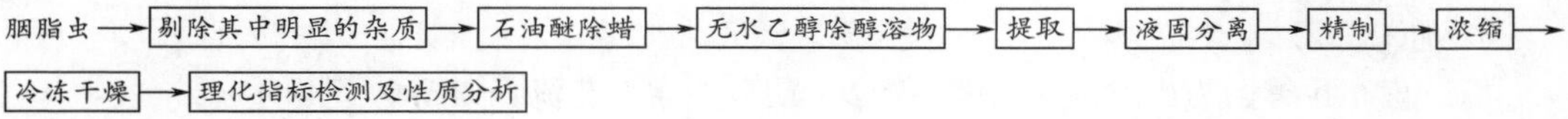

胭脂虫 → 剔除其中明显的杂质 → 石油醚除蜡 → 无水乙醇除醇溶物 → 提取 → 液固分离 → 精制 → 浓缩 → 冷冻干燥 → 理化指标检测及性质分析

图 6-7 胭脂虫红色素提取工艺流程

目前世界上进行胭脂虫色素生产及技术研究的主要国家有西班牙、秘鲁、日本、韩国、德国、丹麦等，其中有原料生产国，更多的是原料进口国。

胭脂虫红色素的提取方法如下所示。

①水提法：是一种传统的提取方法，提取工艺流程如图 6-8 所示：

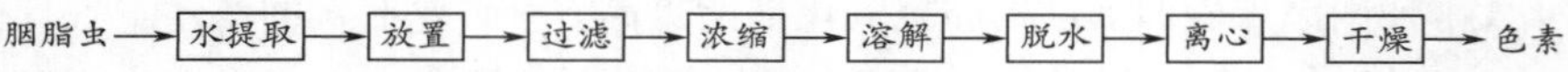

胭脂虫 → 水提取 → 放置 → 过滤 → 浓缩 → 溶解 → 脱水 → 离心 → 干燥 → 色素

图 6-8 胭脂虫红色素水提法工艺流程

②醇提法：也是一种较为传统的提取方法，主要工艺流程如图 6-9 所示：

胭脂虫 → 乙醇提取 → 放置 → 过滤 → 浓缩 → 甘油溶解 → 脱水 → 沉淀 → 离心 → 干燥 → 色素

图 6-9 胭脂虫红色素醇提法工艺流程

③丙酮 - 氨水提取法：其优点是效率高，但周期较长，其工艺流程如图 6-10 所示：

胭脂虫 → 丙酮-氨水提取 → 脱溶剂 → 蒸干 → 氨水溶解 → 蒸干 → 胭脂红色素

图 6-10 胭脂虫红色素丙酮 - 氨水提取法工艺流程

④水提和酶处理法：其工艺流程如图 6-11 所示：

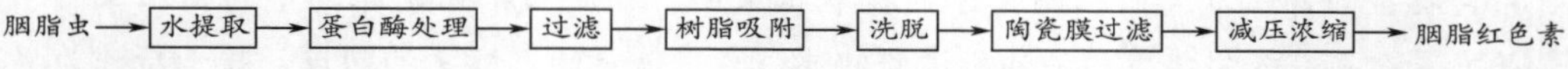

胭脂虫 → 水提取 → 蛋白酶处理 → 过滤 → 树脂吸附 → 洗脱 → 陶瓷膜过滤 → 减压浓缩 → 胭脂红色素

图 6-11 胭脂虫红色素水提和酶处理法工艺流程

⑤微波辅助法提取：鉴于微波能对传质传热起促进作用，将其应用于天然产物所含有效成分的提取和浓缩必会产生良好效果。卢艳民等用微波辅助法提取胭脂红色素，取得了较好的成果。

⑥超声波辅助法提取：有用超声波法提取牵牛花色素、叶绿素、甘草色素、白英果红色素、荔枝皮色素等的研究报道，目前超声波提取法的研究仅限于实验室的小规模上。卢艳民等用超声波辅助法提取胭脂虫红色素，通过单因素试验研究超声波功率、处理时间、脉冲时间和料液比，然后通过正交实验确定了最佳工艺参数：超声波功率1400W，处理时间为12min，脉冲时间为（10s，4s），料液比为1:6。

由于胭脂虫红色素是水溶性的蒽醌类色素，从胭脂虫中直接提取出的胭脂虫红色素，除会残留有少量溶剂外，还会含有重金属离子和虫体蛋白，这些物质的存在会影响胭脂虫红色素的品质，降低其质量，甚至有可能影响人体健康，因此对胭脂虫红色素进行精制是必须的。这里简单介绍几种胭脂虫红色素精制方法。

①超滤膜精制胭脂虫红色素：超滤膜膜分离技术可在原生物体系环境下实现物质分离，具有无相变、无溶剂污染、不破坏生物活性等优点，天然色素工业中可选用适当孔径的超滤膜，实现色素的纯化。将预处理后的色素用截留不同相对分子质量的膜进行超滤，将所得透过液减压压缩、冷冻干燥，得到不同的胭脂虫红色素干品。整个精制过程中无有机溶剂的引入，消耗成本低，分离后没有达到要求的色素溶液可以回收再精制，不会造成大的浪费。

②硅胶凝胶层析法精制胭脂虫红色素：凝胶层析又称排阻层析，用凝胶作固定相，利用凝胶对分子大小不同的组分所产生阻滞作用的差异来进行分离。作为一种新兴的分离方法，凝胶层析法相对于吸附树脂法具有操作上更简单、分离效果更好以及能有效地保护被分离物质活性的优点，因此具有良好的应用前景。

随着社会的发展和人们对食品健康的关注程度增加，人类社会对天然色素的需求量将会越来越大，胭脂虫红色素作为一种健康的天然色素，其需求量也将随之增加，同时技术上的进步，也使得天然色素的广泛使用成为可能。

2. 藻蓝蛋白

藻蓝蛋白（phycocyanin，PC），又称藻青蛋白，成分为蓝藻中卟啉类色素蛋白。它是一类光和辅助色素，是从螺旋藻中提取出来的一种胆蛋白，参与光合作用，等电点为3.4。溶于水，不溶于醇和油脂，性状为一种蓝色粉末，是极好的天然食用色素，同时由于其对抗癌、抗炎、抗氧化、促进血细胞再生、养护卵巢、促使人体内合成弹力蛋白、提高人体免疫力等有一定的功效，常被用作保健食品。目前，实验使用的藻蓝蛋白的提取方法较多，常用的有反复冻融法、化学试剂处理法、溶胀法、超声波法等。

（1）主要原辅料及预处理 螺旋藻是极易大规模工业化生产的微藻类之一。螺旋藻中的藻蓝蛋白是一种重要的捕光色素蛋白，在光合作用原初理论研究方面具有很重要的作用，具有很重要的开发利用价值。我国海藻资源丰富，螺旋藻在我国已经实现大规模的养殖，这为藻蓝蛋白大规模提取和纯化提供了可能。鉴于消费者对绿色、天然、健康的需求，以及藻蓝蛋白在食品、医药、化妆品等领域广泛应用，势必对藻蓝蛋白的生产提供了一个巨大的市场。

藻蓝蛋白的提取分为蛋白溶出和蛋白提纯两个过程。目前提取方法大致可以总结为机械捣碎、反复冻融、化学处理、超声破碎的蛋白质析出方法，然后进一步采取硫酸铵沉淀、等电点沉淀、柱层析和凝胶层析法等进行纯化处理。往往上述方法都是联合运用，以求达到最好效果。

（2）工艺流程与操作要点

①螺旋藻藻蓝蛋白的粗提取：藻蓝蛋白的粗提取过程中细胞破碎是关键，细胞破碎方法的选择是非常重要的。研究表明酶法破壁适用于大量藻蓝蛋白制备，冻融法只适用于小量制备。

PC 粗提取细胞破碎处理方法比较如表 6-3 所示。

表6-3　　　　　　　　　　　PC 粗提取细胞破碎处理方法比较

方法	特点
溶菌酶法	适用于大量藻蓝蛋白制备
反复冻融	只适用于少量制备
冻融结合超声波破碎	有较高提取率
优化超声波破碎	用时短，处理量较少，能耗高

②藻蓝蛋白的纯化技术：传统的分离技术纯化藻蓝蛋白有离心、硫酸铵沉淀、离子交换层析、凝胶过滤层析、羟基磷灰石层析等。但是这些方法耗时、复杂、难以大规模制备藻蓝蛋白。

新技术规模化制备藻蓝蛋白逐渐发展，例如：反胶团萃取、双水相萃取、膨胀床吸附、盐析结合双水相萃取、等电点结合双水相萃取、壳聚糖亲和沉淀－活性炭吸附－DEAE Sephadex A-25 柱层析。

a. 反胶团萃取：反胶团是表面活性剂分子在非极性溶剂中自发形成聚集体。其中，表面活性剂分子亲水基向内、非极性疏水基朝外，形成球状极性核，核内溶解一定数量水后，形成宏观上透明、均一热力学稳定的微乳状液，微观上恰似纳米级大小微型"水池"。这些"水池"可溶解某些蛋白质，使其与周围有机溶剂隔离，从而避免蛋白质失活。通过改变操作条件，又可使溶解于"水池"中的蛋白质转移到水相中，这样就实现了不同性质蛋白质间分离或浓缩。其优点是成本低，无毒性，操作简单，连续操作处理量大；缺点是很不成熟，有部分藻蓝蛋白流失。

b. 双水相萃取：双水相萃取原理主要是在一定浓度下，两种水溶性不同的聚合物或者一种聚合物和无机盐的混合溶液体系会自然分成互不相容的两相，形成双水相体系，被分离物质进入双水相体系后，在表面性质、电荷间作用和各种作用力等因素的影响下，两相间的分配系数不同，导致上下相的浓度不同而达到分离的目的。其优点是易于放大和操作，节省时间，降低能耗和成本，分离过程条件温和；缺点是不易完全从聚合物中分离出 PC。

c. 膨胀床吸附：膨胀床吸附色谱技术是一种介于固定床吸附和流化床之间的新型的吸附色谱技术，可以作为实现藻蓝蛋白规模化分离纯化的较好选择，它是集料液澄清、目标产物浓缩和分离纯化于一体的重要的规模化生物集成分离技术。其优点是具有集成化优势，回收率高，简化操作，降低成本，缩短操作时间；缺点是技术不成熟，操作具有不确定性。

还有其他的将不同技术结合纯化藻蓝蛋白的方法：如盐析结合双水相萃取、等电点结合双水相萃取、壳聚糖亲和沉淀 – 活性炭吸附 – DEAE Sephadex A – 25 柱层析，表 6 – 4 分别整理了各种方法的优缺点。

表 6 – 4　　　　　　　　　PC 规模化分离纯化技术方法比较

方法	优势	不足
反胶团萃取	成本低，无毒性，操作简单，连续操作处理量大	很不成熟，有部分藻蓝蛋白流失
双水相萃取	易于放大和操作，节省时间，降低能耗和成本，分离过程条件温和	不易完全从聚合物中分离出 PC
膨胀床吸附	具有集成化优势，回收率高，简化操作，降低成本，缩短操作时间	技术不成熟，操作不确定性
盐析结合双水相萃取	可大幅提高藻蓝蛋白的纯度	操作步骤繁琐，耗时长
等电点结合双水相萃取	有效除掉藻毒素和重金属污染，可广泛应用于食品工业领域	蛋白质分子结构易发生变化
壳聚糖亲和沉淀 – 活性炭吸附 – DEAE Sephadex A –25 柱层析	成本低，耗时短，操作简便，能耗小	仪器操作要求高

　　在未来，天然色素的需求趋势将会进一步升高，越来越多的食品和轻工纺织企业将会使用天然色素来代替合成色素，从而促进更多的消费者追求天然和健康的生活方式。具有高质量和长货架期的天然色素的使用量将会进一步增加，从而全面取代合成色素。

　　在当今世界的食用着色剂中，各个国家和地区发展也各不相同，其中美国占 40%，是食用着色剂消费大国。在德国，合成色素的使用是天然色素的两倍；但在日本，合成色素的使用量不到天然色素的十分之一。近年来，随着我国食品添加剂消费量和消费水平的不断提高，我国的食用着色剂的消费量也增长很快。为了加快食用着色剂产品的开发和品质提高，国内外开展了多方面的研究工作。如开发大分子聚合物合成着色剂，这种着色剂几乎完全不会吸收，摄入人体后由肠道排出，不会对人体产生危害，可适用于多种食品。此外，国内外制造商还在这些着色剂不同制剂和衍生产品上做文章，以满足用户对色调、性能等方面的不同要求。

　　无论是合成还是天然着色剂，目前面临的主要问题还是搞清主要成分的结构、色素成分的性质、功能性以及安全性。近年来，液滴逆流色谱法、大网格树脂吸附色谱法、凝胶色谱法、高效液相色谱法的应用，使复杂的着色剂组分（特别是在天然着色剂方面）分离和纯化上取得了突破性进展，在化学结构鉴定方面，应用高磁场核磁共振和液相色谱联用等先进仪器设备和新的色谱技术，使着色剂主化学结构和副化学结构的探测与研究取得了飞跃性进展。

　　在着色剂的合成、精制、干燥等生产过程中。采用高新技术（如膜分离技术和超临界二氧化碳萃取技术等）进行工艺参数优化、设备设计及制造，来提高生产能力和效率，提高工艺稳定性，降低能耗和成本，实现生产过程的连续化、自动化和清洁化，达到食品 GMP 要求，这些是着色剂制造商所追求的目标。虽然设备投资较大，目前国内外已有厂家使用膜分离技术来生产食用着色剂产品。

在毒理学研究上，近年来，美国除了大量开展对现有合成着色剂毒理学研究的工作，对目前使用的色素进行毒理学再评价，并对合成食品着色剂中间体残留、副染料的形成和测定进行了深入研究。日本也对合成食品着色剂中中间体残留及杂质含量实行控制。为了确保食品着色剂的安全性，世界各国都致力于提高合成食品着色剂的纯度。

我国食品着色剂行业经过 20 多年的发展，食用着色剂的生产、销售和应用已经具有一定的水平和规模。《中国食品添加剂和配料协会着色剂专业委员会 2020 年行业年会报告》指出：我国食品添加剂着色剂行业在全球动荡的大经济环境下，在新冠疫情全球蔓延的国际环境下，克服重重困难，继续进行产业的结构调整和优化升级，通过增加品种、提高品质、创建品牌的三品活动，依然保持了平稳发展的态势，行业集中度进一步提高，行业发展的活力进一步恢复。2020 年年度产销总量达 421524.6t，总销售金额约为 445555.6 万元，产销量同比下降 10.86%，总销售金额同比增长约 2.49%。2020 年总出口数量约为 31209t，同比增加 178%，出口创汇金额约为 31398.8 万美元，同比增加约 18.4%。我国食用着色剂产销量显著下降，主要是个别品种下降幅度较大。例如，焦糖色素下降 11.1%，姜黄素下降 10.0%，合成色素下降 9.0%，栀子黄下降 7.1%，万寿菊浸膏下降 4.0%，叶绿素铜钠盐下降 56.0%，甘蓝红下降 15.0% 等。但有个别品种却有显著增加。例如，叶黄素制剂产品增加约 14.0%。其他色素品种表现平稳或略有下滑。

另外，我国食用着色剂整体行业管理水平有了很大提高，其原因是我国企业规范化管理的水平不断提升，企业在现代管理理念和管理制度方面开始与国际先进水平接轨。而且这个进程在进一步加快。我国已经有大批实力较强的食用着色剂骨干企业，形成了具有东方特色的着色剂产业。

目前，我国食用着色剂产业的基本状况良好。其中，天然着色剂辣椒红色素、叶黄素和栀子黄等品种增长幅度较大，辣椒红色素价格略有回升，过剩的产能正趋于慢慢消耗态势。叶黄素的价格提高幅度较大，但是也只是触底反弹后恢复理性阶段，栀子黄产销量的增幅也是在合理的空间内波动；最大品种焦糖色素则为稳增长，姜黄素、红曲红、叶绿素铜钠盐等品种为负增长；合成着色剂及其复配产品呈现健康稳定的发展态势。

第二节　防腐剂生产

食品防腐技术是食品工业发展的重要保障，也是为我国庞大人口提供充足食物的基础性技术。因为食品腐烂不仅会影响其营养价值，同时还可能引发各种食源性疾病，危害人们生命健康。鉴此，妥善保障我国人民食物供应量及食品安全，就有必要发展食品防腐技术。据有关调查研究显示，我国每年约有 20% 的食物存在腐烂问题，这不仅为我国食物供应造成了一定的损失，同时也为食品安全埋下了隐患。目前，我国使用最为广泛的防腐方法是添加食品防腐剂，因为添加防腐剂是一种方便且有效的防腐方法。从使用实际情况来看，我国目前普遍使用的食品防腐剂主要有化学防腐剂及天然防腐剂两类。化学类的食品防腐剂在我国食品工业的应用十分广泛，其优势在于价格实惠且方便、高效。据研究调查，我国食品工业常用的食品防腐剂主要有以下几类：硝酸盐及亚硝酸盐、对羟基苯甲酸酯类、山梨酸（钾）等。天然食品防腐剂较之化学防腐剂具有天然无毒、无残留、无公害等优势，其主要是利用植物、动物或微生物的代谢产物等为原料，通过酶法转化、发酵等生产技术而制成具有防腐功能的天然食品添加剂，从而满足日益发展的食品工业。

本节主要介绍采用发酵工艺制备的微生物代谢产物防腐剂：乳酸链球菌素和聚赖氨酸。

一、 乳酸链球菌素

乳酸链球菌素（Nisin）是由乳球菌和链球菌属的一群革兰阳性细菌产生的细菌素。Nisin 被归类为 A（I）1 型抗生素，由 mRNA 合成，翻译后的肽段由于翻译后修饰而含有几个不寻常的氨基酸。在过去的几十年里，乳酸链球菌素作为一种食品生物保鲜剂得到了广泛的应用。从那时起，许多天然和转基因的乳链菌肽已经被鉴定和研究，因为它们具有独特的抗菌特性。乳酸链球菌素是 FDA 批准的 GRAS（公认安全）肽，具有公认的临床使用潜力。在过去的二十年里，乳酸链球菌素的应用已经扩展到生物医学领域。已有研究报道，乳酸链球菌素可抑制耐甲氧西林金黄色葡萄球菌、肺炎链球菌、肠球菌和艰难梭菌等耐药菌株的生长。乳酸链球菌素现在已经被证明对革兰阳性和革兰阴性病原体都有抗菌活性。据报道，乳酸链球菌素具有抗生物被膜的特性，并能与常规治疗药物协同作用。此外，与宿主防御肽一样，乳酸链球菌素可能激活获得性免疫反应，具有免疫调节作用。越来越多的证据表明，乳酸链球菌素可以影响肿瘤的生长，对肿瘤细胞表现出选择性的细胞毒性作用。

乳酸链球菌素于 1928 年首次在发酵乳培养中被发现，并于 1953 年作为抗菌剂在英国商业化销售。1969 年，乳酸链球菌素被粮农组织/世界卫生组织（FAO/WHO）联合批准为安全食品添加剂。目前，Nisin 在 50 多个国家获得许可，作为不同类型食品的天然生物保鲜剂，它在食品工业中产生了重大影响。在美国，乳酸链球菌素于 1988 年获得美国食品药物管理局的批准，并被授予在加工乳酪中使用的公认安全（GRAS）称号。

乳酸链球菌素是世界上公认安全的防腐剂，是一种由微生物代谢所产生的具有很强杀菌作用的天然代谢产物。乳酸链球菌素是一种天然的防腐剂，是 N 型血清中的乳酸链球菌通过代谢过程合成的一种小肽，这种小肽的杀菌作用非常强，不具有毒性，可以作为食品防腐剂。乳酸链球菌素本身具有许多优良性质：首先，容易被人体消化道中的一些蛋白酶和胰蛋白酶所降解，不会在体内蓄积而引起不良反应，并且对食品的色、香、味等无不良影响。使用它还可以降低杀菌温度，减少热处理时间，因此能改进食品的营养价值、风味、结构、颜色等性状，同时还可节省能耗。乳酸链球菌素本身具有热稳定性，并耐酸、耐低温贮藏，乳酸链球菌素作为一种理想的天然防腐剂获得越来越广泛的应用。

乳酸链球菌素是由核糖体合成的小蛋白质抗生素，包含常见氨基酸（丝氨酸、苏氨酸和半胱氨酸）转录后修饰引进的脱氢残留（脱氢丙氨酸和脱氢酪氨酸）和硫醚交联的羊毛硫氨酸和 β–甲基羊毛硫氨酸。乳酸链球菌素的分子式为 $C_{143}H_{230}N_{42}O_{37}S_7$，相对分子质量为 3510，是由 34 个氨基酸组成的多肽，N 末端为异亮氨酸，C 末端为赖氨酸。乳酸链球菌素在天然状态下主要有两种形式，分别为乳酸链球菌素 A 和乳酸链球菌素 Z。它们之间的差别在于氨基酸顺序中第 27 位氨基酸不同，在乳酸链球菌素 A 中是组氨酸，在乳酸链球菌素 Z 中是天冬氨酸，在其基因结构上的第 148 位脱氧核苷酸不同是造成差别的根本原因。一般而言，在同样浓度下，乳酸链球菌素 Z 的溶解度和抑菌能力比乳酸链球菌素 A 要强。

1977 年，Gross 阐明了乳酸链球菌素的分子结构，如图 6-12 所示。

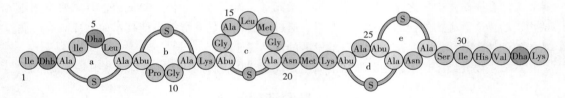

图6-12 乳酸链球菌素的结构

在乳酸链球菌素的结构中，五个羊毛硫氨酸环从氨基末端标记为 a～e。在美沙西丁的结构中，
箭头表示核磁共振显示的铰链区的位置。

Abu—氨基丁酸 Dha—二脱氢丙氨酸 Dhb—二脱氢丁炔类 Ala-S-Ala—羊毛硫氨酸 Abu-S-Ala—β-甲基
羊毛硫氨酸 Ala—丙氨酸 Asn—天冬酰胺 Gly—甘氨酸 His—组氨酸 Ile—异亮氨酸 Leu—亮氨酸
Val—缬氨酸 Lys—赖氨酸 Met—甲硫氨酸 Pro—脯氨酸 Ser—丝氨酸

乳酸链球菌素的溶解度受 pH 的影响，pH 越高，溶解度越低，pH 在 8.5 左右时最稳定，当 pH 为 2 时，乳酸链球菌素的溶解度为 57mg/mL；在 pH 6 时，溶解度为 1.5mg/mL；在 pH 8.5 时，溶解度相对来说处于平稳状态，并且此时的乳酸链球菌素发生了 pH 诱导的改性。有研究表明，在高 pH 条件下，乳酸链球菌素不稳定，处于失活状态；在 pH 2 时，乳酸链球菌素经高压蒸汽处理也不失活。说明乳酸链球菌素在一定的酸性条件下耐热性很好。也有研究表明，在 0.5% 的 TFA（pH 2.2）环境下，乳酸链球菌素在冰箱中可存放数月，且化学性质和生物学性质不会发生改变。

乳酸链球菌素作用机制的示意图如图 6-13 所示（Breukink 和 de Kruijff，2006）。首先，乳酸链球菌素到达细菌质膜（a），在那里它通过其两个氨基末端环（b）与脂质Ⅱ结合。然后是孔形成（c），其涉及乳酸链球菌素的稳定跨膜取向。在组装四个 1:1（乳酸链球菌素:脂质Ⅱ）复合物的过程中或组装之后，另外四个乳酸链球菌素分子被招募以形成孔复合物（d）。最后，该复合物将自己插入形成孔的细胞质膜中，并允许必需细胞成分的流出，从导致细菌的抑制或死亡。

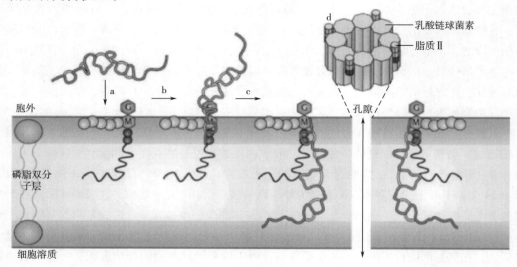

图6-13 乳酸链球菌素作用机制示意图

乳酸链球菌素抑菌机理：N 端的疏水性使得乳酸链球菌素能够插入脂质细胞膜中，从而使其通透性增强。这种整合的有效性取决于细胞膜磷脂的性质和含量，这可能解释了靶细菌菌株之间的敏感性差异。必要的细胞质成分的释放和/或细胞裂解会导致细菌死亡。

乳酸链球菌素是由乳酸乳球菌亚种发酵牛乳或乳清制成的。由此产生的发酵液随后被浓缩和分离，喷雾干燥，并被碾磨成小颗粒。通常含有由乳制品蛋白质和盐组成的固体：2.5% 的乳链菌肽、74.4% 的氯化钠、23.8% 的变性牛乳固体和 1.7% 的水分。

1. 主要原辅料及预处理

目前常用于生产乳酸链球菌素的原料为牛乳或乳清，原料乳理化指标检测选用健康牛群所产新鲜天然乳汁，原料乳符合 GB 19301—2010《食品安全国家标准　生乳》要求，如表 6-5 和表 6-6 所示：①采用健康母牛的新鲜乳汁；②产前 15d 内的胎乳和产后 7d 内的初乳是禁止使用的；③不得含有肉眼可见的机械杂质；④牛乳的滋味和气味不得有饲料味、苦味、臭味、霉味和涩味等外来异味；⑤呈浓厚黏性者禁止使用，标准应为均匀无沉淀的流体；⑥牛乳的色泽应为白色或稍带黄色；⑦牛乳中细菌数含量的检验是卫生检验的关键；⑧体细胞数，乳牛的乳房疾病的表现之一是牛乳中的体细胞数超过 500000 个/mL；⑨酸度不超过 18°T；⑩不得使用任何化学物质和防腐剂；⑪有机氯和汞的残留量应符合以下标准：汞 ≤0.01mg/L，六六六 ≤0.02mg/L，DDT ≤0.01mg/L。

表 6-5　　　　　　　　　　　原料乳感官评定

项目	要求	检验方法
色泽	呈乳白色或微黄色	取适量试样置于 50mL 烧杯中，在自然光下观察色泽和组织状态，闻其气味，用温开水漱口，品尝滋味
滋味、气味	具有乳固有的香味，无异味	
组织状态	呈均匀一致的液体，无凝块，无沉淀，无正常视力可见异物	

表 6-6　　　　　　　　　　　原料乳理化指标

项目		指标	检验方法
冰点/℃		−0.500~0.560	GB 5410—2008
相对密度/（20℃/4℃）	≥	1.027	
蛋白质/（g/100g）	≥	2.8	GB 5009.5—2016
脂肪/（g/100g）	≥	3.1	GB 5413.3—2010
杂质度/（mg/kg）	≤	4.0	GB 5413.30—2016
非脂乳固体/（g/100g）	≥	8.1	GB 5413.39—2010
酸度/°T			
牛乳		12~18	GB 5009.239—2016
羊乳		6~13	

原料乳的抗生素检测关系到身体健康，必须严格按照检测标准执行。观察得出，如果乳腺炎乳中白细胞的含量增加，哪怕只发生一点小小的改变，也将会对乳酸菌产生不同程度的

噬菌作用。实验证明就算在乳中只含有较低浓度的抗生素，也可能会对发酵产生较大影响，与此同时，饮用含抗生素的牛乳及乳制品也会对人的健康产生危害，因此我们必须尽早建立快速安全高效的抗生素检测。表6-7是7种抗生素对乳酸发酵的抑制剂量。

表6-7　　　　　　　　　　7种抗生素对乳酸发酵的抑制剂量

抗生素	四环素	青霉素	链霉素	红霉素	金霉素	土霉素	枯草杆菌抗生素
抑制剂量/（IU/mL）	1.0	0.01	1.0	0.1	0.1	0.4	0.04

对于生产乳酸链球菌素的原料除了进行验收外，还需要进行净化、冷却、预热分离、脱脂乳杀菌、真空浓缩等预处理。

2. 主要微生物与生化过程

在乳酸链球菌素的生产中，主要是以乳链球菌和乳酸乳球菌作为生产菌。

3. 加工工艺

乳酸链球菌素的生产工艺流程如图6-14所示。

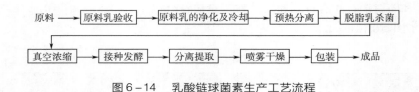

图6-14　乳酸链球菌素生产工艺流程

（1）原料乳的净化及冷却

①原料乳的净化采用过滤或离心等方法。一般净化分为以下三个阶段：a. 纱布过滤，可将牛乳中较大的杂质去掉；b. 管内过滤，在物料管内安装双联过滤器，可以把牛乳中较小的杂质去掉，使用后原料乳中杂质≤0.3mg/L；c. 离心，可将牛乳中的尘埃、细胞鳞片等特别小的杂质去掉，离心结束后，原料乳中杂质≤0.1mg/L。

②原料乳的冷却：利用冷却设备，如板式换热器将除杂后的原料乳冷却至5℃以下后，打入贮乳罐进行保存。

（2）预热分离　原料乳用板式热交换器预热至40℃，用奶油分离机分离稀奶油和脱脂乳。脱脂乳用作生产乳酸菌素，脱脂乳中含脂率不得超过0.3%。

（3）脱脂乳杀菌　脱脂后的料液要在95℃下，经过5min板式热交换器的杀菌热处理。

（4）真空浓缩　在室温条件下可用真空浓缩技术来浓缩，脱脂乳。

（5）接种发酵　将浓缩后的脱脂乳打入发酵缸中，保温在30℃，用定量泵将发酵剂打入浓缩乳中并搅拌均匀。发酵剂添加量为7%，保温发酵20h左右，发酵最终酸度达240°T以上。

（6）分离提取　可以通过离子交换、免疫亲和层析和反相高效液相色谱纯化乳酸链球菌素。然而，这些方法增加了生产乳酸链球菌素的成本，并可能引入受到食品应用监管关注的化合物。目前，已经提出了使用有机溶剂如乙醇和甲醇、硫酸铵沉淀法和酸性溶液pH 2.0沉淀法提取乳酸链球菌素的方案。

（7）喷雾干燥　利用均质机对发酵好的成品离心喷雾去水。

（8）包装　利用振动筛粉机，对乳酸链球菌素粉进行处理，并用充氮包装机进行包装。

二、聚赖氨酸

ε – 聚 – L – 赖氨酸（ε – PL）是某些放线菌和芽孢杆菌产生的一种同源多氨基酸，对大肠杆菌 O157:H7、单核细胞增生李斯特菌、金黄色葡萄球菌和酿酒酵母等食源性致病菌有很强的抑制作用。此外，它是水溶性的，可生物降解，稳定，毒性低。自20世纪90年代以来，ε – PL 已被用作日本肉类和鱼肉寿司（$1 \sim 5mg/g$）、米饭、熟菜（$0.01 \sim 0.5mg/g$）和其他食品的食品防腐剂。2003年，美国食品药物管理局授权在食品中使用公认安全（GRAS）的 β – PL，最高可达 $50mg/kg$（GRAS 135）。最近，中国宣布允许在食品中添加 $0.15 \sim 0.5g/kg$。

ε – PL 是由 $25 \sim 35$ 个 L – 赖氨酸组成的同型聚合物，通过 α – 氨基与 ε – 羧基形成的酰胺键连接而成，化学结构式如图 6 – 15 所示，相对分子质量在 $3500 \sim 4500$，在水中的溶解度很高，其 pI 在 9.0 左右。ε – PL 是淡黄色粉末，吸湿性强，略有苦味；极易溶于水、盐酸，不溶于乙醇、乙醚等有机溶剂，有好的热稳定性，在 $100℃$ 加热处理 $30min$ 及 $120℃$ 加热处理 $20min$，均保持抑菌能力，因此可以方便使用。熔点为 $250℃$。

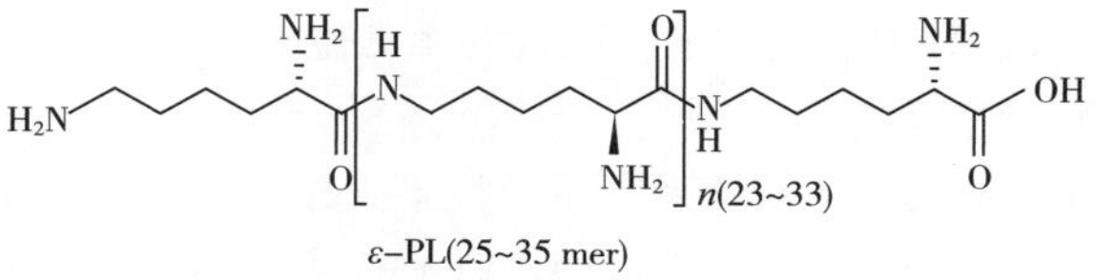

图 6 – 15　ε – PL 的化学结构式

mer—monomeric unit，单元

ε – PL 是一种在水中带正电荷、热稳定、抑菌性能好、安全的多肽，在人体内降解为 L – 赖氨酸，被誉为"营养型防腐剂"。1984，Shima 等采用电镜超薄切片方法研究了 ε – PL 对 E. coli K – 12 细胞的抑制作用。结果表明，ε – PL 不但可以与细菌细胞膜结合而且可以与芽孢结合，影响细菌外膜的正常生理功能。研究还发现，ε – PL 的抑菌效果与 ε – PL 的分子大小有密切关系，ε – PL 链长至少要 9 个氨基酸残基，α – 氨基的修饰可以降低 ε – PL 的活性，表明 ε – PL 的 α – 氨基在抑菌中起关键的作用。由于 ε – PL 为阳离子多聚物，其等电点为 9.0，因此 ε – PL 在中性和微酸性环境条件中具有广谱抑菌性能，而在碱性环境下抑菌活性很低。Delihas 等研究发现，ε – PL 浓度为 $1 \sim 8mg/L$ 时，除了分枝杆菌、结核菌外，对革兰阳性菌、革兰阴性菌都具有抑制作用。刘慧等的研究表明，ε – PL对其他天然防腐剂（如乳酸链球菌素纳他霉素）不能抑制的革兰阴性菌如大肠杆菌、沙门菌抑菌效果非常好。但对酵母菌、霉菌的抑菌浓度要高，为 $128 \sim 256mg/L$。此外，它对一些耐热性芽孢杆菌和病毒也有抑制作用。ε – PL 是阳离子表面活性物质，易与靶细胞表面带负电的位点结合。Shima 等认为，ε – PL 通过与细胞膜作用影响微生物的呼吸，与胞内的核糖体结合影响生物大分子的合成。Varra 等也认为聚赖氨酸能与细菌的外膜结合，破坏外层膜，并释放大量脂多糖。Delihas 等提出 ε – PL 的抑菌性与细菌的细胞壁结构无必然联系，细菌对 ε – PL 的敏感性不同可能与细菌类型或细胞表面感应成分的多少或细胞分泌出能降解 ε – PL 的蛋白酶类的多寡有

关。此外，ε – PL 空间结构及其 α – 氨基对抑菌活性也有重要作用。只有全面系统弄清 ε – PL 抑菌机理，才能更好地应用 ε – PL。

α – 多赖氨酸（α – PL）于 1947 年合成，以 α – 氨基和 α – 羧基之间的酰胺键为特征（Kovacs 等，1968）。但是，由于它的毒性，它不适合于食品保鲜。ε – PL 效力更强，毒性更小。因此，ε – PL 可广泛用作食品防腐剂（Kahar 等，2001）。ε – PL 是一种天然抗菌肽，具有抗菌谱广、水溶性好、安全性高、热稳定性好、抑菌 pH 范围广等特点。它在代谢过程中被降解为赖氨酸，赖氨酸是人体必需的氨基酸之一。因此，ε – PL 作为一种食品防腐剂备受关注。

作为一种新型的食品防腐剂，ε – PL 在水溶性、热稳定性、安全性、高效性以及广谱性等方面有着其他防腐剂无法比拟的优势，成为国内外研究的热点，并相继被日本、韩国、美国和中国批准作为一种安全的食品添加剂使用。日本对 ε – PL 的研究起步最早，经过多年的菌种改造以及发酵过程调控，现已实现工业化生产（5 L 补料 – 分批发酵最高产量为 48.3g/L），并建立千吨级生产线，在国际市场上形成产业垄断，目前主要致力于 ε – PL 合成酶和降解酶作用机制的研究。我国的研究主要处于实验室阶段，中试水平更是长期徘徊在 25g/L 以下，与日本相比仍存在一定的差距。

1. 主要原辅料及预处理

采用淀粉糖作为主要的碳源，同时辅以适量的无机盐和其他微量元素。

2. 主要微生物与生化过程

天然 ε – PL 是由链霉菌属、芽孢杆菌属和一些丝状真菌分泌的，目前国内外的研究主要集中在链霉菌上。自从 ε – PL 被发现之后，国内外研究者对其合成机理产生了浓厚的兴趣。1983 年，Shima 等利用放射性同位素标记法对 L – 赖氨酸中 ^{14}C 进行标记，证明了 *Streptomyces albulus* 346 以 L – 赖氨酸作为合成 ε – PL 的前体物质。

目前国外有关 ε – PL 产生菌的筛选和育种最经典的例子是在 1977 年，Shima 和 Sakaih 从土壤中分离出一株产 ε – PL 野生菌 *Streptomyces albulus* 346，其 ε – PL 摇瓶产量为 0.2g/L。经过 21 年的努力，Hiraki 于 1998 年利用 "S – 2 – （氨基乙基）– L – 半胱氨酸（AEC）+ 甘氨酸" 结合诱变的方法选育出了一株 "AEC^r + Gly^r" 的高产 ε – PL 突变株 *Streptomyces albulus* 11011A，其产量为 2.11g/L，是野生菌产量的 10 倍。在 3L 发酵罐中，作者采用流加葡萄糖和硫酸铵的方法，使 ε – PL 的产量达到了 20g/L，是野生菌产量的 5.7 倍。最初，Shima 和 Sakai 曾通过微生物发酵液成分分析进行 ε – PL 产生菌的筛选，这种方法既复杂、繁琐、耗时又效率低下。Niahikawa 通过向筛选培养基中添加了一种带负电荷基团的酸性染料 poly R – 478，因其能在菌落周围的培养基内与带正电荷的 ε – PL 产生富集缩合效应（颜色变为深玫红色），从而能直观地对 ε – PL 产生菌进行大规模筛选。可惜的是，poly R – 478 已经在 SIGMA 公司停产，因此这种方法虽然效果明显，却并未得到广泛应用。受到该方法的启示，Niahikam 设计了一种在培养基中添加亚甲基蓝来筛选菌株的方法，其原理是利用带正电的亚甲基蓝与菌株产生的 ε – PL 产生排斥作用而形成透明圈从而达到区分。利用这种方法，朱宏阳等筛选出了一株摇瓶产量为 0.39g/L 的 *Kitasatospora* PL 623；张超筛选出了一株摇瓶产量为 0.79g/L 白色链霉菌 *Streptomyces albulus* Z – 18；Geng 等筛选出了一株 *Streptomyces albulus* NK660，其在 30L 发酵罐上发酵 218h 的产量为 4.2g/L。Xia 等筛选出一株可以同时生产 ε – PL 和聚二氨基丙酸（poly – L – diaminopropionic acid，PDAP）的小白链霉菌（*Streptomyces albulus*）PD – 1，在 5L 发酵罐上

ε – PL 和 PDAP 的产量分别是 21.7g/L 和 4.8g/L。然而亚甲基蓝有毒，会对菌株的生长有抑制作用，过高的亚甲基蓝浓度甚至会使 ε – PL 产生菌无法在平板上长出，筛选效率极低。为了解决这个问题，李树等在 2010 年对亚甲基蓝筛选方法进行了改进，提出一种了"双层琼脂平板筛选法"：将生长好了的整个初筛培养基掀起来倒扣在含亚甲基蓝的培养基上，40℃下温育 2h 后选取带透明圈的菌株进行扩培，快速高效地筛选出了一系列的产 ε – PL 野生菌，其中包括白色链霉菌（*Streptomyces albulus*）、禾粟链霉菌（*Streptomyces graminearus*）、吸水链霉菌（*Streptomyces hygroscopicus*）、灰褐链霉菌（*Streptomyces griseofuscus*）、稠李链霉菌（*Streptomyces padanus*）等。除了亚甲基蓝，Saimura 等用一种特异性底物"赖氨酸 – 对硝基苯胺"与 ε – PL 降解酶（Plds）发生显色反应来对 ε – PL 产生菌进行筛选。该底物原本无色，但因与 Plds 作用后会分解成赖氨酸单体和对硝基苯胺，溶液显现黄色。但因赖氨酸 – 对硝基苯胺价格昂贵且需要向美国西格玛奥德里奇（Sigma – Aldrich）公司专门定制合成，从而限制了该方法的普及。虽然每年都有大量的 ε – PL 高产菌株被筛选出来，但其生产能力仍远远达不到工业生产需求，因此对 ε – PL 野生菌的育种改造势在必行。到目前为止，普遍认为 ε – PL 是经由糖酵解途径、三羧酸循环和二氨基庚二酸（DAP）途径形成，L – 赖氨酸形成的 DAP 途径如图 6 – 16 所示。

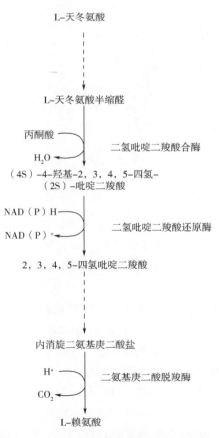

图 6 – 16   L – 赖氨酸形成的 DAP 途径

3. 工艺流程与操作要点

（1）发酵工艺流程　如图6-17所示。

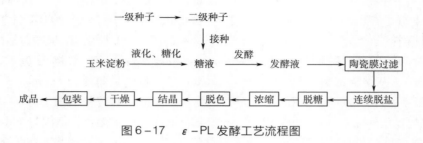

图6-17　ε-PL发酵工艺流程图

（2）提纯工艺　从发酵液中提纯 ε-PL 的工艺路线如图6-18所示。流程分为5个部分，每个单元的具体操作参数如下：

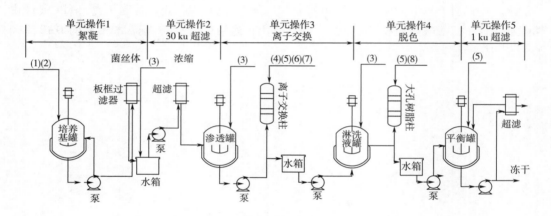

图6-18　ε-PL的分离、纯化工艺流程

（1）新鲜发酵液　（2）6mol/L HCl　（3）6mol/L NaOH　（4）1mol/L HCl　（5）去离子水　（6）1mol/L NaOH　（7）0.25mol/L HCl　（8）40% 含水乙醇

单元操作1：用6mol/L盐酸将新鲜发酵液调节pH到1.5，约3.5L。加入2g/L聚丙烯酸钠母液，终浓度约为800mg/L，快速搅拌（200r/min，2min），慢速搅拌（75r/min，3min）。最后，将絮凝后的发酵液在0.1MPa的压力下泵入装有10个滤框的框架过滤器（0.17m²）和孔径为1m的微滤膜。

单元操作2：滤液用6mol/L氢氧化钠调节pH至6.5。在0.10~0.15MPa压力下，采用截留相对分子质量为30000的膜（0.1m²）超滤法去除部分可溶性大分子杂质。

单元操作3：超滤液用6mol/L氢氧化钠调节pH至8.5，通过稀释或浓缩操作，使超滤液中的 β-磷脂酰胆碱浓度维持在15g/L左右。随后，以1.5BV/h的速度将300mL滤液上载到填满100mL Amberlite IRC-50的色谱柱（40mm×300mm）上。加载后，用4~6BV去离子水洗涤树脂，用0.25mol/L盐酸以7.0BV/h的速度从树脂上洗脱 β-PL。

单元操作4：用6mol/L NaOH调节洗脱液pH至7.0，稀释 β-PL浓度至7g/L左右，然后以1.0BV/h的速度上载至100mL大孔树脂SX-8填充柱（40mm×300mm）上。

单元操作5：对出水进行超滤浓缩，截留相对分子质量为1000的膜（0.1m²），入口压力为 0.1MPa。当上述溶液体积降至 100mL 时，加入 200mL 去离子水，继续超滤 3 次。然后，在 0.05MPa、50℃条件下，用旋转蒸发器将上述脱盐溶液进一步浓缩至 20mL 左右，冷冻干燥制得固体 ε – PL 样品。在每个操作单元中，取出约 0.1g 固形物的样品冷冻干燥，测定蛋白质和 ε – PL 的含量，计算蛋白质去除率、ε – PL 损失率和纯度。

知识拓展

据报道，ε – PL 可以抑制革兰阴性和革兰阳性细菌、酵母和霉菌（Shima 等，1984）。有人认为，细胞表面与 ε – PL 之间的静电吸附在作用机理中起着重要作用（Shima 等，1984）。由于革兰阳性和革兰阴性细菌的细胞壁组成和结构不同，ε – PL 对革兰阳性和革兰阴性细菌的破坏作用不同。

第三节　酸味剂生产

酸味剂（acidulants）是指能够赋予食品酸味并控制微生物生长的食品添加剂，是酸度调剂（acidity regulators）的一种。酸味剂是食品中的主要调味料，有增进食欲、促进消化吸收的作用。除去调酸味以外，兼有提高酸度、改善食品风味、抑制菌类（防腐）、防褐变、缓冲、螯合等作用。

中国现已批准使用的酸味剂有：柠檬酸、乳酸、磷酸、酒石酸、苹果酸、偏酒石酸、乙酸、盐酸、己二酸、延胡索酸（富马酸）、氢氧化钠、碳酸钾、碳酸钠、柠檬酸钠、柠檬酸三钾、碳酸氢三钠、柠檬酸钠 17 种。

酸味剂与其他调味剂配合使用，可以调节食品的口味，灵活地、科学地使用酸味剂，不仅可以起到调味作用，使食品产品具备最佳的风味和口感，还可改善杀菌条件，在发酵食品生产工艺中发挥着不可或缺的独特作用（表6–8）。

表6–8　　　　　　　　　　　　　　酸味剂的功能

功能	作用
赋予酸味	酸味给人以爽快的刺激，以适当的酸甜比配合，可明显地改善发酵食品风味，如纯甜的糖果、饮料、果酱等
调节 pH	酸味剂在食品中可用于控制体系的酸碱性，如在凝胶、干酪、果冻、软糖、果酱等产品中，为取得产品的最佳性状和韧度，必须正确调整 pH，果胶的凝胶、干酪的凝固尤其如此
抑菌作用	微生物生存需要一定的 pH，多数细菌为 6.5 ~ 7.5，因此，酸味剂除了调整酸度起防腐作用，还能增加苯甲酸、山梨酸等防腐剂的抗菌效果
稳定泡沫	酸味剂遇碳酸盐可产生 CO_2 气体，酸味剂有一定的泡沫稳定作用
香味辅助剂	酸味剂在食品中可作香味辅助剂，广泛应用于调香。许多酸味剂都得益于特定的香味，如酒石酸可辅助葡萄的香味，磷酸可辅助于可乐饮料香味，苹果酸可辅助许多水果和果酱的香味。酸味剂能平衡风味，修饰蔗糖或甜味剂的甜味

续表

功能	作用
螯合剂	酸味剂在食品加工中可作螯合剂，某些金属离子如镍、铬、铜、锡等能加速氧化作用，对食品产生不良影响，如变色、腐败、营养损失等。许多酸味剂具有螯合这些金属离子的能力，酸味剂与抗氧化剂结合使用，能起到增效的作用
护色剂	由于酸味剂具有还原性，在水果蔬菜制品的加工中可以起到护色的作用，在肉类加工中可作为护色助剂
缓冲剂	酸味剂有缓冲剂的作用，在糖果生产中用于蔗糖的转化，并抑制褐变

接下来以柠檬酸、苹果酸和乳酸为例，具体介绍其作为酸味剂的发酵工艺。

一、柠 檬 酸

柠檬酸（citric acid，简称 CA）是酸味剂中一种重要的有机酸，又名枸橼酸。在室温下，柠檬酸为无色半透明晶体或白色颗粒或白色结晶性粉末，无臭、味极酸。它可以无水合物或者一水合物的形式存在：柠檬酸从热水中结晶时，生成无水合物；在冷水中结晶则生成一水合物。加热到 78℃时一水合物会分解得到无水合物。在 15℃时，柠檬酸也可在无水乙醇中溶解。

天然柠檬酸在自然界中分布很广，天然的柠檬酸存在于植物如柠檬、柑橘、菠萝等果实和动物的骨骼、肌肉、血液中。人工合成的柠檬酸是用砂糖、糖蜜、淀粉、葡萄等含糖物质发酵而制得的，可分为无水柠檬酸和水合柠檬酸两种。纯品柠檬酸为无色透明结晶或白色粉末，无臭，有一种诱人的酸味。很多种水果和蔬菜，尤其是柑橘属的水果中都含有较多的柠檬酸，特别是柠檬和青柠——它们含有大量柠檬酸，在干燥之后，含量可达 8%（在果汁中的含量大约为 47g/L）。在柑橘属水果中，柠檬酸的含量介于橙和葡萄的 0.005mol/L 以及柠檬和青柠的 0.30mol/L 之间。这个含量随着不同的栽培种和植物的生长情况而有所变化。

1. 主要原辅料及预处理

在现阶段的人工合成柠檬酸生产实践中，发酵法是一种应用极为广泛的制取方法。与传统的生产方法相比，发酵法具有控制简单、生产过程省时省力以及最终获得的产量较高等优势。加之近年来现代生物技术的快速发展、成熟以及高产菌株的应用，柠檬酸生产阶段的发酵效率获得了极大的提升。就当前常用的发酵方法来看，大致可以分为固态发酵、液态浅盘发酵以及深层发酵三种方法。固态发酵以各类含有淀粉的农副产品为主要的生产原料，通过配制培养基、高温蒸煮、发酵等一系列生产环节，实现柠檬酸的制取。液态浅盘发酵则选取糖蜜为主要的生产原料，借助其制作无菌培养液并将其置于发酵盘内，严格控制无菌环境，接入菌种。深层发酵的主要原理与液态浅盘发酵相似，其涉及的流程相对较多，整个发酵过程对发酵技术与生产设备的要求相对较高，在发酵质量方面具有一定的优势。

（1）糖蜜 糖蜜是一种广泛应用的原料，质量参差不齐。质量好的糖蜜通常用于柠檬酸生产，而质量差的糖蜜主要用于低价值的产品如酒精的生产中。而这种低价值产品的生产菌对培养基杂质有更高的耐受力。最近已经有研究比较了甘蔗糖蜜和甜菜糖蜜的成分，其他文献也讨论了糖蜜作为发酵原料的应用情况。甘蔗糖蜜和甜菜糖蜜的组成是不相同的，通常这两种糖蜜中，一种糖蜜的某种成分要优于另外一种糖蜜。因此，根据这一特点，有时混合利用以便营养成分互补。除了原料类型（甜菜糖、甘蔗糖）以外，糖蜜的化学组成受土壤、气候条件、肥料类型、种植方法、贮存条件和时间、生产技术、工厂技术设备等影响。

预处理：在糖蜜的预处理中，最基本的做法是去除重金属离子。通常应用亚铁氰化钾或其他络合物。亚铁氰化钾与许多重金属反应，大多数形成沉淀。已有人注意到，在糖蜜中发现的21 种微量元素，亚铁氰化钾能与其中18 种起反应。亚铁氰化钾不仅去除了对黑曲霉菌丝有负面影响的重金属元素，而且去除了某些必需的微量元素。因此，在糖蜜中加入亚铁氰化物的量必须严格控制。它的最适量取决于糖蜜的类型，它的变化范围为每升培养基200 ~ 1000mg（大约300g 糖蜜）；糖蜜中7% ~ 14% 的重金属被络合在溶液中，7% ~ 10% 的金属元素以基本的游离态存在。当亚铁氰化物用量处在最佳剂量水平时，以元素态存在的那部分金属通常是恒定的，变化范围在50 ~ 100mg/L，取决于所用的菌株和发酵类型。这已经发展成为检测糖蜜培养基中加入亚铁氰化物最佳用量的快速方法。通常在灭菌前加入亚铁氰化钾，但也可在灭菌前和灭菌后分别部分地加入，或在灭菌后全部加入亚铁氰化钾。为了防止发酵过程中其他微生物的污染，糖蜜必须灭菌。最经济的方法是采用蒸汽灭菌，对产芽孢的细菌来说，建议采用130℃，30min 以上的条件灭菌。但是培养基的蒸汽灭菌并不足以保证发酵过程中无菌，这是因为某些微生物能通过进样口或者从空气中进入发酵液。因此其他灭菌试剂如福尔马林和呋喃衍生物也可以使用。硫酰胺制备液不能全部杀死细菌，而抗生素尽管没有任何副作用，但价格昂贵以至于难以用作灭菌剂。使用化学灭菌剂能避免剧烈的高温灭菌条件，而高温常对糖蜜的质量有负面影响。

（2）精制蔗糖或粗蔗糖　甘蔗或甜菜精制糖几乎是纯的蔗糖，它是黑曲霉菌株发酵的良好原料。这种糖对于深层发酵效果极佳，而对于表面发酵并不理想，原因是糖液中酸的扩散率太低。糖液先被稀释成50% ~ 60% 的浓度，接着泵入发酵罐，罐中应事先加入一定量的水，这样泵入后，确保最终总糖浓度为15% ~ 22%。罐中灭菌在110 ~ 120℃ 下持续0.5 ~ 1h。接着溶液不断搅拌和通风，冷却到32 ~ 35℃，之后接入黑曲霉的孢子或菌丝体种子培养物。连续灭菌器的应用已变得越来越广泛，并且在连续灭菌器中糖液是与其他成分分开单独灭菌的。

（3）淀粉　对于许多发酵工艺来说，淀粉是一种有吸引力的原料。它能直接被许多微生物利用并经常作为部分成分加入发酵培养基中。在食品和酿造工业中，淀粉作为主要原料广泛用于淀粉酶和直链淀粉的生产中。在柠檬酸生产中，玉米、小麦、木薯和土豆作为淀粉来源而被广泛使用。

（4）其他培养基成分　其他物质作为氮源、磷源和多种微量元素的来源。有机化合物（氨、氨基酸）或非有机化合物（铵盐，硝酸盐）可作为氮源。最常用的磷源是磷酸或磷酸盐。当用糖蜜发酵时，很少需要添加氮源物质，因为糖蜜含有足够的有机和无机氮化合物，从而可以维持细胞代谢生长的过程。如果氮含量太高，一些糖会转变为生物量而非产生柠檬酸。精制糖总是固定不变地用作碳源，而很多工作都集中在研究营养物质水平上，特别是对于达到最大柠檬酸生产率所必需的痕量金属和个别金属离子作用的研究上。水用于稀释基本原料，它的质量至少应达到饮用水标准，不应该含有有机化合物及其降解物（NH_3、NO_2、H_2S），必须控制微量金属元素的水平，所有的水都应灭菌以便除去污染的微生物。

2. 主要微生物与生化过程

（1）主要微生物　大量的微生物包括真菌和细菌，如石蜡节杆菌、地衣芽孢杆菌和棒状杆菌、黑曲霉、锐利曲霉、炭疽杆菌和詹氏青霉菌；以及酵母菌，如热带假丝酵母、嗜油性假丝酵母。在上述菌株中，黑曲霉（图 6 - 19）作为目的菌株可以利用大多数碳氮源，并且柠檬酸产量高，副产物少，是工业化生产柠檬酸的最佳选择。通过诱变选育，对柠檬酸产生菌进行了改良。最常用的技术是用诱变剂诱导亲本菌株的突变。在诱变剂中，常用的有紫外辐射和化学诱变剂。为了获得高产菌株，紫外线处理可以经常与一些化学诱变剂结合。不同的发酵方法导致同一菌株生产柠檬酸的产量不同。因此，在固体发酵或液体表面产生良好产量的菌株不一定是在液体深层发酵中产生良好产量的菌株。

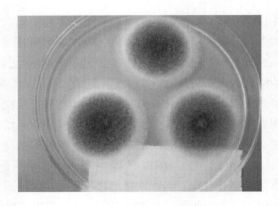

图 6-19　黑曲霉

（2）生化过程　众所周知，根据 Cleland 和 Johnson 以及 Martin 和 Wilson 的著名示踪研究证明，柠檬酸生成主要通过糖酵解途径（EMP）。像大部分其他真菌那样，黑曲霉分别通过糖酵解和戊糖磷酸途径（HMP）利用葡萄糖和其他碳水化合物作为能源产生柠檬酸。柠檬酸发酵期间，戊糖磷酸途径仅仅能部分解释柠檬酸发酵期间的碳代谢。推测这可能是由于柠檬酸对 6 - 磷酸葡萄糖脱氢酶的抑制，但仍然缺少证据。值得注意的是，阿拉伯糖醇和赤鲜糖醇作为副产物积累直到发酵的后阶段，因此，显然没有发生对戊糖磷酸途径的完全阻断。黑曲霉具有另外的葡萄糖代谢途径，该途径为葡萄糖氧化酶所催化，该酶在高浓度葡萄糖、强通气及其他营养物质低浓度条件下被诱导产生。上述条件也是柠檬酸的典型发酵条件，因此葡萄糖氧化酶在柠檬酸发酵的开始阶段必然形成，并转化一定量的葡萄糖为葡萄糖酸。然而，由于胞外酶直接受到环境 pH 影响，当 pH < 3.5 时，酶将失活。基于柠檬酸的 pK，柠檬酸的积累使溶液的 pH 降至 1.8 从而导致葡萄糖氧化酶失活。

柠檬酸是葡萄糖经 EMP 或 HMP 途径生产丙酮酸，丙酮酸再在有氧条件下，一方面氧化脱羧生成乙酰辅酶 A，另一方面丙酮酸羧化生成草酰乙酸，草酰乙酸和乙酰辅酶 A 在柠檬酸合成酶的作用下缩合生成柠檬酸。

3. 加工工艺

（1）工艺流程　采用黑曲霉液体深层发酵生产柠檬酸是行业的主流技术。以黑曲霉液体发酵生产柠檬酸技术为例，淀粉为原料，麸曲活化制成孢子悬浮液，淀粉经液化、糖化得到糖化液，整个处理过程大约需 24h，然后加入一定浓度的氮源和无机盐制成基础培养基，氮源一般为玉米浆和酵母浸膏等。基础培养基高温灭菌并冷却后接入孢子悬浮液，批次发酵周期 60~80h，发酵结束后，通过提取、精制过程获得柠檬酸产品。柠檬酸常规批次发酵的流程图如图 6-20 所示。

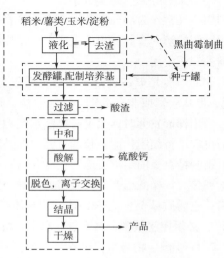

图 6-20　柠檬酸常规批次发酵流程图

（2）操作要点

①碳氮比：薯类原料由于产地等客观条件不同，其组织中各种物质的含量各异，尤以蛋白质含量相差较大，一般甘薯干蛋白质含量在 6%～7%，用这种薯干发酵，用现有生产菌种，不需调节含氮量，而西北产区的甘薯干蛋白质含量高达 8%～9%，则超出现有菌种所需。木薯干蛋白质含量仅 1.7%～2.6%，则需用玉米粉、米糠、麸皮等有机氮源和适量的无机氮源来补充。

②温度：据报道，黑曲霉发酵柠檬酸温度控制在 28～30℃时，柠檬酸产率最高，发酵速度也最快，超过 35℃时，虽初期产酸较高，但最终产酸率 15% 以上。为了节约降温能耗，我国在选育薯干发酵菌种时，有意地提高驯育温度，故可在（37±1）℃的条件下发酵。正常情况下，发酵 24h 左右，草酸积累达 0.3% 左右。

③控制生物量：正常的发酵液中生物量应控制在 12～20g/L，过多的生物量会影响氧的溶解，增加发酵罐搅拌功率，且消耗了大量葡萄糖（一般认为每增加 1g 生物量，要消耗 1g 以上的葡萄糖）。薯干粗粮发酵，因本身有大量粗纤维，所以生物量要达到 22g/L。随着培养液中生物量的增加，溶氧也逐步降低，生物体过度生长，则柠檬酸的生成速度迅速下降。当生物量过低时，虽然溶氧较高，但柠檬酸的合成速度也较缓慢。以菌球体形式生长的菌体，可限制生物体大量繁殖，对溶氧的影响也较菌丝形式的菌体低。

④通风量：柠檬酸发酵通风量相对来说并不大。通风量不是一个固定值，应根据培养基的质量、菌种生长需要、发酵罐的结构及其搅拌桨叶的型式和叶端线速度（v）以及罐压而定。一般规律是发酵罐容积越大、培养液层越厚、搅拌转速越快则通风量越小。通风量过大菌体过早进入衰老期，也不利于 CO_2 的固定，且动力浪费过多。氧的溶解与搅拌转速、罐压成正比关系；与温度和培养基黏度成反比关系。掌握这些原则，根据菌体的代谢规律来调控适宜的通风量以取得最佳发酵效果。在同等条件下，一般通风量：机械搅拌式发酵罐＜喷环式搅拌发酵罐＜内循环无搅拌发酵罐。

⑤下游处理工艺：回收柠檬酸的经典方法是钙盐沉淀法，即加等化学计量的石灰到柠檬酸溶液中使柠檬酸生成水不溶性柠檬酸三钙。沉淀的成功操作取决于柠檬酸浓度、温度、pH 和石灰加入速率。为了获得高纯度、大颗粒结晶，石灰乳（含氧化钙 180～250kg/m³）要在 90℃ 或高于 90℃ 条件下逐渐加入柠檬酸溶液中，最终 pH 低于 7 或接近 7。柠檬酸溶液的浓度应接近于 15%。中和过程通常持续 120～150min。由于柠檬酸钙的溶解性造成柠檬酸的最小损失 4%～5%。如果沉淀操作适当，大部分杂质则保留于溶液中，附着于柠檬酸钙上的杂质可通过洗涤柠檬酸钙盐而除去。洗涤柠檬酸钙盐的过程尽可能使用少量的热水（大约每吨柠檬酸需 10m³ 的水，90℃），直至洗涤液中检测不到糖、氯化物或色素物质为止。过滤得到柠檬酸钙，同时生成硫酸钙（石膏）沉淀，过滤除石膏，获得 25%～30% 的柠檬酸溶液。该柠檬酸再用活性炭处理除杂质或以离子交换树脂纯化。然后将纯化的溶液在真空浓缩器内浓缩，浓缩温度 40℃ 以下（避免产生焦糖），结晶、离心并干燥获得柠檬酸结晶。如果结晶在 35℃ 之下进行，生成一水柠檬酸，超过此转化温度，则生成无水柠檬酸。柠檬酸提取工艺流程如图 6-21 所示。

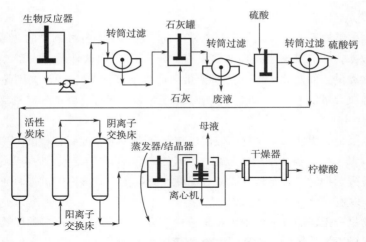

图6-21　柠檬酸提取工艺流程

二、苹　果　酸

苹果酸即2-羟基丁二酸，是一个二羧酸，化学式为$C_4H_6O_5$。由于分子中有一个不对称碳原子，有两种立体异构体。大自然中，以三种形式存在，即D-苹果酸、L-苹果酸和其混合物DL-苹果酸。白色结晶体或结晶状粉末，有较强的吸湿性，易溶于水、乙醇。有特殊愉快的酸味。苹果酸主要用于食品和医药行业。

1. 主要原辅料及预处理

一步发酵法：以糖类为原料，由黄曲霉、米曲霉等直接发酵生产苹果酸。最常使用的L-苹果酸直接发酵菌是黄曲霉菌，可以直接分解淀粉用于发酵。发酵的碳源可以使用脱脂玉米粉、葡萄糖、液化淀粉和淀粉水解液。其中淀粉水解液转化率最高。氮源可以使用硫酸铵、硝酸铵和尿素，其中硫酸铵的产酸率最高。研究发现磷酸盐对黄曲霉产酸的影响较为显著，硫酸镁、硫酸亚铁和氯化钙的影响其次。在培养基中添加丙氨酸、泛酸和生物素可以显著提高产酸率。不同的黄曲霉菌株发酵过程中需要不同的温度，一般温度范围为34~36℃，有些菌株菌体浓度足够后调温至28℃可以提高产酸率。

两步发酵法：采用两种不同功能的微生物，其中之一先将糖质或其他原料转化生成延胡索酸（富马酸），另一种微生物将延胡索酸转化成L-苹果酸。两步发酵法，由于涉及两种微生物，培养条件要求比较严格，发酵周期较长，产酸率相对较低，副产物较多。两步发酵L-苹果酸前一步称为延胡索酸发酵，后一步称为转换发酵。延胡索酸发酵时除了一般发酵培养基必需的碳源、氮源等，还要添加表面活性剂防止霉菌生成菌丝球，研究发现10%的聚乙二醇可以显著促进产酸，吐温的效果稍差。培养5d后产酸达到最高，就可以接入第二种微生物，将延胡索酸转化为苹果酸，使用毕赤酵母再转化5d后苹果酸的糖酸转化率可以达到60%。也可以将用于混合发酵的两种菌同时接入培养基，有报道称同时接入少根根霉和拟青霉，培养3.5d后糖酸转化率也可达60%。

固定化细胞或酶法转化：酶法生产苹果酸是指底物延胡索酸在特定条件下经延胡索酸酶（Fumarase/Fumarate hydratase，FUM）催化生成苹果酸。该方法曾在一段时间内被广泛地应用于苹果酸的工业化生产。但由于底物的成本较高、生产效率低且剩余的底物需要回收等弊端，限制了该方法的大规模应用，关于酶法催化生产苹果酸的研究也相对较少。

2. 主要微生物与生化过程

不同的苹果酸发酵方式要采用不同的微生物。一步发酵法采用黄曲霉（*Asp. flavus*）、米曲霉（*Asp. oryzae*）、寄生曲霉（*Asp. parasiticus*）、出芽短梗霉（*Aureoba sidium pullulans*）4156等。两步法及混合发酵法采用华根霉（*Rhi. chinonsis*）、无根根霉（*Rhi. arhizus*）、短乳杆菌（*Lac. brevis*）、膜醭毕赤酵母（*Pichiamembranae faciens*）等。酶法转化用短乳杆菌、大肠杆菌、产氨短杆菌（*Breribacberium ammoniagenes*）和黄色短杆菌（*B. flavum*）等。发酵底物中碳源为葡萄糖、蔗糖、麦芽糖、果糖、糖蜜等。

早在20世纪50年代末，日本学者对苹果酸的直接发酵进行了大量的研究。阿部重雄等普查了260株曲霉、120株青霉和80株根霉的苹果酸产生能力，选出了黄曲霉A-114菌株。在优化的发酵条件下，摇瓶发酵7~9d后，产酸率最高可达50g/L。Battat等将黄曲霉在16L搅拌罐中发酵，其发酵培养基组成为：葡萄糖120g/L、氮271mg/L、磷酸盐1.5mol/L、Fe^{2+} 12mg/L以及质量分数为9%的$CaCO_3$，在转速350r/min条件下发酵192h，获得113g/L的L-苹果酸。

L-苹果酸是生物体三羧酸循环的中间体，具体生化过程参考三羧酸循环。

3. 加工工艺

取保藏好的生产菌株活化，接固体培养基生长，然后接液体培养基培养为种子液，接发酵液培养。不论是通过发酵法还是酶法催化生产L-苹果酸，底物中残留的延胡索酸、微生物菌体、蛋白质、色素和无机盐等杂质都需要去除，提取的步骤一般包括酸化、中和、过滤、酸解、离子交换、浓缩和结晶。使用盐酸调节发酵液的pH至1.5，由于延胡索酸溶解度较低，通过过滤可以去除发酵液中部分延胡索酸，加入$CaCO_3$中和发酵液，使苹果酸形成苹果酸钙沉淀下来。使用离心机或滤布过滤苹果酸钙沉淀后，加入硫酸酸解沉淀，苹果酸钙会与硫酸生成苹果酸和硫酸钙沉淀，过量硫酸使用碳酸钡去除，酸解液中的色素使用活性炭去除，活性炭和硫酸钙、硫酸钡沉淀一起通过板框过滤去除。酸解后的苹果酸也通入离子交换柱中，通入的顺序是阳离子-阴离子-阳离子，以除去阳离子杂质和延胡索酸根等阴离子杂质。离子交换会稀释苹果酸溶液，需要经过单效或多效真空蒸发设备蒸发掉水分浓缩苹果酸，最后通入结晶罐中通过结晶制得L-苹果酸成品。

三、乳　酸

乳酸又称a-羟基丙酸，分子式是$C_3H_6O_3$。能溶于水、酒精、丙酮、乙醚中，也有防腐的功效。它是一个含有羟基的羧酸，即α-羟酸（AHA）。在水溶液中它的羧基释放出一个质子，而产生乳酸根离子（$CH_3CHOHCOO^-$）。

同型乳酸发酵（homolactic fermentation）是乳酸菌利用葡萄糖经糖酵解途径生成乳酸的过程。葡萄糖经同型乳酸发酵的总反应式为：

$$C_6H_{12}O_6 + 2ADP + 2Pi \rightarrow 2CH_3CH(OH)COOH + 2ATP$$

1分子葡萄糖生成2分子乳酸，理论转化率为100%。

1. 主要原辅料及预处理

碳源：乳酸生产用的碳源一般源自农产品加工副产品。使用精制原料还是粗原料，需根据具体情况而定。美国一般选用葡萄糖或蔗糖作原料，欧洲和巴西则采用甘蔗糖和甜菜糖，用玉米湿磨产生的淀粉乳是很有竞争力的原料。不同的菌种对不同原料的利用不同，如葡萄糖适用于乳杆菌属中的同型发酵菌种，效率最高的是德氏乳杆菌德氏亚种，该菌亦可发酵蔗糖或糖蜜，但不能利用乳糖。德氏乳杆菌保加利亚亚种（旧称保加利亚乳杆菌）可发酵乳糖。因而可以利用乳清和乳清渗透液，但不能利用蔗糖，该种中有些菌株不能利用乳糖分子中的半乳糖部分。瑞士乳杆菌能利用乳糖和半乳糖，但不能利用蔗糖。糖蜜是制糖过程的副产品，用作动物饲料、酒精生产和酵母生产原料以及乳酸发酵原料。糖蜜所含的糖主要是蔗糖，适用的菌种为德氏乳杆菌。

氮源：一般的乳酸菌生物合成氨基酸、维生素、核苷酸等能力很差，因而在合成培养基上不易生长。往往需要在培养基中添加有机氮源丰富的物质，如酵母膏、蛋白胨、玉米浆、乳清蛋白水解物、棉籽水解液、植物蛋白胨等，它们富含乳酸菌所需要的氨基酸、维生素、嘌呤和嘧啶等类物质。常用的 MRS 培养基含有蛋白胨、牛肉膏和酵母膏，足以支持乳酸菌的生长。在以干酪乳清渗透液作碳源时，添加经蛋白酶水解的乳清蛋白水解物，可提高德氏乳杆菌保加利亚亚种发酵产生乳酸的浓度和产率。在添加的氮源中，以酵母膏最有效，但酵母膏的价格相当高，估计可达乳酸生产成本的 30% 以上，对于像乳酸这样一种低价的化学品来说，使用酵母膏是不经济的，需要添加价格相对低廉的氮源，如大豆蛋白胨等。

2. 主要微生物与生化过程

L-乳酸发酵生产方法：微生物发酵法生产乳酸是以葡萄糖、蔗糖、淀粉等糖类为碳源，在培养基中接入微生物，如乳酸菌等发酵生产乳酸的方式。乳酸菌是一类能够利用发酵培养基中的碳水化合物大量生产乳酸的细菌总称，它的物种丰富多样，在自然界中广泛分布，人们经常食用的酸乳、泡菜、酱油、醋、果汁等食物中也常存在大量的产乳酸菌种。L-乳酸生产菌株包括德氏乳杆菌（*Lactobacillus delbrueckii*）、干酪乳杆菌（*Lactobacillus casei*）、鼠李糖乳杆菌（*Lactobacillus rhamnosus*）、嗜淀粉乳杆菌（*Lactobacillus amylophilus*）、瑞士乳杆菌（*Lactobacillus helveticus*）、保加利亚乳杆菌（*Lactobacillus bulgaricus*）和植物乳杆菌（*Lactobacillus plantarum*）等，也有使用粪肠球菌（*Enterococcus faecalis*）和米根霉（*Rhizopus oryzae*）进行生产的报道，其中同型发酵乳杆菌被认为是具有较高应用潜力的生产菌株，如 *Lb. casei*、*Lb. lactis* 和 *Lb. delbrueckii* 的 L-乳酸产量均可以达到 150g/L 以上。该类微生物的大多数菌株生产的 L-乳酸光学纯度为 97% 左右，而生产聚乳酸通常需要光学纯度达到 99% 以上。嗜热的芽孢杆菌是一种新的可用于 L-乳酸发酵生产的微生物，具有较高的糖酸转化率。由于具有较高的发酵温度（50～60℃），大大减少了发酵过程中污染杂菌的机会，生产的 L-乳酸光学纯度高，≥99%。

同型乳酸发酵生化过程：葡萄糖转化成 6-磷酸葡萄糖酸后，在 6-磷酸葡萄糖酸脱氢酶作用下转化为 5-磷酸核酮糖，经 5-磷酸核酮糖-3-差向异构酶的差向异构作用生成 5-磷酸木酮糖，5-磷酸木酮糖在磷酸酮解酶的催化作用下可分解为乙酰磷酸和 3-磷酸甘油醛。前者经磷酸转乙酰酶作用转化为乙酰辅酶 A，再经乙醛脱氢酶和乙醇脱氢酶作用最终生成乙醇；后者经糖酵解途径生成丙酮酸，在乳酸脱氢酶的催化作用下转化为乳酸。

3. 加工工艺

菌种：凝结芽孢杆菌 CICIM B1821 是一株优良的耐高温 L-乳酸生产菌种。

种子培养方式：LB 平板 50℃静置培养过夜后，接单菌落于 LB 液体培养基，转速 200r/min，

50℃摇床过夜培养。500mL 三角瓶中分装 200mL 种子培养基，5% 接种量，50℃ 条件下，200r/min 培养 6h，用于发酵罐接种。发酵培养基：15L 搅拌式发酵罐，初始装液量 8L，罐上灭菌（121℃，20min）。葡萄糖单独灭菌后分批补加，控制补加后终浓度不高于 10%，发酵结束残糖浓度不高于 1%，总添加量根据具体实验要求确定。发酵温度 50℃，调节 pH 至 6.5，好氧阶段采用氨水调节，厌氧阶段采用 25% 的 $Ca(OH)_2$ 调节，好氧阶段控制 DO 值不低于 30%，接种量为 5%。

在 15L 发酵罐上，初始装液量 9L，初始糖浓度 20%，未通氧。发酵 100h，乳酸产量达 134g/L，残糖 4.5g/L，葡萄糖对乳酸的转化率约 92%，副产物有丙酮酸、乙酸、丁二酸、甲酸、延胡索酸和乙醇等，副产物总和低于 1.2g/L。最高产酸速率为 3.81g/（L·h），所产乳酸的光学纯度高于 99%。

提取方法：用有机溶剂载体进行乳酸萃取是目前乳酸提取的主要方法。有机溶剂载体主要有 4 种，即溶剂化载体、阴离子活性载体、阳离子活性载体以及螯合型载体。用于乳酸萃取效果较好的载体有：HostarexA 327（一种叔胺）、Alamine 336（三辛胺至三癸胺的混合物）、Amberlite LA－2（仲胺）、Cyanex 923（氧化三辛基磷和氧化三庚基磷的混合物）等。载体和乳酸形成特定的载体－乳酸复合物后，被有机相萃取，再用水、稀盐酸、稀硫酸或氢氧化钠溶液反萃取，即可获得纯净的稀乳酸液，经真空浓缩后即成为成品乳酸。目前国外较大型的乳酸厂家均采用有机溶剂萃取的方式提取乳酸。

知识拓展

食品的滋味大致有酸、甜、苦、鲜、咸这五种基本组成，此外还有辣、涩、麻等生理感觉，一般舌尖部对甜味最敏感，舌两侧对酸味敏感，舌尖到舌两侧对咸味敏感，舌根对苦味较敏感，通常把一般人们能感觉到呈味物质的最低水溶液浓度称为阈值。

酸味与甜味、咸味、苦味等味觉可以互相影响，甜味与酸味易互相抵消，酸味与咸味、酸味与苦味难以相互抵消。酸味与某些苦味物质或收敛性物质（如单宁）混合，则能使酸味增强。表 6-9 所示为影响酸味的因素及其对酸味产生的影响。

表 6-9　　　　　　　　　　　影响酸味的因素及其对酸味产生的影响

影响因素	影响描述
温度	一般温度对酸味影响较小，常温时的阈值与 0℃ 的阈值相比，柠檬酸酸味减少 17%，而盐酸奎宁产生的苦味减少 97%，食盐的咸味减少 80%，糖的甜味减少 75%
浓度	在相同的浓度下，各种酸味剂的酸味强度不同，主要是由于酸味剂解离的阴离子对味觉产生的影响所致。因此，一种酸的酸味不能完全以相等质量或浓度代替另一种酸的酸味，以同一浓度比较不同酸的酸味强度，其顺序为：盐酸＞硝酸＞硫酸＞甲酸＞乙酸＞柠檬酸＞苹果酸＞乳酸＞丁酸。如果在相同浓度下把柠檬酸的酸味强度定为 100，酒石酸的比较强度为 120～130，磷酸为 200～300，延胡索酸为 263，抗坏血酸为 50

续表

影响因素	影响描述
组成	酸味剂分子根据羟基、羧基、氨基的有无，数目的多少，在分子结构中所处的位置不同，而产生不同的风味，使得酸味剂不仅有酸味，有时还带有苦味、涩味等，如柠檬酸、抗坏血酸、葡萄糖酸有缓和圆润的酸味，苹果酸稍带有苦涩味，盐酸、磷酸、乳酸、酒石酸、延胡索酸稍带有涩味，乙酸、丙酸稍带有刺激臭味，琥珀酸、谷氨酸带有鲜味

第四节　增稠剂生产

食品增稠剂通常是指亲水性强，并在一定条件下充分水化形成黏稠、滑腻或胶冻液的大分子物质，又称食品胶或糊精。由于增稠剂在食品工业中所起的作用有时也被称为乳化剂、成膜剂、持水剂、胶凝剂等，增稠剂在食品加工中的重要作用之一即利用其黏度保持制品的稳定均一性，因此增稠剂的黏度是一个十分重要的指标。

在食品工程中食品增稠剂添加量很微小，通常只占到制品总重的千分之几，但却能有效又科学健康地改善食品体系的稳定性。食品增稠剂的化学成分大多是天然多糖或者其衍生物（明胶除外，明胶是由氨基酸构成的），广泛分布于自然界。根据我国食品添加剂产品分类，食品增稠剂按照其来源大致分为5类：①由植物渗出液、种子、果皮和茎等制取获得的植物胶。例如，瓜尔胶、槐豆胶、罗望子胶、他拉胶、沙蒿胶、亚麻籽胶、田菁胶、葫芦巴胶、皂荚豆胶、阿拉伯胶、黄蓍胶、印度树胶、刺梧桐胶、桃胶、果胶、魔芋胶、印度芦荟提取胶、菊糖、仙草多糖。②由含蛋白质的动物原料制取的动物胶。例如，明胶、干酪素、酪蛋白酸钠、甲壳素、壳聚糖、乳清分离蛋白、乳清浓缩蛋白、鱼胶。③真菌或细菌（特别是由其产生的酶）与淀粉类物质作用产生的生物胶。例如，黄原胶、结冷胶、茁霉多糖、威兰胶、酵母多糖、可得然胶、普鲁兰多糖。④由海藻制取的海藻胶。例如，琼脂、卡拉胶、海藻酸（盐）、海藻酸丙二醇酯、红藻胶、褐藻岩藻聚糖。⑤以纤维素、淀粉等天然物质制成的糖类衍生物，即化学改性胶。例如，羧甲基纤维素钠、羟乙基纤维素、微晶纤维素、甲基纤维素、羟丙基甲基纤维素、羟丙基纤维素、变性淀粉、聚丙烯酸钠、聚乙烯吡咯烷酮。

本节着重介绍微生物代谢胶，又称生物合成胶，它是由微生物在生长代谢过程中，在不同的外部条件下产生的一种多糖胶质。通常微生物代谢胶可分为三大类：细胞壁多糖，如肽聚糖、菌壁酸、脂多糖等；细胞体外多糖，如黄原胶、结冷胶等；细胞体内多糖，如黏多糖。细胞壁多糖及细胞内多糖由于提取难度大而成本高，实际开发的品种相对较少，而大规模工业化生产的微生物代谢胶大多是胞外代谢胶。目前已大量投产的微生物多糖主要有黄原胶、结冷胶、普鲁兰多糖（又名短梗霉多糖）、可得然胶等。部分微生物胶生产菌及胶组成如表6-10所示。

微生物	胶的名称或功能	胶组成
黄单胞菌（*Xanthanmonas campestris*）	黄原胶	葡萄糖:甘露糖:葡萄糖醛酸 = 2:2:1
芽孢杆菌（*Bacillus* sp.）DP.152	生物絮凝剂	葡萄糖:甘露糖:半乳糖:岩藻糖 = 8:4:2:1
多沼假单胞菌（*Pseudomonas elodea*）	结冷胶	鼠李糖:葡萄糖醛酸:葡萄糖 = 1:1:2
灵芝菌 GL8801	水溶性杂多糖	半乳糖:葡萄糖:阿拉伯糖:木糖 = 6:4:4:1
粪产碱菌黏亚种（*Alcaligenes faecalis* var. *myxogene*）	热凝胶	平均 450 个葡萄糖基单元

表6-10　部分微生物胶生产菌及胶组成

一、黄 原 胶

黄原胶（Xanthan gum）是由甘蓝黑腐病野油菜黄单胞菌（*Xanthomoans campestris*）以碳水化合物为主要原料，经需氧发酵产生的一种高黏度水溶性微生物胞外多糖，在 20 世纪 50 年代被美国农业部的北方研究室（Northern Regional Research Laboratories，NRRL）首次发现。1969 年美国 FDA 批准黄原胶可用作食品添加剂，1983 年世界卫生组织和国际粮农组织批准黄原胶可作为食品工业中的稳定剂、乳化剂、增稠剂。黄原胶不仅具有良好的理化特性，而且还有一定的免疫学特性。此外，黄原胶可作为其他食品胶的增效剂。黄原胶由五糖单位重复构成，如图 6-22 所示，主链与纤维素相同，即由以 $\beta-1,4-$ 糖苷键相连的葡萄糖构成，三个相连的单糖组成其侧链：甘露糖 - 葡萄糖 - 甘露糖。与主链相连的甘露糖通常由乙酰基修饰，侧链末端的甘露糖与丙酮酸发生缩醛反应从而被修饰，而中间的葡萄糖则被氧化为葡萄糖醛酸，相对分子质量一般在 $2\times10^6\sim2\times10^7$。黄原胶除拥有规则的一级结构外，还拥有二级结构，经 X - 射线衍射和电子显微镜测定，黄原胶分子间靠氢键作用而形成规则的螺旋结构。双螺旋结构之间依靠微弱的作用力而形成网状立体结构，这是黄原胶的三级结构，它在水溶液中以液晶形式存在。

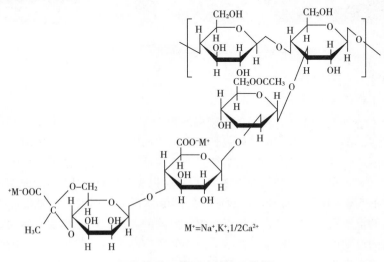

图6-22　黄原胶结构示意图

黄原胶分子侧链末端含有丙酮酸，其含量对黄原胶性能有很大影响；在不同溶氧条件下发酵所得黄原胶，其丙酮酸含量有明显差异。一般溶氧速率小，其丙酮酸含量低。

1. 主要原辅料及预处理

黄原胶的生产受到培养基组成、培养基条件（温度、pH、溶氧量等）、反应器类型、操作方式（连续式或间歇式）等多方面因素的影响。常用的培养基是 YM 培养基以及 YM – T 培养基，两种培养基得到的产量相似，但应用 YM – T 培养基的生长曲线有明显的二次生长现象。碳源（一般为葡萄糖或蔗糖）的最佳浓度为 2% ~ 4%，过大或过小都会降低黄原胶的产量；氮源的形式既可以是有机化合物，也可以为无机化合物。根据经验，较为理想的成分配比为：蔗糖（40g/L），柠檬酸（2.1g/L），NH_4NO_3（1.144g/L），KH_2PO_4（2.866g/L），$MgCl_2$（0.507g/L），Na_2SO_4（89mg/L），H_3BO_3（6mg/L），ZnO（6mg/L），$FeCl_3 \cdot 6H_2O$（20mg/L），$CaCO_3$（20mg/L），浓 HCl（0.13mL/L），通过添加氢氧化钠而将 pH 调为 7.0。

2. 主要微生物与生化过程

黄原胶的生产工艺经过半个世纪的发展，现已较为成熟。底物转化率达 60% ~ 70%，以至国外的一些杂志称其为"基准产品"，将其他发酵产品的产率与之对比定位。分泌黄原胶的菌株——野油菜黄单胞菌，是甘蓝、紫花苜蓿等一大批植物的致病菌株，直杆状，宽 0.4 ~ 0.7μm，有单个鞭毛，可移动，革兰阴性，好氧（图 6 – 23）。

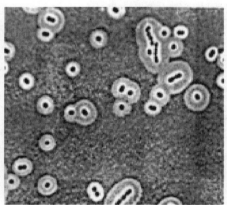

图 6 – 23 紫甘蓝黑腐病菌及其显微形态

3. 加工工艺

黄原胶的生产流程如图 6 – 24 所示。

菌株可在 25 ~ 30℃下生长，最适的发酵温度为 28℃，已有研究者提出具体的温度与生长速率关系的方程。由于分泌出的黄原胶包裹在细胞的周围，妨碍了营养物质的运输，影响了菌种的生长，因此，接种阶段时除应增加细胞的浓度外，还应尽量降低黄原胶的产量，这样就需多步接种（每步接种时间必须控制在 7h 以下，以免黄原胶生成），接种体积一般为反应器中料液体积的 5% ~ 10%，接种的次数应随发酵液体积增大而增多。发酵液中的成分配比也是影响产量的重要因素。发酵温度不仅影响黄原胶的产率，还能改变产品的结构组成。研究指出，较高的温度可提高黄原胶的产量，但降低了产品中丙酮酸的含量，因此，如需提高黄原胶产量，应选择温度在 31 ~ 33℃，而要增加丙酮酸含量就应选择温度范围在 27 ~ 31℃。pH 范围在中性时最适于黄原胶的生产，随着产品的产出，酸性基团增多，pH 降至 5 左右。研究表明控制反应中的 pH 对菌体生长有利，但对黄原胶的生产没有显著影响。反应器的类

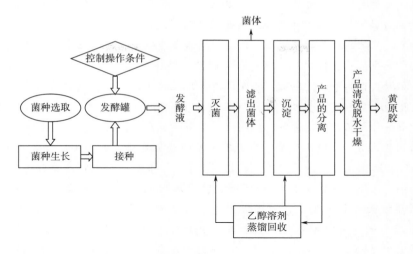

图 6-24　黄原胶的生产流程

型及通氧速率、搅拌速率等都有相应的经验数据，需根据具体条件而定。可参考如下数据：搅拌速率在 200 ~ 300r/min，空气流速为 1L/min。除上述传统发酵的生产方法外，还有研究者已发现了合成、装配黄原胶所需的数种酶，并克隆出相关基因（12 个基因联合作用），选择出适当的载体，虽然目前此法的成本较高，但相信经过工艺的改进，可为进一步降低成本及控制产品的结构提供可能。相比较而言，从发酵液中回收产品的成本较高。一般，最终发酵液中的组分为：黄原胶 10 ~ 30g/L，细胞 1 ~ 10g/L，残余营养物质 3 ~ 10g/L，以及其他代谢物。由于高浓度的黄原胶的存在，溶液浓度很大，从而增加了提取操作的困难，因此，宜先做稀释处理。提取的主要步骤：细胞的沉淀，黄原胶的沉淀、脱水、干燥、研磨。目前有多种方法可灭活发酵液中的菌体。酶法成本较高；化学试剂容易改变 pH，而降低产品中的丙酮酸含量；因此一般采取巴氏灭菌法，此法由于温度较高还可提高黄原胶的溶解度，并在一定程度上降低了溶液的黏度，利于随后的离心或过滤。但要注意温度不能过高，使其发生降解，一般维持在 80 ~ 130℃，加热 10 ~ 20min，pH 控制在 6.3 ~ 6.9。过滤前需要稀释，稀释剂一般为水、酒精或含低浓度盐的酒精，由酒精作为稀释剂会对后面的工艺有所帮助。沉淀黄原胶的方法有加盐、加入可溶于水的有机溶剂［如乙醇、异丙基乙醇（IPG）等］，或将这两种方法综合运用。加入有机溶剂不仅可降低溶液黏度和增加黄原胶的溶解度，还可洗脱杂质（如盐、细胞、有色组分等），但单独加有机试剂所需量太大，成本过高。如要全部沉淀每体积发酵液中的黄原胶，需三倍体积的丙酮或 IPG，六倍体积的乙醇。加入盐离子可降低黄原胶的极性从而降低其水溶性，且加入盐的离子强度越高效果越明显，如 Ca^{2+}、Al^{3+} 等，加入 Na^+ 则不会引起沉淀。因而，加入含低盐浓度的有机试剂是目前较为通用的方法，如加入 1g/L 的 NaCl 可使乙醇的使用量减半；加入二价离子虽可使有机试剂的使用量更小，但使得产物黄原胶盐的溶解度降低，因此一般不采用。

知识拓展

　　黄原胶由于其独特的性质，因而在食品、石油、医药、日用化工等十几个领域有着极其广泛的应用，其商品化程度之高，应用范围之广，令其他任何一种微生物多糖都望尘莫及。

（1）食品方面　许多食品中都添加黄原胶作为稳定剂、乳化剂、悬浮剂、增稠剂和加工辅助剂。黄原胶可控制产品的流变性、结构、风味及外观形态，其假塑性又可保证良好的口感，因此被广泛应用于色拉调料、面包、乳制品、冷冻食品、饮料、调味品、酿造、糖果、糕点、汤料和罐头食品中。近年来，较发达国家的人们往往担心食品中的热值过高而使自己发胖，黄原胶由于其不可被人体直接降解而打消了人们的这一顾虑。此外，据1985年日本的报道，对十一种食品添加剂进行对比测试，黄原胶是其中最为有效的抗癌剂。

（2）日用化工方面　黄原胶分子中含有大量的亲水基团，是一种良好的表面活性物质，并具有抗氧化、防止皮肤衰老等功效，因此，几乎绝大多数高档化妆品中都将黄原胶作为其主要功能成分。此外，黄原胶还可作为牙膏的成分增稠定型，降低牙齿表面磨损。

（3）医学方面　黄原胶是目前国际上炙手可热的微胶囊药物囊材中的功能组分，在控制药物缓释方面发挥重要作用；由于其自身的强亲水性和保水性，还有许多具体医疗操作方面的应用，如可形成致密水膜，从而避免皮肤感染；减轻病人放射治疗后的口渴等。此外，李信、许雷曾撰文指出，黄原胶本身对小鼠的体液免疫功能具有明显的增强作用。

（4）工农业方面　在石油工业中，由于其强假塑性，低浓度的黄原胶（0.5%）水溶液就可保持钻井液的黏度并控制其流变性能，因而在高速转动的钻头部位黏度极小，节省动力；而在相对静止的钻孔部位却保持高黏度，从而防止井壁坍塌。并且由于其优良的抗盐性和耐热性，因而广泛应用于海洋、高盐层区等特殊环境下的钻井，并可用作采油驱油剂，减少死油区，提高采油率。人们对黄原胶的发现以及随后对其结构功能进行的大量研究，触发了人类对微生物多糖优良性质的强烈好奇，引发了发酵史上不小的轰动。迄今半个世纪已过，人们依然没有降低对黄原胶的研究热情（据估计，全世界对黄原胶的需求量每年以7%～8%的速度增长，仅从世界石油组织分析结果显示，近期世界石油行业钻井和采油需要黄原胶量将达90万～100万t/年），相信随着研究的进一步深入以及生产工艺的进一步改进，黄原胶应用潜力仍然很大。

结冷胶（Gellan gum）是一种水溶性阴离子多糖，由 Sphingomonas elodea（根据其发现时的分类学分类，以前称为 Pseudomonas elodea）产生。1978年，默克公司的Kelco分部从宾夕法尼亚州一个天然池塘的百合植物组织中发现并分离出产结冷胶的细菌。它最初被确定为一种替代胶凝剂，以替代固体培养基中的琼脂，用于各种微生物的生长。作为食品添加剂，结冷胶在日本首次被批准用于食品（1988年）。结冷胶随后被美国、加拿大、中国、韩国和欧盟等许多国家批准用于食品、非食品、化妆品和医药用途。它被广泛用作增稠剂、乳化剂和稳定剂。

结冷胶的单糖分子组成是葡萄糖、鼠李糖和葡萄糖酸。结冷胶有高酰基结冷胶（也称天然结冷胶）和低酰基结冷胶两种存在形式。高酰基结冷胶和低酰基结冷胶其主体结构都是相同的，通过甲基化分析和核磁共振（NMR）分析测得的结冷胶多糖主链结构是一个线性四糖重复单位，由 $\beta-D-$葡萄糖、$\beta-D-$葡萄糖醛酸和 $\alpha-L-$鼠李糖作为重复单元以2:1:1的摩尔比聚合成长链分子；由光射和固有黏度测定测得脱酰基结冷胶的相对分子质量约为 0.5×10^6；在水溶液中，结冷胶可形成分支或发生环化，形成多种分子质量的聚合体。

　　结冷胶干粉呈朱黄色，无特殊的滋味和气味，约150℃时不经熔化而分解。结冷胶的某些特性优于黄原胶，在0.01%~0.04%的范围内呈假塑性流体特性，当使用量大于0.05%，即可形成澄清透明的凝胶，0.25%的使用量就可以达到琼脂1.5%的使用量和卡拉胶1%的使用量所产生的凝胶强度。通常用量为0.1%~0.3%，只有卡拉胶用量和琼脂用量的1/5~1/2。结冷胶不溶于非极性有机溶剂，也不溶于冷水，但略加搅拌即以线团形式分散于水中，加热即溶解成透明溶液，冷却后以氢键作用，分子以螺旋片段形成透明结实的凝胶。结冷胶类多糖的理化性质差异较大，一般来说，结冷胶多糖的水溶液具有高的黏性和热稳定性，它们在水溶液中形成凝胶的效率、强度、稳定性与聚合物的乙酰化程度及溶液中阳离子类型和浓度有关。在有阳离子存在的条件下，结冷胶加热后再冷却便生成坚硬脆性凝胶，其硬度与结冷胶浓度成正比，并且在较低的二价阳离子浓度情况下就产生最大凝胶硬度。

　　结冷胶形成的凝胶是热可逆凝胶。结冷胶还具有显著的温度滞后性，一般胶凝温度在20~50℃，而胶熔温度为65~120℃，具体温度取决于凝胶生成时的条件。结冷胶一般在pH4~10较稳定，但以pH在4.0~7.5条件下性能最好。与其他胶体，如黄原胶/刺槐豆胶混合物、淀粉等复配使用可实现从弹性到脆性的自由转变。

　　结冷胶多糖含有一个由D-葡萄糖（D-Glc）、L-鼠李糖（L-Rha）和D-葡萄糖醛酸（D-Glca）组成的重复单元。其大致组成为葡萄糖60%，鼠李糖20%，葡萄糖醛酸20%。除此之外，它还含有相当数量的非多糖物质，如细胞蛋白和灰分，可以通过过滤或离心去除。图6-25和图6-26所示分别为结冷胶以及天然结冷胶和脱乙酰结冷胶的化学结构。不同类型的结冷胶的化学组成如表6-11所示。

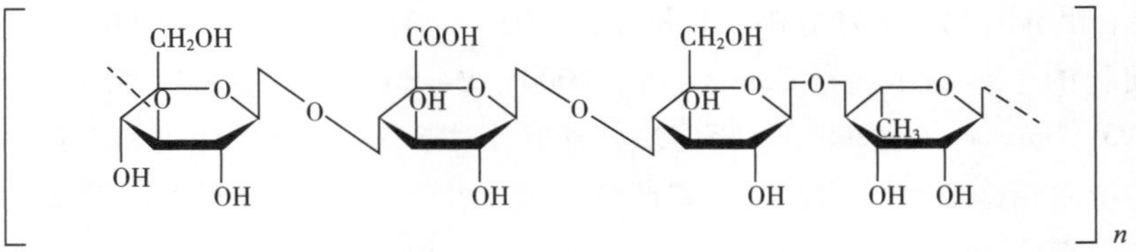

图6-25　结冷胶的化学结构

D-葡萄糖、D-葡萄糖醛酸、D-葡萄糖和L-鼠李糖分别以β-1，4-糖苷键
相连，每个重复单元的最后一个L-鼠李糖和下一个重复单元的第一个
D-葡萄糖以β-1，3-糖苷键相连。

表6-11　　　　　　　　　　　　不同类型的结冷胶的化学组成

结冷胶	中性糖/% （Glc/Rha=6/4）	糖醛酸/%	乙酰基/%	蛋白质/%	灰分/%
天然结冷胶	69.0	11	3	10	7
脱乙酰结冷胶	62	13	0	17	8
脱乙酰结冷胶和 澄清结冷胶	66.5	22	0	2	9.5

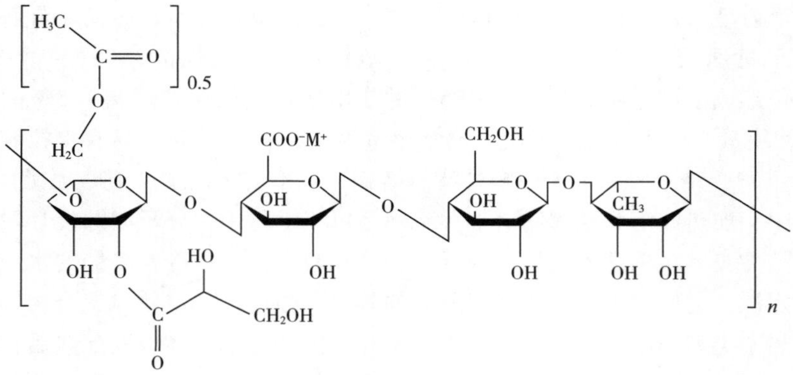

图6-26 天然结冷胶（1）和脱乙酰结冷胶（2）的化学结构

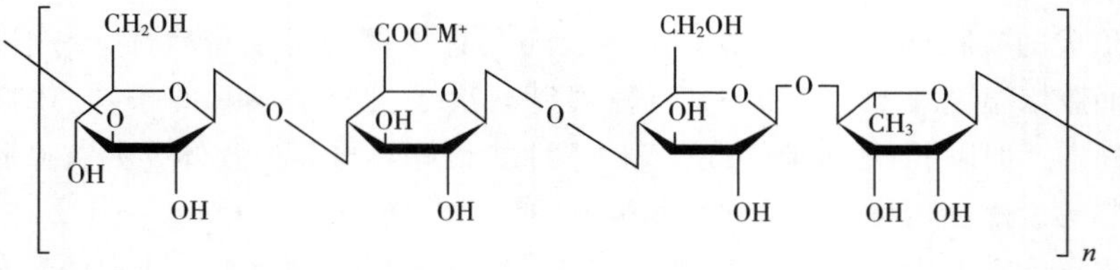

1. 主要原辅料及预处理

结冷胶生产用培养基由碳源、氮源和无机盐组成。当提供充足的碳源和最少的氮源时，观察到细菌有足够的胞外多糖分泌（Pollock，2002）。有时提供维生素的复杂培养基成分也可以促进细胞的生长和生产（Giavasis 等，2000；Margaritis 和 Pace，1985；Martin 和 Sa - Correia，1993；Survase 等，2007）。不同培养基成分对结冷胶生产的影响如下：

（1）碳源对结冷胶生产的影响 碳源被发现是生产胞外多糖所需培养基的重要成分，因为它影响细菌多糖的产量、组成、结构和性质。根据 Kang 和 Colegrove（1982）以及 Kang 和 Veeder（1982）的说法，葡萄糖、果糖、麦芽糖、蔗糖和甘露醇等碳水化合物既可以单独使用，也可以组合使用。碳源的添加量通常在 2% ~ 4%。Lobas 等（1992）以葡萄糖为碳源生产结冷胶，产量为 8 ~ 10g/L；他们（1999）比较了以葡萄糖、乳糖和甜干酪乳清为碳源生产结冷胶的产量，产量分别为 14.5g/L、10.2g/L 和 7.9g/L。Banik，Santhiagu 和 Upadyay（2007）开发了一种以糖蜜为基础的培养基，用于少见链球菌 ATCC31461 生产结冷胶，他们应用 Plackett Burman 设计准则来研究各种营养补充剂对糖蜜生产结冷胶的影响。糖蜜、胰蛋白胨、酪氨酸、正磷酸二钠和氯化锰对结冷胶的产量有显著影响。

（2）氮源对结冷胶生产的影响 氮是仅次于碳源的第二重要介质。一般说来，培养基中氮源的类型和浓度会影响碳流向生物质或产品的形成（Ashcapute 和 Shah，1995）。在氮源最少的情况下，胞外多糖含量最高。氮源的选择对结冷胶的特性有很大影响。Dreveton 等（1994）报道了有机氮加速细胞生长和结冷胶的生物合成。因此，与不含有机氮的肉汤相比，添加有机氮的肉汤黏度更高，因此在结冷胶生产过程中需要合适的叶轮系统来提供足够的氧气转移。有机氮源，如玉米浆（Kang 和 Colegrove，1982；Kang 和 Veeder，1982）和无机氮源，如硝酸铵（Lobas 等，1992）和硝酸钾（Ashtapuce 和 Shah，1995）已被尝试用于结冷胶的生产。Hyuck 等（2003）对 *Sphingomonas paucimobilis* NK 2000 进行研究，通过优化碳源和氮源在 7L 发酵罐上获得了 7.50g/L 结冷胶产量。Bajaj 和 Sandaragar（2006）研究了不同氮源对结冷胶生产的影响。在所使用的各种氮源中，酵母提取物对提高结冷胶产量效果最好。

（3）添加前体的效果　前体分子的加入对多糖的合成具有相当重要的代谢驱动力。就多糖而言，据报道，在氮限制的条件下，细胞内较高水平的核苷酸磷酸糖增加了胞外多糖合成的代谢物通量（Kim 和 Lee，1999）。结冷胶的重复单元是由葡萄糖、鼠李糖和葡萄糖醛酸组成的四糖。为这些四糖的合成提供活化前体的糖核苷酸分别为 UDP－葡萄糖、TDP－鼠李糖和 UDP－葡萄糖醛酸。

用于生产结冷胶的培养基通常含有提供维生素和氨基酸以促进细胞生长和结冷胶生产的复杂培养基成分（Giavsis 等，2000）。氨基酸已被一些研究人员用作氮源或作为提高结冷胶产量的刺激剂（Ashcapute 和 Shah，1995；NampoThi 和 Singhania，2003）。Bajaj 等进行的研究结果表明，色氨酸浓度为 139.5% 时，结冷胶产量最高为 139.5g/L。

2. 主要微生物与生化过程

鞘氨醇单胞菌（*Sphingomonas*）是一组革兰阴性、杆状、化学异养、严格需氧的细菌，其细胞膜中含有糖鞘脂（GSLS），并产生黄色色素菌落。用于工业生产结冷胶的细菌是 *Sphingomonas paucimobilis* ATCC31461。

鞘氨醇是由鞘氨醇单胞菌属成员分泌的结构相关的胞外多糖（EPS）（Pollock，1993）。这个属的菌株在自然界中分布广泛，已经从许多不同的陆地和水栖息地以及从植物根系、临床标本和其他来源分离出来（White 等，1996；Reina 等，1991）。它们的外膜中含有鞘糖脂，而不是其他革兰阴性细菌中的脂多糖（Kawasaki 等，1994）。由于其生物降解和生物合成能力，鞘氨醇单胞菌已被广泛用于生物修复（Coppotelli 等，2008）、生产鞘氨醇等胞外聚合物（Pollock，1993）。鞘氨醇单胞菌属（*Sphingomonas elodea*）包括产 S－60 的 *Sphingomonas elodea*（ATCC 31461），产 S－130 的 *Sphingomonas* sp.（ATCC 31555），产 S－194 的 *Sphingomonas* sp.（ATCC 31961），产 S－657 的 *Sphingomonas* sp.（ATCC 53159），还有产 S－88 的 *Sphingomonas* sp.（ATCC 31554），产 S－198 的 *Sphingomonas* sp.（ATCC 31853）和产 S－7 的 *Sphingomonas* sp.（ATCC 21423）。

K. Nakajima 等科学家通过显微镜观察，确定了结冷胶多糖链为平行排列成半交错互相缠绕的双螺旋结构，每一个多糖链形成一个左手三螺旋结构，两条螺旋之间通过氢键的相互作用来稳定。因此结冷胶的水溶液要比黄原胶的水溶液具有明显的低剪切率以及良好的热稳定性。结冷胶的结构、形态由聚合物浓度、水环境、温度以及溶液中一价或二价阳离子是否存在决定。通过 X 射线衍射技术来观察，在低温情况下，结冷胶能够形成有序的双螺旋结构，且双链螺旋通过盐桥聚集交缠，其氢键把单链连接到聚合区域并形成分子网状结构以截留水分子，因此产生凝胶现象。而随着温度的上升，有些链逐渐被断开，所以在高温时会出现单链多糖，水溶液的黏度也降低了很多，如图 6－27 所示。

到目前结冷胶生物合成途径还没有形成较为完整的理论体系。据推理，少动鞘酯假胞菌产结冷胶的体系可能包含六个因子：糖基、酰基供体、核苷酸、酶系统、脂中间体以及糖基

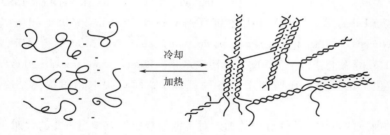

图6-27   结冷胶凝胶机制示意图

受体，提供糖基-核苷酸的活性前体为 UDP-葡萄糖、UDP-葡萄糖醛酸和 TDP-鼠李糖，由它们作为重复四糖单位来合成结冷胶的单体供体。用于编码结冷胶生物合成所需蛋白质的基因包括以下三类：①与四碳重复单元合成有关的基因；②与长链聚合和多糖分泌有关的基因；③与糖核苷酸合成有关的基因。而在生物合成三个水平上的调控分别是：①糖激活前体的合成；②重复单位的组装；③结冷胶的聚合与分泌。

结冷胶的生物合成途径始于核苷酸-糖前体、UDP-D-葡萄糖、UDP-D-葡萄糖醛酸和 dTDP-L-鼠李糖的胞浆形成，如图6-28所示。合成这些糖核苷酸所需的酶是磷酸葡萄糖变位酶（PgmG）、UDP葡萄糖焦磷酸化酶（UGPG）、UDP葡萄糖脱氢酶（UGDG）、TDP葡萄糖焦磷酸化酶（RMLA）、dTDP-D-葡萄糖-4，6-脱水酶（RmlB）、dTDP-6-脱氧-D-葡萄糖-3，5-差向异构酶（RmlC），以及1-磷酸-葡萄糖占据了关键位置，有两条路线衍生，一条通往 UDP-D葡萄糖和 UDP-D-葡萄糖醛酸，另一条通往 dTDP-L-鼠李糖（图6-29）。

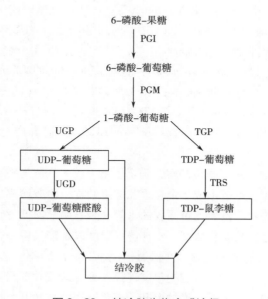

图6-28   结冷胶生物合成途径

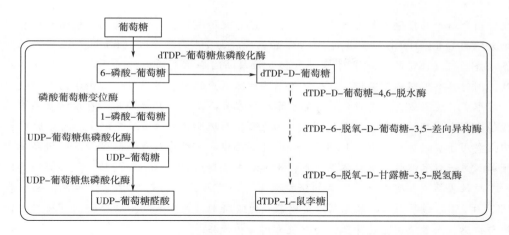

图 6-29　以葡萄糖为底物生物合成结冷胶可能的代谢途径

3. 工艺流程与操作要点

结冷胶的发酵生产是一个复杂的过程，其工艺流程见图 6-30。首先必须选择良好的种子培养基和发酵培养基（其中包括最佳的碳源、氮源和无机盐），然后确定每一级种子培养时发酵罐的大小和发酵的时间，再有就是选择每个过程的发酵条件，包括发酵的温度、pH 和发酵罐的搅拌速度等，最后考虑如何回收产品和合理的废物回收利用。美国 Kelco 公司生产低酰基结冷胶的过程如下所示：首先将保存在冰箱中的试管菌种活化，转移至茄瓶中恒温保藏，将菌种接种到三角瓶中在 28℃条件下培养 18h，然后接种至 300L 的种子发酵罐中，在 28~30℃的条件下发酵 18~20h 后再接种至 3000L 的发酵罐中，在 28~30℃的条件下发酵 18~20h 后接种至 50t 发酵罐中进行最后 72h 的发酵生产，发酵条件为 28~30℃。得到的发酵液经过加碱脱乙酰后过滤，然后用乙醇絮凝分离，液体乙醇回收利用，固体经过真空干燥，粉碎后得到成品。随着结冷胶发酵生产工艺的日益成熟，生产工艺也正在不断完善，很多生产厂家正在根据自己的需求改变生产流程，每级种子发酵罐的扩大倍数和发酵时间正在朝更好地完成发酵生产的方向发展。

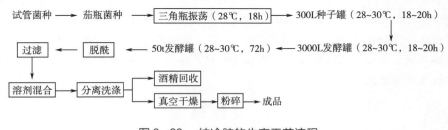

图 6-30　结冷胶的生产工艺流程

▊▊▊ **知识拓展**

（1）结冷胶在食品工业中的应用　在制备糖含量较高的糖果时使用结冷胶，比较科学与经济的手段是先将其水合在低浓度糖中，然后通过浓缩手段达到需求糖浓度。因为结冷胶虽然也能在高浓度糖液中生成凝胶，但高浓度糖液能阻止结冷胶水合。结冷胶在糖果应用中的主要作用是给产品提供优越的质地和结构，并缩短淀粉类软糖的胶凝时间。中国台湾普罗维登斯大学的 Lin 和 Huang 研究发现，0.5% 的结冷胶与 1% 的魔芋胶（Konjac）应用于低脂法兰克福香肠中（18% 的脂含量），其感官接受性与高脂法兰克福香肠（28% 的脂含量）基本一致，同时具有理想的货架期，这样就可以达到降低产品脂含量的目的。由于结冷胶使用量低，能形成可逆凝胶，已逐步代替琼脂和卡拉胶在食品工业中广泛应用，在焙烤食品中，可以代替琼脂来霜饰焙烤制品，其使用量为 0.3%，而琼脂使用量在 2% 以上。结冷胶在乳制品中主要用于提供优质的凝胶和稠度，如酸乳制品中加入结冷胶可消除絮凝及改进品感，但必须加入另一种水溶胶充当胶体保护剂；冰淇淋中添加 0.1% ~0.2% 的结冷胶可提高其保型性；在软性蛋糕中具有保湿、保鲜和保型效果，还可防止冷藏时发生老化现象，添加量为 0.1% ~0.2%。通常果冻、果酱制造是以果胶为胶凝剂，但如果改用结冷胶则可提供更佳的质地与口感，而且使用量也降低，是果胶有用的替代品。

（2）结冷胶的发展前景　结冷胶作为微生物代谢胶，生产周期短，不受气候和地理环境条件的限制，可以在人工控制条件下利用各种废渣、废液进行生产，再加上其安全无毒，理化性质独特等优良特性，在食品工业中有着广泛的应用前景。虽然结冷胶生产取得了许多成果，但还存在一些问题，如产量低，用于通气搅拌的能耗高，提纯用的有机溶剂消耗量大，有机溶剂的回收较困难等。因而如果能利用基因工程手段将产胶基因转移到嫌气性微生物中正常表达，从而在无氧或微氧条件下生产则可降低成本。总之，通过基因工程手段筛选优质多糖产生菌，并利用现代生物技术构建具有多种优异性能的基因工程菌与细胞工程菌来提高结冷胶产率与质量，将是未来结冷胶生产与研究的发展方向。

（3）我国结冷胶发酵生产存在的问题　我国对结冷胶的研究起步并不晚，2002 年后更是出现了浙江天伟、浙江中肯和河北鑫合等一些生产结冷胶的厂家，但是我国在生产结冷胶方面仍然面临很多问题：

①我国结冷胶发酵生产的设备比较落后，很多发酵过程没有实现自动化操作，例如持续加碱过程我国还是每过 2 ~4h 通过测定发酵液 pH 来确定加碱量，而美国已经实现自动化控制。

②我国发酵生产自动化水平低，人力资源大量浪费，耗费很多的财力，而且效率不高；同时发酵生产时搅拌耗电量大，能源供应紧张；同时提纯时有机溶剂耗费大，所以生产成本很高。目前结冷胶的售价为 180 ~250 元/kg，而黄原胶的售价为 30 ~50 元/kg。

③我国只能生产低酰基结冷胶，高酰基结冷胶只能在实验室条件下生产，目前还没有哪个公司可以生产高酰基结冷胶。

三、可得然胶

可得然胶（Curdlan，多糖 PS -140），又名热凝胶和凝胶多糖，因为其在加热时凝固，又名热凝胶多糖，通过微生物发酵获得，是葡萄糖以 β -1,3 - 葡萄糖苷键连接而成水不溶性的葡聚糖（可溶于碱性水溶液），在结构上是不含糖基侧链的 β -1,3 - 葡聚糖中最简单的成员，其结构如图 6 -31 所示。每个可得然胶分子平均聚合度为 450，相对分子质量约为 74000，多糖由于分子内部的相互作用与分子间氢键的结合可形成更为复杂的三级结构。早在 1996 年，可得然胶就已经

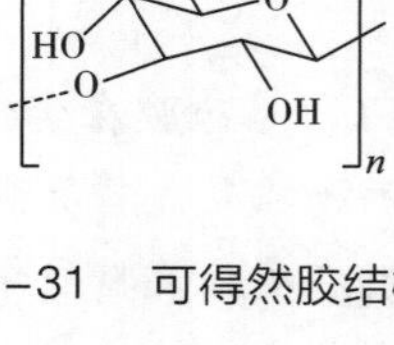

图 6 -31　可得然胶结构式

被美国食品药物管理局批准作为食品添加剂使用。独特的理化性质及安全性使其在食品、化妆品及生命科学等领域受到越来越多的青睐。

　　成品热凝胶为白色或类白色粉末，无臭无味，不溶于水和乙醇等大多数有机溶剂，但是溶于能够破坏氢键的溶剂如二甲基亚砜（DMSO）、NaOH溶液中。Funami等通过对热凝胶成胶机制的研究发现，形成热不可逆凝胶时的转变温度是与热凝胶浓度相关的，增加样品浓度，形成热不可逆凝胶的温度下降，低于通常情况下的80℃。Mcintosh等认为在室温条件下，热凝胶分子会自发聚集成三螺旋结构，该螺旋结构的螺距为2.26nm。通过更为详细的研究，Okobira等指出热凝胶三螺旋结构螺距为2.06nm，并且随着侧链的引入，该螺距会逐渐减小（图6-32），糖链螺距根据水分多少会发生变化。Tada等发现在稀碱溶液中，热凝胶分子倾向于形成一种具有疏水性核和亲水性表面的结构，OH^-在分子表面辅助维持该结构的稳定。随后该研究团队又考察了热凝胶在二甲基亚砜中的结构特征，结果发现当浓度高达100g/L时，热凝胶在碱溶液中仍然表现出牛顿流体特征，但在二甲基亚砜中该上限浓度为70g/L。X射线衍射测量表明两者出现差异的原因是热凝胶在两种溶液中的网状结构不同。在DSMO溶液中，分子交联程度随着水分含量增加而增加。

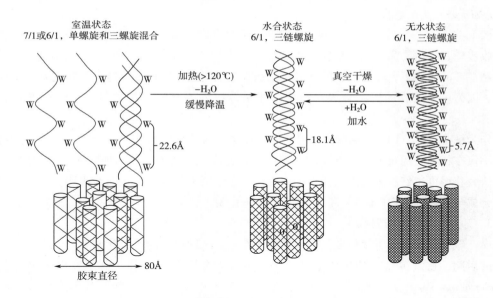

图6-32　可得然多糖的三种立体结构

　　由此，Lo等认为高浓度的热凝胶溶液/凝胶有作为缓释材料的可能性。

　　1. 主要原辅料

　　（1）碳源　可得然胶的生产一般用碳水化合物作为碳源，大多数多糖的生产用葡萄糖，其次是各类单糖、二糖、糊精和淀粉。大多数情况下，利用蔗糖作为生产可得然胶的碳源远没有用葡萄糖作为碳源有效。考虑到生产成本和经济利益，一些糖工业的廉价副产品如制糖用甜菜、甘蔗糖蜜等也是可得然胶发酵生产有吸引力的碳源选择。

　　（2）氮源　作为生产多糖的氮源，一般有机氮比无机氮好。较好的有机氮有玉米浆、豆饼粉、酵母粉和蛋白胨等。某些多糖生产菌还可利用特定的氨基酸。简单的无机氮如$NH_3 \cdot H_2O$、硝酸盐、铵盐有时也可作为氮源。氮源的浓度直接影响菌体生长和产物积累。一般地，氮源浓度应为菌体增殖的最小量，过高会因菌体增殖过度引起碳源减少，致使产糖量下降。产物合成的数量与质量取决于氮源的类型与数量。

（3）磷酸盐的影响　磷酸盐浓度可以显著影响菌体细胞的生长和可得然胶的形成。Kim M. K. 等利用两步发酵法（分为菌体细胞培养和限制氮源条件下可得然胶生产两个阶段）研究了无机磷酸盐浓度对 *Agrobacterium* 属菌株产可得然胶量的影响。在限氮条件下菌体细胞开始产可得然胶时，由于细胞生长不再吸收磷酸盐从而使磷酸盐浓度保持恒定。摇瓶试验得到菌体产可得然胶时磷酸盐的最适残留浓度是 $0.1 \sim 0.3g/L$。当在限氮条件下保持磷酸盐浓度为 $0.5g/L$ 时，发酵 120h 可得到 55g/L 的可得然胶产量。尽管没有磷酸盐时可得然胶的产量非常低，但相对较低的磷酸盐浓度对可得然胶生产最有利。当菌体细胞内的磷酸盐浓度从 $0.42g/L$ 增加到 $1.68g/L$ 时，可得然胶产量从 4.4g/L 增加到 28g/L（Guralnik 等，1994）。当最适的磷酸盐浓度变化范围不依靠细胞的浓度，不考虑菌体细胞浓度时，可得然胶的最大生产率为 $70mg/(g\ 菌体 \cdot h)$。

2. 主要微生物与生化过程

（1）主要微生物　土壤杆菌属的粪产碱杆菌（*Alcaligenes faecalis* var. ）或放射性土壤杆菌（*A. radiobacter*）为产生菌。

（2）生化过程　可得然胶的微生物胞外生物合成途径推测主要有三个步骤：①反应底物的吸收步骤；②生物酶催化的细胞内单糖聚合为多糖的反应；③多糖产物的排出细胞步骤。在限制氮源的条件下，可得然胶的合成代谢途径中载脂起关键作用，这种载脂主要是类异戊二烯，因为可得然胶的生物合成主要集中在菌体细胞因氮源消耗殆尽二次生长停止后的阶段。

作为糖基载体，UDP – 葡萄糖是可得然胶代谢合成的重要活性先导分子。另外，细胞内核苷不仅在核糖苷的合成中起重要的作用，而且还能广泛地调节菌体细胞的生长代谢。Kim 等人研究获得可得然胶的合成与浸提细胞内核苷含量水平的时间变化曲线表明，可得然胶的生物合成与菌体细胞内的 UMP 和 AMP 水平呈正相关。

3. 工艺流程与操作要点

粪产碱杆菌产生的可得然胶具有菌株依赖性，是一种典型的次级代谢产物，是在生长稳定期的后期，在氮源缺乏的条件下产生的一种微生物多糖类物质。其主要以土壤杆菌属（*Agrobacterium* sp. ）为生产菌，以蔗糖或葡萄糖等为主要原料，经特定的生物发酵并经提纯、干燥、粉碎而成的食品添加剂可得然胶（图 6 – 33）。

发酵培养基：葡萄糖 3%、蔗糖 4%、$(NH_4)_2HPO_4$ 0.2%、K_2HPO_4 0.2%、$MgSO_4$ 0.1%，$CaCO_3$ 0.05%，玉米浆粉 0.08%。$28 \sim 32℃$ 通气培养 $84 \sim 96h$，可得然胶产量：$45 \sim 50g/L$。

发酵液用碱利用在水溶液中完全伸展的可得然胶分子能够通过 10nm 以上孔径的微滤膜，而微生物菌体及不溶性杂质不能通过微滤膜，通过陶瓷微滤膜过滤分离去除可得然胶碱溶液中的微生物菌体及不溶性杂质，收集得到浓度较低的澄清的可得然胶碱溶液，向澄清的可得然胶碱溶液中加酸中和，可得然胶以中和凝胶的形式析出，利用超滤膜过滤浓缩可得然胶中和凝胶并加水洗涤脱盐，最后用有机溶剂脱水、干燥，得到高品质的可得然胶产品：产品折干纯度超过 95%，凝胶强度提高至 $1000 \sim 1200g/cm^2$，性能稳定（图 6 – 34）。

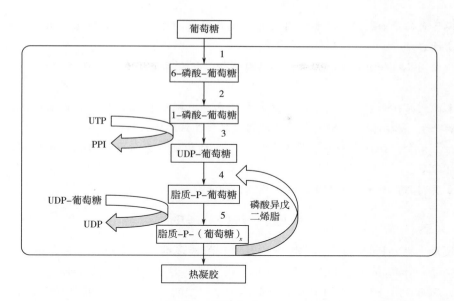

图 6-33　可得然胶的代谢合成途径

1—己糖激酶　2—磷酸葡萄糖变位酶　3—UDP-葡萄糖焦磷酸化酶　4—转移酶　5—聚合酶

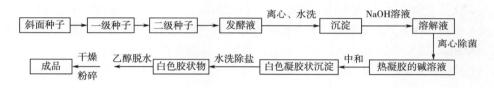

图 6-34　可得然胶生产工艺流程图

<hr>

■■■　**知识拓展**

··································

（1）可得然胶的特性

①成胶性：当加热到 80℃ 以上形成热不可逆性的高位凝胶后，胶体强度随着加热温度的上升而提高，继续加热直至 130℃，其胶体强度会不断提高。

②溶解性：可得然胶能溶解于碱性水溶液（可完全溶解于氢氧化钠、磷酸三钠、磷酸三钙等 pH12 以上的碱性水溶液中），不溶于水，但很容易分散在冷水中经过高速搅拌处理后，可形成更为均匀稳定的分散液体系。

③可得然胶的胶体特性

a. 热稳定性可得然胶的胶体对热具有很强的稳定性能。在食品加工中及厨房烹饪中煮、炸、微波炉加热等高温加热条件下也具稳定性。

b. 耐冷冻性：可得然胶的胶体构造不会因冷冻-解冻而发生变化，故也能被利用在冷冻食品中。

c. 水分离性：可得然胶胶体被直接使用于加工食品时，有时会发生水分离现象。水分离现象可用淀粉（不易老化的玉米淀粉、化工淀粉）来添加以达到抑制作用。

（2）可得然胶应用　在 GB 2760—2014 中规定，可得然胶作为增稠剂、凝固剂和稳定剂，能明显改善食品的加工储运性能，赋予食品良好的口感。

①肉类食品：如火腿、肠类、肉丸等，使产品富有弹性，口感细腻，切片性好，保水性，保油性好。

②鱼糜制品：如鱼肉丸、关东煮、蟹肉棒等，使食品富有弹性，改善口感，防止煮烂，提高成品率。

③米面制品：如水饺、面条、米线、方便面等，减少加工损失，防止黏连，提高成品率，增加产量，增加弹力、嚼感，防止烹饪过度和烹饪后软化，面汤浑浊。

④仿生素食：如仿生鲍鱼、海参等，产品从结构到口感仿真度极高，无胆固醇，低热量，高纤维质。

⑤豆腐制品：如千叶豆腐等，增加弹性，改善口感，改善成型。

四、 普鲁兰多糖

短梗霉多糖（Pullulan）亦称普鲁兰多糖、茁霉多糖、出芽短梗孢糖，由出芽短梗霉（*Aureobasidium pullulans*，也称黑酵母菌）发酵生产，经提取纯化、干燥而得。它具有极好的成膜、黏结、阻气等独特的物理化学及生物化学性质，易溶于水，可任意加工成型，无毒副作用，是一种很有前途的工业用多糖。普鲁兰多糖是葡萄糖按 $\alpha-1,4-$ 糖苷键结合成麦芽三糖，两端再以 $\alpha-1,6-$ 糖苷键同另外的麦芽三糖结合，如此反复连接而成高分子多糖（图6-35）。聚合度为100~5000，其相对分子质量因产生菌种和发酵条件的不同而有较大的变化，一般在4.8万至220万（日本商品普鲁兰糖平均相对分子质量20万，大约由480个麦芽三糖组成）。一般没有分支结构，是直链多糖，其所有优良性质都与这一特殊连接方式有关。

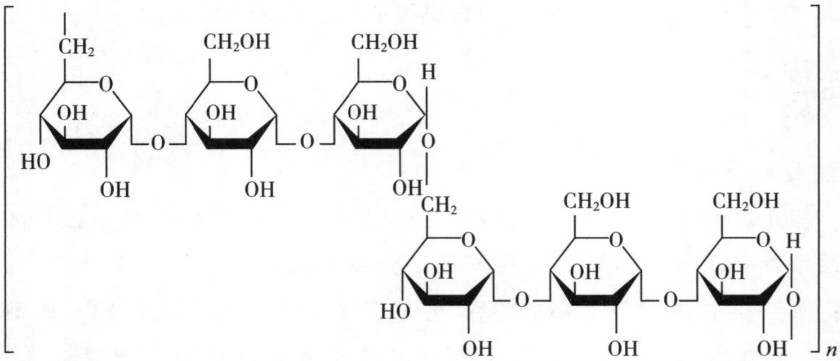

图6-35　普鲁兰多糖结构式

不产黑色素的出芽短梗霉突变株在发酵温度为28℃的条件下，发酵100h后的多糖的产率达60~70g/L，普鲁兰多糖转化率可达60%~70%。发酵液经高速离心后，取上清液加同等体积或多倍体积的95%乙醇沉淀普鲁兰多糖，沉淀的多糖于80℃、5h烘干称重，经过滤浓缩干燥粉碎处理可获得较纯的普鲁兰多糖。普鲁兰多糖市场价格260元/kg。

普鲁兰多糖的性质主要为：①安全无毒；②耐热性：粉末状普鲁兰多糖对热的反应与淀粉相同；③耐酸碱：中性多糖，其黏度在常温下在pH3以下水解则黏度降低；④耐盐性：任何浓度的盐分含量均不影响普鲁兰多糖溶液的黏度；⑤黏度和黏结力：普鲁兰多糖黏度远低于其他多糖，溶液黏度随平均分子质量、浓度而增加；⑥可塑性：它的成型物不需要添加增塑剂和稳定剂；⑦薄膜性质。

1. 主要原料

马铃薯淀粉、甘蔗糖蜜等。

2. 主要微生物

出芽短梗霉。

3. 主要工艺流程

普鲁兰多糖的生产工艺流程如图6-36所示。

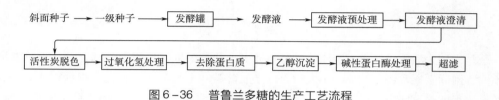

图6-36 普鲁兰多糖的生产工艺流程

知识拓展

普鲁兰多糖的应用主要如下所示。

（1）用于食品加工方面 改善食品口感和质量，提高风味。可作为肥胖症患者和糖尿病患者等特殊人群的低热量食品。普鲁兰多糖能保持较好的延伸性和硬度，在糖果制作上，耐咀嚼，耐储存，保持香味时间较长，口感良好。在冰淇淋制品中，可提高乳化稳定性，使口感润滑、风味优良，并有适当的黏性。在饮料制品中，可使饮品口感浓厚且润滑，分散稳定性好。

（2）用于农产品保鲜方面 由普鲁兰多糖制备的薄膜，能有效抑制水、氧气、二氧化碳等气体与农产品接触，有效减少农产品营养物质氧化降解损耗，有良好的保鲜效果。

（3）用于包装行业方面 普鲁兰多糖具有极佳的成膜性，且薄膜无色、无毒、韧性好、耐热、耐油、耐有机溶剂等，可用于食品包装。特别在医药包装方面，普鲁兰多糖胶囊的氧气透过率大约为明胶胶囊的1/8（阻氧性好），可有效保护内容物免于氧化。

（4）用于环境保护方面 普鲁兰多糖制成的絮凝剂，絮凝范围广、絮凝活性高，是较为理想的水处理絮凝剂。

（5）用于化妆品行业方面 可作为化妆品中的黏性填充物。普鲁兰多糖还有优良的润滑保湿性，可隔离静电、灰尘等，可用于制造化妆水、面膜、香水、皮肤保护剂等。

（6）在其他领域 在医药行业中，可用来制造止血剂、血浆增量剂、疫苗、创口缝合线等；在其他行业中，可用作种子涂层、光敏抗蚀膜和保护膜、烟草黏结剂、干电池的阴阳极隔离层等。

第七章

发酵茶生产工艺

　　茶是一种天然植物饮料，与咖啡、可可齐名，并称为世界三大无酒精饮料。根据发酵程度不同，国际上通常将茶叶分为不发酵茶、半发酵茶和全发酵茶三大类。根据制作方法和茶多酚氧化程度的不同，又可分为绿茶、白茶、黄茶、青茶、黑茶、红茶。黑茶属后发酵茶，是我国特有的茶类，具有悠久的饮用历史和丰富的文化内涵，并因其独特的风味以及逐渐被人们认知的降血压、降血脂、降血糖、抗氧化等保健功效，受到国内外越来越多学者及茶叶爱好者的瞩目和认可。

　　黑茶花色品种众多，其代表按地域分布主要有湖南黑茶（茯砖）、湖北黑茶（青砖）、四川藏茶（康砖）、云南黑茶（熟普）、广西六堡茶等。黑茶在中国早期茶叶贸易中占据着举足轻重的地位。其中，茯砖、青砖和康砖并称为我国三大传统边销砖茶，向来是我国西北地区（内蒙古、新疆、青海和甘肃等）和高脂高蛋白高热量饮食地区少数民族的生活必需品。与其他茶类相比，黑茶具有原料相对粗老、微生物参与发酵过程两大特点。微生物的生长和代谢使得黑茶化学组分发生转变，形成了独特的品质风味，同时也为黑茶产生新的不同于红茶或绿茶的药理功能及保健功能提供了可能。

第一节　云南普洱茶生产

　　普洱茶，是以云南特有的大叶茶［*Camellia sinensis*（Linn.）var. *assamiea*（Masters）Kitamura］为原料，经特殊后发酵工艺加工而成的散茶和紧压茶。2008年颁布了GB/T 22111—2008《地理标志产品　普洱茶》国家标准。标准明确界定：普洱茶是云南特有的地理标志产品，以符合普洱茶产地环境条件的云南大叶种晒青茶为原料，按特定的加工工艺生产，具有独特品质特征的茶叶。普洱茶分为普洱茶（生茶）和普洱茶（熟茶）两大类型。普洱茶（生茶）是以符合普洱茶产地环境条件下生长的云南大叶种茶树鲜叶为原料，经杀青、揉捻、日光干燥、蒸压成型等工艺制成的紧压茶。其品质特征为：外形色泽墨绿、香气清醇持久、滋味浓厚回甘、汤色黄绿清亮，叶底肥厚黄绿。普洱茶（熟茶）是以符合普洱茶产地环境条件的云南大叶种晒青茶为原料，采用特定工艺，经后发酵（快速后发酵或缓慢后发酵）加工形成的散茶和紧压茶。其品质特征为：外形色泽红褐，内质汤色红浓明亮，香气独特陈香，滋味醇厚回甘，叶底红褐。普洱茶外形条索肥硕壮实，汤色红浓，滋味醇厚或醇和，口感滑嫩，陈香独特，更具有降血脂、降血压、抑菌、助消化、解毒等多种保健功效，被公认为绿色保健食品饮料。

一、主要原辅料及预处理

普洱茶的基原植物为大叶种茶 ［*C. sinensis*（Linn.）var. *assamica*（Masters）Kitamura］，隶属于山茶科（Camelliaceae）山茶属（*Camellia*）茶组（Section *Thea*）。闵天禄根据进一步的调查和比较研究，将张宏达茶组植物分类系统中的苦茶（*C. assamica* var. *kucha* Chang et Wang）、多脉茶（*C. assamica* var. *polyneura* H. T. Chang）、多萼茶（*C. multisepala* H. T. Chang, Tan et Wang）等并入普洱茶 ［*C. sinensis*（Linn.）var. *assamica*（Masters）Kitamura］ 中。"紫娟"茶是云南省农业科学院茶叶研究所培育的茶树特异新品种，属普洱茶变种（*C. sinensis* var. *assamica*），是云南大叶群体种中的一种稀有茶树品种。在山茶属野生茶组（genus *Camellia* sect. *Thea*）植物中，大理茶 ［*C. taliensis*（W. W. Smith）Melchior］ 的化学成分与普洱茶（*C. sinensis* var. *assamica*）最为接近。在其分布区，当地少数民族有其叶片作为茶饮的习俗，现在亦被用于制作普洱茶。

普洱茶包括生茶、熟茶和陈茶等三个系列。茶叶鲜叶采摘后经杀青、日光干燥即得普洱生茶（Pu－er raw tea）。生茶未经发酵，既可作为绿茶直接饮用，又是制作陈茶和熟茶的原料，常称作晒青毛茶，经长期的自然发酵，或人工高温高湿的"渥堆"发酵，在微生物参与的后发酵作用下，即制作形成普洱陈茶（Pu－er aging tea）或熟茶（Pu－er ripe tea）。熟茶是目前产量最大、流通最广的普洱茶。

二、主要微生物与生化过程

微生物在普洱茶熟茶的生产过程中发挥着重要作用。我国从 20 世纪 70 年代开始采用人工"渥堆"的后发酵方式生产普洱熟茶，即将晒青毛茶堆放至一定高度并洒上水，然后覆盖麻布，使茶叶在湿热作用下发酵。现阶段，云南普洱茶的加工分为毛茶初制、渥堆发酵、精制蒸压 3 个步骤，"渥堆"是普洱熟茶生产中最重要的一环，普洱熟茶的品质除与原料有关外，"渥堆"技术的好坏直接左右着成品的品质，微生物在渥堆过程中起主导作用。整个发酵过程中酶性氧化和非酶性氧化同时进行，茶叶中的茶多酚、蛋白质、糖类等在多种微生物的共同作用下发生氧化、缩合、降解、聚合等一系列极其复杂、剧烈的化学变化，进而赋予了普洱熟茶独特的品质。

在普洱茶的后发酵生产过程中涉及的微生物种类较多，发酵前期真菌多样性较后期高，其中法布里德巴利酵母（*Debaryomyces fabryi*）、枝孢菌（*Cladosporium* sp.）、青霉菌（*Penicillium*）主要分布于普洱茶发酵前期，法布里德巴利酵母主要产酯酶，枝孢菌和青霉菌可产纤维素酶、脂肪酶，可水解毛茶基质纤维素；曲霉菌（*Aspergillus*）主要分布于普洱茶发酵前期及中期，代谢产生有机酸以及多酚氧化酶、糖化酶、果胶酶、纤维素酶、单宁酶等酶类，是前中期茶叶粗纤维组织软化、促进大分子物质转化的重要菌种；布兰克假丝酵母（*Candida blankii*）、伞枝横梗霉（*Lichtheimia corymbifera*）、微小根毛霉（*Rhizomucor pusillus*）主要分布于普洱茶发酵中期，该 3 个菌种均为耐高温菌种，推测其在普洱茶发酵中期的高温环境下发挥重要作用；食腺嘌呤芽生葡萄孢酵母（*Blastobotrys adeninivorans*）属于整个发酵过程优势种，其培养数量可达到 10^7 CFU/g，发酵后期丰度达到 99% 以上，该菌种耐高温，发酵可产生蛋白酶、酯酶、没食子酸脱羧酶，对普洱茶发酵过程的物质转变及风味形成具有重要的贡献。此外，普洱茶渥堆发酵过程中还存在大量的其他微生物，各种微生物的生长代谢活动以及互生共存或相互抑制等活动十分复杂，在整个微生物生态系统中此消彼长，促进了各类反应朝着有利于普洱茶特殊风味品质的方向进行。

三、 加 工 工 艺

现代普洱茶按加工工艺分为生普洱、熟普洱两大类，原料均为云南大叶种晒青毛茶。晒青毛茶初制程序为"杀青 - 揉捻 - 日光晒干"，杀青、干燥时加工温度均低于炒青或烘青。由于加工温度偏低，茶叶氧化酶钝化不彻底，有些只发生暂时钝化。随着时间的推移，暂时钝化的氧化酶会缓缓复苏，催化茶品后期氧化速度，促进形成特殊的陈味。

生普洱源于普洱茶传统制法，云南大叶种晒青毛茶精制后称量蒸压成紧压茶，可通过自然陈变成为具特色风格的普洱茶。

熟普洱是 1974 年研发的普洱茶渥堆快速陈化制法，以云南大叶种晒青毛茶按黑茶渥堆工艺堆积泼水，控制温湿度和其他环境条件，加速后熟形成陈化风味，渥堆后熟的普洱茶可精制成熟普洱散茶，或精制蒸压成熟普洱紧压茶。下面将着重介绍其加工工艺（图 7 - 1）。

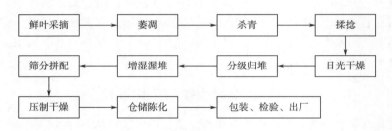

图 7 - 1　现代普洱熟茶制作工艺流程

1. 原料准备

（1）原料要求　制造普洱茶（熟茶）的原料必须选用云南大叶种茶树鲜叶制作的晒青毛茶。晒青毛茶品质必须符合 GB/T 5009.57—2003《茶叶卫生标准的分析方法》的要求，原料不含有毒、有害物质和其他杂质，不受任何污染。

（2）原料分级、归堆　用于加工普洱茶的原料老嫩差别较大，可分为十一级，即特级以及一至十级。逢双设样，样品为特级、二级、四级、六级、八级、十级。毛茶进厂，对样审评，按级别入库归堆。分老嫩投入加工，以便发酵均匀和发挥原料的经济价值。

2. 增湿渥堆

渥堆是普洱茶加工技术的重要工序，也是形成普洱茶特殊风味和功效的核心和关键。以云南大叶种普洱茶原料（晒青）的内含成分为基础，在后发酵过程中微生物代谢产生的热及茶叶的湿热作用使其内含物质发生氧化、聚合、缩合、分解、降解等一系列反应，从而形成普洱茶（熟茶）特有的品质风格。渥堆过程分为潮水、打堆、翻堆等工序。

（1）潮水　晒青毛茶一般含水量在 9% ~ 12%。要使毛茶产生湿热环境，进行发酵作用，打堆前必须在茶叶中加入一定量的清水，使毛茶含水量达到 20% ~ 40%。潮水量多少，根据茶叶老嫩、环境温度、湿度、季节、发酵场地等不同情况灵活掌握。总的原则是嫩度高的潮水少，温度高、气候干燥潮水增多。水质要符合 GB 5749—2006 标准的规定，水质好是普洱茶纯正和体现特色风味的保障，潮水适宜用冷水。加水量的计算公式为：

$$加水量（kg）=付制原料（kg）× [预定潮水茶含水量（\%）-原料茶含水量（\%）] ÷$$
$$[1-预定潮水茶含水量（\%）]$$

（2）打堆　打堆就是将潮水后的潮湿茶坯堆积起来。每堆 3～10t，堆高 60～100cm，方形，便于用湿布覆盖保温发酵。打堆时边掺水拌匀边打堆，尽量避免破碎茶坯。目前一些茶厂用滚筒式机械进行潮水连续化翻拌，效果较好。茶坯打堆成型后，表面可适当压水并盖上湿布，在茶堆的中心位置插上 3～5 只温度计，方便观察温度变化。

（3）翻堆　普洱茶渥堆过程中，翻堆技术是保证普洱茶品质的关键。翻堆间隔时间、翻堆次数应根据季节、环境温度、湿度，茶坯堆内温度等要素确定。翻堆的目的是散热，调节堆内温度、湿度和通气状况，解散茶叶团块，将茶堆里外干湿不同茶坯拌匀，使发酵作用进展一致。发酵过程中茶堆温度一般控制在 40～65℃，堆温超过 65℃应进行及时翻堆。正常情况下，5～10d 翻堆一次，第一、二次翻堆时，如含水量不足，可补充一些，使含水量达到上述要求。进行翻堆 4～7 次后，当茶坯呈现红褐色，茶汤红浓，滋味无强烈苦涩味、滑口，香气有发酵叶特有的陈香时，即可开沟进行摊晾风干，俗称出堆。

3. 干燥

干燥是形成普洱茶品质的保证。普洱茶渥堆发酵结束后，为避免后发酵过度，必须进行干燥。一般通过开沟、通风，在室内自然风干，有些茶厂为了干燥快一些，也用太阳晒干。普洱茶的干燥切忌烘干或炒干，烘干、炒干会改变普洱茶的风味。当茶坯含水量风干至低于14％时，即可进行筛分精制。

4. 普洱茶精制

渥堆发酵风干的普洱茶坯需进行精制。精制的要求以生产的产品质量要求决定。生产普洱（熟茶）紧压茶，精制加工包含筛分拣剔、半成品拼配、蒸压、仓储陈化等工序。

（1）筛分　筛分主要是分出茶叶的粗细、长短、大小、轻重的重要环节，也以此确定茶叶号头。圆筛、抖筛及风选联机使用筛孔的配置，按茶叶的老嫩而定。一般普洱茶（熟茶）筛分分为正茶、头茶和脚茶。根据各级别对样评定后，分别堆码；同时通过筛分整理后可确定紧压茶的撒面茶、包心茶。

（2）半成品拼配　拼配是调剂普洱茶口味的重要环节。在拼配时要考虑普洱茶是"陈"茶的特点，其色、香、味、形要突出"陈"字。因此，拼配前要进行单号茶开汤审评，摸清后发酵程度的轻、重、好、次和半成品贮存时间的长短，以及贮存过程中的色、香、味变化情况，然后进行轻重调剂、好次调剂、新旧调剂，使之保持和发扬云南普洱茶的独特特性。根据普洱茶各花色等级筛号的质量要求，将不同级别、不同筛号、品质相近的茶叶按比例进行拼合，使不同筛号的茶叶相互取长补短、显优隐次、调剂品质、提高质量，保证产品合格和全年产品质量的相对稳定，并最大限度地实现普洱茶的经济价值。根据各种蒸压茶加工标准进行审评，确定各筛号茶拼入面茶和里茶的比例。对筛分好的级号茶，根据厂家、地域、品种、季节的不同，结合普洱茶市场的要求，拼配出所需的茶样，再根据茶样制定生产样和贸易样。

（3）蒸压　包括蒸茶、压茶、退压等。蒸茶的目的是使茶坯变软便于压制成型，并可使茶叶吸收一定水分，进行后发酵作用，同时可消毒杀菌。蒸茶的温度一般保持在90℃以上。在操作上要防止蒸得过久或蒸汽不透面，过久造成干燥困难，蒸汽不透面造成脱面掉边影响品质，在蒸汽的温度为90℃以上时，一般掌握1min蒸四次，茶叶变软时即可压制。压茶分为手工和机械压制两种，在操作上要掌握压力一致以免厚薄不均，装模时要注意防止里茶外露。退压压制后的茶坯需在茶模内冷却定型3min以上再退压，退压后的普洱紧压茶要进行适当摊晾，以散发热气和水分，然后进行干燥。

（4）仓储陈化　因形成普洱茶（熟茶）的品质特点需要有一个后续陈化过程，这个过程中茶叶内含成分的协调变化对普洱茶品质有重要的作用。因此在茶叶拼配匀堆装袋后应该仓储陈化一段时间，以利于普洱茶（熟茶）品质风味的形成。

知识拓展

1. 中国普洱茶之乡——云南

云南偏于西南一隅，在青藏高原南延区和云贵高原上。境内水网密布，主要为高原山地，垂直落差很大，区域气候差异明显，还有典型的垂直气候分布带。大多地区降雨充沛、植被茂盛，动植物资源非常丰富。云南省是茶及其近缘植物的分化中心，拥有世界上最古老的野生茶树和茶园，以及最丰富的野生茶树种类。云南民间一直有"就地取材"采集当地野生茶树制茶、饮茶的历史和习惯。其中，大理茶（$C.\ taliensis$）（已被当地群众种植）亦被当地少数民族用于制作普洱茶。

古普洱茶区主要分布在今天的西双版纳和思茅一带，两地山水相连，属热带北缘及南亚热带地区，日照充足，年平均气温在18~20℃，年平均降水量在1500mm左右，平均湿度在80%以上，具有温热湿润的气候特征。区域内有哀牢山和无量山等高大山系及澜沧江和李仙江等江河水系，全境海拔在300~3400m，山地面积占95%以上。历史时期的普洱茶产地，以"六大茶山"最负盛名。"六大茶山"是指勐腊境内的曼撒、易武、蛮砖、倚邦、革登及景洪境内的攸乐。而勐海的南糯山和思茅地区澜沧江境内的芒景迈茶山种茶历史也在千年以上。近代普洱茶区域：明清以后，普洱茶产地随着其生产繁荣而不断地扩大，除西双版纳、思茅两地外，临沧、大理、昆明等地也相继成为普洱茶的产地。就普洱茶的产生而言，普洱茶的产区是从普洱当时的管辖区域辐散开来的，其范围是今天的思茅地区：普洱、景东、景谷、镇沅、江城、勐连；西双版纳州：勐腊、勐海、景洪；临沧地区：凤庆、临沧、云县、耿马、双江；红河州：红河、元阳、绿春；大理州：南涧、下关。

2. 出身名门的茶树品种

普洱茶的品质之所以优异，与它的树种不无关系。目前发现的山茶属植物约有200种，就茶组植物而言，共有34种，云南就有31种和两个变种。在茶树形态特征上；栽培型茶树多属于茶系中的茶和普洱茶变种；野生型茶树多属于五室茶系的大厂茶和五柱茶系的大理茶。总体归纳起来，适合制作普洱茶的茶树品种有勐海大叶茶、易武绿芽茶、元江糯茶、景谷大白茶、云抗10号、云抗14号、云选9号、双江勐库大叶种、凤庆大叶种等。其中国家级良种有以下5种。

（1）勐库大叶种　又名双江勐库种，有性繁殖系品种。乔木型，特大叶类，早芽种。主要分布在双江、临沧、镇康、永德等县。植株高大，茶树最高达 7m 以上，分枝部位高，分枝较稀疏，树姿开张，叶片呈上斜或水平或下垂着生。

（2）凤庆大叶种　又名凤庆种，有性繁殖系品种。乔木型，特大叶类，早芽种。主要分布在凤庆、云县、昌宁一带。植株高大，茶树最高达 6m 以上，分枝部位高，密度较稀，树姿开张或半开张，叶片呈水平或上斜着生。一芽三叶，百芽重平均 98 ~ 170g。

（3）勐海大叶茶　又名佛海茶，有性繁殖系品种。小乔木型，特大叶类，早芽种。主要分布在滇南一带。植株高大，最高达 7m 以上，分枝部位高，分枝稀疏，树姿开张，叶片呈水平或上斜着生。叶型椭圆或长椭圆，结实率低，抗寒性较弱，产量较高。

（4）云抗 10 号　无性繁殖系新品种。乔木型，大叶类，早芽种。植株高大，分枝部位高，树姿开张，叶片稍上斜着生。茸毛特多，产量高。

（5）云抗 14 号　无性繁殖系品种。乔木型，大叶类，中芽种。从西双版纳勐海县南糯山群体品种中单株选育而成。植株高大，树姿开张，叶色深绿，结实能力中等。抗寒、抗旱、抗病力比勐海大叶种强。扦插繁殖发根力较强。产量较高。

第二节　安化黑茶（以茯砖茶为例）生产

茯砖茶属于黑茶的一种，旧时必须在夏季"伏天"生产，因此名为"伏茶"；其茶的滋味类似于中药土茯苓，故称为"茯茶"；为便于运输和保管，生产者将其筑制成砖样，故名"茯砖茶"。茯砖茶主销新疆、甘肃、西藏等边疆省、自治区，俗称边茶或边销茶。

安化黑茶主要品种有"三尖""三砖""一卷"。"三尖"又称为湘尖茶，指天尖、贡尖、生尖；"三砖"指茯砖、黑砖和花砖；"一卷"是指花卷茶，现统称安化千两茶。被列入国家级非物质文化遗产的是茯砖茶和千两茶。下面以最具代表性的茯砖茶的加工工艺进行阐述。

一、　主要原辅料及预处理

安化黑茶是以湖南省地方标准《安化黑茶通用技术要求》附录 A，界定区域内生长的安化云台山大叶种、楮叶齐等适制安化黑茶的茶树品种鲜叶为原料，按照特定加工工艺生产的黑毛茶（指没有经过压制的黑茶），以及用此黑毛茶为原料，按照特定的加工工艺生产的具有独特品质特征的各类黑茶成品。安化地处雪峰山脉东北部，资水（又称资江）自西至东贯穿而过，境内群山连片，丘、岗、平地分布零散，山体切割强烈，溪谷纵横，水系密度大。县内土壤以板页岩风化发育的土地面积最广，土质黏沙适度，多为弱酸性，氮、钾等有机质含量较丰富，整体生态环境十分优越，属亚热带季风性湿润气候，四季分明，水热同期，雨量充沛，严寒期短，暑热期长，热量充足。这些条件都适合茶树的生长。

黑毛茶的等级划分，并没有权威通用的标准，但若按采摘时间的先后来划分，则可依次分出个五级十六等来。现将这套由安化黑茶茶叶协会指定的黑毛茶等级区分方案介绍如下（表 7 - 1）。

表 7 – 1　　　　　　　　　　　　黑毛茶等级区分

等级	采摘时间	采摘标准	外形特征	适制品种
特级 （特等）	四月中下旬谷雨前后	一芽两叶，或三叶初展	条索卷曲圆直。色泽黑润，汤色橙黄明亮，口感浓醇	一般用作天尖拼配原料或单作特级砖茶
一级 （1~3 等）	四月下旬谷雨后	一芽三叶，或四叶初展	条索卷曲。色泽黑润，汤色橙黄较亮，醇和尚浓	一般用作天尖原料、贡尖的拼配原料，或者单作较高级的砖茶
二级 （4~6 等）	五月上旬立夏前后	一芽四、五叶	条索粗壮肥实。色泽黑褐尚润，汤色橙黄尚亮，滋味醇和	一般用作贡尖原料或生尖拼配原料，或者单作中高档的砖茶
三级 （7~11 等）	五月下旬小满前后	一芽五、六叶	条索呈泥鳅状。色泽黑褐略微带点竹青色，汤色橙黄，醇和微涩	一般用作生尖原料，或者花砖、黑砖、特制茯砖等砖茶
四级 （12~16 等）	六月中下旬芒种前后	齐口茶为主，带红梗，有褶皱叶	色泽深黄，汤色橙黄而泛红，醇和带涩	一般用作黑砖、特级茯砖、普通茯砖等砖茶，也可作为一些砖茶的包心原料

二、　主要微生物与生化过程

1. 渥堆过程中的主要微生物

在黑茶加工中，经过高温杀青后，黏附在鲜叶上的微生物几乎全被杀死，在之后的工序中微生物又重新黏附。渥堆过程中微生物群落主要包括酵母菌、霉菌和细菌，酵母菌主要为假丝酵母类；霉菌以黑曲霉占多数，其次是青霉、根霉、灰绿曲霉等；细菌在渥堆的初期大量生长，主要包括无芽孢杆菌、芽孢杆菌和少量金黄色葡萄球菌。渥堆前期，细菌繁殖较快，堆温较高，为霉菌生长提供先决条件，当升到一定温度后，霉菌开始大量繁殖，分泌大量胞外酶，降解纤维素、果胶、淀粉和蛋白质等大分子物质。渥堆后期，由于茶叶中的环境条件恶化，微生物的生长受到限制，数量下降，灰绿曲霉则是在渥堆的后期开始繁殖。关于黑茶渥堆的实质曾有多种说法，后经湖南农业大学刘仲华及王增盛等大量实验研究证实，黑茶渥堆的实质是：以微生物活动为中心，通过生化动力（胞外酶）、物化动力（微生物热）以及微生物自身代谢的综合作用，即在湿热、微生物及其胞外酶三者的相互作用下塑造了黑毛茶的品质风味。

2. "发花"过程中的主要微生物

"发花"是茯砖茶区别于其他黑茶的独特工艺，也是其品质形成的关键所在。"金花"

是茯砖茶中普遍共存的一类优势微生物。徐国侦等在岷潭茶试站首次对安化茯砖茶内"金花菌"进行鉴别，并初步鉴定为灰绿曲霉群（*Aspergillus glaucus* group）。之后的几十年内，还有若干学者对发花期间的优势微生物的分类鉴定进行研究，但由于技术条件落后，而没有得到全面可靠的研究结果，当时"金花菌"曾用过的命名包括灰绿曲霉群、匍匐曲霉和谢瓦曲霉。自1986年起，电子显微镜的应用成为研究茯砖茶内微生物的有效手段。温琼英等分离培养茯砖茶内的"金花菌"，并利用电镜对培育的金花菌子囊孢子进行观察，结合电镜下特征与培养特征，初步将该菌株命名为冠突曲霉（*Aspergillus cristatum* Blaster）并被引入当时茯砖茶标准中。1990年，齐祖同等根据Raper与Fennell专著中的方法对茯砖茶内优势微生物进行培养和鉴定，将该菌株命名为冠突散囊菌（*Eurotium cristatum*），这也是目前大部分学者所认可的名称。

研究者选用的茯砖茶材料的不同可能造成"金花"菌种群的差异，但散囊菌在不同的茯砖茶中普遍存在且占主导地位，除了已被之前研究者证明了的茯砖茶发花微生物冠突散囊菌，其他散囊菌如谢瓦散囊菌、阿姆斯特丹散囊菌和肋状散囊菌在茶叶中也有较高的含量甚至占主导地位，而且大多数培养特征为金黄色或黄色，据此认为，茯砖茶内的"金花"，除了由冠突散囊菌产生外，还有一部分是由其他散囊菌产生的。

三、加 工 工 艺

茯砖茶加工原料主要为三、四级黑毛茶，黑毛茶为茶树较粗老的叶片。茯砖茶生产历史悠久，据《明史·茶法》记载，嘉靖三年（公元1524年），茯砖茶便已作为由政府控制的官茶销往西北各地。泾阳南靠泾河和渭河，交通位置方便，是当时一个主要的黑茶加工与检验之地，茶商将湖南生产的黑毛茶以"引包"的形式长途贩运到泾阳，在泾阳加工成最早期的茯砖茶。传统的泾阳茯砖茶主要加工工艺包括"原料筛切、筑茶成封"与"发花"工序，生产工具简陋，以手工操作为主，劳动强度较大。当时没有切茶、筛分的机器，只能靠人工反复地切茶与过筛，直至达到要求为止；筑茶成封则是以3人为一组作业，通过炒茶烹水与灌封筑砖让茯砖成型；最重要的"发花"工艺也只是采用芦席、棕席、置凉架等简单的工具进行；发花完毕后让茶叶自然通风晾干，此工艺生产量小，在季节适宜、劳工技术娴熟的情况下可保证其品质。抗日战争时期，交通的封锁导致原料运输困难，湖南的茶商曾试图在茶叶的产地制作茯砖茶，但均因掌握不好关键的发花技术而没有成功，当时甚至有非泾阳水造不了茯砖茶的说法。中华人民共和国成立后，党中央、国务院对发展茯砖茶产业极为重视。并于1951年组成技术小组在北京进行茯砖茶加工试验，经过三年的反复研究，于1953年试制茯砖茶成功，其后在湖南相继建立了白沙溪、益阳、临湘等十几家茶厂，结束了茯砖茶不能在其原料产地加工的历史，保障了边区民族的生活需要。

目前生产的茯砖茶分为特制和普通两个品种，它们之间的主要区别在于原料的拼配不同：特制茯砖茶全用三级黑毛茶作原料；而压制普通茯砖茶的原料中，三级黑毛茶只占40%～45%，四级黑毛茶占5%～10%，其他茶占50%。

当前大部分茯砖茶企业的加工工序（图7-2）包括：

（1）原料处理　包括对毛茶的杀青与揉捻。

（2）筛分与拼配　除去原料内的沙石等杂物并将茶叶、茶梗按一定的比例拼配。

（3）渥堆　将拼配好的原料增湿后囤积成1～2m的茶堆，并控制一定温度促使茶叶内微

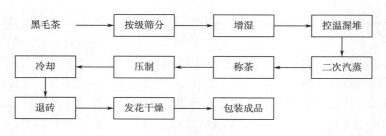

图7-2 茯砖茶制作工艺

生物繁殖，又称第一次发酵；渥堆的实质是通过微生物胞外酶主导的生化动力以及热主导下的物化动力使茶叶内含成分发生一系列复杂的化学变化。渥堆的主要目的是加速陈化，并减除苦涩味，消除青草气，使滋味变醇。

（4）汽蒸压砖 渥堆后的茶叶经过高温汽蒸后进入生产线上压制成砖形。

（5）发花 将压制好的砖茶整齐放置在发花房木架上，并控制一定的温湿度，以促使"金花菌"在茶叶内大量生长，至金花颗粒饱满、分布均匀即发花完成，一般持续15~20d，又称第二次发酵。

（6）干燥成品 发花完毕的砖茶经升温充分干燥，包装好后即为成品，新生产的茯砖茶一般要放置在仓库里"陈化"半年以上的时间后再进入市场，使其口感更加醇和。最后是烘房作业，即通常所说的"发花干燥"，这是茯砖茶加工的特殊工艺。"金花"，学名冠突散囊菌，对生长环境要求极高，因此，制作者对温湿度的把握对茯砖茶的品质影响极大。研究表明，冠突散囊菌在利用茶体内可利用的各种基质进行物质代谢转化，完成自身生长发育的同时，分泌了数种胞外酶，催化茶叶内多种物质进行氧化、降解、聚合。这些转化或代谢的产物和茯砖茶内丰富的"金花"共同构成了茯砖茶特有的色香味物质。发花期间，微生物分泌的多酚氧化酶的酶促氧化使得儿茶素含量降低，茶黄素、茶红素、茶褐素的含量明显增加，儿茶素的减少对茯砖茶滋味的醇而不涩有积极的作用，而茶黄素的鲜爽、刺激性口感，茶红素的甜醇滋味及其与咖啡因形成的络合物，可提供一定刺激性而又较为协调的口感。发花的作用还使茯砖茶获得独特的菌花香。

知识拓展

1. 茯砖茶的加工演变

清朝年间，远销西北地区的官茶，均由陕西巡抚管理，泾阳常成为茶的集中加工和检验之地。泾阳的茯砖茶，由湖南产区生产毛茶，通过长途贩运体积庞大的引包到泾阳，在泾阳加工成茯砖茶。这种做法有两个原因：一是将湖南原料茶在泾阳加工成茯砖茶，便于监造检查。经官府查验收税后，茶商持引票运到兰州贮库或者直接销售至新疆、甘肃、青海和宁夏等省、自治区。二是旧时茶叶产区砖茶压制技术差，生产的砖茶疏松。茶砖运送到西北，因路途遥远，需多次转运存放，茶砖破损极为严重。所以将采购原料运到泾阳再进行压砖，就可以减少茶砖的破损，由此茯砖茶运往销区市场，路途大大减少，交通较湖南便利。

传统的泾阳砖茶加工中，主要以手工操作为主，劳动强度大，生产工具简陋落后，其工艺包括"原料筛切""筑茶成封"和"发花"。在原料筛切中，没有切茶的机器，只能通过人工反复不停地剁茶叶、梗，反复过筛，直到符合要求为止。在筑茶成封上，一是炒茶烹水；二是灌封筑砖。每筑好一封茶砖需筑 170~200 棍（棒），高提重筑 100~120 次，低提轻筑 50~80 次，每 3 人为一作业组，每日生产茯砖茶 40 封。"发花"是茯砖茶加工过程中的关键程序。旧时"发花"只采用芦席、棕席、置凉架等。"发花"时先晾置，使茶封变硬，固定外形；再"垒花"，调节其温度，促使茶封里发热，茶封上出现黄花；然后是"晾干"，采用自然通风干燥。祖传的泾阳茶砖加工经验，在季节适宜、茶砖加工量小的情况下，品质容易掌握。

抗日战争期间，因为交通阻塞，运输困难，湖南安化一带的茶商，曾试图在茶产地制作茯砖茶，如江南砖茶厂、湖南砖茶厂等，但均因关键的"发花"工艺掌握不好，试制没有成功，只有其中少量的泾阳茶砖可以销往西北市场。一些茶商曾说，非泾阳水不能加工茯砖茶。

1951 年，中国茶业公司开始组成技术小组，由中南、西北区茶业公司派人员参加，在北京进行茯砖茶加工"发花"试验。经过一个多月共试制 61 片茯砖茶后得到初步结论，即茯砖茶"发花"关键在于温湿度的控制。同时，中国茶业公司安化砖茶厂（图 7-3）从泾阳雇请 3 名技工，并取泾阳水来安化进行茯砖茶"发花"研究。直到 1953 年，茯砖茶试制终于获得成功，由此结束了非产区不能加工茯砖茶的历史。其后，相继建立了益阳、白沙溪、临湘等茶厂，年产茯砖茶约 1.5 万 t，保障了边疆少数民族的生活需要。

图 7-3　安化第一茶厂旧址

目前茯砖茶制造中，选用三、四级黑毛茶为原料，经过筛分、汽蒸、渥堆、称茶、蒸茶、压制、包装、发花、干燥和检验等工序精制而成。用蒸汽蒸茶代替炒茶，用机压代替手工棍棒筑，改自然垒花为烘房调控温湿度，以促进"发花"，品质上有了可靠的保证。

拣茶、烘房发花及茯砖茶成品见图 7-4。

图 7-4　拣茶、烘房发花及茯砖茶成品

2. 千两茶的制作工艺

千两茶主要分为筛制和压制两个阶段。压制工艺又分为蒸包灌篓和杠压紧型。蒸包灌篓也就是通常所说的司称、蒸茶和装茶。主要分五吊、五蒸、五灌、铺蓼叶、胎棕片、上"牛笼嘴"等步骤。将原料分次过秤后，分别用布包好吊入蒸桶用高温汽蒸软化，分次装入花篾篓，内衬蓼叶、竹叶、棕丝片等多层，层层由人工踩实压紧，最后上"牛笼嘴"锁口。千两茶不仅对原料要求很高，同样对花篾篓也有特殊要求。盛茶的花篾篓必须是新鲜楠竹织成，一根楠竹只能织一只。杠压紧型也就是"踩制"（图7-5）。将灌好茶的花篾篓置于压制场地的特制压杠下经五轮滚压，由一班青壮年男子，短装、绑腿、赤脚上阵，压制时由五人下压大杠，一人在前面移杠茶；收紧篾篓时，由四人用脚踩篓滚压，一人操小杠绞紧篾篓，随着篓内茶叶受压紧缩，花篾篓不断缩小，压大杠和绞小杠交替进行，反复五次，加箍绞到花卷圆周尺寸符合要求为止，最后由一人手挥木锤，插击花卷整型。在压制过程中，为求踩制行为一致，施加均匀，通常由一人领号，其余人应和，同步齐心一气，施展其绞、踩、压、滚、捶工技，反复多次，最后形成圆柱体。完成上述复杂的工艺流程后，置于一边冷却定型。最后置于特设的凉棚竖放晾制，日晒夜露一个月，即为成品茶。千两茶的采制技术曾经一度失传，后来经过政府及制茶人的努力才得传延和发展（图7-5）。黑茶的紧压性以及千两茶的特殊造型已经成为黑茶的一道独特的风景，是其他茶类无法比拟的。充分利用、开发这一特点，是发扬黑茶文化的重要途径之一。

图7-5　千两茶的踩制与晾晒

第三节　四川边茶生产

四川边茶是黑茶的一个主要品种。边茶生产历史悠久，宋代以来历朝官府推行"茶马法"，明代（1371—1541年）就在四川雅安、天全等地设立管理茶马交换的"茶马司"。清代乾隆时期，规定雅安、天全、荥经等地所产的边茶专销康藏，称为"南路边茶"；而灌县、崇庆、大邑等地所产的边茶专销川西北松潘、理县等地，称为"西路边茶"。南路边茶以雅安为制造中心，产地包括雅安、荥经、天全、名山、芦山和邛崃、洪雅等市县，而以雅安、荥经、天全、名山四县市为主产地，主要销往西藏、青海和四川的阿坝、凉山自治州，以及甘肃南部地区。西路边茶以都江堰市为制造中心，销往四川的松潘、理县、茂县、汶川和甘肃的部分地区。

一、　主要原辅料及预处理

南路边茶是采割茶树枝叶经过加工而制成的。南路边茶的鲜叶原料较粗老，可手采也可刀割。手采的是老叶或当年枝叶，刀割的则是当季或当年成熟新梢枝叶。雅安地区南路边茶产地属亚热带湿润气候，年降雨量 $1800 \sim 2200mm$，空气相对湿度 $77\% \sim 83\%$，日照 $791 \sim 1060h$，年平均温度 $14.1 \sim 16.2℃$；茶树主要分布在海拔 $580 \sim 1800m$ 的丘陵和山区，为黄壤、红紫土及山地棕壤土，呈酸性或微酸性，自然生态循环形成的有机质、矿物质丰富。茶叶在科学栽培管理条件下，比较充分地利用了光热资源，尤其因散射光较多，合成的有机化学物质含量较高。南路边茶因加工方法不同，有毛庄茶和做庄茶之分。采割下来的鲜枝叶，杀青后未经蒸揉而直接干燥的，称为"毛庄茶"；采割下来的枝叶，杀青后，还要经过扎堆、晒茶、蒸茶、渥堆发酵后再进行干燥的，称为"做庄茶"。成品做庄茶分4级8等，茶叶粗老含有部分茶梗，叶张卷折成条，色泽棕褐加猪肝色，内质香气纯正，有黑茶的老茶香，滋味平和，汤色黄红明亮，叶底棕褐粗老；毛庄茶也称为金玉茶，叶质粗老不成条，都是摊片，色泽枯黄，内质不如做庄茶。南路边茶是压制"康砖"和"金尖"的原料。西路边茶的鲜叶原料比南路边茶更显粗老，采割当年或 $1 \sim 2$ 年生茶树枝叶，杀青后晒干即可。西路边茶色泽枯黄，是压制茯砖茶和方包茶的原料，制造茯砖茶的原料茶含梗量约20%，而制造方包茶的原料茶更粗老，含梗量达60%左右。

二、　主要微生物与生化过程

同其他黑茶的渥堆生产一样，四川边茶在渥堆过程中也发现大量的微生物孳生在扎堆的茶叶中，渥堆实则为一种特殊的固体发酵。四川边茶渥堆是利用环境中的微生物自然接种，因地理、气候、原料等各种因素的差异，与普洱茶、湖南茯砖茶等其他地域的黑茶在渥堆过程中分离得到的优势微生物存在一定差异。2006 年，尹旭敏首次从四川茯砖茶中分离得到了金花菌，经鉴定后发现为一种冠突散囊菌，将其用于液态茶发酵，可显著提高液态茶的感官品质。随后，付润华于 2008 年在渥堆的四川康砖茶坯中分离得到了芽孢杆菌、假丝酵母、黑曲霉、青霉等多种微生物。2010 年，胥伟从渥堆中的康砖茶坯中分离出了部分真菌，经形态学和 ITS 序列鉴定为黑曲霉（*Aspergillus niger*）、塔宾曲霉（*Aspergillus tubingensis*）、总状毛霉（*Mucor rouseianus*）、炭黑曲霉（*Aspergillus carbonarius*）和米根霉（*Rhizopus oryzae*）。黑曲霉、青霉和酵母被普遍认为是黑茶渥堆过程中的优势菌种，黑曲霉能产生淀粉酶、纤维素酶、果胶酶等20种水解酶，可将茶叶中的大分子糖类物质、蛋白质等分解为呈现茶汤甘滑、厚重味甘的主要成分（如可溶性糖、氨基酸、水溶性果胶等）。青霉、酵母等也可分泌单宁酶对边茶品质产生影响。此外，酵母的代谢产物如某些有机酸、氨基酸、维生素及其分泌的蔗糖酶、麦芽糖酶等均会影响茶汤滋味。

三、加 工 工 艺

南路边茶初制工艺较繁琐。做庄茶传统做法最多的要经过一炒、三蒸、三踩、四堆、四晒、二拣、一筛共18道工序，最少的也要经14道工序。20世纪60年代以来，经过不断改进，新工艺已简化为8道工序。现将做庄茶的传统工艺和新工艺分别叙述如下。

1. 做庄茶的传统工艺

做庄茶的制造工序依次为：杀青、初堆、初晒、初蒸、初踩、二堆、初拣、二晒、二蒸、二踩、三堆、复拣、三晒、筛分、三蒸、三踩、四堆、四晒。

（1）杀青 传统杀青法是用直径93cm的大号锅杀青，每次投叶量15～20kg，投叶前锅温约300℃，方法是先焖炒，后翻炒，翻焖结合，以焖为主，时间10min左右，鲜叶减重约10%。现在一般使用川-90型杀青机杀青，锅温240～260℃，投叶量2025kg，焖炒7～8min，待炒到叶面失去光泽，叶质变软，梗折不断，并有茶香散出，即可出锅。

（2）扎堆 即渥堆。其目的是使茶坯堆积发热，促进多酚类化合物非酶性自动氧化，使叶色由青绿色变为黄褐色，并形成南路边茶的特有品质。扎堆是做庄茶的重要工序，多的要进行四次扎堆，少的也要进行三次。第一次扎堆在杀青之后，杀青叶要趁热堆积，时间8～12h，堆温保持60℃左右，叶色转化为淡黄色为度。以后每次蒸踩后都要进行扎堆，时间8～12h，作用是去掉青涩味，发出老茶香气。堆到叶色转为深红褐色，堆面出现水珠，即可开堆。如果叶色过淡，应延长最后一次扎堆时间，直到符合要求时再晒干。

（3）蒸茶 目的是使叶受热后，增加叶片韧性，便于脱梗和揉条。方法就是将茶坯装入蒸桶内，放在铁锅上烧水蒸茶。蒸茶用的蒸桶，俗称"甑"。上口径33cm，下口径45cm，高100cm，每桶装茶12.5～15kg。蒸到斗笠形蒸盖汽水下滴，桶内茶坯下陷，叶质柔软即可。

（4）踩茶 蒸好的茶坯趁热倒入麻袋中，扎紧袋口，两人各提麻袋一头，将茶袋放在踩板上端，然后两人并立于茶袋上，从上到下用脚蹬踩，使茶袋滚动，促使茶坯紧卷成条。两人脚步要齐，用力要匀，茶袋以缓慢滚动为好，不宜过快。踩板用6～7cm厚的木板制成，长约6m，宽约1m，装成30°斜坡，两边安置竹竿作扶手，以便于操作。蒸和踩紧密相连，一般是三蒸三踩，少的也要两蒸两踩。

（5）拣梗、筛分 第二、三次扎堆后各拣梗一次，对照规定的梗量标准，10cm以上的长梗都要拣净。第三次晒后进行筛分，将粗细分开，分别蒸、踩、扎堆，然后晒干。

（6）晒茶 每次扎堆后，茶坯都要摊晒。摊晒厚度6～10cm，并做到勤翻，力求干度均匀。每次晒后茶坯都要移到室内摊1～2h，使叶内水分重新分布均匀，方能进行下一次蒸、踩。如茶坯干湿不匀，蒸后含水量也不同，蹬踩时叶片容易破烂。摊晒干度适当是做好做庄茶的关键之一，必须认真掌握好每个工序的干度。根据实验，第一次晒茶，晒至六成到六成半干（含水量25%～35%）为宜，第二次晒至七成到七成半干，第三次晒至七成半到八成干，最后一次晒至八成半到九成干，毛茶含水量为10%～14%。

2. 做庄茶新工艺

新工艺的制造工序依次为：蒸青、初揉、初拣、初干、复揉、渥堆、复拣、足干。

（1）蒸青 蒸青就是用蒸汽杀青。就是将鲜叶装入蒸桶，放在沸水锅上蒸，待蒸汽从盖口冒出，叶质变软时即可，时间8～10min。如在锅炉蒸汽发生器上蒸，只要1～2min。

（2）揉捻 揉捻分两次进行，现已推广机揉。鲜叶杀青后，趁热初揉，目的是使叶片与茶梗分离，不加压，揉 1~2min 即可。揉捻后，茶坯含水量为 65%~70%，经过初干，使含水量降到 32%~37%，趁热进行第二次揉捻，时间 5~6min，边揉边加轻压，以揉成条形而不破碎为度。

（3）渥堆　渥堆方法有自然渥堆和加温保湿渥堆两种。

自然渥堆是将揉捻叶趁热堆积，堆高 1.5~2m，堆面用席密盖，以保持温湿度。经 2~3d，茶堆面上有热气冒出，堆内温度上升到 70℃左右时，应用木叉翻堆一次，将表层堆叶翻入堆心，重新整理成堆。堆温不能超过 80℃，否则，堆叶会烧坏变黑，不堪饮用。翻堆后，再经过 2~3d，堆面又出现水汽凝结的水珠，堆温再次上升到 60~65℃，叶色转变为黄褐色或棕褐色，即为渥堆适度，开堆拣去粗梗进行第二次干燥。

加温保湿渥堆是在特建的渥堆房中进行的。室内温度保持 65~70℃，相对湿度保持 90%~95%，空气流通，在制品的含水量为 28% 左右。如能具备如此条件，渥堆过程只需 36~38h，即可达到要求，不仅时间短，而且渥堆质量好，可提高水浸出物总量 2%，色、香、味均佳。

（4）干燥　渥堆后的茶坯，含水量在 30% 以上。而做庄茶含水量要求达到 12%~14%。所以，渥堆后的茶坯必须经过干燥处理才能达到要求，且能固定品质，防止变质。

干燥分两次进行，第一次初干叶含水量达到 32%~37%，再干叶含水量为 12%~14%。一般采用机器干燥。

▨ 知识拓展

雅安边茶与川藏茶马古道

从四川西部重镇雅安出发，经康定、昌都，到西藏拉萨，再到邻国不丹、尼泊尔，有一条历史最悠久、道路最艰险的茶马古道。它从唐代开始延续至今已有 1300 多年的时间。这条茶马古道称为"川藏茶马古道"，这是一条充满神秘和布满奇险的古商道，同时也是一部沉淀了厚重的历史内涵和丰富边茶文化的大部头书籍。

边茶贸易是汉族人以茶和边疆少数民族进行交换和买卖的一种商业行为。雅安紧邻藏区，藏族人民喜爱饮茶，而雅安是茶之故乡，两地之间以茶为媒，以物易物，互通有无，发生贸易往来，是很容易、很自然的事。史学家范文澜的《中国通史》写道："武都（今甘肃省陇南市武都区）买茶（当作卖字），武都地方，羌氏杂居，是一个对外的商市，巴蜀茶叶集中到成都，再运到武都卖给西北游牧部落。成都和武都是中国最早的茶叶市场。"说明边茶贸易是从很早就开始了。雅安是茶的故乡。据《雅安县志》记载：历史上的雅州"地宜五谷之外……其茶树为一县之专利"。雅安地处四川盆地边缘，境内多山，属邛崃山脉的延续。雅安地质属古生代岩层，除西北挨岷山山脉地区片麻岩层分布多一些外，其余多为页岩、沙砾岩、石灰岩，故其土壤多为含较多有机物的沙质壤土或沙砾质黏土，表土层深厚，组织松软，养分丰富，宜于排水，有宜于茶树生长。雅安四季分明，夏无酷暑，冬无严寒，雨水丰富，空气湿润，古来就有"漏天""雨城"之称，年降雨量多达 1700mm 以上，日照仅 100 多天，多雨、多云、多雾，空气特别清新，是雅安气候最显著的特点。这种得天独厚的地理气候特征，为雅安成为茶的故乡提供了良好的自然条件。

第八章

食品安全标准与营养卫生的要求

食品标准是指为保证食品卫生安全、营养，保障人体健康，对食品及其生产经营过程中的各种相关因素所做的技术性规定。目前中国的标准已形成了基础标准、产品标准、方法标准和安全、卫生与环境保护标准四大方面全方位覆盖的标准体系。

食品卫生标准，是指国家对各种食品、食品添加剂、食品容器、包装材料、食品用工具、设备，用于清洗食品和食品用工具、设备的洗涤剂，规定必须达到的卫生质量和卫生条件的客观指标和要求。根据《中华人民共和国食品卫生法》的规定，一般由国务院卫生行政部门制定或者批准颁发；国家未制定卫生标准的食品，省、自治区、直辖市人民政府可以制定地方标准，报国务院卫生行政部门备案。中国现行的这类标准种类较多，有原粮、食用植物油、食糖、调味品、豆制品和酱腌菜、肉与肉制品、乳与乳制品、蛋与蛋制品、水产品、冷饮食品、酒、茶叶、糕点、食品添加剂使用、食品中毒物、塑料制品和树脂、橡胶制品、食品包装用纸、陶瓷食具容器、铝制品食具、搪瓷食具容器、食品中放射性物质、辐照食品、婴儿食品营养及卫生标准24类。

第一节　我国食品标准的现状及分类

一、　食品标准的现状

中国标准从上到下分为四级，分别是国家标准（GB）、行业标准、地方标准（DB）、企业标准（Q），形成了由上到下，上级高于下级，下级补充上级的良好局面。

国家标准由国务院标准化行政主管部门编制计划和组织草拟，并统一审批、编号、发布。

行业标准是对没有国家标准而又需要在全国某个行业范围内统一的技术要求所制定的标准。行业标准在相应的国家标准实施后，即行废止。行业标准由行业标准归口部门统一管理。

对没有国家标准和行业标准而又需要在省、自治区、直辖市范围内统一的工业产品的安全、卫生要求，可以制定地方标准。地方标准由省、自治区、直辖市标准化行政主管部门制定，并报国务院标准化行政主管部门和国务院有关行政主管部门备案，在公布国家标准或者行业标准之后，该项地方标准即行废止。

企业标准由企业自己制定。国家鼓励企业自行制定严于国家标准或者行业标准的企业标准。企业标准一般以"Q"开头。

食品标准数量：国家标准（简称 GB）2242 项（包括强制性国家标准 GB 913 项，推荐性国家标准 GB/T 1329 项）；国家标准 4.1 万余项，行业和地方标准 13 万余项（2021 年底）。国内外食品标准数量对比如表 8-1 所示。

表 8-1 国内外食品标准数量对比

	GB	BSI	DIN	AFNOR	GOST	ANSI
标准数量/项	2242	974	767	1068	1927	160

注：GB—中国国家标准；BSI—英国国家标准；DIN—德国国家标准；AFNOR—法国国家标准；GOSTR—俄罗斯国家标准（包括继续使用的苏联标准）；ANS—美国国家标准。

二、 食品标准的分类

（1）按级别分类 从标准的法律级上来说，国家标准 > 行业标准 > 地方标准 > 企业标准。

法律级别可分为国家标准、行业标准、地方标准和企业标准，但从标准的技术内容上说，不一定与级别一致，一般来讲企业标准的某些技术指标应严于地方标准、行业标准和国家标准。

（2）按性质分类 强制性标准是保障人体健康、人身财产安全的标准和法律法规，包括国家和行业标准；地方标准在本地区内是强制性标准。国家强制性标准的代号是"GB"；国家推荐性标准的代号是"GB/T"，字母"T"表示"推荐"的意思（表 8-2）。

推荐性标准则并不要求有关各方遵守该标准，但推荐性标准在一定的条件下可以转化成强制性标准。如以下几种情况：①被行政法规、规章所引用；②被合同、协议所引用；③被使用者声明其产品符合某项标准。

"GB/Z"是国家标准化指导性技术文件代号 。"Z"在此读"指"，规定符合下列情况之一的项目：指导性技术文件：技术尚在发展中，尚不能制定为标准的项目；采用国际标准化组织的技术报告的项目。

注：从 2000 年开始发布指导性技术文件（GB/Z），指导性国家标准是指生产、交换、使用等方面，由组织（企业）自愿采用的国家标准，不具有强制性，也不具有法律上的约束性，只是相关方约定参照的技术依据，如 GB/Z 23740—2009《预防和降低食品中铅污染的操作规范》。

表 8-2 标准分类、 代号含义与管理部门

分类	代号	含义	管理部门
国家标准	GB	强制性国家标准	国家标准化管理委员会
	GB/T	推荐性国家标准	
	GB/Z	国家标准化指导性技术文件	

续表

分类	代号	含义	管理部门
行业标准	NY	农业标准	农业部
	QB	轻工业标准	中国轻工业联合会
	WS	卫生标准	国家卫生健康委员会
	SC	水产标准	农业农村部（水产）
	SN	商检标准	国家市场监督管理总局
	HJ	环境保护标准	国家环境保护部
	YC	烟草标准	国家烟草专卖局
	SB	商务标准	商务部
地方标准	DB ** /	强制性地方标准	省级市场监督管理局
	DB ** /T	推荐性地方标准	
企业标准	Q	企业标准	企业

注：** 是指省、自治区、直辖市行政区划代码的前面两位数字。

（3）按内容分类　主要有食品产品标准、食品卫生标准、食品卫生基础标准及相关标准、食品添加剂标准、食品检验方法标准、食品包装材料与容器包装等。

（4）按形式分类　可分为两类：一是标准文件；二是实物标准：包括各类计量标准、标准物质、标准样品（如农产品、面粉质量等级的实物标准）等。

第二节　食品基础标准及相关标准

食品基础标准包括：①名词术语类、图形符号、代号类标准；②食品分类标准；③食品标签标准；④食品流通标准（包括包装材料与容器标准、食品理化检验方法标准、食品有毒有害成分检测方法标准、其他检测方法标准）。

一、名词术语类、图形符号、代号类标准

1. 名词术语标准

GB 15091—1995《食品工业基本术语》标准规定了食品工业常用的术语（表8－3）。内容包括：一般术语，产品术语，工艺术语，质量、营养及卫生术语等内容。本标准适用于食品工业生产、科研、教学及其他有关领域。

表8-3　　　　　　　　　　　各类食品工业的名词术语标准

序号	标准号	标准名称	实施日期
1	GB/T 15091—1994	食品工业基本术语	1994/12/1
2	GB/T 10221—2012	感官分析术语	2012/11/1
3	GB/T 14095—2007	农产品干燥技术术语	2008/1/1
4	GB/Z 21922—2008	食品营养成分基本术语	2008/11/1
5	GB/T 8872—2011	粮油名词术语　制粉工业	2011/11/1
6	GB/T 8873—2008	粮油名词术语　油脂工业	2009/1/20
7	GB/T 8874—2008	粮油通用技术、设备名词术语	2009/1/20
8	GB/T 8875—2008	粮油术语　碾米工业	2009/1/1
9	GB/T 9289—2010	制糖工业术语	2011/2/1
10	GB/T 31120—2014	糖果术语	2015/2/1
11	GB/T 12104—2009	淀粉术语	2009/12/1
12	GB/T 12140—2007	糕点术语	2007/12/1
13	GB/T 12728—2006	食用菌术语	2006/12/1
14	GB/T 12729.1—2008	香辛料和调味品名称	2008/11/1
15	GB/T 21171—2018	香料香精术语	2018/12/1
16	GB/T 14487—2017	茶叶感官审评术语	2018/5/1
17	GB/T 15069—2008	罐头食品机械术语	2008/12/1
18	GB/T 15109—2008	白酒工业术语	2009/6/1
19	QB/T 4258—2011	酿酒大曲术语	2012/7/1
20	GB/T 18007—2011	咖啡及其制品术语	2012/4/1
21	GB/T 19420—2003	制盐工业术语	2004/6/1
22	GB/T 19480—2009	肉与肉制品术语	2009/10/1
23	GB/T 20573—2006	蜜蜂产品术语	2007/1/1
24	GB/T 22515—2008	粮油名词术语　粮食、油料及其加工产品	2009/1/20
25	GB/T 26631—2011	粮油名词术语　理化特性和质量	2011/11/1
26	GB/T 26632—2011	粮油名词术语　粮油仓储设备与设施	2011/11/1
27	GB/T 30765—2014	粮油名词术语　原粮油料形态学和结构学	2014/10/27
28	GB/T 23508—2009	食品包装容器及材料术语	2009/10/1
29	GB/Z 21922—2008	食品营养成分基本术语	2008/11/1
30	JB/T 7863—2016	茶叶机械术语	2016/9/1
31	QB/T 1079—2016	啤酒机械术语	2017/1/1
32	QB/T 3921—1999	乳品机械名词术语	1999/4/21
33	SB/T 10006—1992	冷冻饮品术语	1992/12/1
34	SB/T 10034—1992	茶叶加工技术术语	1992/12/01

续表

序号	标准号	标准名称	实施日期
35	LS/T 1104—1993	面条类生产工业用语	1994/6/1
36	SB/T 10291.1—2012	食品机械术语 第1部分：饮食机械	2012/6/1
37	SB/T 10291.2—2012	食品机械术语 第2部分：糕点加工机械	2012/6/1
38	SB/T 10295—1999	调味品名词术语 综合	1999/4/15
39	SB/T 10298—1999	调味品名词术语 酱油	1999/4/15
40	SB/T 10299—1999	调味品名词术语 酱类	1999/4/15
41	SB/T 10300—1999	调味品名词术语 食醋	1999/4/15
42	SB/T 10301—1999	调味品名词术语 酱腌菜	1999/4/15
43	SB/T 10302—1999	调味品名词术语 腐乳	1999/4/15
44	SB/T 10325—1999	调味品名词术语 豆制品	1999/4/15
45	NY/T 2535—2013	植物蛋白及制品名词术语	2014/4/1
46	SB/T 10686—2012	大豆食品工业术语	2012/6/1
47	NY/T 2780—2015	蔬菜加工名词术语	2015/8/1
48	SB/T 10670—2012	坚果与籽类食品术语	2013/4/1
49	SC/T 3012—2018	水产品加工术语	2018/12/1
50	SB/T 10710—2012	酒类产品流通术语	2012/11/1
51	SB/T 11073—2013	速冻食品术语	2014/12/1
52	SB/T 11122—2015	进口葡萄酒相关术语翻译规范	2015/9/1

2. 图形符号、代号标准

图形符号是指以图形为主要特征，用以传递某种信息的视觉符号。图形符号跨越语言和文化的障碍，具有世界通用效果。符号代表的含义比文字丰富，具有直观、简明、易懂、易记的特点，便于信息的传递。按其应用领域分：标志用图形符号（公共信息类）、设备用图形符号、技术文件用图形符号。部分食品图形符号、代号类标准如表8-4所示。

表8-4　　　　　　　　　部分食品图形符号、 代号类标准

序号	标准号	标准名称
1	GB/T 191—2008	包装储运图示标志
2	GB/T 7291—2008	图形符号 基于消费者需求的技术指南
3	GB/T 13385—2008	包装图样要求
4	GB/T 16900—2008	图形符号表示规则 总则
5	GB/T 16903.1—2008	标志用图形符号表示规则 第1部分：公共信息图形符号的设计原则
6	GB/T 16903.2—20	标志用图形符号表示规则 第2部分：测试程序
7	GB/T 23371.2—2009	电气设备用图形符号基本规则 第2部分：箭头的形式与使用
8	GB/T 12529.1—2008	粮油工业用图形符号、代号 第1部分：通用部分
9	GB/T 12529.2—2008	粮油工业用图形符号、代号 第2部分：碾米工业
10	GB/T 12529.3—2008	粮油工业用图形符号、代号 第3部分：制粉工业
11	GB/T 12529.4—2008	粮油工业用图形符号、代号 第4部分：油脂工业
12	GB/T 12529.5—2010	粮油工业用图形符号、代号 第5部分：仓储工业

二、　食品分类标准是对食品大类产品进行分类规范的标准

我国的食品分类体系主要有食品生产许可食品分类体系、食品安全国家标准食品分类体系、食品安全监督抽检实施细则食品分类体系等，以下为详细介绍：

（1）《食品生产许可分类目录》将食品分为 32 大类，并具体规定了亚类及其所属的品种明细。《食品生产许可证》中"食品生产许可品种明细表"是按照《食品生产许可分类目录》填写。该目录适用于食品生产许可。

（2）GB 2760—2014《食品安全国家标准　食品添加剂使用标准》中的食品分类采用分级系统，将食品分为 16 大类。食品分类系统用于界定食品添加剂的使用范围，只适用于对该标准的使用。其中如果某一食品添加剂应用于一个食品类别时，就允许其应用于该食品类别包含的所有上下级食品（除非另有规定），反之下级食品允许使用的食品添加剂不能被认为可应用于其上级食品，所以在查找一个食品类别中允许使用的食品添加剂不能被认为可应用于其上级食品，在查找一个食品类别中允许使用的食品添加剂时，特别需要注意食品类别的上下级关系。

（3）GB 2761—2017《食品安全国家标准　食品中真菌毒素限量》的附录 A.1 食品类别（名称）说明，涉及 10 大类食品，每大类下分为若干亚类，依次分为次亚类、小类等。食品类别（名称）说明用于界定真菌毒素限量的适用范围，仅适用于该标准。当某种真菌毒素限量应用于某一食品类别（名称）时，则该食品类别（名称）内的所有类别食品均适用，有特别规定的除外。

（4）GB 2762—2017《食品安全国家标准　食品中污染物限量（含第 1 号修改单）》的附录 A 食品类别（名称）说明，涉及 22 大类食品，每大类下分为若干亚类，依次分为次亚类、小类等。食品类别（名称）说明（附录 A）用于界定污染物限量的适用范围，仅适用于本标准。当某种污染物限量应用于某一食品类别（名称）时，则该食品类别（名称）内的所有类别食品均适用，有特别规定的除外。

（5）GB 2763—2021《食品安全国家标准　食品中农药最大残留限量（印刷版）》的附录 A（规范性附录）食品类别及测定部位，将食品按照原料来源不同分为 11 大类。食品类别及测定部位（附录 A）用于界定农药最大残留限量应用范围，仅适用对该标准的使用。如农药的最大残留限量应用于某一食品类别时，在该食品类别下的所有食品均适用，有特别规定的除外。

（6）GB 14880—2012《食品安全国家标准　食品营养强化剂使用标准》的附录 D 食品类别（名称）说明，将食品分为 16 大类。D 食品类别（名称）说明用于界定营养强化剂的使用范围，只适用于本标准，如允许某一营养强化剂应用于某一食品类别（名称）时，则允许其应用于该类别下的所有类别食品，另有规定的除外。

（7）《国家食品安全监督抽检实施细则》中食品分类系统，在依据基础标准（GB 2760、GB 2761、GB 2762、GB 2763、GB 29921、GB 31650 等）判定时，食品分类按基础标准的食品分类体系判断。各类食品细则中另有规定的，按其规定执行。

（8）海关 HS 编码查询，提供进出口商品 HS 编码查询。HS 编码"协调"涵盖了《海关合作理事会税则商品分类目录》（CCCN）和联合国的《国际贸易标准分类》（SITC）两大分类编码体系，是系统的、多用途的国际贸易商品分类体系。

三、 食品标签标准

《食品安全法》规定，食品安全标准应当包括对与卫生、营养等食品安全要求有关的标签、标志、说明书的要求。我国制定了GB7718—2011等与卫生、营养食品安全要求有关的标签标准（表8-5）。满足这些要求的就是符合安全生产标准。但是注意，这是特指预包装食品。

表8-5   食品标签标准

序号	标准号	标准名称	序号	标准号	标准名称
1	GB/T 4754—2017	国民经济行业分类	9	GB/T 30590—2014	冷冻饮品分类
2	GB/T 7635—2002	全国主要产品分类	10	SB/T 0171—1993	腐乳分类
3	GB/T 8887—2021	淀粉分类	11	SB/T 10172—1993	酱的分类
4	GB/T 10784—2020	罐头食品分类	12	SB/T 10173—1993	酱油分类
5	GB/T 17204—2008	饮料酒分类	13	SB/T 10174—1993	食醋的分类
6	GB/T 20903—2007	调味品分类	14	SB/T 10297—1999	酱腌菜分类
7	GB/T 21725—2017	天然香辛料	15	GB/T 23823—2009	糖果分类
8	GB/T 26604—2011	肉制品分类	16	SC 3001—1989	水产及水产加工品分类与名称

GB 7718—2011《食品安全国家标准 预包装食品标签通则》；

GB 13432—2013《食品安全国家标准 预包装特殊膳食用食品标签》；

GB 10344—2005《预包装饮料酒标签通则（废止）》；

GB 28050—2011《食品安全国家标准 预包装食品营养标签通则》；

GB 7718—2011《预包装食品标签通则》是国家强制性标准，于2012年4月20日起正式实施。

预包装食品：预先定量包装或者制作在包装材料和容器中的食品，包括预先定量包装以及预先定量制作在包装材料和容器中并且在一定量限范围内具有统一的质量或体积标识的食品。

食品标签：食品包装上的文字、图形、符号及一切说明物。

强制标示内容包括：①食品名称；②配料清单；③净含量和沥干物（固形物）含量；④制造者、经销者的名称和地址、联系方式；⑤生产日期和保质期；⑥产品标准号；⑦质量（品质）等级（标准中有此规定的）；⑧产地（102号令）；⑨生产许可证编号；⑩贮存条件；⑪其他强制标示内容（辐照、转基因、规格、分装等）。

四、 食品流通标准

食品流通是指以食品的质量安全为核心，以消费者的需求为目标，围绕食品采购、贮存、运输、供应、销售等过程环节进行的管理和控制活动。

1. 运输工具标准

主要包括运输车辆、船、搬运车辆、装载工具等相关术语、类型代码、规格和性能以及相应的操作方法标准等。如 GB/T 14521—2015《连续搬运机械术语》。

2. 站场技术标准

包括站台、堆场等技术规范和工艺标准。如：

GB/T 11601—2000《集装箱进出港站检查交接要求》；

GB/T 13145—2018《冷藏集装箱堆场技术管理要求》。

3. 运输方式及作业规范标准

GB/T 6512—2012《运输方式代码》；

GB/T 20014.11—2005《良好农业规范 第11部分：畜禽公路运输控制点与符合性规范》。

4. 食品贮藏标准

包括商品的分类、计量、入库、保管、出库、库存控制以及配送等多种功能。

仓库布局标准：

GB/T 17913—2008《粮油储藏 磷化氢环流熏蒸设备》；

GB/T 18768—2002《数码仓库应用系统规范》；

GB/T 29892—2013《荔枝、龙眼干燥设备 试验方法》；

GB/T 50072—2010《冷库设计规范》。

5. 贮藏保鲜技术规程

GB/T 16862—2008《鲜食葡萄冷藏技术》；

GB/T 17479—1998《杏冷藏》；

GB/T 8559—2008《苹果冷藏技术》。

6. 装卸搬运标准

装卸标准：

GB/T 8487—2010《港口装卸术语》；

GB/T 17382—2008《系列1集装箱 装卸和栓固》；

GB/T 13561.1—2009《港口连续装卸设备安全规程 第1部分：散粮筒仓系统》。

搬运标准：

GB/T 12738—2006《索道 术语》；

GB/T 17119—1997《连续搬运设备 带承载托辊的带式输送机 运行功率和张力的计算》。

7. 食品配送标准

配送：在经济合理区域范围内，根据用户要求，对物品进行拣选、加工、包装、分割、组配等作业，并按时送达指定地点的物流活动。

GB/T 18715—2002《配送备货与货物移动报文》。

8. 食品销售标准

食品销售：将产品的所有权转给用户的流通过程，也是实现企业销售利润为目的的经营活动。如：

GB/T 19220—2003《农副产品绿色批发市场》；

GB/T 19221—2003《农副产品绿色零售市场》。

9. 其他食品的物流标准

SB/T 10037—1992《红茶、绿茶、花茶运输包装》；

DB13/T 1177—2010《食品冷链物流技术与管理规范》。

第三节　食品产品标准

产品标准是对产品结构、规格、质量、检验方法所做的技术规定。主要内容包括：产品分类、技术要求、实验方法、检验技术以及标签与标志、包装、储存、运输等方面的要求。

食品产品标准是我国食品标准中数量最多的一类，几乎涵盖所有的食品种类，如食用植物油标准、肉乳食品标准、水产品标准、速冻食品标准、饮料与饮料酒标准、焙烤食品标准、营养强化食品标准等。

强制性国家标准：稻谷、小麦、食用盐、糖类、婴幼儿食品类、食用酒精、天然矿泉水、瓶装饮用纯净水、保健（功能）食品通用标准。

推荐性国家标准：少部分食品标准。

食品产品标准绝大多数是行业标准，如农业标准（NY）、水产品标准（SC）、轻工行业标准（QB）、商品行业标准（SB）。

1. 食用植物油标准

部分食用植物油产品国家标准见表 8 – 6。

表 8 – 6　　　　　　　　　部分食用植物油产品国家标准

序号	标准号	标准名称	序号	标准号	标准名称
1	GB/T 1534—2017	花生油	11	GB/T 22327—2019	核桃油
2	GB/T 1535—2017	大豆油	12	GB/T 8235—2019	亚麻籽油
3	GB/T 1536—2004	菜籽油	13	GB/T 18009—1999	棕榈仁油
4	GB/T 1537—2019	棉籽油	14	GB/T 15680—2009	棕榈油
5	GB/T 10464—2017	葵花籽油	15	GB/T 8234—2009	蓖麻籽油
6	DB/T 11765—2018	油茶籽油	16	GB/T 22478—2008	葡萄籽油
7	GB/T 19111—2017	玉米油	17	GB/T 23347—2009	橄榄油、油橄榄果渣油
8	GB/T 19112—2003	米糠油	18	GB/T 8233—2018	芝麻油
9	GB/T 22465—2008	红花籽油	19	GB/T 24301—2009	氢化蓖麻籽油
10	GB/T 22479—2008	花椒籽油			

2. 肉与肉制品标准

部分肉与肉制品产品国家标准见表 8 – 7。

表8-7 部分肉与肉制品产品国家标准

序号	标准号	标准名称	序号	标准号	标准名称
1	GB/T 9961—2008	鲜、冻胴体羊肉	11	GB/T 23968—2009	肉松
2	GB/T 17238—2008	鲜、冻分割牛肉	12	GB/T 20711—2006	熏煮火腿
3	GB/T 9960—2008	鲜、冻四分体牛肉	13	GB/T 20712—2006	火腿肠
4	GB/T 9959.1—2019	鲜、冻猪肉及猪副产品	14	GB/T 13213—2017	猪肉糜类罐头
5	GB/T 17239—2008	鲜、冻兔肉	15	GB/T 13214—2006	咸牛肉、咸羊肉罐头
6	GB 16869—2005	鲜、冻禽产品	16	GB/T 20558—2006	地理标志产品　符离集烧鸡
7	GB/T 9959.2—2008	分割鲜冻猪瘦肉	17	GB/T 21004—2007	地理标志产品　泰和乌鸡
8	GB/T 23586—2009	酱卤肉制品	18	GB/T 19694—2008	地理标志产品　平遥牛肉
9	GB/T 23969—2009	肉干	19	GB/T 18357—2008	地理标志产品　宣威火腿
10	GB/T 25734—2010	牦牛肉干	20	GB/T 19088—2008	地理标志产品　金华火腿

3. 速冻食品标准

部分速冻食品国家标准见表8-8。

表8-8 部分速冻食品国家标准

序号	标准号	标准名称	序号	标准号	标准名称
1	GB/T 23786—2009	速冻饺子	5	NY/T 1069—2006	速冻马蹄片
2	GB/T 25007—2010	速冻食品生产 HACCP 应用准则	6	NY/T 952—2006	速冻菠菜
3	GB/T 27302—2008	食品安全管理体系速冻方便食品生产企业要求	7	SB/T 10379—2012	速冻调制食品
4	GB/T 27307—2008	食品安全管理体系速冻果蔬生产企业要求	8	SB/T 10423—2017	速冻汤圆

4. 饮料标准

现行的部分饮料标准见表8-9。

表8-9　　　　　　　　　　　现行的部分饮料标准

序号	标准号	标准名称	序号	标准号	标准名称
1	GB/T 10789—2015	饮料通则	7	GB/T 12143—2008	饮料通用分析方法
2	GB/T 21731—2008	橙汁及橙汁饮料	8	GB/T 31324—2014	植物蛋白饮料　杏仁露
3	GB/T 10792—2008	碳酸饮料（汽水）	9	QB/T 2300—2006	植物蛋白饮料　椰子汁及复原椰子汁
4	GB/T 21732—2008	含乳饮料	10	GB/T 30885—2014	植物蛋白饮料　豆奶和豆奶饮料
5	GB/T 21733—2008	茶饮料	11	QB/T 2842—2007	食用芦荟制品　芦荟饮料
6	GB 15266—2009	运动饮料	12	HJ/T 210—2005	环境标志产品技术要求　软饮料

5. 饮料酒标准

（1）白酒和蒸馏酒国家标准　现行的部分白酒和蒸馏酒国家标准见表8-10。

表8-10　　　　　　　　　　现行的部分白酒和蒸馏酒国家标准

序号	标准号	标准名称	序号	标准号	标准名称
1	GB/T 20821—2007	液态法白酒	12	GB/T 20824—2007	芝麻香型白酒
2	GB/T 20822—2007	固液法白酒	13	GB/T 20825—2007	老白干香型白酒
3	GB/T 26761—2011	小曲固态法白酒	14	GB/T 18356—2007	地理标志产品　贵州茅台酒
4	GB/T 26760—2011	酱香型白酒	15	GB/T 22211—2008	地理标志产品　五粮液酒
5	GB/T 10781.1—2006	浓香型白酒	16	GB/T 22045—2008	地理标志产品　泸州老窖特曲酒
6	GB/T 10781.2—2006	清香型白酒	17	GB/T 22041—2008	地理标志产品　国窖1573白酒
7	GB/T 10781.3—2006	米香型白酒	18	GB/T 19508—2007	地理标志产品　西凤酒
8	GB/T 23547—2009	浓酱兼香型白酒	19	GB/T 19327—2007	地理标志产品　古井贡酒
9	GB/T 14867—2007	凤香型白酒	20	GB/T 21822—2008	地理标志产品　沱牌白酒
10	GB/T 20823—2017	特香型白酒	21	GB/T 19961—2005	地理标志产品　剑南春酒
11	GB/T 16289—2018	豉香型白酒	22	GB/T 18624—2007	地理标志产品　水井坊酒

续表

序号	标准号	标准名称	序号	标准号	标准名称
23	GB/T 22046—2008	地理标志产品 洋河大曲酒	31	GB/T 22736—2008	地理标志产品 酒鬼酒
24	GB/T 19331—2007	地理标志产品 互助青稞酒	32	GB/T 15109—2008	白酒工业术语
25	GB/T 21263—2007	地理标志产品 牛栏山二锅头酒	33	GB/T 23544—2009	白酒企业良好生产规范
26	GB/T 19329—2007	地理标志产品 道光廿五贡酒	34	GB/T 10345—2007	白酒分析方法
27	GB/T 22735—2008	地理标志产品 景芝神酿酒	35	GB/T 10346—2006	白酒检验规则和标志、包装、运输、贮存
28	GB/T 19328—2007	地理标志产品 口子窖酒	36	GB/T 11856—2008	白兰地
29	GB/T 21261—2007	地理标志产品 玉泉酒	37	GB/T 11857—2008	威士忌
30	GB/T 21820—2008	地理标志产品 舍得白酒	38	GB/T 11858—2008	伏特加（俄得克）

（2）发酵酒国家标准　现行的部分发酵酒国家标准见表8-11。

表8-11　　　　　　　　　　现行的部分发酵酒国家标准

序号	标准号	标准名称	序号	标准号	标准名称
1	GB 8952—2016	食品安全国家标准 啤酒生产卫生规范	10	GB/T 19504—2008	地理标志产品 贺兰山东麓葡萄酒
2	GB 15037—2006	葡萄酒	11	GB/T 17946—2008	地理标志产品 绍兴酒（绍兴黄酒）
3	GB/T 25504—2010	冰葡萄酒	12	GB/T 4928—2008	啤酒分析方法（部分有效）
4	GB/T 13662—2018	黄酒	13	GB/T 15038—2006	葡萄酒、果酒通用分析方法（部分有效）
5	GB/T 23546—2009	奶酒			
6	GB/T 19265—2008	地理标志产品 沙城葡萄酒	14	GB/T 5009.49—2008	发酵酒及其配制酒卫生标准的分析方法
7	GB/T 20820—2007	地理标志产品 通化山葡萄酒	15	GB/T 20942—2007	啤酒企业良好操作规范
8	GB/T 18966—2008	地理标志产品 烟台葡萄酒	16	GB/T 23543—2009	葡萄酒企业良好生产规范
9	GB/T 19049—2008	地理标志产品 昌黎葡萄酒	17	GB/T 23542—2009	黄酒企业良好生产规范

6. 焙烤食品标准

现行的部分焙烤食品国家标准见表 8 - 12。

表 8 - 12 现行的部分焙烤食品国家标准

序号	标准号	标准名称
1	GB/T 12140—2007	糕点术语
2	GB/T 20977—2007	糕点通则
3	GB 19855—2015	月饼
4	GB/T 20981—2007	面包
5	GB/T 20980—2007	饼干
6	GB 7099—2015	糕点、面包
7	GB 17400—2015	方便面
8	GB 7100—2015	食品安全国家标准 饼干
9	GB/T 5009.56—2003	糕点卫生标准的分析方法（部分有效）
10	GB/T 4789.24—2003	食品卫生微生物学检验 糖果、糕点、蜜饯检验
11	GB/T 23780—2009	糕点质量检验方法
12	GB/T 23812—2009	糕点生产及销售要求
13	GB/T 31059—2014	裱花蛋糕
14	GB/T 20977—2007	糕点通则
15	SN/T 1881.3—2007	进出口易腐食品货架贮存卫生规范 第 3 部分：糕点类食品

第四节　食品安全标准

一、　食品卫生标准概述

食品卫生标准的三大重要意义：

（1）反映严重危害健康的指标　如农药残留、有害重金属、致病菌、真菌毒素等。

（2）反映对健康可能有一定危险性的指标　如菌落总数、大肠菌群。

（3）反映食品卫生状况恶化或对卫生状况的恶化具有影响的指标：如酸价、挥发性盐基氮、水分、盐分等。

二、　国家食品卫生标准类别

1. 食品中农药、兽药最大残留限量卫生标准

食品安全法规定，禁止将剧毒、高毒农药和兽药用于农业生产和食品动物饲喂。截至 2021 年底，已有 50 种农药、100 多种兽药被禁用，例如六六六、滴滴涕、倍硫磷、敌敌畏等农药，氯霉素、安眠酮、地西洋等兽药。GB 2763—2021《食品安全国家标准 食品中农药最大残留限量（印刷版）》。规定了食品中 2,4 - 滴丁酸等 564 种农药 10092 项最大残留

限量。

2013 年 3 月 1 日，GB 2763—2012《食品安全国家标准 食品中农药最大残留限量》正式实施，新标准制定了 322 种农药在 10 大类农产品和食品中的 2293 个残留限量，基本涵盖了我国居民日常消费的主要食品和农产品。新标准中蔬菜、水果、茶叶等鲜食农产品的农药最大残留限量数量最多。其中，蔬菜中农药残留限量 915 个，水果 664 个，茶叶 25 个，食用菌 17 个。

GB 2763—2019《食品安全国家标准 食品中农药最大残留限量》主要有 5 个方面特点：①全部覆盖中国批准使用的农药品种，解决了历史遗留的"有农药登记、无限量标准"问题，同时以评估数据为依据，科学严谨地设定残留限量；②突出高风险的禁限用农药，规定了 27 种禁用农药 585 项限量、16 种限用农药 311 项限量；③特色小宗作物限量标准显著增加，其中，新增人参、杨梅、冬枣等 119 种特色小宗作物共 804 项限量，总数达到 1602 项，是 2016 版的 2 倍多；④动物源性食品残留限量有了突破性增长，规定了 109 种农药在肉、蛋、乳等 27 种居民日常消费的动物源性食品中的 703 项最大残留限量，是 2016 版的 14 倍，从以植物源性食品为主积极向动物源性食品扩展，进一步拓宽了食品安全监管的覆盖面；⑤进口食品农产品中农药品种数量显著增长，针对进口农产品中可能含有中国尚未登记农药的情况，通过评估转化了国际食品法典标准，制定了 77 种尚未在中国批准使用的农药 1109 项残留限量。

2. 食品中有害金属元素及环境污染物限量卫生标准

我国现已确定有害重金属元素及环境污染物限量指标的主要是：镉、铅、汞、氟、砷、铬、铜、铁、铝、硒、锌、稀土元素、苯并（a）芘、多氯联苯、N - 亚硝酸、亚硝酸盐等，以及放射性物质限量浓度指标。

3. 食品中有害微生物和真菌毒素限量卫生标准

食品中的有害微生物限量指标一般是指致病菌、菌落总数、大肠菌群。

真菌毒素限量指标主要为：黄曲霉毒素 B_1、黄曲霉毒素 M_1、展青霉素、脱氧雪腐镰刀菌烯醇。我国食品中真菌毒素限量标准见 GB 2761—2017。

4. 产品卫生标准（包括食品原料与终产品）

食品产品卫生标准主要包括：畜、禽肉及其制品、蛋与蛋制品、水生动植物（藻类）及其制品、乳与乳制品、谷类、豆类及其制品、食用油脂、蔬菜、水果及其制品、饮料及冷冻饮品、调味品、糖与糖制品、罐头食品、酒类、干制（炒、坚果）食品、食用菌等类食品的卫生标准。

5. 辐照食品卫生标准

我国的辐照食品主要有：熟畜禽肉类、花粉、干果果脯肉类、香辛料类、新鲜水果、蔬菜类、猪肉、冷冻包装畜禽肉类、豆类、谷类及其制品、薯干酒等的卫生标准，如 GB 18524—2016《食品安全国家标准 食品辐照加工卫生规范》。

6. 食品添加剂、营养强化剂使用卫生标准

我国的食品添加剂及营养强化剂卫生标准为 GB 2760—2014《食品安全国家标准 食品添加剂使用标准》、GB 14880—2012《食品安全国家标准 食品营养强化剂使用标准》。

7. 食品容器与包装材料卫生标准

食品容器、包装材料主要有塑料制品类、橡胶制品类、包装袋、搪瓷、不锈钢、铝、植

物纤维类食具容器、涂料类卫生标准等。此外，还有食品用具、设备用洗涤剂卫生标准，洗涤消毒剂卫生标准及食品（饮具）消毒卫生标准。GB 4806.1—2016《食品安全国家标准 食品接触材料及制品通用安全要求》，相关食品容器及包装材料卫生标准如下：

GB/T 5009.67—2003《食品包装用聚氯乙烯成型品卫生标准的分析方法》；

GB/T 5009.66—2003《橡胶奶嘴卫生标准的分析方法》；

GB/T 5009.65—2003《食品用高压锅密封圈卫生标准的分析方法》；

GB/T 5009.64—2003《食品用橡胶垫片（圈）卫生标准的分析方法》；

GB/T 5009.62—2003《陶瓷制食具容器卫生标准的分析方法》；

GB/T 5009.61—2003《食品包装用三聚氰胺成型品卫生标准的分析方法》；

GB/T 5009.60—2003《食品包装用聚乙烯、聚苯乙烯、聚丙烯成型品卫生标准的分析方法》；

GB/T 5009.59—2003《食品包装用聚苯乙烯树脂卫生标准的分析方法》。

三、 食品生产安全控制标准

1. 危害分析与关键控制点体系

危害分析与关键控制点（hazard analysis critical control point，HACCP）表示危害分析的临界控制点。HACCP体系是国际上共同认可和接受的食品安全保证体系，主要是对食品中微生物、化学和物理危害进行安全控制。HACCP是一种控制食品安全危害的预防性体系，用来使食品安全危害风险降低到最小或可接受的水平，预测和防止在食品生产过程中出现影响食品安全的危害，防患于未然，降低产品损耗。

HACCP包括七个原理：①进行危害分析；②确定关键控制点；③确定各关键控制点关键限值；④建立各关键控制点的监控程序；⑤建立当监控表明某个关键控制点失控时应采取的纠偏行动；⑥建立证明HACCP系统有效运行的验证程序；⑦建立关于所有适用程序和这些原理及其应用的记录系统。

HACCP组成：HACCP质量管制法，是一套确保食品安全的管理系统，这种管理系统一般由下列各部分组成。

（1）对从原料采购→产品加工→消费各个环节可能出现的危害进行分析和评估。

（2）根据这些分析和评估来设立某一食品从原料直至最终消费这一全过程的关键控制点（CCPS）。

（3）建立起能有效监测关键控制点的程序。

认证原则如下所示：

（1）进行危害分析并确定预防措施。

（2）确定关键控制点。

（3）确定关键控制限度。

（4）监控每一个关键控制点。

（5）当关键限度发生偏差时，应采取的纠正措施。

（6）制定记录保存体系。

（7）制定审核程序。

GB/T 19537—2004《蔬菜加工企业HACCP体系审核指南》，GB/T 19538—2004《危害分

析与关键控制点（HACCP）体系及其应用指南》。

2. 食品良好生产规范

食品良好生产规范（GMP, good manufacture practice）是指生产（加工）符合食品标准或食品法规的食品所必须遵循的，经食品卫生监督与管理机构认可的强制性作业规范。

GMP 是一种具有专业特性的品质保证或制造管理体系，是为保障食品安全、质量而制定的贯穿食品生产全过程的一系列措施、方法和技术要求，是一种特别注重生产过程中产品品质与卫生安全的自主性管理制度，是一种具体的产品质量保证体系，其要求工厂在制造、包装及贮运产品等过程的有关人员配置以及建筑、设施、设备等的设置及卫生、制造过程、产品质量等管理均能符合良好生产规范，防止产品在不卫生条件或可能引起污染及品质变坏的环境下生产，减少生产事故的发生，确保产品安全卫生和品质稳定，确保成品的质量符合标准。

GMP 要求生产企业应具有良好的生产设备、合理的生产过程、完善的质量管理和严格的检测系统。其主要内容包括：

（1）先决条件　合适的加工环境、工厂建筑、道路、行程、地表供水系统、废物处理等。

（2）设施　制作空间、贮藏空间、冷藏空间、冷冻空间的供给；排风、供水、排水、排污、照明等设施；合适的人员组成等。

（3）加工、储藏、分配操作　物质购买和贮藏；机器、机器配件、配料、包装材料、添加剂、加工辅助品的使用及合理性；成品外观、包装、标签和成品保存；成品仓库、运输和分配；成品的再加工；成品申请、抽检和试验，良好的实验室操作等。

（4）卫生和食品安全检测　特殊的储藏条件，热处理、冷藏、冷冻、脱水、化学保藏；清洗计划、清洗操作、污水管理、害虫控制；个人卫生和操作；外来物控制、残存金属检测、碎玻璃检测以及化学物质检测等。

（5）管理职责　提供资源、管理和监督、质量保证和技术人员；人员培训；提供卫生监督管理程序；满意程度；产品撤销等。

简要地说，GMP 要求食品生产企业应具备良好的生产设备、合理的生产工艺、完善的质量管理和严格的检测系统，确保最终产品的质量（包括食品安全卫生）符合法规要求。

3. 食品企业生产卫生规范

食品企业生产卫生规范是指为保证食品的安全，对食品企业的选址、设计、施工、设施、设备、操作人员、工艺等方面的卫生要求所做的统一规定。GB 14881—2013《食品生产通用卫生规范》是规范食品生产行为，防止食品生产过程的各种污染，生产安全且适宜食用的食品的基础性食品安全国家标准。

针对不同食品种类，国家也出台了相应的食品企业生产卫生规范标准，如 GB 8950—2016《食品安全国家标准　罐头食品生产卫生规范》。

4. 食品卫生毒理学安全性评价程序与方法

我国食品卫生毒理学安全性评价程序与方法主要有：日允许摄入量（ADI）、食品安全性毒理学评价程序、食品毒理学实验室操作规范、急性毒性试验、显性致死试验、致畸试验、慢性毒性和致癌试验等，如 GB 15193.1—2014《食品安全性毒理学评价程序》。

5. 食物中毒诊断标准

我国的食物中毒诊断标准主要包括食物中毒诊断标准及技术处理原则和各类食物中毒诊断标准及处理原则。如 GB 14938—1994《食物中毒诊断标准及技术处理总则（废止）》、WS/T 11—1996《霉变谷物中呕吐毒素食物中毒诊断标准及处理原则》。

第五节　食品检验方法标准

食品微生物学检验方法标准和食品理化检验方法标准均为强制性国标（GB），强制性国标是保障人体健康、人身、财产安全的标准和法律及行政法规规定强制执行的国家标准。

一、　食品微生物学检验方法标准

1. 食品卫生微生物学检验总则

GB 4789.1—2016《食品安全国家标准　食品微生物学检验总则》，规定了食品卫生微生物学检验总则，适用于各类食品样品的采样和送检。

2. 菌落总数、霉菌和酵母菌计数等测定方法标准

GB 4789.2—2016《食品安全国家标准　食品微生物学检验　菌落总数测定》规定了食品中菌落总数的测定方法。

GB 4789.15—2016《食品安全国家标准　食品微生物学检验　霉菌和酵母计数》规定了各类粮食、食品和饮料中霉菌和酵母菌数的检验方法。

3. 食品中大肠菌群、沙门菌等微生物的检验方法标准

GB/T 4789.3—2016《食品安全国家标准　食品微生物学检验　大肠菌群计数》；

GB/T 47894.4—2016《食品安全国家标准　食品微生物学检验　沙门氏菌检验》；

GB/T 4789.5—2012《食品安全国家标准　食品微生物学检验　志贺氏菌检验》；

GB 4789.6—2016《食品安全国家标准　食品微生物学检验　致泻大肠埃希氏菌检验》；

GB 4789.7—2013《食品安全国家标准　食品微生物学检验　副溶血性弧菌检验》；

GB 4789.8—2016《食品安全国家标准　食品微生物学检验　小肠结肠炎耶尔森氏菌检验》；

GB 4789.9—2014《食品安全国家标准　食品微生物学检验　空肠弯曲菌检验》；

GB 4789.10—2016《食品安全国家标准　食品微生物学检验　金黄色葡萄球菌检验》；

GB 4789.13—2012《食品安全国家标准　食品微生物学检验　产气荚膜梭菌检验》；

GB/T 4789.14—2014《食品安全国家标准　食品微生物学检验　蜡样芽孢杆菌检验》。

GB/T 4789.3—2016 规定总大肠菌群的测定方法，用于测定各类食品中的大肠菌群；GB/T 4789.4—2016 为用于测定食品中沙门氏菌的检验方法，适用于各类食品和食物中沙门氏菌的检验；GB/T 4789.5—2012《食品中志贺氏菌的检验方法标准》，适用于各类食品和食物中毒样品中志贺氏菌的检验；GB/T 4789.6—2016 规定了食品中致泻大肠埃希氏菌的检验方法，适用于食品和食物中毒样品中致泻大肠埃希氏菌的检验；GB/T 4789.7—2013 规定了副溶血性弧菌的检验方法，适用于动物性水产干制品，腌、碎制生食动物性水产品，即食藻类食品、鱼糜制品等水产品和水产调味品以及食物中毒样品中副溶血性弧菌的检验；

GB/T 4789.8—2016 规定了小肠结膜炎耶尔森菌的检验；GB/T 4789.9—2014 规定了空肠弯曲菌的检验方法，适用于各类食物中毒样品空肠弯曲菌的检验；GB/T 4789.10—2016 规定了食品中金黄色葡萄球菌的检验方法，适用于各类食品和食物中毒样品中金黄色葡萄球菌的检验；GB/T 4789.11—2014 规定了 β 型溶血性链球菌的检验；GB 4789.12—2016《食品安全国家标准 食品微生物学检验 肉毒梭菌及肉毒毒素检验》，适用于各类食品和食物中毒样品中肉毒梭菌及肉毒素的检验；GB 4789.13—2012《食品安全国家标准 食品微生物学检验 产气荚膜梭菌检验》，适用于各类食品和食物中毒样品中产气荚膜梭菌的检验；GB/T 4789.14—2014 规定了蜡样芽孢杆菌的检验方法，适用于各类食品中毒样品中蜡样芽孢杆菌的检验。

4. 常见产毒霉菌的鉴定标准

GB/T 4789.16—2016《食品安全国家标准 食品微生物学检验 常见产毒霉菌的形态学鉴定》规定了食品中常见产毒霉菌的鉴定方法，适用于曲霉菌、青霉菌、镰刀菌属及其他菌属的产毒霉菌鉴定。

5. 肉、蛋、乳及其制品检验标准

GB/T 4789.17—2003《食品卫生微生物学检验 肉与肉制品检验》；GB 4789.18—2010《食品安全国家标准 食品微生物学检验 乳与乳制品检验》；GB/T 4789.19—2003《食品卫生微生物学检验 蛋与蛋制品检验》；GB/T 4789.17—2003 规定了肉制品检验的基本要求和检验方法，适用于鲜（冻）的畜禽肉、熟肉制品及熟肉干制品的检验；GB/T 4789.18—2010 为乳制品检验的基本要求和检验方法标准，适用于鲜乳及其制品（菌落总数检验不适于酸乳）的检验；GB/T 4789.198—2003 规定了蛋与蛋制品检验的基本要求和检验方法，适用于鲜蛋及蛋制品的检验。

6. 水产食品、冷冻饮品、饮料、调味品和冷食菜等食品的检验标准

GB/T 4789.20—2003《食品卫生微生物学检验 水产食品检验》；

GB/T 4789.21—2003《食品卫生微生物学检验 冷冻饮品、饮料检验》；

GB/T 4789.22—2003《食品卫生微生物学检验 调味品检验》；

GB/T 4789.23 2003《食品卫生微生物学检验 冷食菜、豆制品检验》。

7. 糖果、糕点、蜜饯、酒类和罐头食品检验标准

GB 4789.24—2003《食品卫生微生物学检验 糖果、糕点、蜜饯检验》；

GB 4789.25—2003《食品卫生微生物学检验 酒类检验》；

GB 4789.26—2013《食品安全国家标准 食品微生物学检验 商业无菌检验》。

8. 鲜乳中抗生素残留量检验标准

GB/T 4789.27—2008《食品卫生微生物学检验 鲜乳中抗生素残留检验》，规定了鲜乳中抗生素残留量的检验方法，适用于能杀灭嗜热乳酸链球菌的各种常用抗生素的检验。

9. 染色法、培养基和试剂标准

GB 4789.28—2013《食品安全国家标准 食品微生物学检验 培养基和试剂的质量要求》。

10. 椰毒假单胞菌酵米面亚种、单核细胞增生李斯特氏菌等检验标准

GB 4789.29—2020《食品安全国家标准 食品微生物学检验 唐菖蒲伯克霍尔德氏菌（椰毒假单胞菌酵米面亚种）检验》；

GB 4789.30—2016《食品安全国家标准 食品微生物学检验 单核细胞增生李斯特氏菌

检验》；

GB 4789.31—2013《食品安全国家标准　食品微生物学检验　沙门氏菌、志贺氏菌和致泻大肠埃希氏菌的肠杆菌科噬菌体诊断检验》；

GB/T 4789.3—2016《食品安全国家标准　食品微生物学检验　大肠菌群计数》。

11. 粮谷、果蔬类食品检验标准

标准 GB 4789.33—2010 为首次发布，本标准规定了粮谷、果蔬类食品检验的基本要求和检验方法，适用于以粮谷、果蔬类为原料加工的食品，包括膨化食品、淀粉类食品、油炸小食品、早餐谷物、方便面、速冻预包装面米食品、酱腌菜等的检验。

12. 双歧杆菌检验标准

GB 4789.34—2016《食品安全国家标准　食品微生物学检验　双歧杆菌检验》规定了双歧杆菌检验方法，适用于食品中双歧杆菌的检验。

二、 食品理化检验方法标准（均为强制性）

食品理化检验，是指借助物理、化学的方法，使用某种测量工具或仪器设备对食品所进行的检验。食品理化检验的主要内容是各种食品的营养成分及化学性污染问题，包括动物性食品（如肉类、乳类、蛋类、水产品、蜂产品）、植物性食品、饮料、调味品、食品添加剂和保健食品等。食品理化检验的目的在于根据测得的分析数据对被检食品的品质和质量做出正确可观的判定和评定。具体标准如下所示：

GB 5009.13—2017《食品安全国家标准　食品中铜的测定》

GB 5009.14—2017《食品安全国家标准　食品中锌的测定》

GB 5009.91—2017《食品安全国家标准　食品中钾、钠的测定》

GB 5009.93—2017《食品安全国家标准　食品中硒的测定》

GB 5009.138—2017《食品安全国家标准　食品中镍的测定》

GB 5009.182—2017《食品安全国家标准　食品中铝的测定》

GB 5009.241—2017《食品安全国家标准　食品中镁的测定》

GB 5009.242—2017《食品安全国家标准　食品中锰的测定》

QB/T 5009—2016《白砂糖中亚硫酸盐的测定》

GB 5009.5—2016《食品安全国家标准　食品中蛋白质的测定》

GB 5009.6—2016《食品安全国家标准　食品中脂肪的测定》

GB 5009.8—2016《食品安全国家标准　食品中果糖、葡萄糖、蔗糖、麦芽糖、乳糖的测定》

GB 5009.9—2016《食品安全国家标准　食品中淀粉的测定》

GB 5009.22—2016《食品安全国家标准　食品中黄曲霉毒素 B 族和 G 族的测定》

GB 5009.206—2016《食品安全国家标准　水产品中河豚毒素的测定》

GB 5009.208—2016《食品安全国家标准　食品中生物胺的测定》

GB 5009.24—2016《食品安全国家标准　食品中黄曲霉毒素 M 族的测定》

GB 5009.209—2016《食品安全国家标准　食品中玉米赤霉烯酮的测定》

GB 5009.212—2016《食品安全国家标准　贝类中腹泻性贝类毒素的测定》

GB 5009.25—2016《食品安全国家标准　食品中杂色曲霉素的测定》

GB 5009.213—2016《食品安全国家标准　贝类中麻痹性贝类毒素的测定》

GB 5009.26—2016《食品安全国家标准　食品中 N - 亚硝胺类化合物的测定》

GB 5009.222—2016《食品安全国家标准　食品中桔青霉素的测定》

GB 5009.27—2016《食品安全国家标准　食品中苯并(a)芘的测定》

GB 5009.261—2016《食品安全国家标准　贝类中神经性贝类毒素的测定》

GB 5009.28—2016《食品安全国家标准　食品中苯甲酸、山梨酸和糖精钠的测定》

GB 5009.262—2016《食品安全国家标准　食品中溶剂残留量的测定》

GB 5009.263—2016《食品安全国家标准　食品中阿斯巴甜和阿力甜的测定》

GB 5009.32—2016《食品安全国家标准　食品中 9 种抗氧化剂的测定》

GB 5009.264—2016《食品安全国家标准　食品乙酸苄酯的测定》

GB 5009.265—2016《食品安全国家标准　食品中多环芳烃的测定》

GB 5009.33—2016《食品安全国家标准　食品中亚硝酸盐与硝酸盐的测定》

GB 5009.266—2016《食品安全国家标准　食品中甲醇的测定》

GB 5009.36—2016《食品安全国家标准　食品中氰化物的测定》

GB 5009.267—2020《食品安全国家标准　食品中碘的测定》

GB 5009.268—2016《食品安全国家标准　食品中多元素的测定》

GB 5009.82—2016《食品安全国家标准　食品中维生素 A、D、E 的测定》

GB 5009.269—2016《食品安全国家标准　食品中滑石粉的测定》

GB 5009.270—2016《食品安全国家标准　食品中肌醇的测定》

GB 5009.83—2016《食品安全国家标准　食品中胡萝卜素的测定》

GB 5009.271—2016《食品安全国家标准　食品中邻苯二甲酸酯的测定》

GB 5009.272—2016《食品安全国家标准　食品中磷脂酰胆碱、磷脂酰乙醇胺、磷脂酰肌醇的测定》

GB 5009.273—2016《食品安全国家标准　水产品中微囊藻毒素的测定》

GB 5009.274—2016《食品安全国家标准　水产品中西加毒素的测定》

GB 5009.275—2016《食品安全国家标准　食品中硼酸的测定》

GB 5009.276—2016《食品安全国家标准　食品中葡萄糖酸 - δ - 内酯的测定》

GB 5009.277—2016《食品安全国家标准　食品中双乙酸钠的测定》

GB 5009.278—2016《食品安全国家标准　食品中乙二胺四乙酸盐的测定》

GB 5009.279—2016《食品安全国家标准　食品中木糖醇、山梨醇、麦芽糖醇、赤藓糖醇的测定》

GB 5009.85—2016《食品安全国家标准　食品中维生素 B_2 的测定》

GB 5009.87—2016《食品安全国家标准　食品中磷的测定》

GB 5009.89—2016《食品安全国家标准　食品中烟酸和烟酰胺的测定》

GB 5009.90—2016《食品安全国家标准　食品中铁的测定》

GB 5009.92—2016《食品安全国家标准　食品中钙的测定》

GB 5009.96—2016《食品安全国家标准　食品中赭曲霉毒素 A 的测定》

GB 5009. 111—2016《食品安全国家标准　食品中脱氧雪腐镰刀菌烯醇及其乙酰化衍生物的测定》

GB 5009. 118—2016《食品安全国家标准　食品中 T - 2 毒素的测定》

GB 5009. 124—2016《食品安全国家标准　食品中氨基酸的测定》

GB 5009. 128—2016《食品安全国家标准　食品中胆固醇的测定》

GB 5009. 137—2016《食品安全国家标准　食品中锑的测定》

GB 5009. 149—2016《食品安全国家标准　食品中栀子黄的测定》

GB 5009. 150—2016《食品安全国家标准　食品中红曲色素的测定》

GB 5009. 154—2016《食品安全国家标准　食品中维生素 B_6 的测定》

GB 5009. 158—2016《食品安全国家标准　食品中维生素 K_1 的测定》

GB 5009. 168—2016《食品安全国家标准　食品中脂肪酸的测定》

GB 5009. 185—2016《食品安全国家标准　食品中展青霉素的测定》

GB 5009. 189—2016《食品安全国家标准　食品中米酵菌酸的测定》

GB 5009. 191—2016《食品安全国家标准　食品中氯丙醇及其脂肪酸酯含量的测定》

GB 5009. 198—2016《食品安全国家标准　贝类中失忆性贝类毒素的测定》

GB 5009. 156—2016《食品安全国家标准　食品接触材料及制品迁移试验预处理方法通则》

GB 5009. 2—2016《食品安全国家标准　食品相对密度的测定》

GB 5009. 3—2016《食品安全国家标准　食品中水分的测定》

GB 5009. 4—2016《食品安全国家标准　食品中灰分的测定》

GB 5009. 7—2016《食品安全国家标准　食品中还原糖的测定》

GB 5009. 31—2016《食品安全国家标准　食品中对羟基苯甲酸酯类的测定》

GB 5009. 34—2016《食品安全国家标准　食品中二氧化硫的测定》

GB 5009. 35—2016《食品安全国家标准　食品中合成着色剂的测定》

GB 5009. 42—2016《食品安全国家标准　食盐指标的测定》

GB 5009. 43—2016《食品安全国家标准　味精中麸氨酸钠（谷氨酸钠）的测定》

GB 5009. 44—2016《食品安全国家标准　食品中氯化物的测定》

GB 5009. 84—2016《食品安全国家标准　食品中维生素 B_1 的测定》

GB 5009. 86—2016《食品安全国家标准　食品中抗坏血酸的测定》

GB 5009. 97—2016《食品安全国家标准　食品中环己基氨基磺酸钠的测定》

GB 5009. 120—2016《食品安全国家标准　食品中丙酸钠、丙酸钙的测定》

GB 5009. 121—2016《食品安全国家标准　食品中脱氢乙酸的测定》

GB 5009. 141—2016《食品安全国家标准　食品中诱惑红的测定》

GB 5009. 153—2016《食品安全国家标准　食品中植酸的测定》

GB 5009. 157—2016《食品安全国家标准　食品有机酸的测定》

GB 5009. 169—2016《食品安全国家标准　食品中牛磺酸的测定》

GB 5009. 179—2016《食品安全国家标准　食品中三甲胺的测定》

GB 5009. 181—2016《食品安全国家标准　食品中丙二醛的测定》

GB 5009. 202—2016《食品安全国家标准　食用油中极性组分（PC）的测定》

GB 5009. 210—2016《食品安全国家标准　食品中泛酸的测定》

GB 5009. 215—2016《食品安全国家标准　食品中有机锡的测定》

GB 5009. 224—2016《食品安全国家标准　大豆制品中胰蛋白酶抑制剂活性的测定》

GB 5009. 225—2016《食品安全国家标准　酒中乙醇浓度的测定》

GB 5009. 226—2016《食品安全国家标准　食品中过氧化氢残留量的测定》

GB 5009. 227—2016《食品安全国家标准　食品中过氧化值的测定》

GB 5009. 228—2016《食品安全国家标准　食品中挥发性盐基氮的测定》

GB 5009. 260—2016《食品安全国家标准　食品中叶绿素铜钠的测定》

GB 5009. 259—2016《食品安全国家标准　食品中生物素的测定》

GB 5009. 258—2016《食品安全国家标准　食品中棉子糖的测定》

GB 5009. 257—2016《食品安全国家标准　食品中反式脂肪酸的测定》

GB 5009. 229—2016《食品安全国家标准　食品中酸价的测定》

GB 5009. 256—2016《食品安全国家标准　食品中多种磷酸盐的测定》

GB 5009. 255—2016《食品安全国家标准　食品中果聚糖的测定》

GB 5009. 254—2016《食品安全国家标准　动植物油脂中二甲基硅氧烷的测定》

GB 5009. 253—2016《食品安全国家标准　动物源性食品中全氟辛烷磺酸（PFOS）和全氟辛酸（PFOA）的测定》

GB 5009. 252—2016《食品安全国家标准　食品中乙酰丙酸的测定》

GB 5009. 230—2016《食品安全国家标准　食品中羰基价的测定》

GB 5009. 251—2016《食品安全国家标准　食品中 1,2 - 丙二醇的测定》

GB 5009. 231—2016《食品安全国家标准　水产品中挥发酚残留量的测定》

GB 5009. 250—2016《食品安全国家标准　食品中乙基麦芽酚的测定》

GB 5009. 232—2016《食品安全国家标准　水果、蔬菜及其制品中甲酸的测定》

GB 5009. 249—2016《食品安全国家标准　铁强化酱油中乙二胺四乙酸铁钠的测定》

GB 5009. 233—2016《食品安全国家标准　食醋中游离矿酸的测定》

GB 5009. 248—2016《食品安全国家标准　食品中叶黄素的测定》

GB 5009. 234—2016《食品安全国家标准　食品中铵盐的测定》

GB 5009. 247—2016《食品安全国家标准　食品中纽甜的测定》

GB 5009. 246—2016《食品安全国家标准　食品中二氧化钛的测定》

GB 5009. 245—2016《食品安全国家标准　食品中聚葡萄糖的测定》

GB 5009. 244—2016《食品安全国家标准　食品中二氧化氯的测定》

GB 5009. 243—2016《食品安全国家标准　高温烹调食品中杂环胺类物质的测定》

GB 5009. 240—2016《食品安全国家标准　食品中伏马毒素的测定》

GB 5009. 239—2016《食品安全国家标准　食品酸度的测定》

GB 5009. 238—2016《食品安全国家标准　食品水分活度的测定》

GB 5009. 237—2016《食品安全国家标准　食品 pH 值的测定》

GB 5009. 236—2016《食品安全国家标准　动植物油脂水分及挥发物的测定》

GB 5009. 235—2016《食品安全国家标准　食品中氨基酸态氮的测定》

第六节　发酵食品的安全标准及营养卫生要求

一、　发酵食品安全生产的重要性

1. 发酵食品安全性的提出

发酵食品安全性是近年来伴随着食品安全性的提出而产生和发展的，1996 年世界卫生组织定义：食品的生产和消费过程中没有达到危害程度的一定剂量的有毒、有害物质或因素的加入，从而保证人体按正常剂量和以正确方式摄入这样的食品时不会受到急性或慢性的危害，这种危害包括摄入者本身及其后代的不良影响。

2. 食品安全问题的严重性和重要性

危害人类的身体健康和生命安全，损害企业，甚至国家的形象，对社会和政治造成重大危害和影响，食品安全问题在发达国家和发展中国家表现得同样突出和严峻。在发达国家，食品安全问题主要是由现代技术应用所伴随的副作用和生态平衡遭到严重破坏所导致的，如疯牛病；对发展中国家而言，经济发展水平低，卫生条件差以及法制不健全、监管不力等，如食源性细菌和病毒引起的食物中毒、化学性食品中毒。因此，发酵食品安全生产非常重要，它直接关系到广大人民群众的健康和生命安全，关系到经济发展和社会稳定。

二、　发酵食品安全生产的研究内容

1. 影响发酵食品安全生产与品质控制的主要危害和因素

发酵食品中危害人体健康和安全的有毒有害物质有三大类：

（1）生物类有毒有害物质　病原微生物、微生物毒素及其他生物毒素。

（2）化学类有毒有害物质　残留农药、过敏物质及其他有毒有害物质。

（3）物理性有害物质　沙石、毛发、铁器、放射性残留等。

当前危害物主要有：动植物天然毒素、农药残留、农业化学控制物质、真菌毒素、食源性致病菌和毒素、食品添加剂、发酵用菌株的潜在安全性、保健食品的安全性。

2. 发酵食品生产与品质控制的安全性评价

国际食品安全评价与控制领域中最重要的技术系统是危险性分析，主要包括三个方面：危险性评估、危险性管理和危险性信息交流。

危险性评估是 WTO 和国际食品法典委员会强调的用于制定食品安全技术措施的必要技术手段，也是评估食品安全技术措施有效性的重要手段。

（1）环境污染物与发酵食品安全生产

环境污染物：环境污染产生的原因主要是资源的浪费和不合理的使用，使物理、化学和生物性因素进入大气、水体、土壤，超过环境净化能力，造成生态平衡失调，从而影响人体健康。

大气污染：大气污染物最终污染水源、土壤和农作物，最后在动物及人体内聚集造成伤害。

水体污染：对食品安全性有影响的水污染物有三类：①无机有毒物；②有机有毒物；③病原体。污染物最终在动植物体内积累，造成伤害。

土壤污染：有害物质进入土壤后，改变土壤结构性质，造成农作物减产及体内毒物残留。

（2）兽药及其他化学控制物质与发酵食品安全生产

①动物性产品兽药和激素残留及其控制：包括抗微生物药物、抗寄生虫类药物、生长促进剂、杀虫剂等。食品中兽药残留的危害，包括发酵异常、致毒作用、促性早熟、致敏作用、细菌耐药性、致畸、致突变和致癌作用及毒性作用，应加强兽药管理，合理规范使用兽药；加速开发新型绿色安全的饲料添加剂和无抗生素饲料饲养方式，如添加微生态制剂、酶制剂、中草药制剂、天然生理活性物质、糖萜素、大蒜素等的饲料。

②亚硝基化合物污染的危害与控制：食品中亚硝基化合物污染来源于食品、土壤、水体、人体肠道等环境中存在的多种还原性微生物。亚硝基化合物具有强烈的致畸、致突变作用，具有强的致癌效应。

③食品中硝酸盐、亚硝酸盐的来源及其衍生物对人体的危害：食品中硝酸盐、亚硝酸盐来源于食品添加剂、环境污染及食品原料、个别蔬菜、"苦"井水；其危害是引起正铁血红蛋白症、甲状腺肿和癌症，甚至死亡。

④亚硝基化合物污染危害的控制：食品加工中，严格执行国家标准，尽量减少硝酸盐和亚硝酸盐的使用量。选育优良菌种，防止其他微生物污染，不使用霉变的食品原料。使用有机肥，减少化肥使用量，降低食品中硝酸盐的含量。加强必要的监督管理，对食品中硝酸盐的含量进行限制。

（3）其他化学物质对发酵食品安全的影响及其控制

①苯并芘

来源：a. 熏制食品；b. 环境直接污染；c. 乳腺及脂肪组织；d. 某些植物、微生物可以微量合成。

危害：引发毒性及致癌反应。

控制措施：a. 改进食品加工烹调方法；b. 加强环境治理；c. 采用合适的食用方式。

②橘霉素与红曲及相关产业：橘霉素是一些红曲霉菌株的次级代谢产物，是一种真菌毒素，具有肾脏毒性；在红曲霉发酵液中能够被检测到，对我国正在成长的红曲工业有所冲击。通过选育不产橘霉素的红曲霉菌株作为生产菌株，通过改变发酵培养基成分或条件可降低橘霉素含量。

③二噁英

a. 来源及毒性：常以微小的颗粒存在于大气、土壤和水中，主要的污染源是化工冶金工业、垃圾焚烧、造纸以及生产杀虫剂等产业。致癌及致畸：其毒性是氰化物的 130 倍、砒霜的 900 倍，有"世纪之毒"之称。

b. 污染控制：源头治理，降低污染；加强二噁英的检测和食品安全管理；提高人们的自我防范意识。

④氯丙醇来源及毒性：蛋白中的脂肪在酸性高温下水解而成丙三醇（甘油），甘油在强酸或高温条件下发生反应，HCl 取代醇羟基而生成氯丙醇，在酸水解植物蛋白（HVP）中可形成 4 种氯丙醇化合物，1,3 - 二氯 - 2 - 丙醇（1,3 - DCP）、2,3 - 二氯 - 1 - 丙醇（2,3 - DCP）、

2－氯－1,3－丙二醇（2－MCPD）、3－氯－1,2－丙二醇（3－MCPD），水解而成甘油，而丙三醇（甘油）在强酸或高温条件下发生反应，以酸水解蛋白添加料为原料的调味品，如鸡精、酱油、保健食品、婴儿食品；某些发酵的香肠、蚝油、老抽等。

游离态的氯丙醇引起了人们的广泛关注，3－MCPD 最早于 1978 年首次以游离态形式被发现，其毒性主要体现在肾脏毒性、生殖毒性、神经毒性、免疫毒性、致突变性等几方面。世界卫生组织（WHO）和欧共体委员会食品科学分会认为氯丙醇类物质是一种致癌物。

降低氯丙醇含量，有以下方法：尽可能采用低油脂含量的蛋白原料；降低酸水解反应温度和时间，如在 90℃以下水解豆粕具有酱香味；负压水蒸气蒸馏等手段去除残余的氯丙醇；采用酶酸法或酸酶法或全酶法水解蛋白。

⑤季铵化合物洗涤消毒剂：具有除臭、杀菌、洗涤作用，主要用作餐具、大规模运输用的器皿及食用油罐的洗涤和消毒，有潜在遗传毒性及致突变作用。

⑥塑化剂：也称增塑剂，是一种高分子助剂，因其可以增加塑料制品的韧性而被广泛应用在塑料制品中。常见的塑化剂是邻苯二甲酸酯类物质，主要有邻苯二甲酸二（2－乙基己基）酯（即塑化剂 DEHP），邻苯二甲酸二丁酯（DBP），我国的国家标准 GB 9685—2008《食品容器、包装材料用添加剂使用卫生标准》中，对允许使用的 8 种邻苯二甲酸酯类增塑剂，规定了允许使用的食品容器与包装材料的品种、最大使用量、特定迁移量以及其他限制。

长期食用塑化剂超标的食品，会损害男性生殖能力，促使女性性早熟以及对免疫系统和消化系统造成伤害，甚至会毒害人类基因。其中邻苯二甲酸二（2－乙基己基）酯是一种环境荷尔蒙，作用于腺体，影响人体内分泌，危害男性生殖能力并促使女性性早熟，长期大量摄取可能会导致肝癌。

起云剂（又名浑浊剂、乳浊剂、增浊剂）也就是我们常说的乳化稳定剂，具有乳化和增稠的效果，起云剂是合法的食品添加剂，一些不法商贩在起云剂中添加了塑化剂，而塑化剂为非食用物质，不得用于食品生产加工。一些不法商家为了追求产品的外观诱人，比如饮料的黏稠、酒类的挂壁，在食品中非法添加塑化剂降低了生产成本，同时又达到了高品质的外观要求。起云剂可能在以下五大类食品中滥用：运动饮料、果汁饮料、茶饮料、果酱/果浆或果冻以及胶囊、锭状、粉状食品。

（4）农药残留与发酵食品安全生产

食品中农药污染的途径：喷洒作物，植物根部吸收土壤中的农药，通过气流扩散或随雨雪降落，通过生物富集作用，运输和贮存中食品与农药混放。

农药对人体的危害：急性或迟发性神经毒性、生殖毒性、致畸、致突变等。

（5）动植物原材料中的天然毒素与食品安全生产

植物原料中的天然有毒物质有以下几种：

①氰苷：是一种含有氰基（—CN）的苷类，如释放出氢氰酸，会阻断细胞的呼吸链。

②棉酚：可造成人体红肿出血、食欲不振、精神失常、体重减轻、影响生育力。

③龙葵素：土豆发芽会产生一种称为龙葵素（又称茄碱）的毒素，这种毒素能刺激胃黏膜，吸收后有溶解血球和麻痹呼吸中枢神经的作用，中毒者的临床症状有恶心、呕吐、腹泻、头晕、抽风等。

④皂素：如果未煮熟的四季豆中含有皂素，皂素会刺激消化道凝血素，具有凝血作用。

⑤银杏酸：银杏酸具有潜在的致敏和致突变作用和强烈的细胞毒性。

⑥类秋水仙碱：可引起严重恶心、发热、呕吐、腹泻等肠胃道副反应。

动物原料中的天然有毒物质有以下几种：

①河豚毒素：河豚酸。河豚的肝、脾、肾、卵巢、睾丸、眼球、皮肤及血液均有毒。以卵、卵巢和肝脏最毒，肾、血液、眼睛和皮肤次之。河豚毒素是热稳定的毒素，即使经过高温烹煮，也无法被破坏。一旦摄入河豚毒素，便会出现面部及手脚麻痹、恶心、呕吐、四肢发冷等症状。严重者更可因心脏跳动和呼吸活动完全停止而死亡。

②动物肝脏中的毒素：动物肝脏中胆固醇相对较高，肝脏是代谢器官，在代谢过程中可能会有些有害代谢物的残余和累积，如果清洗不彻底，可能会引起食物中毒。

③甲状腺素：在牲畜腺体中毒中，以甲状腺中毒较为多见，人和很多动物都有甲状腺，猪甲状腺位于后气管喉头的前下部，是一个椭圆形颗粒状肉质物，附在气管上，俗称"栗子肉"。甲状腺所分泌的激素称为甲状腺素，它的生理作用是维持正常的新陈代谢。

人一旦误食动物甲状腺，因过量甲状腺素扰乱人体的正常内分泌活动，则出现类似甲状腺功能亢进的症状。由于突然大量外来的甲状腺激素扰乱了人体正常的内分泌活动，特别是严重影响了下丘脑功能，而造成一系列精神失常症状。

④海参毒素：海参的内壁、内脏和腺体等组织中含有大量的海参毒素，又称海参皂苷，虽然名称叫毒素，其实是一种抗毒剂，能抵制癌细胞、人口腔表皮样癌（KB）细胞并抑制蛋白质核糖核苷酸的合成，抗腐能力强，对人体却安全无毒并且能抑制肿瘤细胞的生长与转移，有效防癌、抗癌，提高人体免疫力，对放疗、化疗患者有极好的复原功效。

⑤蟾蜍毒素：蟾蜍具有较强的毒性，它们的身体表面有很多内含毒腺的疙瘩，毒腺内会分泌出含有剧毒的黏液，蟾蜍毒素会严重伤害人体内的心脏、消化道和中枢神经。一般中了蟾蜍的毒之后会出现头晕、恶心、腹痛腹泻、呕吐的症状，若是严重中毒甚至会出现昏迷，致使呼吸和循环系统衰竭而死亡。

⑥转基因食品原料的不安全因素：转基因食品忧虑源自信息披露不充分。

（6）添加剂与发酵食品安全生产

①防腐剂：能抑制食品中微生物的繁殖，防止食品腐败变质，延长食品保存期的物质。防腐剂一般分为酸型防腐剂、酯型防腐剂和生物防腐剂。

常用的酸型防腐剂有苯甲酸、山梨酸和丙酸（及其盐类）。这类防腐剂的抑菌效果主要取决于它们未解离的酸分子，其效力随 pH 而定，酸性越大，效果越好，在碱性环境中几乎无效。

苯甲酸及其钠盐：苯甲酸又名安息香酸。由于其在水中溶解度低，故多使用其钠盐。成本低廉。苯甲酸进入机体后，大部分在 9～15h 内与甘氨酸化合成马尿酸而从尿中排出，剩余部分与葡萄糖醛酸结合而解毒。

山梨酸及其盐类：又名花楸酸。由于在水中的溶解度有限，故常使用其钾盐。山梨酸是一种不饱和脂肪酸，可参与机体的正常代谢过程，并被同化产生二氧化碳和水，故山梨酸可看成是食品的成分，按照目前的资料可以认为对人体是无害的。

丙酸及其盐类：抑菌作用较弱，使用量较高。常用于面包糕点类，价格也较低廉。丙酸及其盐类，其毒性低，可认为是食品的正常成分，也是人体内代谢的正常中间产物。

脱氢醋酸及其钠盐：为广谱防腐剂，特别是对霉菌和酵母的抑菌能力较强，为苯甲酸钠的 2~10 倍。本品能迅速被人体吸收，并分布于血液和许多组织中。但有抑制体内多种氧化酶的作用，其安全性受到怀疑，故已逐步被山梨酸所取代，其 ADI 值尚未规定。

②抗氧化剂：有的抗氧化剂是通过本身被氧化，首先与氧反应，从而保护了食品，如维生素 E。有的抗氧化剂可以放出氢离子将油脂在自动氧化过程中所产生的过氧化物分解破坏。有些抗氧化剂可能与其所产生的过氧化物结合，形成氢过氧化物，使油脂氧化过程中断，从而组织氧化过程的进行，而本身则形成抗氧化剂自由基，但抗氧化剂自由基可形成稳定的二聚体，或与过氧化自由基（$\cdot O_2)_2^{2-}$ 结合形成稳定的化合物，如 BHA、BHT、TBHQ、PG、茶多酚等。

几种常用的脂溶性抗氧化剂如下：

BHA：丁基羟基茴香醚。因为加热后效果保持性好，在保存食品上有效，它是目前国际上广泛使用的抗氧化剂之一，与增效剂如柠檬酸等一同使用，其抗氧化效果更为显著。一般认为 BHA 毒性很小，较为安全。

BHT：二丁基羟基甲苯。与其他抗氧化剂相比，稳定性较高，耐热性好，在普通烹调温度下影响不大，抗氧化效果也好，用于长期保存的食品与焙烤食品很有效。BHT 是被国际广泛使用的廉价抗氧化剂，一般与 BHA 并用，并以柠檬酸或其他有机酸为增效剂。相对 BHA 来说，毒性稍高一些。

PG：没食子酸丙酯。对热比较稳定。PG 对猪油的抗氧化作用较 BHA 和 BHT 强些。毒性较低。

TBHQ：特丁基对苯二酚，是较新的一类酚类抗氧化剂，其抗氧化效果较好。

③护色剂和漂白剂：

护色剂可以改善或保护食品的色泽，除了使用色素直接对食品进行着色外，有时还需要添加适量的护色剂，使制品呈现良好的色泽作用。

发色作用：为使肉制品呈鲜艳的红色，在加工过程中多添加硝酸盐（钠或钾）或亚硝酸盐。硝酸盐在细菌硝酸盐还原酶的作用下，还原成亚硝酸盐。亚硝酸盐在酸性条件下会生成亚硝酸。在常温下，也可分解产生亚硝基，此时生成的亚硝基会很快与肌红蛋白反应生成稳定的、鲜艳的、亮红色的亚硝化肌红蛋白，故使肉可保持稳定的鲜艳。

抑菌作用：亚硝酸盐在肉制品中，对抑制微生物的增殖有一定的作用。

漂白剂：这类食品添加剂能产生二氧化硫，二氧化硫遇水则形成亚硫酸。除具有漂白作用外，还具有防腐作用。此外，由于亚硫酸的强还原性，能消耗果蔬组织中的氧，抑制氧化酶的活性，可防止果蔬中的维生素 C 的氧化破坏。

亚硫酸盐在人体内可被代谢为硫酸盐，通过解毒过程从尿中排出。亚硫酸盐这类化合物不适用于动物性食品，以免产生不愉快的气味。亚硫酸盐对维生素 B_1 具破坏作用，故维生素 B_1 含量较多的食品，如肉类、谷物、乳制品及坚果类食品也不适合使用亚硫酸盐。因其能导致过敏反应而在美国等国家的使用受到严格限制。

④甜味剂：三氯蔗糖是以蔗糖为原料经氯化作用而制得，所以味道像蔗糖。它有甜味，但身体不能分解它，不产生热量，不会产生饱腹感。用它来给营养食物调味时，营养食物可解决饱腹感问题；但当饮用含有害添加剂的软饮料时，不能产生饱腹感，易导致摄入过多垃圾食品。三氯蔗糖应尽量避免食用，因为研究发现，该化学物质可导致雄性小鼠白血病，是否会导致人患癌尚未可知。

红糖通常是指带蜜的甘蔗成品糖，一般是指甘蔗经榨汁，通过简易处理，经浓缩而成。因为它过滤较少，保留了更多的天然杂质，所以赋予了它棕色糖蜜的颜色。它基本上还是蔗糖，能显著提高血糖。

麦芽糖醇是一种植物性甜味剂，甜度是蔗糖的90%。麦芽糖醇通常用在巧克力里，因为巧克力含高热量健康脂肪，而麦芽糖醇热量低。不幸的是，研究表明：麦芽糖醇和胃、腹痛以及胀气相关。

转化糖是液体状的蔗糖，它的葡萄糖和果糖比例是50/50。它是通过以下两种方式制成：加酸、加热或通过使用转化酶使其分解。因为葡萄糖和果糖是游离形式，转化糖比蔗糖更甜，更易溶。它没有营养价值，可导致蛀牙。

（7）微生物杂菌污染与发酵食品安全生产

①细菌性食物中毒病原菌：细菌性病原菌危害主要是由细菌本身及其毒素产生的生物性危害，不仅引起食物腐败变质，还能引起食物中毒。细菌性食物中毒病原菌主要有沙门菌、副溶血性弧菌、葡萄球菌、变形杆菌、肉毒梭状芽孢杆菌、蜡样芽孢杆菌、致病性大肠杆菌和志贺菌等。

细菌性食物中毒一般分为三种类型：感染型、毒素型、混合型。

②食源性传播的病毒：轮状病毒、甲型肝炎病毒、乙型肝炎病毒、戊型肝炎病毒、禽流感病毒、口蹄疫病毒、新冠肺炎病毒。

③真菌对食品安全性的影响：真菌毒素是指真菌的代谢产物，能引起人和动物疾病或异常生理作用的一类物质。根据真菌毒素危害的器官部位分类，可分为肝脏毒素、肾脏毒素、神经毒素和光敏性皮炎毒素。

a. 黄曲霉毒素：食品污染最普遍的一类真菌毒素，黄曲霉、米曲霉、寄生曲霉等菌株都可产生，是我国食品微生检验的一个重要指标。耐高温，280℃以上才能裂解，可导致肝癌。

b. 伏马菌素：由串珠镰刀菌产生的水溶性代谢产物，是一种完全的致癌剂。对热稳定，不易被蒸煮破坏。

c. 其他真菌毒素：棕曲霉毒素、烟曲霉毒素、棒曲霉毒素等。

（8）食源性寄生虫及害虫与发酵食品的安全

①寄生虫与害虫的来源：食源性寄生虫病是由摄入含有寄生虫幼虫或虫卵的生的或未经彻底加热的食品引起的一类疾病，严重危害消费者的健康和生命安全，来源于蔬菜、乳、肉、水产品。

②食品污染寄生虫的种类及其危害

a. 囊虫（绦虫）：牛、羊、猪是中间宿主。

b. 旋毛虫：多寄生于猪、狗、熊、野猪、猫和鼠体内。

c. 其他寄生虫：弓形虫、华支睾吸虫、布氏姜片虫、蛔虫等。

（9）包装材料中可能存在的不安全因素

①塑料：塑料属于高分子化合物，是由大量小分子的单体通过共价键聚合成的化合物。塑料是使用最广泛的食品包装材料之一，其危害主要来源于制品中残留的有毒单体、裂解物等。

②纸制品：生产食品包装纸的原材料本身可能不清洁，存在重金属、农药残留等污染问题，甚至使用回收废纸作原料，造成化学物质残留以及微生物污染。

③橡胶：常作为食品包装材料的衬垫使用的橡胶制品就可能存在合成橡胶单体或加工助

剂渗出的潜在危害。

④油墨是包装印刷不可缺少的基本材料，也是食品污染的主要源头之一。传统的包装印刷油墨主要有树脂型和溶剂型两种，用这两种油墨进行印刷，存在重金属、有机挥发物和溶剂残留等有害物质。

⑤金属包装材料可能出现有毒金属离子析出，玻璃材料可能溶出二氧化硅，陶瓷包装的瓷釉中也可能溶出金属氧化物。

（10）发酵食品厂的安全及其卫生管理

①食品卫生管理体制

a. 全面卫生管理体系：设计每个工序和每个环节。

b. GMP 管理体制：确保产品质量（包括食品安全卫生等）符合法规要求。

c. 危险分析与关键点控制：充分利用检验手段，对生产流程中各个环节进行抽样检测和有效分析，预测食品污染的原因，从而提出危害关键控制点及危害等级。

②加强发酵食品厂的卫生质量管理

a. 工厂设计与实施应符合食品卫生规范要求。

b. 加强发酵食品在生产、贮藏、运输和销售过程中的卫生管理。

③发酵食品厂及其食品包装容器的清洗与消毒

a. 清洗：水、表面活性剂水溶液。

b. 消毒：加热、煮沸、蒸汽、干热、化学消毒法。

参考文献

[1] 周才琼. 食品标准与法规 [M]. 北京: 中国农业大学出版社, 2017.

[2] 陈雪. 我国食品卫生标准体系的现状与分析——评《中国食品安全》[J]. 中国酿造, 2019, 38 (10): 1.

[3] 刘颖. 食品标准与法规 [M]. 北京: 对外经济贸易大学出版社, 2013.

[4] 焦阳. 食品安全国家标准使用指南 [M]. 北京: 中国标准出版社, 2017.

[5] 姚红丽. 标准化在生产加工领域食品安全监管过程中的作用 [J]. 食品安全导刊, 2017, 18: 58-59.

[6] 孙志略. 生产企业制定食品安全企业标准的重要性 [J]. 轻工标准与质量, 2019, 2: 115-116.

[7] 朱洁, 周优, 李卓. 食品标签存在的问题及应对措施 [J]. 现代食品, 2018, 15: 48-50.

[8] 王春丽. 我国食品流通行业的管理问题及对策 [J]. 食品安全导刊, 2017, 24: 40.

[9] 张腾飞. 食品生产企业产品标准常见问题探讨 [J]. 饮料工业, 2018, 21: 77-80.

[10] 王君. 我国食品产品安全标准概况 [J]. 中国食品卫生杂志, 2016, 28: 557-566.

[11] 阙肖英. 食品安全监督过程中卫生标准的应用探讨 [J]. 中国标准化, 2017, 24: 183-184.

[12] 郑丰杰. 论营养与卫生学教育对我国食品安全的影响 [J]. 广西轻工业, 2006, 5: 48-49.

[13] 聂小华, 孟祥河, 张安强, 等. 大健康时代食品营养与卫生核心课程建设研究 [J]. 发酵科技通讯, 2019, 48: 112-114.

[14] 周芷妍. 微生物发酵对食品的保健与健康 [J]. 食品安全导刊, 2017, 23: 73-74.

[15] 代晓航, 杨定清, 雷绍荣. 传统发酵调味品微生物指标设置合理性分析 [J]. 四川农业科技, 2010, 4: 50-51.

[16] 王檬, 姚池璇, 侯丽华. 调味品微生物防治新方法的发展与展望 [J]. 中国酿造, 2014, 33: 1-4.

[17] 柳春红. 食品营养与卫生学 [M]. 北京: 中国农业出版社, 2013.

[18] 郭晓芸, 张永明, 张倩. 发酵肉制品的营养、加工特性与研究进展 [J]. 肉类工业, 2009, 5: 47-50.

[19] 王玲玲. 传统发酵食品探究 [J]. 现代食品, 2018, 23: 32-33+45.

[20] 刘玉凤, 薛书红. 乳酸菌及其发酵乳制品的发展趋势分析 [J]. 食品安全导刊, 2016, 36: 69.

[21] 廖雪义, 郭丽琼, 林俊芳, 等. 益生乳酸菌在发酵果蔬饮品开发上的应用 [J]. 食品工业, 2014, 35: 223-229.

[22] 李玉伟. 食品工业用菌的安全性研究 [J]. 国外医学卫生学分册, 2005, 31 (6):

373－378.

[23] Saeed Akhtar, Mahfuzur R. Sarker, Ashfaque Hossain. Microbiological food safety: a dilemma of developing societies [J]. Critical Reviews in Microbiology, 2014, 40 (4): 348－359.

[24] 钱敏, 白卫东. 转基因食品及其安全性问题探讨 [J]. 食品与发酵工业, 2008, 34(12): 130－134.

[25] 韩北忠, 李耘. 发酵食品的安全性及其监控 [J]. 中国酿造, 2003, 3: 5－8.

[26] 成黎. 传统发酵食品营养保健功能与质量安全评价 [J]. 食品科学, 2012, 33 (1): 280－284.

[27] 鲁战会, 彭荷花, 李里特. 传统发酵食品的安全性研究进展 [J]. 食品科技, 2006, 6: 1－6.

[28] Martin Adams, Robert Mitchell. Fermentation and pathogen control: a risk assessment approach [J]. International Journal of Food Microbiology, 2002, 79: 75－83.

[29] 刘守强, 李武德, 陈忠刚. 工业微生物菌种质量控制及管理 [J]. 发酵科技通讯, 2009, 38(4): 28－30.

[30] 姚粟, 葛媛媛, 王洁森, 等. 国内外食品用微生物菌种管理进展 [J]. 食品与发酵工业, 2014, 40(9): 139－143.

[31] 白凤翎. 微生物的发酵作用对传统酿造食品安全性的影响 [J]. 中国酿造, 2009, 2: 5－7.

[32] Motarjemi, Y. Impact of small scale fermentation technology on food safety in developing countries [J]. International Journal of Food Microbiology, 2002, 75: 213－229.

[33] 冉宇舟, 张海良, 俞剑燊. 由传统白酒、黄酒生产工艺想到的发酵食品安全问题[J]. 中国酿造, 2013, 32(7): 119－120.

[34] 陈一资, 胡滨. 动物性食品中兽药残留的危害及其原因分析 [J]. 食品与生物技术学报, 2009, 28(2): 162－166.

[35] 伍小红, 李建科, 惠伟. 农药残留对食品安全的影响及对策 [J]. 食品与发酵工业, 2005, 31(6): 80－84.

[36] 吴欢欢, 黄雨薇, 卓晓强, 等. 食品安全中食品添加剂的功能及危害 [J]. 现代农业科技, 2013, 15: 307－308.

[37] 陈敏, 王军. 食品添加剂与食品安全 [J]. 大学化学, 2009, 24(1): 28－32.

[38] 刘赛, 高晗. 食品包装材料对食品安全产生的影响及有效预防分析 [J]. 食品安全导刊, 2019, 24: 170－171.

[39] 毛中华, 龙小川, 张琳. 食品发酵中微生物的应用现状与发展方向 [J]. 都市家教, 2017, 6: 180.